Peter Speck (Hrsg.)

Employability –
Herausforderungen für die strategische Personalentwicklung

Peter Speck (Hrsg.)

Employability – Herausforderungen für die strategische Personalentwicklung

Konzepte für eine flexible, innovationsorientierte Arbeitswelt von morgen

GABLER

Bibliografische Information Der Deutschen Bibliothek
Die Deutsche Bibliothek verzeichnet diese Publikation in der Deutschen Nationalbibliografie;
detaillierte bibliografische Daten sind im Internet über <http://dnb.ddb.de> abrufbar.

Dr. Peter Speck ist Personalleiter der Festo AG & Co. KG und der Festo-Gruppe sowie Geschäftsführer der Festo Lernzentrum Saar GmbH.

1. Auflage Juni 2004

Alle Rechte vorbehalten
© Betriebswirtschaftlicher Verlag Dr. Th. Gabler/GWV Fachverlage GmbH, Wiesbaden 2004

Lektorat: Susanne Kramer, Dr. Angelika Schulz

Der Gabler Verlag ist ein Unternehmen von Springer Science+Business Media.
www.gabler.de

Konzeption und Layout des Umschlags: Ulrike Weigel, www.CorporateDesignGroup.de
Druck und buchbinderische Verarbeitung: Lengericher Handelsdruckerei, Lengerich
Gedruckt auf säurefreiem und chlorfrei gebleichtem Papier
Printed in Germany

ISBN 3-409-12683-X

Geleitwort

Der Umgang mit den strukturellen Wandlungsprozessen in den Gesellschaften und Wirtschaftswelten ist entscheidend für die zukünftige Wettbewerbsfähigkeit von Unternehmen. Erfolgreiche Unternehmen zeichnen sich durch Anpassungsfähigkeit und Schnelligkeit bei gleichzeitig hoher Innovationskraft aus. Eine wesentliche Voraussetzung für Innovation ist Qualifikation. Hier ist Employability ein Ansatz, eine aus gesellschaftspolitischer Sicht notwendige Dynamisierung des Arbeitsmarktes zu erreichen und eine für die Unternehmen erforderliche flexible Struktur in der Belegschaft zu schaffen.

Dabei nimmt Employability Mitarbeiter und Unternehmen gleichermaßen in die Verantwortung. Mitarbeiter müssen bereit sein, ihr Qualifikationsprofil in einem lebenslangen Lernprozess zu erweitern, um die zukünftigen Herausforderungen an das Unternehmen in wirtschaftlicher, technologischer und gesellschaftlicher Sicht bewältigen zu können. Diese ständige Wissensaufwertung erfordert von allen Mitarbeitern eine hohe Lernbereitschaft und Lernfähigkeit. Daraus leitet sich das Postulat des lebenslangen Lernens von außen nach innen ab, d. h. von außen durch den Veränderungsdruck des Marktes und von innen durch den Verfall des Wissens.

Auf der anderen Seite müssen Unternehmen die Weiterbildung ihrer Mitarbeiter unterstützen und deren Entfaltungsmöglichkeiten fördern. Nur so kann aus betrieblicher und individueller Sicht eine erfolgreiche Zukunft gestaltet werden. Aus Herausforderungen und Chancen können nur Markterfolge werden, wenn das Unternehmen agil, antizipativ und adaptiv handelt. Voraussetzung hierzu sind qualifizierte und engagierte Mitarbeiter, die Innovationsprozesse in Gang halten und die nachhaltige Entwicklung des Unternehmens sichern. Damit wird Lernen zur tragenden Säule für Beschäftigungssicherung.

Employability ist nicht nur aus Sicht der Mitarbeiter und Unternehmen ein interessanter Ansatz, sondern hat auch gesellschaftspolitische Relevanz. Die Probleme am Arbeitsmarkt, insbesondere die Situation der Jugendlichen erfordert eine größere Durchlässigkeit und Flexibilisierung der Arbeitsgesellschaft. Zusätzlich bekommt das Verständnis von beruflicher Qualifikation eine besondere Bedeutung. Auch der Einsatz der älteren Mitarbeiter wird aufgrund der demographischen Entwicklung stärker in den Fokus geraten.

Das Unternehmen Festo hat neben dem Kerngeschäft in der industriellen Automatisierung über 40 Jahre erfolgreich den Markt für technische Aus- und Weiterbildungssysteme und für Bildungsdienstleistungen geprägt. Parallel dazu legt Festo immer großen Wert auf eine optimale Betreuung der Mitarbeiter im Bereich Human Resources, denn der bestimmende Erfolgsfaktor ist der Mensch mit seinem Wissen. Dieses Wissen gilt es zu erhalten und zu vermehren.

Festo ist sich seiner Verantwortung bewusst und versteht sich deshalb als Lernunternehmen. Neben dem Bekenntnis zur Ausbildung bietet Festo seinen Mitarbeitern und seinen Kunden Qualifizierung und Beratung über die Festo Didactic, die Festo Academy, das Learning Network und das Festo Lernzentrum Saar an. Im Bereich der Qualifizierung von Arbeitssuchenden kooperiert das Unternehmen mit öffentlichen Bildungsträgern. Herr Dr. Speck hat als Leiter

Human Resources der Festo AG & Co. KG und als Geschäftsführer der Festo Lernzentrum Saar GmbH diese Aktivitäten innovativ und erfolgreich mitgestaltet.

Ich begrüße es außerordentlich, dass Herr Dr. Speck namhafte Autoren aus Politik, Wissenschaft und Unternehmen für dieses hochaktuelle Thema gewinnen konnte. Dieses Buch leistet einen wichtigen Beitrag bei der Formulierung geeigneter Lösungsansätze zur Bewältigung unserer gesellschaftlichen und personalpolitischen Herausforderungen der Zukunft!

Esslingen, im Mai 2004   Dr. Wilfried Stoll
                                                    Aufsichtsratsvorsitzender Festo AG

Vorwort

Seit einigen Jahren macht der Begriff der „Employability" internationale Karriere. In Fachbüchern, Personalentwicklungsprogrammen oder Positionspapieren nationaler und internationaler Organisationen taucht er immer häufiger auf, wenn es um die Problematisierung der gegenwärtigen und der künftigen Arbeitswelt geht. Nach Ansicht vieler Wissenschaftler, Politiker und Experten aus der Unternehmenspraxis ist die „Beschäftigungsfähigkeit" – so lautet das neue „Zauberwort" in etwas holprigem Deutsch – die richtige Antwort auf die komplexen Fragen, die die hohen Arbeitslosenzahlen von heute sowie die ökonomischen und technologischen Herausforderungen von morgen aufwerfen. Nicht alle Experten teilen diese Ansicht. Manche halten auch die Employability für einen kurzlebigen Modetrend, der, wie so manche Strategie- und Managementerfindung der letzten Dekaden, recht bald im Mülleimer der Volks- und Betriebswirtschaft verschwinden wird. Ist Employability also eine neue Modetorheit – oder beschreibt sie nicht doch einen Ansatz für ein nachhaltig wirksames Konzept, mit dem eine neue Ära in der Arbeitswelt beginnt?

Wirtschaft und Gesellschaft befinden sich zu Beginn des 21. Jahrhunderts in einem fundamentalen Wandel. Die Globalisierung der Märkte und die mit der digitalen Revolution verbundenen technologischen Fortschritte leiteten schon vor mehr als zwanzig Jahren den Übergang vom industriellen Zeitalter zur Wissensgesellschaft ein. Das „Magische Viereck", dessen Eckpunkte (stetiges, angemessenes Wirtschaftswachstum, außenwirtschaftliches Gleichgewicht, stabiles Preisniveau und hoher Beschäftigungsstand) einst als politische Zielvorgaben für Wachstum und Stabilität formuliert wurden, hat seine Magie inzwischen verloren. Denn offensichtlich funktionieren und interagieren die ökonomischen Kräfte auf den Märkten des 21. Jahrhunderts ganz anders als früher. Spätestens seit den neunziger Jahren mit dem (ersten) Höhenflug einer New Economy, internationalen Fusionswellen und umfangreichen Restrukturierungsmaßnahmen in der weltweiten Unternehmenslandschaft ist es auch für die internationale Öffentlichkeit mehr als deutlich geworden, dass die Wirtschaftswelt von heute mit ihren Vorgängern aus dem 19. und 20. Jahrhundert nicht mehr sehr viel gemeinsam hat.

Von der Stahlschmiede eines Friedrich Krupp zur Softwareschmiede eines Bill Gates ist ein weiter Weg zurückgelegt worden. An die Stelle der personalintensiven Produktion schwerindustrieller Güter ist die auf hochspezialisiertem Fachwissen beruhende Verbreitung von Informationstechnologien getreten. Dieser Wandel von der vergangenen Industrie- über die gegenwärtige Dienstleistungs- in eine künftige Wissensgesellschaft verläuft vor dem Hintergrund einer dramatisch beschleunigten Globalisierung von Produktion, Dienstleistung und Kapital. Das bedeutet, dass alle Unternehmen künftig jederzeit und überall in eine verstärkte Konkurrenz treten werden, d. h. eine Expansion des Wettbewerbs entsteht, die die Unternehmen zur Optimierung der Kostenstruktur zwingt. Diese Globalisierung bedeutet deswegen auch, dass Kundenwünschen noch flexibler begegnet werden muss und technologische Herausforderungen noch rascher als bisher angenommen werden müssen. Mobilität, Innovationspotenzial, Veränderungsbereitschaft und Flexibilität werden zu den zentralen Voraussetzungen für den Erfolg, ja für die Überlebensfähigkeit von Unternehmen einerseits sowie deren Belegschaften andererseits in den kommenden Jahren und Jahrzehnten.

Die veränderte Situation in der globalen Ökonomie spiegelt sich bereits seit geraumer Zeit in einer tief greifenden Reorganisation und Restrukturierung vor allem internationaler Unternehmen wider. Nach außen hin wurde das sehr deutlich sichtbar in den zahlreichen Mergers & Acquisitions, mit denen sich Firmen und Unternehmen in einem zur „economy of scale" hochstilisierten Wettbewerb neu positioniert haben. Viel grundlegender und nachhaltiger sind jedoch diejenigen Veränderungsprozesse zu bewerten, die im Inneren von Institutionen und Organisationen in vollem Gange sind. Sowohl in operativer als auch in funktionaler Hinsicht entstehen hier völlig neue Unternehmen.

Zum einen sind es die zukunftsträchtigen Produkte, Dienstleistungen sowie die veränderten Produktionsformen, die gleichsam „von Natur aus" neue Organisationsstrukturen generieren. Dazu gehört zum Beispiel die aus Effizienz- und Rationalitätsgründen gehorchende Trennung von Steuerungs- und Produktionseinheiten, die erst durch die raum- und zeitüberwindenden Informations- und Kommunikationstechnologien möglich wurde. Dazu gehört umgekehrt auch die komplexe und hochtechnologische Eigenschaft der Ware „Information", die ein Arbeiten in kompetenten und spezialisierten Netzwerken unabdingbar macht.

Eng verknüpft mit solchen internen Bedingungen ist ein deutlicher Wandel der Unternehmensstruktur in Richtung auf flexiblere Strategien und Arbeitsabläufe feststellbar. Hierarchische Organisationen mit sukzessiver Linienverantwortung machen dem Teamwork mit flachen Hierarchien Platz; die Arbeit in formalen Abteilungen weicht der projektgebundenen und prozessorientierten Organisation. Entscheidungskompetenzen werden auf dezentrale Ebenen verlagert, Arbeiten jenseits der Kernkompetenz des Unternehmens werden oft outgesourct. Dergestalt sind, wie bereits von mehreren Seiten festgestellt wurde, nicht nur die Global Player auf dem Weg zum „fluiden Unternehmen" (Sattelberger), sondern sie entwickeln sich sogar zu weltweiten Unternehmensnetzwerken mit offenen Grenzen.

Die dargelegten Veränderungsprozesse hatten und haben gravierende Auswirkungen auf den bestehenden Arbeitsmarkt – wie umgekehrt die künftige Entwicklung des Arbeitsmarktes maßgeblich auf die Entfaltungsmöglichkeiten der Unternehmen rückwirken wird. Die Differenzierung des Arbeitsmarktes mit unterschiedlichsten Aspekten und Teilgruppen lassen die Komplexität nur erahnen.

Nichts belegt den globalen Wandel der Wirtschaft eindringlicher als die hohen Arbeitslosenquoten, mit denen gerade die Kernstaaten der ehemaligen Hochindustrialisierung heute zu kämpfen haben. Die Verlagerung von Produktionsstätten in Länder mit niedrigeren Lohn-(neben)kosten sind nur die eine Seite dieser Medaille. Auf der anderen Seite zeigt unser derzeit größtes sozialstaatliches Problem auch den Mangel an Arbeitskräften, die einem aktuell geforderten Anforderungsprofil entsprechen. Hoch qualifizierte, flexible und möglichst selbständige „Netzwerker" werden in Deutschland und Europa derzeit und wohl auch in naher Zukunft oft vergebens gesucht. Gleichzeitig muss im gleichen Raum eine demographische Entwicklung konstatiert werden, die den dargelegten Trend sogar noch verschärfen wird. Die Überalterung der (deutschen) Gesellschaft durch steigende Lebenserwartung bei ebenso drastisch zurückgehenden Geburtenraten ist nicht nur ein massives Problem für die Renten- und Versicherungskassen. In nur wenigen Jahren wird sie auch zu einem schwer überwindbaren Engpass bei der Versorgung des Arbeitsmarktes mit qualifizierten Mitarbeitern sowie mit gut ausgebildetem Nachwuchs. Deshalb ist der Herausgeber davon überzeugt, dass Employability kein aktueller Modetrend ist, sondern wirklich ein Ansatz für ein wirksames Konzept.

Die rasche Alterung unserer westlichen Gesellschaften sowie deren unmittelbare Auswirkungen auf Erwerbsstruktur und Belegschaftsentwicklung haben mittlerweile auch alle Verantwortlichen in Politik und Wirtschaft alarmiert. Noch ist allerdings nicht in vollem Umfang erkennbar, wie das Phänomen der umgekehrten Alterspyramide ökonomisch und sozial in den Griff zu bekommen ist. Angesichts der überragenden Bedeutung dieses Problems ist die Auseinandersetzung mit der demographischen Entwicklung auch in diesem Buch ein ganz zentraler Aspekt, der sich geradezu als roter Faden durch viele Beiträge zieht. Für Deutschland skizziert Prof. Dr. Norbert Walter den makroökonomischen Rahmen. Er sieht als Folgen der Überalterung schwer wiegende sozio-ökonomische Veränderungen, die von den elementaren (und bereits allgemein deutlich spürbaren) Defiziten im Renten- und Gesundheitssystem über das Schrumpfen von Innovativkraft und Nachfrage bis zum Niedergang von Produktivität und Kapitalmärkten reichen. Um dem entgegenzuwirken, empfiehlt Walter ein ganzes Bündel von ‚politischen' Maßnahmen, das eine Erhöhung der Erwerbsquote der (älteren) Bundesbürger ebenso vorsieht wie die Heraufsetzung des Renteneintrittsalters sowie der jährlich zu leistenden Arbeitsstunden und eine spürbare Erleichterung der Einwanderung.

Es gibt Stimmen, die angesichts der aktuellen Entwicklung einen anderen Ton anschlagen, die glauben, dass sich zumindest das Problem des Arbeitsmarktes gewissermaßen von selbst lösen wird. Das „Ende der Arbeit" (Rifkin) in einer dem Rationalisierungsgott geweihten, menschenleeren Fabrik ist eine leicht zynische Vision, mit der sich ein Buch über „Employability" ganz rasch beenden ließe. Die realen Entwicklungen der jüngsten Vergangenheit weisen jedoch in eine andere Richtung. Ohne kompetente, motivierte Mitarbeiter wird es auch in Zukunft in keiner Unternehmensform irgendeinen nachhaltigen unternehmerischen Erfolg geben. Ganz im Gegenteil: in einer wissensbasierten Dienstleistungsgesellschaft wird es mehr denn je auf die Human-Ressourcen ankommen, auf das weltweit reproduzierbare Wissenskapital, von dem nur das Land profitieren kann, das eine aktive Arbeitsmarktpolitik betreibt, bzw. die Unternehmen, die ein innovatives Human Resource Management betreiben. Diese Behauptung wird von konkreten Zahlen gestützt. In den vergangenen Jahren sind die Investitionen für das Humankapital im Verhältnis zu denen für Maschinen und Automatisierungsprozesse deutlich gestiegen – und sie werden nach allem, was verlautbart wird, weiterhin steigen. Provokant formuliert bedeutet dies: ein Unternehmen, das sich in Zukunft nicht proaktiv darum kümmern wird, innovative Belegschaftsstrukturen aufzubauen, wird im internationalen Wettbewerb chancenlos bleiben. Damit wird auch seine nachhaltige Existenz gefährdet.

Es ist inzwischen deutlich geworden, dass die Zukunft der Arbeit von vielen Akteuren auf unterschiedlichen Ebenen abhängt. Individuen und Organisationen, Unternehmen und Verbände, Staat und Gesellschaft werden in teils spezifischen, teils interdependenten Formen das Bild der neuen Arbeitswelt prägen. Arbeitnehmerinnen und -nehmer werden sich mit neuen Erwerbsbiografien auseinandersetzen müssen. Diese sehen die Notwendigkeit für eine qualifizierte Ausbildung und das lebenslange Lernen ebenso vor wie die Bereitschaft, die eigene Karriere an wechselnden Beschäftigungsverhältnissen und möglicherweise auch in unterschiedlichen Jobs mit jeweils spezifischen Ausbildungen zu realisieren. Unternehmen werden viel stärker als bisher darauf angewiesen sein, den Mensch mit seinen vielfältigen Ressourcen und Potenzialen in den Mittelpunkt ihrer Unternehmensstrategien zu stellen. Ein wertorientiertes Management des intellektuellen Kapitals ist daher ebenso unumgänglich wie die Bereitstellung eines facettenreichen und innovativen Programms zur permanenten (geistigen wie finanziellen) Förderung der Mitarbeiter.

Schließlich muss auch der Staat und seine Institutionen dafür sorgen, dass eine flexible, mobile und innovationsträchtige Arbeitswelt Gestalt annehmen kann. Auf dieser Ebene könnten zum Beispiel Aus- und Weiterbildungsprogramme neu konfiguriert oder flexiblere Arbeitszeiten, eine längere Lebensarbeitszeit und ein gleitender Übergang in den Ruhestand neu überdacht werden. Einige Beiträge in diesem Buch dokumentieren, dass staatliche Akteure diesen Vorgaben entsprechend darum bemüht sind, die richtigen Rahmenbedingungen für die Zukunft zu schaffen. So hält der saarländische Wirtschaftminister Dr. Hanspeter Georgi in seinen Ausführungen über Bildung als Standortfaktor ein energisches Plädoyer für die Förderung von Leistungseliten. Um die Konkurrenzfähigkeit in einer künftigen Arbeitswelt mit hoher Flexibilität zu garantieren, setzt er sich deswegen unter anderem für Eigenverantwortung und Benchmarks von Bildungseinrichtungen, die Erhöhung des Akademikeranteils und die Stärkung der naturwissenschaftlichen Ausbildung und Lehre ein. Innovative Impulse sollen nach dem Willen institutioneller Träger bald aber auch auf der anderen Seite der Arbeitsgesellschaft wirken. Eva Strobel und Susanne Summa beschreiben in ihrem Artikel die Maßnahmen und Ziele, die aus der Sicht des Arbeitsamtes zur nachhaltigen Senkung vor allem von Jugend- und Langzeitarbeitslosigkeit anvisiert werden. Die Forcierung der betrieblichen- sowie die Stärkung der Verbundausbildung, eine Erhöhung der Frauenerwerbsquote sowie der „AB"-Maßnahmen, die eine rasche Eingliederung in den ersten Arbeitsmarkt ermöglichen, erfolgsorientierte Weiterbildung und Stärkung des Niedriglohnsektors: All dies umreißt ein Beschäftigungsprogramm, das zu einer optimierten Arbeitsmarktpolitik mit einer stärker marktorientierten Regulierung von Angebot und Nachfrage führen soll.

Vieles von dem, was in den vorangegangenen Passagen an Bedingungen und Perspektiven skizziert wurde, lässt sich als Ansatz zu einem Konzept der „Employability" schlüssig zusammenfassen. Die in den letzten Jahren herangewachsene „Beschäftigungsfähigkeit" bietet in vielen Einzelheiten ein flexibles und ausbaufähiges Programm, mit denen den Herausforderungen der neuen Wirtschaftswelt auf den Ebenen von Personalstrategie, Personalpolitik und Arbeitsmarkt begegnet werden kann. Die Erfahrungen, die der Herausgeber aus rund zwanzigjähriger Linienverantwortung im Personalwesen und mehr als zehnjähriger Leitung der Festo Lernzentrum Saar GmbH geschöpft hat, bestärken ihn zusätzlich in der Überzeugung, dass Employability das Thema für Beschäftigte und Unternehmen in der Zukunft schlechthin darstellt.

Diese Überzeugung hat sich mittlerweile auch in der wissenschaftlichen Publizistik, unter Arbeitsmarktexperten wie auch unter Vertretern aus der betrieblichen Praxis weitgehend durchgesetzt. Allerdings muss dabei konstatiert werden, dass die Unternehmensrealität noch weit hinter der ökonomischen Theorie zurücksteht und in Deutschland sowie Europa insgesamt ein großer Rückstand im Vergleich mit der anglo-amerikanischen Wirtschaftswelt existiert.

Immerhin sind in den vergangenen Jahren auch hier zu Lande einige Fortschritte in Theorie und Praxis erzielt worden. Einem zunehmenden Interesse und intensiven Diskussionen unter Ökonomen und Praktikern ist es zu verdanken, dass Aus- und Weiterbildung sowie Personal- und Organisationsentwicklung überhaupt zu einem wichtigen Thema in vielen Unternehmen und Institutionen geworden ist. Noch vor einiger Zeit war das ganz anders, als selbst in den Vereinigten Staaten nur die wenigsten Firmen Personalentwicklung als Bestandteil ihrer strategischen

Unternehmensplanung verankert hatten. Inzwischen ist auch in zahlreichen (größeren) deutschen Firmen Human Resource Development zu einer Führungsaufgabe herangereift. Nach einer Umfrage von Vanessa Flenner und Peter Mühlmeyer von der Fachhochschule Worms aus dem Jahr 2002 verfügen immerhin 40% der Unternehmen über ein integriertes Personalentwicklungskonzept, weitere 40% befinden sich diesbezüglich in der Planungsphase, und nur 20% haben dieses Problem noch nicht in Angriff genommen. Über die früher übliche betriebliche Aus- und Weiterbildung hinaus sind somit Personalentwicklungsprogramme mit wachsendem Erfolg implementiert und unterschiedliche Instrumente der Personalentwicklung in der Unternehmenspraxis getestet worden.

Weiter als diese betriebliche Realität ist, wie bereits erwähnt, die wissenschaftliche Diskussion zum Thema Personalentwicklung gediehen. In ihr hat in den vergangenen zwanzig Jahren das Konzept eines systematisch und strategisch durchgeführten Personalmanagements nach und nach Kontur und mittlerweile auch Format gewonnen. Das Thema Employability, das auch in diesem Buch unter verschiedenen Aspekten und Perspektiven erörtert wird, setzt diese Auseinandersetzung fort, die in Literatur, Fachzeitschriften und in der (tages-)aktuellen Presse stattfindet. Obwohl viele Dinge auf dem Weg zur Employability nur auf dem Papier stehen blieben, war diese Debatte niemals eine realitätsferne Theoriediskussion. Das zeigt sich schon daran, dass sich an ihr nicht nur wissenschaftlich geschulte Ökonomen aus Universitäten und Fachhochschulen beteiligten, sondern auch Arbeitsmarktexperten, Fachpolitiker, Berater und vor allem renommierte Personalentwickler von Anfang an federführend waren.

So war bereits die erste größere deutschsprachige Bestandsaufnahme, die von Thomas Sattelberger 1989 herausgegebene „Innovative Personalentwicklung" das Produkt der langjährigen Erfahrung von drei Autoren, die als Verantwortliche bzw. Berater im – wie es früher allgemein hieß – betrieblichen Bildungswesen ihre Wurzeln hatten. Die Aufsätze über „Grundlagen, Konzepte und Erfahrungen" waren vor allem ein Plädoyer für die damals erst in den Anfängen steckende Implementierung einer strategieorientierten Personalentwicklung und eine unmittelbare Verknüpfung der (betrieblichen) Personalarbeit mit den Unternehmenszielen und -zwecken. Gleichzeitig wurden durch die Einbettung der Personalentwicklung in eine umfassende Kulturarbeit sowie durch den Brückenschlag zwischen Personal- und Organisationsentwicklung ein Leben und Lernen in Kontexten und Netzwerken propagiert, das auch heute noch zu den maßgeblichen Determinanten innovativer Personalpolitik gehört.

Vor dem Hintergrund der eingangs beschriebenen Restrukturierungsmaßnahmen in internationalen Unternehmen wurde 1999 die Neupositionierung des Human Resource Managements exklusiv aus der Perspektive der Personalarbeit beleuchtet. Auf drei Ebenen wurde in dem von Sattelberger herausgegebenen Sammelband „Wissenskapitalisten oder Söldner?" die Entstehung neuer Mitarbeiterstrukturen, die Entwicklung nachhaltiger Personalentwicklungsinstrumente oder die Verifizierung zukunftsträchtiger Kompetenzmuster diskutiert. So erschien die Personalarbeit einmal in ihrer administrativen Rolle zur Regelung des Alltagsgeschäfts, zum anderen als professioneller Coach für Leistung und Laufbahn der Mitarbeiter und schließlich auch als Change-Agent im Rahmen der gesamten Unternehmensentwicklung.

Im Gegensatz zu dieser multiperspektivischen Sicht auf die Probleme der Personalentwicklung hat sich das 1997 von Friedrich Kayser und Heinz Uepping herausgegebene Buch „Kompetenz der Erfahrung" ganz einem zentralen Thema des modernen Human Resource Management gewidmet. Angesichts der bereits thematisierten demographischen Entwicklung ist die Diskussion der Frage, wie die kommende Alterspyramide möglichst innovativ gemanagt werden kann ebenso brandaktuell wie die Erörterung der Möglichkeiten, die sich durch eine effektivere Umsetzung des Wissenskapitals erfahrener Mitarbeiter in vorausschauenden Unternehmen ergeben.

Die demographischen Veränderungen bergen nicht nur die Gefahr einer raschen Alterung der Belegschaften in den kommenden Jahren. Generell werden sich alle Unternehmen in der nahen Zukunft angesichts des sozio-ökonomischen Wandels mit dem Problem konfrontiert sehen, die ‚richtige' Mitarbeiterstruktur auf Dauer erhalten zu können. Der Schweizer Consultant Jean Marcel Kobi empfiehlt daher in einer 1999 erschienenen Publikation, das betriebliche Risikomanagement auf das Human Resource Management auszudehnen. Um einen Engpass bei den Leistungsträgern zu vermeiden, die Abwanderung wichtiger Köpfe zu verhindern, Anpassungsschwierigkeiten auf Grund mangelnder Qualifikationen zu minimieren und die Motivation der Mitarbeiter nachhaltig zu steigern, plädiert Kobi für ein integriertes „Personalrisikomanagement" als „Strategie zur Steigerung des People Value". Kobis innovatives Modell wird auch in diesem Sammelband diskutiert. Prof. Dr. Silke Wickel-Kirsch und Dr. Nikolaus Mauerer thematisieren das Personalrisikomanagement als wichtigen Baustein zum Erhalt der Employability älterer Arbeitnehmer. Am Beispiel einer deutschen Universalbank zeigen sie Möglichkeiten auf, wie durch altersspezifische Integrations-, Qualifizierungs- und Arbeitsgestaltungsmaßnahmen Engpass-, Austritts- oder Motivationsrisiken entgegen getreten werden kann. Der Einsatz erfahrener Mitarbeiter wird auch in den Artikeln von Klaus-Michael Baldin, Prof. Dr. Dieter Wagner/Alexander Böhne und Prof. Dr. Ekkehart Frieling/Thomas Fölsch/Ellen Schäfer dargestellt.

Einen umfangreichen Überblick über internationale Forschungen und Konzepte leistete die 1999 am Institut für Politikwissenschaft der Universität Tübingen entstandene Studie „Employability als Herausforderung für Politik, Wirtschaft und Individuum". Aus der Makroperspektive analysieren die Autoren (Susanne Blancke, Christian Roth und Josef Schmid) Employability-Strategien von EU und OECD vor dem Hintergrund neuer Produktionstechniken, gewandelter Unternehmensstrukturen und dramatisch veränderter Marktlagen. Mit dem eindeutigen Fokus auf dem Arbeitsmarkt und dem Erwerbsleben (und einem Schwerpunkt Reintegration von Arbeitslosen) wird „Employability" hier vornehmlich als gesamtgesellschaftliches Phänomen und staatliche Aufgabe diskutiert. Über die theoretischen, konzeptionellen wie definitorischen Erörterungen hinaus bringen Blancke u. a. auch Einblicke in die politische und betriebliche Praxis, in der erste Ansätze zur Umsetzung von Employability im wirtschaftlich prosperierenden Baden-Württemberg bereits geleistet wurden. Die Tübinger Untersuchung kommt zu dem Ergebnis, dass Employability zwar nicht den einzig möglichen „Königsweg" in die Zukunft der Arbeit darstellt, wohl aber eines der bedeutendsten Instrumente innovativer Arbeitsmarktpolitik werden könnte.

Unter ganz anderen Prämissen hat der bekannte Münchener Soziologe Ulrich Beck zur Jahrtausendwende seinen Ausblick auf die „Schöne neue Arbeitswelt" vorgelegt. Beck sieht im Ende von alter Erwerbsarbeit und bisheriger Arbeitsgesellschaft die Symptome eines fundamentalen Wandels, der sich auf individueller wie auf gesamtökonomischer Ebene vollzieht. Seine These von der politischen Bürgergesellschaft, die die Arbeitsgesellschaft künftig ersetzen wird, ist zwar umstritten geblieben, aber für eine Auseinandersetzung mit dem Konzept der

Employability ist seine Studie jedoch deshalb von Gewicht, weil hier ein prominenter Sozial-wissenschaftler die notwendigen Reaktionen von Politik und Wirtschaft auf den Wandel von sozialen und ökonomischen Bedingungen nachdrücklich postuliert. Im Licht von Becks Theo-rien ist vielmehr auch „Employability" als gleichsam logische (arbeitsmarktspezifische) Fort-entwicklung eines historisch-kulturellen Wandlungsprozesses zu begreifen, der mit der allge-meinen Entfaltung eigenverantwortlicher, individueller Lebensführung bereits vor einigen Jahrzehnten begann.

Heinz Uepping und Roman Lombriser haben sich intensiv mit dem Thema „Employability statt Jobsicherheit" auseinander gesetzt. Damit wurde nach der Tübinger Universitätsstudie nicht nur erstmals im deutschsprachigen Raum die neueste Richtung des Human Resource Management unmittelbar im Titel einer bedeutenderen Publikation gewürdigt. Vielmehr wurde durch diese Titelwahl auch der vielleicht zentrale Aspekt von Employability, der „new social contract" zwi-schen Mitarbeitern und Unternehmen der Zukunft, in den Mittelpunkt der Betrachtungen ge-stellt. „Employability statt Jobsicherheit" setzt sich ausführlich mit den wirtschaftlichen Wand-lungsprozessen der jüngeren Vergangenheit auseinander, entwickelt daraus die Perspektiven für die künftige Personalarbeit und gibt schließlich einige Praxis-Beispiele aus dem zeitgenössi-schen Alltag größerer Unternehmen, wo „Employability" bereits zur betrieblichen Realität ge-worden ist. Im Gegensatz zu diesem übergreifenden Entwurf beschäftigt sich Ueppings Beitrag in diesem Buch speziell mit der Sicherung des impliziten Wissens, des Erfahrungswissens älte-rer Mitarbeiter als bedeutende Ressource für die Unternehmens- und Belegschaftsentwicklung. Der Autor plädiert darin für demographisches Monitoring und intergenerationelle Tandem-Lösungen; er sieht ein integratives Generationenmodell und hohe wirtschaftliche Dynamik in einem unmittelbaren Zusammenhang.

In der Reihe der Autoren, die sich hier zu Lande mit Publikationen zu Personalmanagement und Organisationsentwicklung einen Namen gemacht haben, sei auf Prof. Dr. Christian Scholz verwiesen. Auch Scholz hat sich bereits im Vorfeld seines 1995 gemeinsam mit Maryam Djar-razadeh herausgegebenen Buches immer wieder nachdrücklich für die Implementierung eines „Strategischen Personalmanagements" und die Entwicklung einer „systematischen Basis für ein erfolgreiches Human Resource Management" ausgesprochen. Allerdings betrachtet Scholz die allseitigen Bekenntnisse zur Mitarbeiterorientierung moderner Unternehmenspolitik sowie die bisweilen euphorisch vorgestellten Instrumente und Potenziale der Personalentwicklung we-sentlich kritischer als viele seiner Kollegen. Scholz' 'kritischer Realismus' mündet in der jüngst erschienenen Publikation „Spieler ohne Stammplatzgarantie" mit der Vorstellung des Modells vom „Darwiportunismus" als Motor in der neuen Arbeitswelt. Scholz sieht den Erfolg künftiger Personalpolitik in einem produktiven Wechselspiel zwischen darwinistisch operierenden Unter-nehmen und opportunistisch (im Sinne einer positiv wirksamen Triebfeder, wie sie zum Bei-spiel bereits der marktwirtschaftliche Gründungsvater Adam Smith im „Eigennutz" am Werk sah) agierenden Mitarbeitern. Scholz' spannende und manchmal unbequeme Einsichten sind in kondensierter Form auch in seinem Beitrag nachzulesen.

Das Buch zur „Employability" beleuchtet das Thema eingehend aus der umfassenden Perspek-tive des Komplexes „Personal". Die damit in Verbindung stehenden Fragen, Probleme und Entwicklungsmöglichkeiten werden – soweit sie für die Gesamtsicht der Personalleitung rele-vant sind – in einer großen thematischen Breite diskutiert.

Ein Generalthema ist dabei ohne Zweifel der fundamentale Wandel der Belegschaftsstrukturen. Schon heute ist der Weg von der starren Angestelltenpyramide hin zu einer flexiblen, konkurrenzfähigen und zum Jobwechsel bereiten Mitarbeiterschaft, die aus internen und externen Unternehmern in eigener Sache besteht, deutlich erkennbar. Aus der Sicht eines 'Personalmanagers' stellt sich vor diesem Hintergrund die wichtige Frage, welche Ressourcen und Instrumente für das berufliche 'Fitnesstraining' der projektorientierten Mitarbeiter von morgen zur Verfügung gestellt werden können. Eine Möglichkeit präsentiert Dr. Frank Zils in seinem Beitrag am Beispiel des von der „Saarbrücker Zeitung" initiierten Entwicklungsprogramms „T.E.A.M. Media". Das in Modulen ausdifferenzierte Programm leistet nicht nur einen Beitrag zur Erhöhung der Schlüsselqualifikationen der Mitarbeiter, sondern steigert auch die Effizienz der Teamarbeit und verknüpft Personal- mit Organisationsentwicklung in fruchtbarer Weise. Zukunftsweisend sind im Rahmen der Förderung von Beschäftigungsfähigkeit auch Innovationen der betrieblichen Bildung, wie es z. B. das von Eva-Maria Nagel und Prof. Dr. Werner Sauter vorgestellte „Blended Learning" – eine Mischung aus klassischen Lernformen, Workshops, Fernlernen und E-Learning – darstellt. Blended Learning verknüpft individuelle Lerneinheiten mit dem Lernen in Gruppen und erhöht durch seine Handlungs- und Prozessorientierung die Kompetenz zur Lösung von Problemen im Arbeitsleben.

Ein bedeutender Markstein der strategischen Personalarbeit in künftigen Joblandschaften ist das Problem der Nachwuchsrekrutierung und der Nachwuchssicherung. Wie die Praxisbeispiele des baden-württembergischen Energieunternehmens EnBW sowie der Karlsberg-Brauerei und der Bosch-Werke in Homburg zeigen, sind einige Unternehmen hier bereits auf einem sehr guten Weg. Die Beiträge von Dr. Daniela Eisele / Jürgen Hurst, Dr. Ulrich Kirschner / Timm Stegentritt und Dr. Richard Weber / Dieter Thiele belegen, wie man mit unterschiedlichen Methoden ähnliche Ziele in der Nachwuchs,politik' erfolgreich realisieren kann. Eine frühzeitige und präzise Auswahl der passenden Mitarbeiter, eine unternehmensspezifische und praxisnahe Ausbildung, die Forcierung von Förderprogrammen oder die (emotionale) Bindung des Nachwuchses durch die Schaffung von attraktiven Rahmenbedingungen – etwa durch die Möglichkeiten verantwortlicher Mitgestaltung oder ein modernes Cafeteria-orientiertes, leistungs- statt statusorientiertes Vergütungssystem: all dies erhöht die Wahrscheinlichkeit ungemein, dass das Verhältnis zwischen Unternehmen und (jungen) Mitarbeitern von Anfang an zu einer win-win-Situation werden kann. Die Thematik der Nachwuchskräfte wird ebenfalls von den Autoren Dr. Walter Koch, Dr. Walter Jochmann, Prof. Dr. Werner Rössle sowie Stefan Dietl/Ulrich Höschle beleuchtet.

Wie grundlegend sich Employability von älteren Ansätzen unterscheidet, zeigt sich besonders eindrücklich bei Arbeitsplatzfragen und Beschäftigungsvorstellungen. War (häufiger) Arbeitsplatzwechsel früher geradezu ein Stigma für den betroffenen Mitarbeiter, so ist die Fluktuation inzwischen zu einem Ausdruck für ein innovatives Verständnis von Beschäftigungsfähigkeit geworden. Angesichts der Herausforderungen eines globalen und flexiblen Arbeitsmarktes werden Jobbörse und Jobrotation zu unverzichtbaren Instrumenten effizienten Human Resource Managements. In gewisser Hinsicht konstituiert sich unter solchen Bedingungen überhaupt erst ein Arbeitsmarkt mit realem Angebot und Nachfrage sowie der Möglichkeit zur Steigerung des (persönlichen) Marktwertes. Ein auf den globalen Markt ausgedehntes und funktionsfähiges System der Jobrotation, in dem das Unternehmen zum Auftraggeber und Kunden, der Mitarbeiter zum Unternehmer und Vermarkter der eigenen Arbeit gereift ist, ist von der Realität noch weit entfernt. Wie dieses System einmal im Idealfall funktionieren könnte, beschreibt in diesem Buch Jürgen Fuchs mit seinen Ausführungen zum Know-how-Unternehmen in der Wissensgesellschaft von morgen.

Es sei an dieser Stelle ebenfalls auf die Artikel von Dr. Franz Bailom/Prof. Dr. Hans Hinterhuber/Dieter Tschemernjak, Dr. Joachim Niemeier, Dr. Daniel Wiesner, Ian Walsh sowie Janin Ennes/Dr. Thomas Zwick/Christoph Rappe verwiesen. In unterschiedlichen Perspektiven werden die Rahmenbedingungen sowie die facettenreichen Möglichkeiten der Employability in Erweiterung und Abgrenzung zu anderen Formen des Personalmanagements präsentiert. Grundlegend für die Struktur des Buches sind die Erfahrungen und Erkenntnisse vom Herausgeber und den Autoren, die sich mit den vielfältigen Themen der Personalentwicklung beschäftigt haben. So kommen Personalleiter, Personalentwickler und Ausbilder ebenso zu Wort wie externe Berater. Die Sichtweise des mit der Materie vertrauten Politikers, der Vertreter der Verbände kommt genauso zum Tragen wie die spezifischen Erkenntnisse der Arbeitsmarktexperten und der Wissenschaftler.

Die in der Gliederung des Buches zum Ausdruck kommende konzeptionelle Grundlage ist aus guten Gründen an den drei Zielgruppen der Personalentwicklung orientiert. Im Spannungsfeld von „Beginners" (Auszubildende und berufliche Anfänger), „Advanced" (Führungs-, Fachkräfte und andere Mitarbeiter, die mitten im Berufsleben stehen) und „Experienced" (ältere und erfahrene Mitarbeiter, die bereits das Ende ihrer aktiven Arbeitszeit im Blickfeld haben) findet einerseits ganz konkret die Umsetzung des Employability-Ansatzes in der Unternehmenspraxis statt. Andererseits ist die Einteilung in diese drei Zielgruppen sinnvoll, wenn es um die (theoretische) Reflexion von Instrumenten und Möglichkeiten der Personalentwicklung angesichts künftiger Herausforderungen in Wirtschaft und Gesellschaft geht.

Abschließend seien sechs zentrale Aspekte von „Employability", die dem Herausgeber besonders wichtig erscheinen, nochmals thesenhaft formuliert. Diese Punkte werden in den Beiträgen von allen Autoren in unterschiedlicher Intensität reflektiert und mit unterschiedlichen Ergebnissen interpretiert.

1. Employability als Antwort auf Veränderungen in Wirtschaft, Gesellschaft und Politik

„Employability" ist als Ansatz eines Konzeptes zur Neuordnung von Arbeitswelt und Unternehmenslandschaft in den vergangenen Jahren in Reaktion auf dramatische Veränderungen in Wirtschaft, Gesellschaft und Politik entstanden. Der in der Folge von Globalisierung und Liberalisierung zunehmende Zwang zur Mobilität und Flexibilität findet darin genauso Berücksichtigung wie der den technologischen Herausforderungen geschuldete Innovationsdruck. Auch die durch die demographische Entwicklung der letzten Jahrzehnte entstandene Alterspyramide verlangt nach gezielten Maßnahmen im Sinne einer neuen Beschäftigungsfähigkeit. Aus Personalentwicklungsperspektive bedeutet das z. B. die Notwendigkeit, den „War for Talents" zu gewinnen und das Erfahrungswissen älterer Mitarbeiter produktiv in das eigene Unternehmen zu integrieren.

2. Neuer sozialer Kontrakt zwischen Unternehmen und Mitarbeiter

Kerngedanke der Employability ist ein neuer sozialer Kontrakt zwischen Unternehmen und Mitarbeitern. Wurden Loyalität und Commitment der Arbeitnehmer bis dato durch die Zusicherung der lebenslangen Arbeitsplatzsicherheit / Beschäftigung „erkauft", so wird in Zukunft der Erwerb und die Förderung der Beschäftigungsfähigkeit im Mittelpunkt dieses Verhältnisses stehen. Der Mitarbeiter von heute wird morgen zum Unternehmer in eigener Sache. Durch selbstverantwortliche und permanente Erweiterung seines Kompetenzportfolios erhält er sich dauerhaft seine Marktfähigkeit. Umgekehrt werden Unternehmen, um überleben zu können, ständig auf der Suche nach den Mitarbeitern mit der höchsten Employability sein. Dafür wird es auch notwendig sein, die unternehmenseigenen Ressourcen und Möglichkeiten zur Erhaltung der Beschäftigungsfähigkeit der Mitarbeiter zur Verfügung zu stellen.

3. Neue bzw. veränderte Zielsetzungen und Instrumente im Human Resource Management

In enger Verknüpfung mit diesem gewandelten Beziehungsgefüge werden Ziele, Instrumente und Maßnahmen der Personalentwicklung neu definiert und zum Teil erheblich erweitert. Stand noch bis vor kurzem die Qualifizierung innerhalb des existierenden Arbeitsplatzes mit den Mitteln der klassischen betrieblichen Aus- und Weiterbildung im Mittelpunkt, so sind bereits heute mit E-Learning und Blended Learning, Virtual Academy und Mentoring neue Methoden, mit Jobbörse und -rotation vor allem aber auch betriebsübergreifende Möglichkeiten erkennbar. Die Personalarbeit wird damit zum „Performance-Coach" einer neuen Arbeiter-Unternehmerschaft, die in wechselnden Beschäftigungsverhältnissen Karriere macht und mit flexiblen, kompetenzorientierten und marktgerechten Anreiz- und Vergütungssystemen entlohnt wird.

4. Notwendigkeiten von flexibleren Belegschaftsstrukturen

Im Zuge der Neuorientierung des Arbeitsmarktes werden moderne Unternehmen eine neue, effizientere und flexiblere Belegschaftsstruktur entwickeln. Diese neue Struktur wurde bereits 1993 von Charles Handy beschrieben und ist seit geraumer Zeit in realen Ansätzen tatsächlich erkennbar. Das von Handy prognostizierte, dreiblättrige Kleeblatt besteht zum einen aus einer dauerhaft gebundenen Kernbelegschaft von hoch qualifizierten Managern, Technologieexperten und Facharbeitern, zum anderen aus (ständigen) externen Dienstleistern für Verwaltungs- oder Serviceaufgaben und schließlich aus einer jederzeit verfügbaren Kapazitätsreserve mit Zeit- und Teilzeitarbeitern bzw. Freelancer. Diese drei Formationen fügen sich zu einer elastischen Gesamtorganisation, die auf dem globalen Markt schnell und bedarfsorientiert agieren kann und somit wettbewerbsfähig bleibt.

5. Bedeutung der Schlüsselqualifikationen/Kernkompetenzen im Sinne ganzheitlicher Personalentwicklung

Auf Grund der Komplexität der künftigen Arbeitswelt muss erfolgreiche Personalarbeit in der Zukunft weit mehr sein als ein verlängerter Arm von Schule, Berufsakademie, Fachhochschule bzw. Universität. Personalentwicklung ist nicht länger informationslastige Vermittlung von Fachwissen nach dem Gießkannenprinzip. Im Mittelpunkt steht inzwischen die Ausbildung von

Schlüsselqualifikationen oder so genannten Kernkompetenzen. Das bedeutet, dass das fachliche und methodische Know-how ebenso erlernt sein will wie das produktive Einbringen der eigenen Persönlichkeit. Lebenslanges Lernen bedeutet eben auch: Lernen für das Leben. Letzten Endes ist „Employability" also „ganzheitliche" Personalentwicklung. Der Wandel zu einer Arbeitswelt mit ausreichender Beschäftigungsfähigkeit ist insofern nicht ein isoliertes wirtschaftliches, sondern ein gesamtgesellschaftliches, globales Phänomen.

6. *Zukunftssicherung der Unternehmen durch Employability*

Unternehmen sind nur nachhaltig erfolgreich und können nur dann ihre Zukunft sichern, indem sie sich den Herausforderungen der Employability mit allen Aspekten stellen und innovative, unternehmensspezifische Lösungsansätze entwickeln.

Der Herausgeber möchte sich an dieser Stelle für die wegweisende Förderung und die Unterstützung durch die Unternehmerfamilien Stoll bedanken, die sich bereits über mehrere Jahrzehnte auch im Segment der Qualifizierung stark engagieren und entsprechende Mittel zur Verfügung stellen. Das Konzept zu diesem Buch wurde gemeinsam mit Frau Dipl.-Psych. Janin Ennes und Herrn Dr. Alfred Ermers in vielen Diskussionen erarbeitet.

Ein Dank gilt allen Autoren für die Unterstützung durch ihre Beiträge und für die vielen persönlichen Gespräche. Die organisatorische Umsetzung des Buches und die Koordination mit dem Gabler Verlag übernahm Frau Janin Ennes.

Für die Weiterentwicklung und die innerbetriebliche Umsetzung von „Employability"-Ansätzen steht der Herausgeber als Gesprächspartner Interessierten gerne zur Verfügung.

Ludwigsburg / Esslingen /	Dr. Peter Speck
St. Ingbert im Mai 2004	Leiter Human Resources Festo AG & Co. KG,
	Leiter Human Resources Festo Gruppe,
	Geschäftsführer Festo Lernzentrum Saar GmbH

Inhaltsverzeichnis

Teil II: Advanced ... on the way

Daniel Wiesner

Richard Weber und Dieter Thiele

Jürgen Fuchs

Joachim Niemeier

Franz Bailom, Hans H. Hinterhuber und Dieter Tschemernjak

Christian Scholz

Hanspeter Georgi

Eva Strobel und Susanne Summa

Teil III: Experienced ... the way ahead

Ekkehart Frieling, Thomas Fölsch und Ellen Schäfer

Norbert Walter

Einleitung: Deutsche – immer weniger und immer älter: Was ist zu tun?

Während die Weltbevölkerung insgesamt nach jüngsten Schätzungen der Vereinten Nationen bis zum Jahr 2050 um gut 3 Milliarden Menschen auf rund 9,3 Milliarden zunehmen wird, sehen die Prognosen für die meisten Länder der Welt gänzlich anders aus. Für Deutschland, wie auch für die meisten anderen europäischen Länder, ist mit einem Bevölkerungsrückgang zu rechnen – verbunden mit starker Alterung der verbleibenden Bevölkerung. Schon im Jahr 2020 werden ein Fünftel Westeuropäer über 65 sein. Vor nur 50 Jahren bildete diese Altersgruppe gerade einmal 8 % der Gesamtbevölkerung in der Region.

Während die Bevölkerung in Westeuropa in den 60er Jahren noch wuchs – im Mittel bekam jede Frau im gebärfähigen Alter in Deutschland 2,1 Kinder, in Frankreich 2,5 und in den Niederlanden sogar 2,6 Kinder – so kann davon heute keine Rede mehr sein. Die Zahl der Geburten erreichte in den EU-15 im Jahr 2002 mit 3,99 Millionen einen neuen Nachkriegstiefststand. Die Anzahl der Kinder pro Frau (Nettoreproduktionsrate) ist mittlerweile sogar zu gering, um das heutige Bevölkerungsniveau aufrechtzuerhalten, dafür bedürfte es im Durchschnitt 2,1 Kinder pro gebärfähiger Frau. Die Vereinten Nationen schätzen für den Zeitraum von 2000 bis 2005, dass die Fruchtbarkeitsraten (Kinder pro gebärfähiger Frau) in Irland (1,9), Frankreich (1,89) und den Niederlanden (1,8) am höchsten unter westeuropäischen Staaten sein werden, während in Deutschland (1,35), Griechenland (1,27), Italien (1,23) und Österreich (1,28) am wenigsten Kinder das Licht der Welt erblicken. Auch in den Beitrittsstaaten sieht die Situation nicht anders aus: In Zypern werden statistisch gesehen immer noch 1,9 Kinder pro Frau geboren – doch in den osteuropäischen Beitrittsstaaten sind die Schätzungen für die Zeit von 2000 bis 2005 eher niedriger. So gehen die Vereinten Nationen von einer Fruchtbarkeitsrate in Lettland von 1,1, in Ungarn von 1,2 und in Polen von 1,26 aus.

Deutschland liegt mit einer Nettoreproduktionsrate von 1,35 in Westeuropa am unteren Ende der Geburtenskala. Gleichzeitig steigt in Deutschland, wie fast überall, die Lebenserwartung merklich – schon jetzt ist Deutschland eine der 10 ältesten Gesellschaften mit einem Durchschnittsalter von 39,6 Jahren. Da sich dieser Trend fortsetzen wird, werden Politik, Gesellschaft und Wirtschaft in den kommenden Jahren vor enorme Herausforderungen gestellt.

Die Probleme der Alterung und Schrumpfung sind allerdings nicht nur auf die – oft diskutierten – Renten- und Gesundheitssysteme beschränkt. Vielmehr wird es zu nachhaltigen Auswirkungen auf alle Bereiche unserer wirtschaftlichen und gesellschaftlichen Strukturen kommen. Gütermärkte – wie auch ganze Branchen – werden auf veränderte Nachfrage stoßen, die Innovationskraft dürfte mit zunehmendem Alter der Mitarbeiter und Unternehmer schrumpfen und das gesamtwirtschaftliche Wachstumspotenzial dürfte sinken, da sowohl Arbeit knapper als auch technischer Fortschritt langsamer werden wird. Schließlich stehen die Kapitalmärkte vor einer Zukunft mit niedrigeren Erträgen.

Unmittelbare Auswirkungen wird es auf dem Arbeitsmarkt geben. Spätestens ab 2015 mit dem Ausscheiden der Babyboomer – der zwischen 1950 und 1970 Geborenen – aus dem Erwerbsleben wird es eine deutliche Verknappung des Faktors Arbeit geben. Die Lücke, die hier entstehen wird, kann durch die schwach besetzten nachfolgenden Generationen nicht ausgeglichen werden. Das Erwerbspersonenpotenzial wird beschleunigt schrumpfen.

Schon heute verlassen – auch durch den beliebten Vorruhestand bedingt – jährlich rund 200.000 mehr ältere Arbeitnehmer den Arbeitsmarkt als Nachwuchskräfte nachrücken.

Auswirkungen der demografischen Entwicklung auf den Arbeitsmarkt

In wirklichen Marktwirtschaften schlagen sich veränderte Knappheiten in den Preisen nieder. Das sinkende Angebot des Faktors Arbeit wirkt sich in steigenden Löhnen aus – und dies insbesondere für jüngere Arbeitskräfte. Der große Bedarf an immer knapper werdenden Fachkräften dürfte der Lohnentwicklung im oberen Segment weiter Auftrieb geben. Während also aus Gründen des geringeren Angebots die Entlohnung des Faktors Arbeit stärker steigen dürfte, dürfte der Anstieg des Durchschnittsalters der Erwerbstätigen entgegengesetzte Auswirkungen auf die Arbeitsproduktivität haben. Je älter die Erwerbstätigen werden, desto länger liegt die Ausbildung zurück und umso weniger nützlich ist das, was man weiß. Hieraus ergeben sich vielfältige Anforderungen an HR-Abteilungen in Unternehmen, die sich vermehrt damit auseinander setzen müssen, wie das im Schnitt alternde Personal weiter auf dem neusten Wissensstand gehalten werden kann – Stichwort „life long learning". Dies ist umso wichtiger, da ab dem 60. Lebensjahr die physische und mentale Leistungsfähigkeit abnimmt. Offenkundig müssen Wege gefunden werden, eine schon bald stark wachsende Arbeitnehmerschaft im Alter von über 60 gewinnbringend in den Arbeitsprozess einzugliedern. Unternehmen sollten schon heute im Rahmen eines „Age diversity-Managements", nicht nur die Qualitäten junger Mitarbeiter, sondern auch die speziellen Fähigkeiten der älteren Mitarbeiter wahrnehmen und für sich nutzen; insbesondere Kundenbeziehungen und „institutional memory" wären hier als Vorzüge der Älteren zu nennen.

Ist die Demografie unser Schicksal? Laufen wir Gefahr in Zukunft in einer nur noch marginal wachsenden, überalterten Volkswirtschaft zu leben?

Intuitiv erscheint es als die beste Lösung „mehr Kinder" zu bekommen: Jede Frau müsste – so wissen wir doch – nur durchschnittlich 2,1 Kinder gebären, um – ausgehend von einer stationären Situation – ohne Zuwanderung die Bevölkerungszahl konstant zu halten. Derzeit liegt die Geburtenrate mit 1,3 Kindern mehr als ein Drittel unter diesem Wert. Und das schon seit 30 Jahren. Selbst wenn also die Geburtenrate – was offenkundig unrealistisch ist angesichts der vorherrschenden gesellschaftlichen Einstellung – auf 2,1 Kinder pro Frau stiege – und das über Nacht – würde sich dies erst ab 2025/2035 stabilisierend auf die Zahl der Erwerbstätigen auswirken. Zuvor würde es wegen der Erziehungsarbeit die Verfügbarkeit von jungen Arbeitskräften im Gegenteil sogar vermindern. Wer „Kinder statt Inder" sagt, sollte wissen, dass dies eine Strategie – wenn heute begonnen – für die Arbeitsmarktverbesserung ab 2030 ist.

Gegensteuern auf dem Arbeitsmarkt durch Maßnahmen in Deutschland

Auch wenn der Tatbestand einer immer älter werdenden Gesellschaft kurzfristig nicht durch Bevölkerungspolitik geändert werden kann, so können die sich aus diesem Prozess ergebenden Implikationen für die Situation auf dem Arbeitsmarkt durchaus durch nationale Maßnahmen abgeschwächt werden.

Die nahe liegendste Variante in einem Hocharbeitslosigkeits-Land wie Deutschland scheint eine Rückführung der außerhalb des Markts stehenden Personen in das aktive Erwerbsleben. Es geht hier um eine Verbesserung der Qualifikation der Arbeitlosen, stärkere Anreize zur Wiederaufnahme der Beschäftigung (Stichwort Kürzung der Sozialtransfers) und flexiblere Arbeitszeiten für eine bessere Vereinbarkeit von Beruf und Familie. Doch sind auch diesem Hebel Grenzen gesetzt, denn eine Reihe von Arbeitslosen sind schwer qualifizierbar, und andere Arbeitslose befinden sich schon im Übergangsalter zur Rente.

Durch eine Erhöhung der in Deutschland im internationalen Vergleich niedrigen Erwerbsquote (72 % versus USA 79 %) könnte dem Arbeitsmarkt ein größeres Angebot an Arbeitskräften zugeführt werden. Auf den zweiten Blick wird klar, dass es hierbei vor allem um eine Erhöhung der Partizipation der 55–65-Jährigen gehen muss, denn aus dieser Altersklasse sind in Deutschland nur noch rund 40 % aktiv, während in den USA rund 60 % und in Schweden sogar 70 % in dieser Altersklasse arbeiten.

Auch das offizielle Renteneintrittsalter muss erhöht werden. Das gesetzliche Renteneintrittsalter beträgt in Deutschland 65 Jahre – bei einer schon lange und auch zukünftig steigenden Lebenserwartung und immer besserer Gesundheit der Mitsechziger ist eine Erhöhung auf 70 Jahre aber nicht außerhalb der Reichweite. Doch bei Beobachtung der Realität ergibt sich eine starke Diskrepanz: Das tatsächliche durchschnittliche Alter bei Rentenbeginn beträgt in unserem Land sage und schreibe nur 60,5 Jahre. Mit der weiter steigenden Lebenserwartung muss zuerst das faktische Renteneintrittsalter nach oben gesetzt werden. Das Erwerbsleben der meisten Menschen heute ist nicht durch schwere, körperliche Arbeit gekennzeichnet, und die ältere Generation ist heute, dank guter medizinischer Versorgung, in einer besseren geistigen und körperlichen Verfassung, als noch vor 30 Jahren, so dass die Lebensarbeitszeit ohne Probleme verlängert werden kann.

Da das Arbeitsangebot nicht nur durch ein Mehr an Arbeitskräften erhöht werden kann, sondern auch durch höhere Jahresarbeitszeiten der aktiven Erwerbsbevölkerung, ist hier ein weiterer Hebel, um dem negativen Trend auf Deutschlands Arbeitsmarkt entgegenzuwirken. Im internationalen Vergleich sind die Deutschen mit durchschnittlich rund 1600 Arbeitsstunden pro Jahr wahre „Freizeitmatadore". Ihre amerikanischen und japanischen Kollegen bringen es auf 400 Arbeitsstunden mehr im Jahr und selbst die Franzosen arbeiten pro Jahr rund 50 Stunden länger.

Alles in allem gibt es relativ viele Hebel, um dem Rückgang des quantitativen Arbeitseinsatzes entgegenzuwirken. Allerdings ist ihre Wirkung begrenzt. Durch die genannten Maßnahmen würde weder eine Verjüngung noch ein Anwachsen des Erwerbspersonenpotenzials erzielt. Durch Zulassung, ja Förderung von Einwanderung hingegen kann beides erreicht werden.

Norbert Walter

Migration: Hilfe von Außen

Während in Europa und vor allem in Deutschland die Bevölkerung schrumpft und altert, liegt das Bevölkerungswachstum in anderen Regionen (Asien, Arabische Länder, Afrika und Latein-amerika) deutlich über dem Reproduktionsniveau und birgt damit ein größeres Erwerbsperso-nenpotenzial, von dem alternde Industrienationen unter bestimmten Bedingungen einerseits, und die abgebenden Länder andererseits, stark profitieren können.

Seit 1950 lag die Nettozuwanderung in Deutschland bei rund 200.000 Personen, wobei hier periodisch starke Schwankungen zu verzeichnen sind. So standen in den 50er und 60er Jahren vor allem die Anwerbung ausländischer Arbeitskräfte im Mittelpunkt, wohingegen nach dem Anwerbestopp in den 70er Jahren vor allem Familiennachzüge die Zuwanderung prägten. In den 80er und 90er Jahren waren dann hauptsächlich politische Entwicklungen (Krieg in Jugos-lawien) der Auslöser für Migration nach Deutschland. Die Zuwanderungsraten der Vergangen-heit werden allerdings bei weitem nicht ausreichen, um die zukünftige Lücke an Arbeitnehmern in Deutschland zu schließen. Alleine um bei unveränderten Geburtenraten die Bevölkerungsan-zahl konstant zu halten, bedarf es einer Nettozuwanderung von 400.000 pro Jahr; zur Stabilisie-rung des Erwerbspersonenpotenzials hingegen – bei unveränderter Erwerbspersonenquote und Renteneintrittsalter – wäre eine Nettozuwanderung von rund 550.000 nötig. Angesichts solcher Größenordnungen scheint es sinnvoll und angebracht, sich mit dem Phänomen der Migration und seinen Determinanten näher zu beschäftigen.

Ursachen für Migration

Die Ursachen der Migration sind außerordentlich vielfältig. Wirtschaftliche Unzufriedenheit, Perspektivlosigkeit und glücklicherweise immer seltener – jedenfalls in unserem Teil der Welt – religiöse, ethnische oder politische Unterdrückung sind die Gründe für den Wanderungs-wunsch. Nicht zu vergessen ist aber bei einer tieferen Analyse auch das Thema Familiennach-zug, weil dies faktisch ein Nachklapp auf die Wanderungsprozesse ist, die hinter uns liegen. Am Beispiel des klassischen Einwandererlandes USA ist aber auch zu erkennen, dass die Att-raktivität des Ziellandes gerade gutausgebildeten Personen sehr wichtig ist. So spielen bei der Beurteilung der Wanderung auch Themen wie Ausbildung – schulische, universitäre aber auch berufliche – und Lebensqualität eine wichtige Rolle.

Wirtschaftliche Implikationen:
Sektorale Nachfrageverschiebungen

Direktes Resultat der niedrigen Geburtenrate und der längeren Lebenserwartung ist die relative und absolute Zunahme an alten Menschen. Das Gegensteuern durch Migration ist durchaus möglich, wenn auch eine große Herausforderung angesichts der massiven Verwerfungen. Wich-tig ist ein Blick auf die Mikrostrukturen, denn je kleinteiliger die Analyse, desto differenzierter die Ergebnisse. Wanderung ist regional außerordentlich divergierend - strukturschwache Regio-nen wie Ostdeutschland erleben Abwanderung, Ballungszentren wie die Rhein-Main-Region

4

ziehen sehr viele Zuwanderer – in- und ausländische – an. Dies gilt auch in anderen Ländern Europas (wie Italiens Mezzogiorno, Spaniens Extremadura und Teile Nordfrankreichs).

Diese Differenzierung dürfte sich auch dann, wenn es zu einer stärkeren Zuwanderung käme, nicht ändern. Die schon jetzt zu beobachtende Kumulation von Nachfrage in einzelnen Regionen und Sektoren auf Grund von Zuzug, Wohnungsbau und Infrastruktur, würde dem fortgesetzten Wegbruch von Nachfrage in gemiedenen Regionen gegenüberstehen. Resultat sind Verarmungsprozesse in den weniger attraktiven Regionen, die lange anhalten und nachhallen. Vor allem in Deutschland sorgen steuerliche Regelungen für verzögerte Anpassungen. Preise werden dadurch gehindert, sich rasch entsprechend der Marktverhältnisse einzupendeln. Dies gilt beispielsweise im Immobilienmarkt. Schnellere Preisanpassungen (etwa bei Immobilien) könnten die Attraktivität benachteiligter Regionen rasch wiederherstellen. Es ist also wichtig, wenn über vermehrte Immigration gesprochen wird, eine eventuelle Verschärfung der regionalen Disparitäten als Gefahr zu erkennen, um wirksam gegenzusteuern.

Chancen der Migration für Deutschland

Chancen der Migration liegen in der demografischen Stabilisierung, die einen positiven Beitrag zum Sozialversicherungssystem liefern kann. Doch sollte das Thema Einwanderung ganz sicher nicht primär unter dem Aspekt Sicherung im Sinne von Besitzstandswahrung des bestehenden Altersvorsorge- und Gesundheitssystems diskutiert werden. Wichtiger ist die Chance zum gegenseitig voneinander lernen, zum Abbau produktivitätshemmender nationaler Segmentierung. Insbesondere kann mit selektiver Einwanderung die Innovationsfähigkeit und Risikobereitschaft sonst alternder Länder verbessert werden. Es ist indes erfreulich, dass die Einwanderer zeitweise einen Beitrag zur Verbesserung der Finanzlage der Sozialversicherungen leisten. Doch sich auf diese Perspektive zu verlassen – in einem Land mit einem Staatsanteil von 85% an der Altervorsorge – reflektiert Sorglosigkeit. Die nachhaltige Sanierung der Umlagesysteme und der Einstieg in andere Methoden der Finanzierung der Renten müssen jetzt auf den Weg gebracht werden, um die Renten zu sichern. Auch das Einstiegsalter in den Beruf muss erheblich sinken, um wirklich von der Kreativität junger Menschen zu profitieren. Die Frauenerwerbsquote muss nachhaltig erhöht werden. Voraussetzungen hierfür sind kreativere Organisationsmodelle der Betriebe: Betriebskindergärten, Teilzeitarbeit und auch Arbeit von zu Hause. Aber auch die Wiederentdeckung der Drei-Generationen ist hiermit verbunden. Denn Familie kann hilfreich sein im Anpassungsprozess hin zu einer gelungenen Verbindung von Familie und Beruf, mehr Selbstverantwortung und weniger Staatsorientierung.

Zuwanderung, wenn auch nicht Allheilmittel für die deutschen Sozialversicherungssysteme, trägt durch zunehmende Internationalität zum wissenschaftlichen und kulturellen Austausch als Basis für einen Lernprozess bei. Für den Fall einer gelungenen selektiven Einwanderung, die vor allem die Jungen und Leistungswilligen anzieht, ist mit einer Erhöhung der Innovationstätigkeit zu rechnen, die sich dann über Rückkopplungseffekte auch positiv auf die wirtschaftliche Entwicklung auswirken kann.

Risiken der Migration für Deutschland

Doch stehen diesen Chancen auch Risiken gegenüber. Es ist offenkundig, dass mit Zuwanderung die Integrationsfähigkeit jeder Gesellschaft hart getestet wird. Das liegt nicht nur an der großen Anzahl der Zuwanderer, sondern auch an ihrer kulturellen und ethnischen Verschiedenheit im Vergleich zu unseren Werten. Parallelgesellschaften können die Folge sein; dies ist selten eine gelungene Lösung. Ohne eine Auseinandersetzung mit den fremden Kulturen, aber auch ohne eine Reflexion über die eigenen Werte, wird es zu Spannungen, Nichtverstehen, kurz zum Misslingen von Integration kommen. Das ist als Herausforderung für unsere Gesellschaften zu sehen, nicht nur ständig vom Wertewandel zu sprechen, sondern sich einer wirklichen Wertedebatte zu stellen, um sich auch der eigenen Kurzsichtigkeiten und Empfindlichkeiten bewusst zu werden.

Im schlechtesten Fall kommt es zum Überschreiten der Integrationsfähigkeit von Gesellschaften: Zersetzungstendenzen des gesellschaftlichen Zusammenhalts, das Auftreten von Spannungen und Neid sind unter anderem die Folgen.

Herausforderungen für Deutschland

Das Ausmaß der Integrationsfähigkeit einer Gesellschaft ist freilich keine statische Größe. Vielmehr ist sie abhängig davon, wie die „Einheimischen" die „Zuwanderer" erleben, was eng damit verbunden ist, welche Gruppen von Zuwanderern angezogen werden: Qualifizierte für den Arbeitsmarkt oder im anderen Extrem „Free Rider", die nur an den Transferleistungen des hiesigen Sozialsystems interessiert sind. Generell hängen die Wohlfahrtsgewinne entscheidend von der Struktur der zugewanderten Arbeitskräfte ab. Wichtig dabei ist, dass die Zuwanderer Arbeitswillen und das geeignete Qualifikationsniveau bzw. Qualifikationspotenzial mitbringen. Nur dann werden die Knappheit im Arbeitskräfteangebot kompensiert und Impulse für die Wirtschaftsentwicklung gegeben. Damit dies Gewähr leistet wird, muss das gegenwärtige System, welches momentan Familiennachzügler und politische Flüchtlinge, anstatt gut Ausgebildete und Selbstständige anzieht, geändert werden. Hier muss an verschiedenen Stellschrauben gedreht werden. Die weniger qualifizierten, die heute in die Schattenwirtschaft einwandern, gilt es durch Reformen der Sozial- und Steuerpolitik in die offizielle Wirtschaft zu integrieren.

Ziel muss sein, Einwanderung primär – wenn auch nicht ausschließlich – nach ökonomischen Kriterien zu steuern und durch eine Korrektur der Transferleistungen – die für alle schmerzhaft sein wird – Einwanderung in das Sozialsystem zu verhindern.

Gleiches gilt für das Bildungssystem, das sowohl Attraktor als auch ein System von geringen Anreizen für die Nachwuchsgeneration sein kann. Für die Migrationsfrage ist diese Weiche von besonderer Wichtigkeit, denn die Qualifikation der Zuwanderer entscheidet, ob durch sie Spitzenleistungen erbracht werden. Das deutsche Hochschulwesen ist international nicht wettbewerbsfähig – die üblichen Massenuniversitäten sind Gift für die Erzeugung von qualitativ hochwertiger Forschung und Lehre. Der Nulltarif im Bildungssystem hat Rückwirkungen auf die Qualität des Systems – gesunder Wettbewerb und mehr Leistungsdenken auch mit guten ausländischen Studenten sind Mangelware. Die Anreize im deutschem Hochschulwesen gehen also in die falsche Richtung: Anstatt hohe Qualität, die im Zweifel auch Geld kostet, anzubieten und damit Eliten zu fördern, gräbt sich das System mit Bildung zum Nulltarif das eigene Grab.

Zukunftsprognosen für Migration in Europa

Die Integration Mittel- und Osteuropas wurde und wird immer noch mit der Bedrohung durch Massenwanderungen in die Europäische Union in Verbindung gebracht. Die Wahrscheinlichkeit einer solchen Wanderung ist nicht Null, aber sie ist so gering, dass die Sorgen fehl am Platze sind. Grund hierfür ist, dass die mittel- und osteuropäischen Gesellschaften ähnliche demografische Veränderungen und ähnlich niedrige Geburtenraten aufweisen. Mit der Beruhigung, dass eine große Zuwanderung utopisch ist, geht aber auch eine ökonomische Enttäuschung einher. Die Erwartungen, dass in ein überaltertes Mittel- und Westeuropa Arbeitskräfte aus Osteuropa – das mit hoher Wahrscheinlichkeit eine dynamische ökonomische Entwicklung vor sich hat – einwandern, ist unrealistisch. Dort gibt es, ähnlich wie in Westeuropa und intensiver als in den USA, starke Bindungen durch Sprache und Kultur, was eine Emigration in die EU aus diesen Gebieten sehr unwahrscheinlich macht. Ähnliches haben wir auch schon bei der Süderweiterung erlebt.

Deutschland und Europa brauchen Zuwanderung, um nicht in absehbarer Zeit die Altersstruktur von Florida zu haben. Um Innovationsfähigkeit und die Fähigkeit zum strukturellen Wandel zu sichern, ist Einwanderung von großer Bedeutung. Diese wird aber – wie erläutert – nicht über längere Zeit und nicht in nennenswertem Umfang aus Mittel- und Osteuropa kommen.

Wo kann für Europa die Einwanderung alternativ herkommen? Übrig bleiben ethnisch und religiös von uns höchst verschiedene Regionen, und zwar im Wesentlichen aus dem Mittleren Osten und aus Nordafrika. Die sozialen Kosten der Integration von Zuwanderern aus diesen muslimischen, arabischen Ländern für ganz Europa werden nennenswert sein. Nur die iberische Halbinsel scheint mit der Rückwanderung aus Brasilien und Argentinien Einwanderung erwarten zu können, die mit geringen Integrationskosten verbunden ist.

Europa kommt um die Aufwendung der Integrationskosten nicht herum. Die seit 30 Jahren fehlenden Kinder und die immer länger lebende Bevölkerung in Kombination mit den hiesigen Sozialversicherungssystemen, das baldige Ausscheiden der letzten geburtenstarken Jahrgänge aus dem Arbeitsleben und der spätestens damit einsetzende Arbeitskräftemangel zollen ihren Tribut. Entscheidend wird aber sein, ob Europa und damit auch Deutschland es schaffen, die Anreize richtig zu setzen. Neben Korrekturen im Sozialsystem und bei der Steuerpolitik kommt es auf die Neuausrichtung des Bildungssystems an. Vor allem das Hochschulwesen muss attraktiver für den Nachwuchs – nicht nur aus dem eigenen Land - werden. Dies ist nur möglich durch eine Abkehr vom Prinzip der Massenuniversität und einer bewussten Kursänderung in Richtung auf mehr Wettbewerb in Forschung und Lehre. Nur so kann es gelingen, auch Eliten an deutschen Hochschulen auszubilden und solche aus dem Ausland anzuziehen. Europa braucht selektive Einwanderung. Dass dies nicht auf Knopfdruck möglich ist, hat die „IT Greencard"-Aktion der Schröder Regierung gezeigt.

Was für eine nachhaltige, ökonomisch sinnvolle Migration nötig ist, sind – wen wundert es – strukturelle Reformen in Deutschland und Europa.

Teil I

Beginners ... under the way

Ulrich Kirschner und Timm Stegentritt

1 Strategien für die Nachwuchssicherung von Unternehmen

Untersuchung am Beispiel der Robert Bosch GmbH, Werk Homburg

1.1 Einleitung

Die Robert Bosch GmbH ist eines der größten Industrieunternehmen Deutschlands. In den drei Unternehmensbereichen Kraftfahrzeugtechnik, Industrietechnik sowie Gebrauchsgüter und Gebäudetechnik wurden im Jahr 2003 rund 36 Milliarden Euro umgesetzt. Die starke internationale Ausrichtung des Unternehmens lässt sich an der Verteilung der Mitarbeiterzahl erkennen: von den rund 232 000 Mitarbeitern, die Anfang 2004 bei Bosch beschäftigt sind, arbeiten rund 55 % im Ausland. Einst aus der „Werkstätte für Feinmechanik und Elektrotechnik" in Stuttgart hervorgegangen, ist das Unternehmen des Firmengründers Robert Bosch heute in mehr als 50 Ländern mit rund 240 Standorten vertreten.

Unser Werk in Homburg gehört mit rund 5 500 Mitarbeitern zum Geschäftsbereich Diesel Systems. Weitere 1 000 Mitarbeiter arbeiten daneben in Homburg für die Bosch Rexroth AG. Durch die europaweit starke Zunahme des Dieselanteils bei neu zugelassenen Fahrzeugen stellt der Geschäftsbereich Diesel Systems mit fast 6,5 Milliarden Euro Umsatz und 48 500 Mitarbeitern den größten Bereich der Bosch-Gruppe dar. Am Siegeszug des Dieselmotors hat insbesondere das in Homburg gefertigte Hochdruck-Einspritzsystem Common Rail einen maßgeblichen Anteil. Dieses löst sukzessive die konventionellen Erzeugnisse Reihenpumpe und Verteilereinspritzpumpe ab. Es sorgt dafür, dass Dieselmotoren effizienter, leiser und sauberer arbeiten. Um weitere Optimierungen in Verbrauch, Emissionen und Leistung zu erzielen und mithin wettbewerbsfähig zu bleiben, entwickeln wir unsere Erzeugnisse ständig weiter. So beginnt beispielsweise in 2003 die Serienfertigung von Common-Rail-Injektoren, in denen Piezo-Elemente die Einspritzung des Kraftstoffs steuern.

Die zunehmende technische Komplexität unserer Erzeugnisse stellt besondere Anforderungen an die Qualifikation unserer Mitarbeiter.

1.2   Auswahl der Zielgruppen

Wenn wir das Thema Nachwuchssicherung betrachten, müssen wir zunächst die Mitarbeitergruppen identifizieren, deren „Nachwachsen" sicher gestellt sein muss. Angelernte Arbeitskräfte, die in der Vergangenheit die weniger komplexen Arbeitsgänge im Produktionsumfeld übernahmen, stehen in einem strukturschwächeren Gebiet wie dem Saarland und der angrenzenden Westpfalz in ausreichender Zahl zur Verfügung. Hier bedarf es keiner besonderen Akquisitionsstrategie.

Wenn wir uns aber die ständige Weiterentwicklung unserer Produkte und die zu deren Realisierung höchst aufwändigen Fertigungsprozesse und die damit verbundenen anspruchsvollen Planungsaufgaben vor Augen führen, wird klar, dass die Ausbildung unserer Mitarbeiter künftig immer stärker im Fokus stehen muss. Dies gilt im Übrigen für alle Mitarbeitergruppen: vom Maschinenbediener im Betrieb über Facharbeiter, Fertigungsplaner, Controller oder Einkäufer. Darüber hinaus muss dem Unternehmen ein hinreichend großer Führungskräftepool zur Verfügung stehen. Neben dem Fachwissen dieser Personen ist vor allem soziale Kompetenz unerlässlich.

Im Folgenden werden zwei Nachwuchs-Zielgruppen unterschieden, auf die wir unsere Strategien ausrichten:

- Schüler mit mittlerem Bildungsabschluss und Abitur
- Studenten und Hochschulabsolventen

1.3   Nachwuchs-Zielgruppen und Strategien

1.3.1   Schüler mit mittlerem Bildungsabschluss und Abitur

Die Gruppe der Schüler spielt für Bosch in zweierlei Hinsicht eine Rolle. Einerseits rekrutieren wir aus ihr unsere Auszubildenden, andererseits suchen wir Abiturienten, die wir im Rahmen eines Studiums an der Berufsakademie frühzeitig ans Unternehmen binden können.

1.3.1.1   Technisch-gewerbliche und kaufmännische Ausbildung

Der Standort Homburg bildet junge Menschen in folgenden technisch-gewerblichen und kaufmännischen Berufen aus:

Industrieelektroniker, Mechatroniker, Zerspanungsmechaniker verschiedener Fachrichtungen, Industriemechaniker verschiedener Fachrichtungen, Industriekaufleute, Fachinformatiker und Informatikkaufleute. Voraussetzung ist der mittlere Bildungsabschluss. In Frage kommende Bewerber für die kaufmännische Ausbildung haben heute in der Regel Abitur oder Fachabitur. Da die Zahl der Bewerbungen jährlich die Zahl der angebotenen Ausbildungsplätze im technisch-gewerblichen um den Faktor 3, im kaufmännischen Bereich gar um den Faktor 15 übersteigt, sehen wir uns als größtes Unternehmen in Homburg in der günstigen Situation, die besten Kandidaten auswählen zu können. Hier genügt also fast schon der gute Ruf des Hauses Bosch und der Ruf, eine qualitativ hochwertige Ausbildung anzubieten. Dennoch gibt es auch strategische Ansätze, um für unsere Ausbildung zu werben. So veranstalten wir beispielsweise Jahr für Jahr einen Tag der offenen Tür in unserer Ausbildungsabteilung mit dem Zweck, jungen technikbegeisterten Menschen die Berufsbilder in der Kraftfahrzeugindustrie näher zu bringen. Außerdem beteiligen wir uns am jährlich bundesweit stattfindenden Girl's Day. So haben uns auch in diesem Jahr rund 60 Mädchen besucht, um sich aus erster Hand über die Möglichkeiten im technischen Berufsumfeld zu informieren.

Eine intensive Partnerschaft zur Homburger Robert-Bosch-Realschule runden unsere Aktivitäten mit dieser Zielgruppe ab. Jüngste Aktivitäten in dieser Partnerschaft sind beispielsweise

▪ Unterstützung bei der Einrichtung eines Werkstattraumes,

▪ Schulung Methodenkompetenz für Lehrer,

▪ Kooperationsdidaktik, d.h. wir stellen für einzelne Lehrinhalte Referenten aus der Praxis.

Die Auszubildenden sind nach der Ausbildung für die Übernahme auf eine Planstelle vorgesehen. Technisch-gewerbliche Auszubildende werden dann als Facharbeiter in den Bereichen Fertigung, Technische Funktionen oder Qualitätssicherung beschäftigt. Die fertig ausgebildeten Industriekaufleute stehen uns als Sachbearbeiter in den indirekten Bereichen des Werkes zur Verfügung. Einsatzmöglichkeiten gibt es dabei in fast jeder Abteilung, wobei Stellen in Logistik als Teile- oder Erzeugnisplaner, im Einkauf oder im Rechnungswesen dominieren. Daneben sind Stellen im Umfeld der Datenverarbeitung bei den Informatikkaufleuten und Fachinformatikern besonders begehrt.

Die in Homburg angebotenen Ausbildungsberufe stellen dabei kein statisches Portfolio dar. Mittelfristige Erfordernisse des Marktes spielen bei der Festlegung eine ebenso entscheidende Rolle wie der kurzfristige Bedarf bestimmter Fachabteilungen. So bilden wir beispielsweise seit Herbst 2003 eine Werkstoffprüferin aus, die als Fluktuationsersatz im Bereich der Qualitätssicherung bereits fest eingeplant ist. Vom Markt bekämen wir einen geeigneten Kandidaten nur mit größter Mühe. Um solche und ähnliche Maßnahmen rechtzeitig zu ergreifen, tagt regelmäßig ein Ausschuss für strategische Bildungsplanung, dessen oberstes Ziel es ist, zukünftige Bildungsbedarfe zu erkennen und geeignete Maßnahmen abzuleiten.

1.3.1.2   Das Studium an der Berufsakademie

Weiterhin sind für uns innerhalb der Zielgruppe der Schüler die Abiturienten von Interesse, die grundsätzlich an einem Studium im Bereich Maschinenbau interessiert sind. Für diese bietet der Standort Homburg in Zusammenarbeit mit der ASW Berufsakademie Saarland die Möglichkeit, ein BA-Diplom innerhalb von drei Jahren zu erlangen. Dabei wechseln sich Theoriephasen an der Akademie und Praxisphasen im Unternehmen ab, um den Studenten möglichst praxisnah auszubilden, ohne auf die relevanten Inhalte des Ingenieurstudiums zu verzichten. Für einen Fertigungsstandort wie Homburg ist dabei der Praxisbezug während der Ausbildung von größerer Bedeutung als für Bereiche, deren Bezug zur Produktion weniger stark ausgeprägt ist. Während der BA-Absolvent im Werk sofort als Ingenieur, z. B. Fertigungsplaner, eingesetzt werden kann, wäre er in der Produktentwicklung wahrscheinlich am falschen Platz. Praxisnähe hat hier zwei Bedeutungen: zum einen geht es darum, unternehmensspezifisch, d.h. auf die Belange des Ausbildungsunternehmens hin ausgebildet zu werden, zum anderen aber auch emotional bereits sehr früh eine Beziehungsebene zu „seinem" Unternehmen aufzubauen. Um unternehmensspezifisch auszubilden, bedarf es aber auch der Möglichkeit, von Seiten des Unternehmens Einfluss auf Curriculum und Prüfungsordnung des Ausbildungsträgers zu nehmen. Nur so kann sicher gestellt werden, dass neue Markttendenzen ohne Verzug in Ausbildungsinhalte einfließen können. Bosch Homburg sichert sich diese Möglichkeit durch personelle Beteiligung in Präsidium und Beirat der ASW.

Die emotionale Bindung des BA-Studenten an das Unternehmen wird durch folgende Faktoren verstärkt:

- Der Bewerber durchläuft ein mehrstufiges Auswahlverfahren im Unternehmen, um einen der wenigen Studienplätze zu bekommen. Wer dieses besteht, kann für sich den ersten Erfolg im Unternehmen verbuchen.

- Der Student gilt als Mitarbeiter, der sich – gute Studienleistungen vorausgesetzt – sicher sein kann, von Bosch als Ingenieur übernommen zu werden.

- Die Studenten werden bereits während ihres Studiums in anspruchsvolle Projekte eingebunden. Dies stärkt ihre Akzeptanz bei den Mitarbeitern und fördert eine frühzeitige Integration.

- Am Ende jeder Praxisphase stellen die Studenten vor der Werkleitung ihre Projekte bzw. Lerninhalte vor und diskutieren über ihre Eindrücke im Unternehmen. Dies vermittelt den jungen Leuten die Bedeutung ihrer Ausbildung für das Unternehmen.

- Bosch zahlt seinen Studenten eine überdurchschnittliche Ausbildungsvergütung, übernimmt die Studiengebühren und bietet ähnliche Sozialleistungen, wie für alle anderen Mitarbeiter.

Bei der Auswahl der BA-Studenten setzen wir auf Abiturienten mit allgemeiner Hochschulreife und guten bis sehr guten Leistungen in Mathematik, Physik und Englisch. Mit Bewerbern, die diese Kriterien erfüllen, führen wir eine Reihe von Tests[1] durch, um eine objektive Aussage über deren Eignung zum Studium machen zu können.

Zusammenfassend lässt sich feststellen, dass die vom Unternehmen selbst ausgebildeten BA-Studenten eine sinnvolle Ergänzung zu den vom Markt angebotenen Ingenieuren darstellen. In Fertigungswerken, in denen spezifische Praxiserfahrung von großer Bedeutung ist, sind sie gar die wertvollere Alternative. Die Studenten werden nach Abschluss ihres Diploms auf adäquaten Arbeitsplätzen mit gehobenen Sachbearbeiter-Niveau eingesetzt. Ihnen steht sowohl die Fach- als auch die Führungslaufbahn offen. Im Werk Homburg stehen wir mit dieser Ausbildungsform, die erst im Herbst 2002 gestartet ist, am Anfang. Positive Erfahrungen von Bosch in Baden-Württemberg lassen jedoch auf den Erfolg des Programms schließen.

---

[1] MTAS (Mathematiktest für Abiturienten und Studienanfänger), PTV (Test zur Untersuchung des praktisch-technischen Verständnisses), MIT (Mannheimer Intelligenztest) sowie Präsentationsübung, Gruppenübung und Einzelgespräche.

1.3.2 Studenten und Hochschulabsolventen

Die zweite Zielgruppe, die für uns unter dem Aspekt Nachwuchssicherung von Bedeutung ist, sind Studenten und Absolventen von Universitäten und Fachhochschulen. Dabei spielt auch die Sicherung unseres Führungsnachwuchses eine Rolle, da Bosch Führungspositionen i.d.R. aus den eigenen Reihen besetzt.

Für diese Zielgruppe bieten wir

- Praktika und Diplomarbeiten sowie Promotionen,

- den Direkteinstieg,

- Trainee-Programme.

1.3.2.1 Die Kontaktaufnahme: Praktika, Diplomarbeiten und Promotionen

Praktika bieten den Studenten bekanntlich die erste Möglichkeit, mit dem Unternehmen in Kontakt zu kommen. In der Vergangenheit wurden diese Kontakte allerdings nur unzureichend gepflegt. Vor dem Hintergrund eines regelmäßigen Bedarfs an Hochschulabsolventen hat Bosch sich Ende 2002 entschlossen, das Studentenprogramm „students@bosch" ins Leben zu rufen.

Zielsetzungen hierbei sind

- die Rekrutierung von potenziellen Mitarbeitern durch frühzeitige Ansprache und gezielte Förderung von qualifizierten Studenten sowie

- die Verbesserung des Unternehmensimages in der Zielgruppe der Studenten.

Voraussetzung für die Aufnahme in das zweistufige Studentenprogramm ist eine erfolgreich absolvierte Tätigkeit bei Bosch (Praktikum, Praxisstudententätigkeit). Studenten, die sich durch sehr gute Leistungen während ihrer Tätigkeit ausgezeichnet haben, wird somit die Möglichkeit gegeben, mit Bosch in Kontakt zu bleiben (Kontaktprogramm). Sie führen ein individuelles Kontaktgespräch mit der Personalabteilung, bekommen weitere Entwicklungsmöglichkeiten aufgezeigt, werden zu speziellen Veranstaltungen am Standort eingeladen und erhalten regelmäßig einen Newsletter.

Die besten zehn Prozent dieser Studenten werden auf Grund ihrer überdurchschnittlichen Leistungen und eines hohen Potenzials an persönlicher und fachlicher Kompetenz in ein Förderprogramm aufgenommen. Nach einer standortübergreifenden Kick-off-Veranstaltung erhalten die Studenten eine gezielte Vermittlung von Nachfolgetätigkeiten (z. B. Auslandspraktika, Diplomarbeit) und einen Mentor aus der Fachabteilung. Außerdem können sie an bestimmten Veranstaltungen wie Seminaren oder Fachtagungen teilnehmen.

Mit diesem Programm bieten wir eine intensive berufsvorbereitende Begleitung und Förderung. Wir verkürzen den Rekrutierungsprozess und bauen unsere Entscheidung für den Berufseinstieg auf fundierten Erfahrungen beider Seiten auf. Die Orientierungsphase im Unternehmen wird verkürzt, die Fluktuationsrate gesenkt.

Diplomarbeiten und Promotionen bieten die Gelegenheit, entweder aufbauend auf ein Praktikum oder völlig unabhängig davon in der Praxis auftauchende Fragestellungen mit wissenschaftlichen Ansätzen zu lösen. Themen für wissenschaftliche Arbeiten können tagesaktuell im Internet abgefragt werden. Durch die Integration des Diplomanden oder Doktoranden in die Fachabteilung entsteht eine konstruktive Zusammenarbeit, die in vielen Fällen in eine dauerhafte Zusammenarbeit mündet.

Bei der Auswahl von Praktikanten, Diplomanden oder Doktoranden werden heute annähernd die gleichen Maßstäbe angelegt wie bei der Einstellung von Mitarbeitern. Gute Studienleistungen, anspruchsvolle Praktika, ggf. erste Auslandserfahrungen und eine ansprechende Persönlichkeit sind entscheidende Auswahlkriterien. Eine wichtige Rolle spielt hierbei die Frage: Können wir uns den Bewerber heute schon als potenziellen Bosch-Mitarbeiter vorstellen? Sollten wir diese verneinen, ist von einer Beschäftigung abzusehen.

1.3.2.2 Der Berufseinstieg

Der Direkteinstieg

Die klassische Variante, nach erfolgreichem Abschluss eines Studiums bei Bosch einzusteigen, ist der Direkteinstieg. Interessierte Absolventen bewerben sich entweder auf eine ausgeschriebene Stelle oder senden uns initiativ ihre Bewerbung. Nach einem Auswahlverfahren und Entscheidung für einen Kandidaten beginnt dieser seine Tätigkeit nach umfassender Einarbeitung direkt „on the job". Dabei stehen ihm erforderliche Qualifizierungsmaßnahmen zur Verfügung.

Die in Frage kommende Zielgruppe für den Direkteinstieg sind Absolventen mit guten bis sehr guten Studienleistungen, anspruchsvollen (Industrie-)Praktika und idealerweise mit internationaler Erfahrung. Überdurchschnittliches Engagement, Kreativität und Eigeninitiative gehören zu den gesuchten Stärken. Mobilität zum Einsatz an unterschiedlichen Standorten ist erwünscht, aber kein Ausschlusskriterium. Vorteile ergeben sich beim Direkteinstieg insbesondere aus der fachlichen Tiefe, die ein neuer Mitarbeiter sich in den ersten Jahren aneignet. Zur Weiterentwicklung stehen den Mitarbeitern umfangreiche Qualifizierungsmaßnahmen sowie alle Instrumente der Personalentwicklung (siehe 3.2.4) zur Verfügung. Mitarbeiter, die eine Weiterentwicklung in Fach- und Führungslaufbahn anstreben, sollten spätestens nach zwei bis drei Jahren Aufgabe bzw. Funktion wechseln, um an fachlicher Breite zu gewinnen. Sogenannte „Kaminaufstiege" sind bei Bosch in aller Regel nicht gewünscht.

Das Trainee-Programm

Im Rahmen eines Trainee-Programms durchlaufen Hochschulabsolventen in den ersten zwei Jahren ihrer Zugehörigkeit zum Unternehmen verschiedene Stationen in unterschiedlichen Funktionsbereichen und an wechselnden Standorten im In- und Ausland. In den bis zu sechs Monaten dauernden Stationen in einem Bereich werden die Trainees dabei sowohl mit Aufgaben des Tagesgeschäfts als auch mit Veränderungsprojekten, die eigenverantwortlich bearbeitet werden, konfrontiert. Zielsetzungen hierbei sind, Absolventen mit erkennbarem Führungspotenzial die erforderliche fachliche Breite des Unternehmens zu vermitteln, aber auch ihr bereichsübergreifendes Denken und Handeln zu fördern, um sie mittel- bis kurzfristig auf die Übernahme von Führungsaufgaben vorzubereiten. Als Mentor steht dem Trainee ein Leitender Direktor des Unternehmens (ein Werk- oder Geschäftsbereichsleiter) zur Seite. Mit ihm plant er den Ablauf des Programms und die spätere Übernahme auf Planstelle. Auf dieser ersten Planstelle nach dem Trainee-Programm wird sich der Mitarbeiter i.d.R. die notwendige fachliche Tiefe aneignen, bevor er die erste Führungsverantwortung übernimmt.

Bei so genannten „High-Potentials", (promovierten/postgraduierten) Berufseinsteigern mit überdurchschnittlichem Führungspotenzial und internationaler Erfahrung, ist es unser erklärtes Ziel, diese nach spätestens sechs Jahren in Abteilungsleiterfunktionen einzusetzen. Das Trainee-Programm wird in diesen Fällen zeitlich straffer organisiert.

Anzumerken ist, dass Direkteinstieg und Trainee-Programm grundsätzlich die gleichen Entwicklungschancen bieten. Deshalb sind wir zur Besetzung vakanter Führungspositionen auch auf gute Direkteinsteiger dringend angewiesen. Trainee-Bewerber wählen wir allerdings bereits als Führungsnachwuchs aus, was rechtfertigt, dass wir bei den Auswahlkriterien höhere Maßstäbe anlegen als bei Direkteinsteigern.

1.3.2.3 Hochschulmarketing

Um qualifizierte Studenten und Absolventen für Bosch gewinnen zu können, bedarf es vielfältiger Aktivitäten. Diese sind im Kontext der folgenden aktuellen Bedarfs- und Arbeitsmarktsituation zu definieren:

■ Das Unternehmen hat weiterhin einen hohen Bedarf an Hochschulabsolventen zur Besetzung seiner Fach- und Führungspositionen. Dies gilt insbesondere für den technischen Bereich.

■ Die Absolventenzahlen sind vor allem bei den Ingenieuren bis zum Jahr 2005 rückläufig.

■ Herkömmliche Personalmarketing-Instrumente wie Stellenanzeigen und Hochschulmessen führen alleine nicht zum Erfolg.

Wenn wir von unserer Zielgruppe Studenten/Absolventen als attraktives, innovatives Unternehmen wahrgenommen werden wollen, müssen wir uns entsprechend präsentieren. Dabei spielt Einheitlichkeit als Garant für die Wiedererkennung eine große Rolle. Bei Bosch wird der einheitliche Auftritt von zentraler Seite sicher gestellt und den Standorten die notwendigen Tools wie Messestände und Unternehmenspräsentationen zur Verfügung gestellt. Das operative Hochschulmarketing führen die Standorte dezentral durch, aber mit hoher Priorität gegenüber festgelegten „Zielhochschulen". Zielhochschulen sind solche, die für mehrere Standorte oder Bereiche von Bosch für die Gewinnung neuer Mitarbeiter von herausragender Bedeutung sind. Der Hochschulbeauftragte eines Standortes betreut ein bis zwei der 34 festgelegten Zielhochschulen. Für das Werk Homburg sind dies die Universitäten in Saarbrücken und Kaiserslautern.

Dort sind wir nicht nur auf Hochschulmessen präsent, sondern unterhalten verschiedene Direktkontakte zu Lehrstühlen. In diesem Rahmen finden in fast jedem Semester verschiedene Veranstaltungen statt, so z. B. Hochschultage mit Werksführung, Vorträgen und Diskussionen oder Workshops und Planspiele am Standort sowie Vortragsreihen und Podiumsdiskussionen an der

Hochschule. Bei diesen Veranstaltungen geht es nicht darum, eine anonyme Masse von Studenten mit Zahlen und Fakten des Unternehmens zu konfrontieren, sondern vielmehr mit einem vorselektierten interessierten Publikum in Dialog zu treten. Aus diesen Kontakten heraus rekrutieren wir laufend Kandidaten sowohl für Praktika und Diplomarbeiten als auch für Trainee-Programme und den Direkteinstieg.

Neben den Aktivitäten, die wir unter Akquisitionsgesichtspunkten betreiben, vergeben wir auch Forschungs- und Entwicklungsprojekte an Institute. Hier entsteht häufig eine längerfristige Zusammenarbeit, die unseren Mitarbeitern z. B. für Fachvorträge Tür und Tor an den Universitäten öffnen. Solche Gelegenheiten nutzen wir dann auch gezielt, um Einstiegsmöglichkeiten bei Bosch zu diskutieren und um Studenten für unser Unternehmen zu begeistern.

Unabhängig vom Anlass, der uns mit Studierenden in Kontakt bringt, gilt es, Begeisterung zu vermitteln. Dies schaffen wir, indem wir den Fokus auf Merkmale richten, die uns vom Wettbewerb unterscheiden, sei es der internationale Mitarbeitereinsatz, Mentoring und Netzwerkbildung während des Trainee-Programms, die breite Palette betrieblicher Weiterbildung oder die aufeinander abgestimmten Instrumente der Mitarbeiterentwicklung. Auf letztere soll im folgenden Abschnitt kurz eingegangen werden.

1.3.2.4   Die Instrumente der Mitarbeiterentwicklung

Unter Mitarbeiterentwicklung verstehen wir einerseits eine kontinuierliche Qualifizierung aller Mitarbeiter und andererseits die Förderung von Potenzialträgern für Aufgaben mit größerer Verantwortung. Zur Umsetzung stehen uns folgende Instrumente zur Verfügung:

- Das *Mitarbeitergespräch* als jährlich stattfindendes Gespräch zwischen Mitarbeiter und Vorgesetzten. Dieses beinhaltet Status der Zielerreichung des vergangenen Jahres, neue Zielvereinbarung für das Folgejahr, Festlegung von Maßnahmen zur Erhaltung und Steigerung der Leistungsfähigkeit sowie Rückmeldung über Leistungsverhalten des Mitarbeiters.

- Im *Mitarbeiterentwicklungsgespräch* diskutieren Mitarbeiter, Vorgesetzter und Personalreferent die persönlichen Entwicklungsziele des Mitarbeiters im Mittelfristbereich, arbeiten Stärken und Steigerungsmöglichkeiten des Mitarbeiters heraus und definieren Entwicklungsmöglichkeiten. Dieses Gespräch kann jederzeit vom Mitarbeiter oder seinem Vorgesetzten initiiert werden.

- In der *Mitarbeiterentwicklungsdurchsprache* besprechen Vorgesetzte und Personalreferent das Weiterentwicklungspotenzial aller Mitarbeiter vor dem Hintergrund einer mittelfristigen Personalplanung. Mitarbeiter mit Führungspotenzial werden zur Aufnahme in den Förderkreis vorgeschlagen.

- Aufgenommen in den *Förderkreis* werden Mitarbeiter, bei denen auf Grund ihrer fachlichen und persönlichen Entwicklung absehbar ist, dass sie in spätestens vier Jahren Personalverantwortung übernehmen bzw. die nächst höhere Einkommensgruppe erreichen können. Förderkreismitgliedern wird ein breites Spektrum an persönlichen Weiterbildungsmaßnahmen angeboten. Sie stehen weltweit für die Besetzung von Führungspositionen im Fokus.

■ Neuaufgenommene Förderkreismitglieder durchlaufen ein *Mitarbeiterentwicklungsseminar*, welches den Teilnehmern Aufschluss über das persönliche Stärken-Schwächen-Profil geben soll. Hierauf abgestimmte Maßnahmen unterstützen die Entwicklung des Mitarbeiters in Richtung des Förderziels.

Die konsequente Anwendung dieser Instrumente bewirkt, dass Potenzial erkannt und weiterentwickelt wird. Die Angst manches Hochschulabsolventen, in einem Großunternehmen nicht ausreichend auf eigenes Fachwissen und Persönlichkeit aufmerksam machen zu können, ist deshalb bei Bosch unbegründet.

1.4   Ausblick

Auch beim Thema Nachwuchssicherung stehen Unternehmen untereinander im Wettbewerb. Es gilt, nach zielgruppenbezogenen Maßstäben und unter Einhaltung spezifischer Restriktionen (z. B. Obergrenze bei Ausbildungsvergütung oder Gehalt) die besten Kandidaten für das eigene Unternehmen zu gewinnen. Unsere Wettbewerber unterscheiden sich hier je nach Zielgruppe. Während sich unser Werk in Homburg beispielsweise bei der Suche nach Auszubildenden an einem übersichtlichen, regionalen Markt bedienen kann, wo wir im Fokus der Zielgruppe stehen, sind unsere Wettbewerber bei der Akquisition von Fach- und Führungsnachwuchs die Benchmarkführer der internationalen Automobilindustrie oder sogar Unternehmen völlig anderer Branchen. Um hier erfolgreich zu sein, genügt es nicht, Daten und Fakten des Unternehmens für sich sprechen zu lassen. Sicherlich ist es unerlässlich, die eigene Begeisterung für das Unternehmen und Qualitätsmerkmale zu kommunizieren. Wichtiger ist jedoch, dass der potenzielle Mitarbeiter Begeisterung tatsächlich spürt und Qualität bereits bei der ersten Kontaktaufnahme erleben kann, z. B. durch schnelle Reaktionszeiten auf Bewerbung oder kompetente Gesprächspartner mit Persönlichkeit.

Daneben sind Attraktivität und inhaltliche Aspekte der Einstiegsprogramme von wesentlicher Bedeutung. Wer wie Bosch seinen Auszubildenden Methodenseminare und Auslandsaufenthalte anbietet, gute Praktikanten in ein Förderprogramm aufnimmt und anspruchsvolle Trainee-Programme im internationalen Kontext anbietet, wird in der Gunst des Nachwuchses auf den vorderen Plätzen liegen.

Walter Jochmann

2 Einsatz von Auswahl-Instrumenten unter dem Aspekt der Employability

2.1 Einleitung

Die Zielgruppe der Berufseinsteiger trifft auf einen in mehrjährigen Nachfragewellen funktionierenden Arbeits- und damit Bedarfsmarkt. Während in den Siebziger und Achtziger Jahren von klassischen Siebenjahres-Zyklen starker und problematischer Nachfrage gesprochen wurde, sind nach einer fast zehnjährigen perspektivenreichen Phase in den Neunziger Jahren nunmehr Nachfrage-Probleme in den meisten Berufsgruppen gültig – hoffentlich nicht mit sieben- bis zehnjährigem Verlauf, sicherlich aber noch auf Grund des „Angebotsüberhangs" bis zum Jahr 2005. Statistisch gesehen stellt sich bei ähnlichen Bedarfszahlen wie Ende der Neunziger Jahre der ‚war for talents'mit absoluter Sicherheit wieder ein, die derzeitigen Bewerbungserfahrungen hochtalentierter und hoch qualifizierter Absolventen machen diesen statistischen Optimismus allerdings schwer glaubhaft. Die entscheidende Frage ist, wie sich das Verhältnis klassischer Zykluseffekte zu dauerhaften Veränderungen der Arbeitsmärkte von morgen gestaltet. Diese Veränderungen können sich auf Berufsbilder und Job-Familien, auf die Ausgestaltung fachlicher und überfachlicher Anforderungen an qualifizierte Berufseinsteiger beziehen. Antworten hierzu leiten sich natürlich aus den zukünftigen europäischen und insbesondere auch deutschsprachigen Wirtschaftsraum dominierenden Industrien und ihren Unternehmensstrukturen ab, aus der Wertschöpfungstiefe der zugehörigen Geschäftsmodelle und ihrer Veränderungsgeschwindigkeit. Bei aller Problematik zur Vorhersage von Wirtschaftsentwicklungen lassen sich für dienstleistungs- und wissensdominierte Berufsbilder über bestehende Best Practices Entwicklungsperspektiven zu den Employability-bestimmenden Kompetenzfeldern ableiten. Es ist zu erwarten, dass neben allen fertigkeits- und verhaltensorientierten Teilkompetenzen persönliche Einstellungen wie Lern- und Veränderungsbereitschaft, Neugier, Commitment und Zielorientierung zu Marktwert-bestimmenden Faktoren heranreifen werden.

2.2 Arbeitsmärkte von morgen

Die Gruppe von Berufseinsteigern gliedert sich in:

- einen relativ kleinen Prozentsatz von angelernten Arbeitnehmern – dessen Job-Perspektiven schon heute sehr problematisch einzuschätzen sind.

- einen stabilen, prozentual gegenüber Studienabsolventen sogar zunehmenden Anteil von Absolventen einer klassischen Berufsausbildung – in den Bereichen Technik, Informations-

---

Abbildung 2-1: *Absolventen 2001 nach Fachrichtungen*
Quelle: Destatis – Statistisches Bundesamt Deutschland 2003

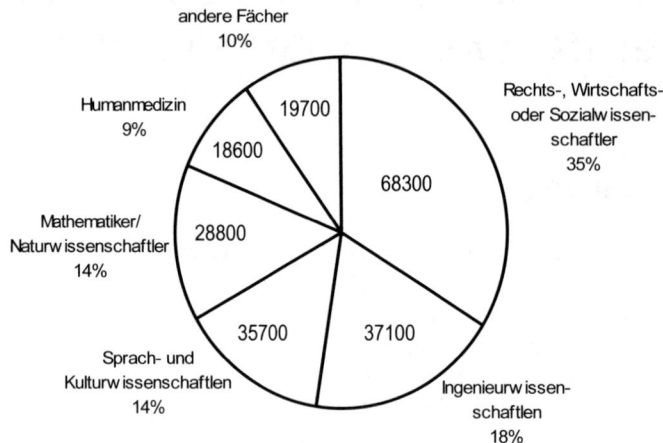

verarbeitung, kaufmännischer Bereich und Verwaltung, Naturwissenschaft, unterschiedlichster Dienstleistungsbereiche wie Handel, Verkehr/Touristik und Gesundheit.

◾ die Absolventen von FH/Universitäts-verankerten Studiengängen – kaufmännische und technische Funktionen dürften die Nachfrage dominieren, jedoch gibt es langfristig steigende Nachfragen in den Bereichen Naturwissenschaft, Informationstechnologie, Sozialwissenschaften und Rechtswissenschaften.

Abbildung 2.1 zeigt die Entwicklung von Absolventenzahlen in den wesentlichen wirtschaftsrelevanten Studiengängen auf, wobei folgende übergreifende Trends zu beobachten sind:

◾ Breite, generalistische angelegte Studiengänge etwa im kaufmännischen Bereich haben steigende Attraktivität.

◾ In bestimmten naturwissenschaftlichen und technologischen Bereichen nimmt angesichts momentaner Arbeitsmarkt-Perspektiven und teilweise auch gesellschaftsweiter Technikmüdigkeit die Absolventenanzahl ab.

◾ Geisteswissenschaftliche Fächer erfahren trotz problematischer Arbeitsmarktperspektiven einen Zulauf.

◾ Sozialwissenschaftliche Fachrichtungen erfahren mit Blick auf die gesellschaftlich steigende Bewertung kommunikativer Werte, auch die Sozialpsychologisierung breiter Teile der Betriebswirtschaft, einen klaren Zulauf.

Mir erscheinen die Tendenzen in der Berufswahl mindestens ebenso von gesellschaftlichen Popularitätswellen bestimmt zu sein wie durch den nüchternen Blick auf mittelfristige Bedarfszahlen der Industrie. Der Trend zu dienstleistungsorientierten Berufsbildern im non-akademischen Bereich dürfte sich analog zu anderen Wirtschaftsregionen und zur Strukturierung des Bruttosozialproduktes weiter verstärken, was für die fachliche Substanzerhaltung derzeit erfolgreicher Produktionszweige ernste Probleme nach sich ziehen dürfte. So zeigen sich in Teilsegmenten der Automobilzuliefererindustrie und der Elektrotechnik / Elektronik schon heute Engpässe im Ingenieurbereich. Es bleibt eine spannende bildungspolitische und volkswirtschaftliche Fragestellung, wie das Matching von Absolventen-Angebot und Nachfrage mit dem notwendigen Vorlauf und entsprechenden Informations- und Marketingprogrammen verbessert werden kann.

Prognosen über die wirtschaftliche Entwicklung sind schwierig – zu vielfältig sind die weltwirtschaftlichen Vernetzungen, der Einfluss von politischen Krisen und die Durchsetzungsgrade von potenziellen technologischen und dienstleistungsbezogenen Innovationen. Abbildung 2.2 verdeutlicht Verteilungen und Entwicklungslinien von Arbeitsplätzen über grobgerasterte Branchenfelder. Unsere internen Prognosen zur Entwicklung von Industrien und resultierenden Arbeitsplatzbedarfen sehen die besten Wachstumsprognosen in breiten Dienstleistungsbereichen (Gesundheitswesen, Health Care, Verwaltung), in ausgewählten technisch-naturwissenschaftlichen Industrien mit bedeutsamen großen und mittelständischen Anbietern sowie (hoffentlich) in Spitzentechnologien um die Nanotechnik, Elektronik und Biotechnologie.

Abbildung 2-2: *Erwerbstätige in Deutschland nach Wirtschaftsbereichen*

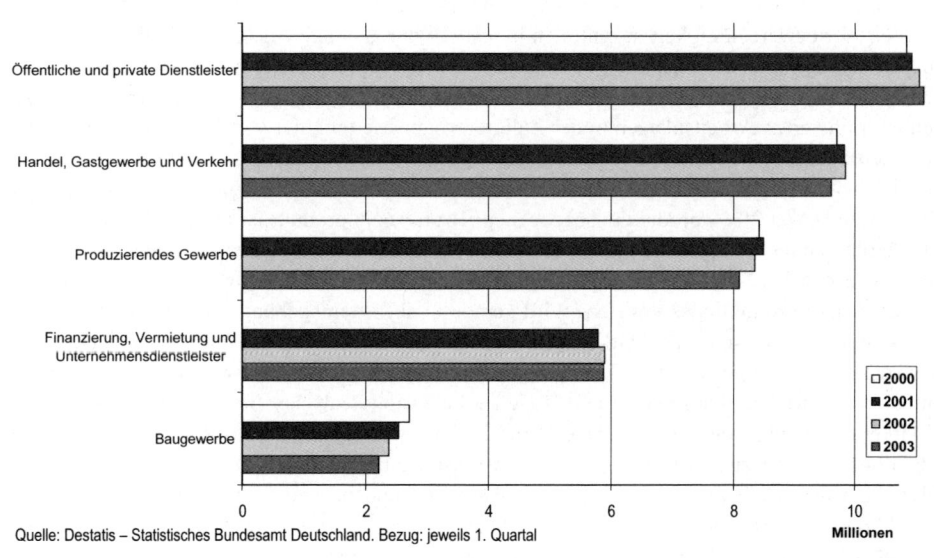

Quelle: Destatis – Statistisches Bundesamt Deutschland. Bezug: jeweils 1. Quartal

Abbildung 2-3: *Unternehmensstruktur in Deutschland nach Umsatzgröße 2001*
Quelle: Destatis – Statistisches Bundesamt Deutschland 2003

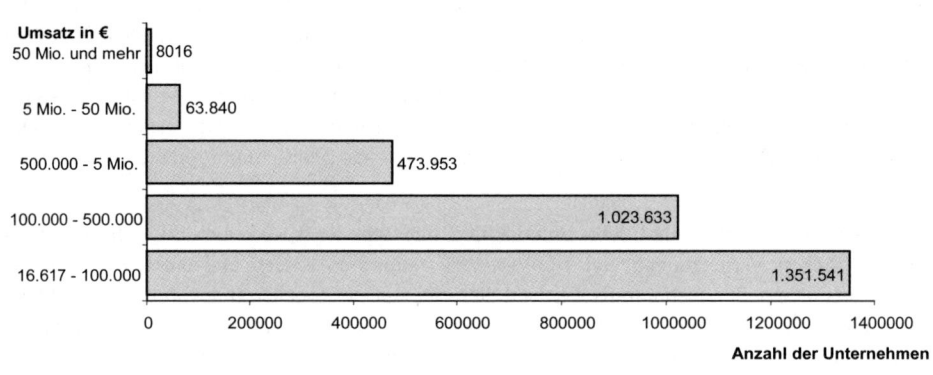

Ein weiterer Blickwinkel auf Arbeitsmarkt-Bedarfe liegt in der Verteilung der Größenklassen von Unternehmungen und Institutionen. Abbildung 2.3 und 2.4 zeigen die Bedeutung unterschiedlicher Größenklassen für den Arbeitsmarkt, ergänzt durch den erwirtschaften Anteil am Bruttosozialprodukt. Schon heute ist jedem bewusst, dass die kleinen Unternehmen in der Bandbreite vom Kleinstbetrieb bis zum Mittelständler mit einigen hundert Angestellten das Hauptgewicht der wirtschaftlichen Entwicklung ausmachen – wobei das Beibehalten der weltweiten Wettbewerbsfähigkeit in zentralen Industrien durch einige Aushängeschilder wie etwa in der Automobilindustrie oder der pharmazeutischen Industrie geprägt wird. Ohne die erfolgreiche Präsens mehrerer deutscher Automobilhersteller mit Weltgeltung wäre die riesige Anzahl an multiplizierten Arbeitsplätzen in der Zuliefererindustrie und hier von Großkonzernen bis hin zu vielen in der Wertschöpfungskette dann nachgeordneten kleinen Produktionsunternehmen kaum denkbar. Der wahrscheinlich zumindest für den deutschsprachigen Bereich unverzichtbare Anteile von 20 % produktionsbezogenem Bruttosozialprodukt ist ohne weltweit führende Technologien nicht denkbar. Schon unter diesen Rahmenbedingungen ist der Druck durch internationale Arbeitskosten, die häufig 90 % unter deutschen Referenzkosten stehen, extrem hoch. Eine gewisse Produktionskompetenz wird gerade in der Impulsgebung für Forschung und Entwicklung sowie Design und Marketing allerdings notwendig sein, um über die integrierte und konzentrierte Kompetenz des Wertschöpfungsprozesses auch die Innovationspotenziale von morgen zu entfalten. Dies mag eine Absage an die Vision deutscher Innovation-, Strategie- und Marketing-Centers sein, denen lokale Vertriebe und nomadenhaft die weltweit günstigen Produktionsstandorte zugeordnet sind. Im Dienstleistungsbereich stellt sich die Situation anders dar – ein durch die Entwicklung der Lebensqualität und privatem Vermögen stabiler Bedarf wird hohe Bedarfszahlen nach zeitlich flexiblen, service- und kontaktorientierten Berufsbildern mit allerdings maximal mittleren Vergütungsebenen generieren.

Abbildung 2-4: *Anteil der Unternehmen (nach Umsatz) am Bruttosozialprodukt 2001*
Quelle: Destatis – Statistisches Bundesamt Deutschland 2003

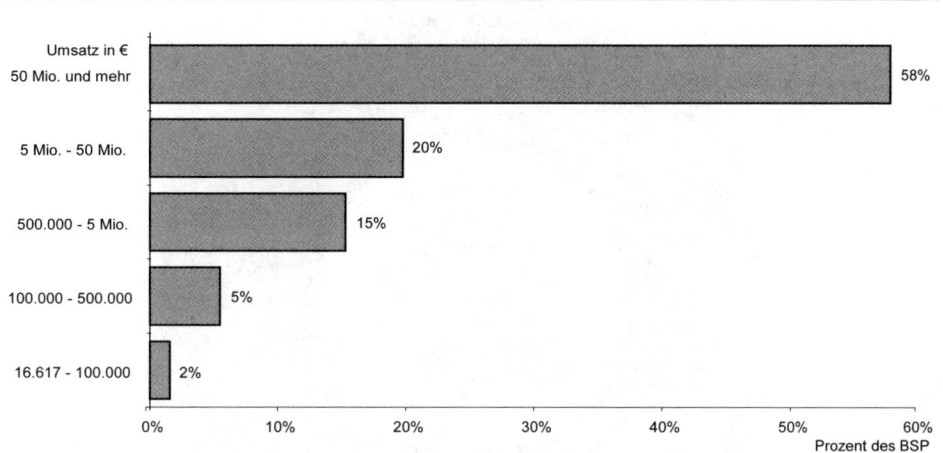

2.2.1 Resultierende Kompetenzfelder für Berufseinsteiger

Der Begriff der Employability oder Beschäftigungsfähigkeit umfasst zwei wesentliche Facetten: zum einen die Verfügbarkeit an vielseitig einsetzbaren fachlichen und überfachlichen Kompetenzen, zum anderen das Prinzip der Mitverantwortung oder Selbstverantwortung in der Platzierung der eigenen Arbeitskraft in einem dauerhaft dynamischen Arbeitsmarkt (Locke and Morley). Mit Blick auf die erste Seite dieser Medaille Employability stellt sich die Frage nach den Grundstrukturen sowie den stabilen und veränderungsorientierten Inhalten von Kompetenzmodellen. Hierbei werden Kompetenzen als Berufs- und Arbeitsziel-relevante Kenntnisse, Fertigkeiten, Erfahrungen und Fähigkeiten sowie Werthaltungen definiert (siehe Abb. 2.5).

Bei aller Ausdifferenzierung, die sich in den immer stärker in der Entwicklung befindlichen Kompetenzmodellen in zumindest größeren Unternehmungen zeigt, repliziert sich die grobe Dreiteilung in fachliche, verhaltensbezogene und werteorientiert-persönlichkeitsbestimmte Kompetenzdimensionen (W. Dr. Jochmann, 2003). Hierbei sehe ich den Kompetenzbegriff als Weiterentwicklung der klassischen Anforderungsdimensionen in den Siebziger und Achtziger Jahren – um den Aspekt der Beobachtbarkeit im Alltag durch Kollegen und Vorgesetzte einerseits, die Validierung durch wirkliche Zielerreichungen / faktische Erfolge andererseits. Insgesamt stehen etwa 50 Kompetenzdimensionen aus den Feldern Verhaltenskompetenz und Persönlichkeitskompetenz / Werthaltungen und Einstellungen zur Verfügung, von denen die folgenden derzeit als Erfolgsfaktoren für High Potentials identifiziert werden:

- Kommunikationsqualität und Überzeugungskraft

- Analysevermögen und logische Stringenz

Abbildung 2-5: *Ganzheitliches Persönlichkeitsmodell*

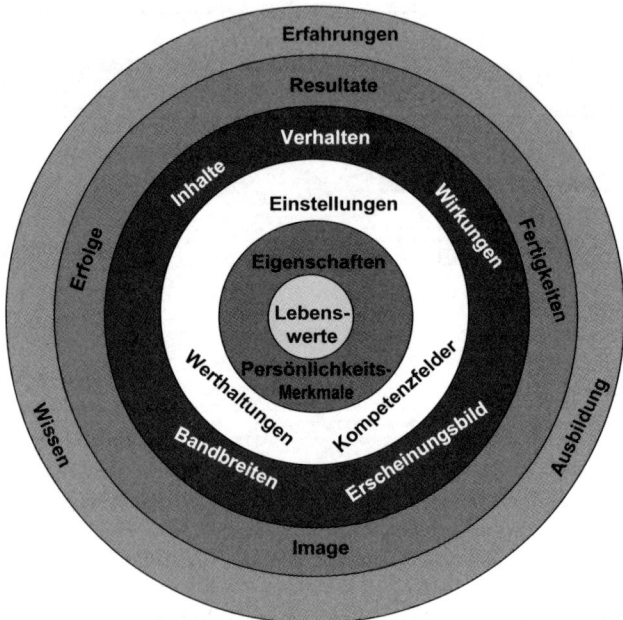

■ emotionale Intelligenz als Kombination aus Kooperationsbereitschaft, Sensitivität und Einfühlungsvermögen

■ Führungs- und Beeinflussungsmotivation

■ Handlungs- und Resultatsorientierung

■ Lernbereitschaft und Lernfähigkeit

■ Kontaktorientierung und Begeisterungsfähigkeit

Hinter diesen Kompetenzdimensionen stehen mit Blick auf anspruchsvolle Spezialistenaufga-
ben sowie Führungsfunktionen grundsätzlich etwa 120 Teilkompetenzen, die abgrenzbare wünschenswerte Zieleigenschaften beschreiben, beispielsweise

■ sprachliche Ausdrucksfähigkeit

■ körpersprachliche Souveränität

■ Hilfsbereitschaft

■ numerisches Denken

■ Abstraktionsfähigkeit

Abbildung 2-6: *Qualifikationen mit wachsender Bedeutung*
Quelle: Kienbaum High Potential Studie 2002

Zukünftig wichtiger werden	Mittelwert 1 2 3 4 5
1. Sozialkompetenz	2,73
2. Auslandserfahrungen während des Studiums	2,65
3. Praxisorientierung im Studium	2,64
4. Mobilität	2,62
5. Interdisziplinäre Ausbildung	2,59
6. Generalistische Ausbildung	2,34
7. Fachkenntnisse	2,17
8. Ansehen der Hochschule	2,10
9. Studiendauer	2,05
10. Noten	1,89
11. Berufsausbildung vor dem Studium	1,89

Für das Feld der fachlichen Kompetenzen wird in klassischen Kompetenzmodellen entweder eine Sammeldimension definiert (sie kombiniert die klassischen Merkmale von Arbeitsmenge und Arbeitsgüte sowie notwendige Wissens- und Erfahrungsinhalte), alternativ wird etwa ein Drittel der insgesamt festgelegten Kompetenzdimensionen für diesen Fachbereich „reserviert". Dieses Drittel dürfte auch mit Blick auf die Employability für Berufseinsteiger die richtige Gesamtbotschaft sein, wenn Berufserfolge prognostiziert werden – ein Fazit aus über 30-jähriger Erfahrung im Umgang mit High Potentials, Spezialisten und der mittleren Führungsebene lässt eine Drittelung der Relevanz von Fachkompetenz, Verhaltenskompetenz und Einstellungen ableiten. Für die Ebene des obersten Managements gilt dann ein Mix aus 20–30 % Managementkompetenzen (Überführung der Fachkompetenz in das fachübergreifende Beherrschen etwa von Strategiemethoden, kaufmännischen Steuerungsinstrumenten und Change-Management-Werkzeugen), weiteren 20–30 % an insbesondere kommunikativen Kompetenzen und einem Schwerpunkt an Persönlichkeitsmerkmalen (beispielsweise Vorbildwirkung, Authentizität, Werteorientierungen und Verantwortungsbewusstsein – zudem visionäres Denken, Wachstumsorientierung und Konfliktfähigkeit).

Abbildung 2.6 dokumentiert die Ergebnisse einer Kienbaum-Studie mit 230 teilnehmenden Unternehmen und der Einschätzung von PersonalleiterInnen, welche Qualifikationen für den Berufseinstieg an Bedeutung gewinnen werden. Die übergreifenden Botschaften sind hierbei Erwartungen an kommunikative Fähigkeiten, internationale Erfahrungen, Pragmatismus, Flexibilität und Mobilität, übergreifende fachliche Ausrichtung. Insgesamt verlieren formale Ausbildungskriterien wie Noten, Studiendauer, Image der Universität etc. gegenüber klar dokumentierten Erfahrungen und bisherigen Erfolgen in außerberuflichen Feldern, die eine analoge Bedeutung und Vorhersagekraft für beruflichen Ehrgeiz und Zielorientierung besitzen. Somit gewinnen auch Fremdsprachen, außerberufliche Engagements und Auslandsaufenthalte sowie Praktika (inhaltliche Ausrichtung, beteiligtes Unternehmen) an Bedeutung.

Mit Blick auf Employability und hier sowohl allgemein gültige Zukunftskompetenzen als auch Lernbereitschaft und Selbstverantwortung stellt sich die konsequente Frage nach bestätigten oder auch neuen Kompetenzdimensionen. Unter Anwendung inhaltlicher Ableitungsmethoden kommen wir dabei zu dem Ergebnis, dass mit hoher Wahrscheinlichkeit die folgenden Kompetenzdimensionen mit einer hohen Ausprägung an Employability verbunden sind:

- Analysefähigkeit: Aufnahmefähigkeit, abstraktes Denken, Numerik, Erinnerungsvermögen und Vernetzungskompetenz.

- Handlungs- und Zielorientierung: Pragmatismus, Prioritätensetzung, Output-Orientierung, Handlungskonsequenz.

- Flexibilität und Lernbereitschaft: Neugierde, Verhaltensbandbreite, Mobilität, generalistisches Interessenspektrum.

- Kommunikationskompetenz: Offenheit, Kooperationsbereitschaft, Überzeugungskraft, Begeisterungsfähigkeit.

- Leistungsmotivation: Fachlicher Ehrgeiz, Selbstmotivation, Einsatzbereitschaft, inhaltliche Begeisterungsfähigkeit.

- Dynamik und Belastbarkeit: Leistungsfähigkeit, Konzentrationsvermögen, Agilität, Ausgeglichenheit.

Ein Blick auf diese Employability-relevanten Kompetenzdimensionen zeigt etwa einen jeweils 50-prozentigen Anteil an verhaltensorientierten sowie persönlichkeitsorientierten Dimensionen (Radlett, Herts. 2001) Hinzu kommen mit dem Fokus Employability wahrscheinlich folgende Fachdimensionen:

- IT-Anwendungskenntnisse

- Fremdsprachenkompetenz mit Fokus Englisch

- Grundlagen Betriebswirtschaft / kaufmännisches Denken

- Arbeitstechnik und Selbstorganisation

- Generalistische Ausbildung mit Ergänzung klassischer kaufmännischer Sichtweisen durch: Geschichte, Gemeinschaftskunde, Sozial- und Gesellschaftskunde, Religion und Philosophie.

Insgesamt sind Employability-relevante Kompetenzen zum großen Teil schon in heutigen Anforderungsprofilen für Trainees / High Potentials enthalten (W. Jochmann 1998). Es wird darauf ankommen, sie auf die non-akademischen Einsteigergruppen anzuwenden bzw. in den Ausbildungsgängen und nachfolgenden Auswahlinstrumenten adäquat / zielgruppengerecht abzubilden. Eine Kernbotschaft von Employability ist Flexibilität mit den Ausformungen von Lernbereitschaft, Lernfähigkeit, fachlicher und regionaler Mobilität, interkultureller Kompetenz mit entsprechenden Fremdsprachenkenntnissen / Erfahrungen in internationalen Teams und interkultureller Sensitivität / Toleranz. Hinter diesen Dimensionen stehen klassisch-lernbare metho-

Abbildung 2-7: *Kompetenzpyramide*

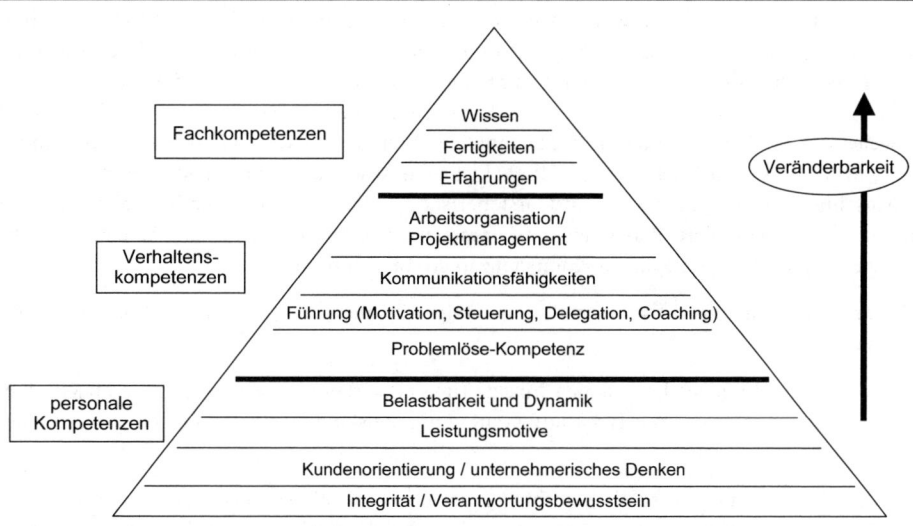

dische Handwerkszeuge, trainierbare Verhaltenskompetenzen und schwer veränderbare, ererbte oder früh in der Sozialisation erworbene Persönlichkeitskompetenzen (siehe Abbildung 2.7).

2.2.2 Das Spektrum der Auswahlinstrumente

In der Einschätzung sowohl von Berufseinsteigern als auch mittleren und oberen Führungskräften sowie Spezialisten unterscheidet man nach folgenden Erhebungsmethoden (siehe auch Schuler, H. 1998).

- Unterschiedlichste Formen der Interviewführung – Basis von Einschätzungen sind hier die Aussagen-Inhalte des Kandidaten und die Wirkung mit Blick auf Souveränität und Glaubwürdigkeit.

- Der Einsatz von psychologischen Fragebögen (6) mit den Ausrichtungen auf Intellekt, Leistungsfähigkeit und Persönlichkeitsanalyse – von erheblicher Bedeutung sind dabei Konstruktionsqualität und Anwendungsakzeptanz, wobei insbesondere die Persönlichkeitsfragebögen mit dem Problem sozialer Erwünschtheit im Antwortverhalten fertig werden müssen.

- Analyse der Biografie mit den faktischen Ausbildungsstationen und Erfahrungen – Prämissen sind hierbei die Forderung nach dokumentierten Resultaten und die Aussage, dass die Vergangenheit eines Menschen die beste Prognosequalität für seine Zukunft abgibt.

- Bearbeitung von Arbeitsproben in Form von Fallstudien und Kommunikationssituationen – Anwendung der Assessment-Center-Methodik mit auf das jeweilige Zielprofil zugeschnittener Verfahrenskonstruktion.

Je nach Beurteilungs- und Auswahlsituation finden sich in der Anlehnung an maßgeschneiderte Zielprofile ebenso maßgeschneiderte Methodenkombinationen. Für akademische Berufseinsteiger dominieren beispielsweise im deutschsprachigen Raum entweder teilstrukturierte Interview- (in der Regel zwei bis drei Stationen mit unterschiedlichen Gesprächspartnern) oder eintägige Assessment-Center-Varianten in der Kombination aus Interview, Fragebogen und Fallbearbeitungen / Gruppendiskussionen. Die Vorhersagekraft und Trefferquote scheint sich mit erweiterter Einschätzungsdauer und Zunahme des Methodenmixes von 60 % (klassisch-intuitives Interview) auf 85 % zu erhöhen. Hierbei ist es insbesondere die Herausforderung, durch die „menschlich überzeugende und selbstdarstellerische Hülle" hindurch auch intellektuelle Fähigkeiten und insbesondere Persönlichkeitskompetenzen treffsicher herauszuarbeiten. Mit Blick auf die Employability-relevanten Kompetenzen ergibt sich somit

- eine klassische biografische Analyse bisheriger Erfahrungen (Fachdimensionen, Internationalität)

- die Kombination aus Fragebogen-Einsatz (immer stärker online-orientiert) und nachfolgender Interviewführung mit Blick auf Kommunikationskompetenz und Persönlichkeitsdimensionen

- die Durchführung von selektiven Intelligenztests oder vielmehr analytischen Fallstudien zur Bewertung von Analysevermögen und Arbeitsstil. Exemplarisch für die Schlüsseldimension von Lernbereitschaft und Lernfähigkeit zeigt Abbildung 2.8 die notwendige Anforderungsdetaillierung und die diagnostischen Methodenoptionen auf.

Abbildung 2-8: *Erfassung Kernkompetenzen*

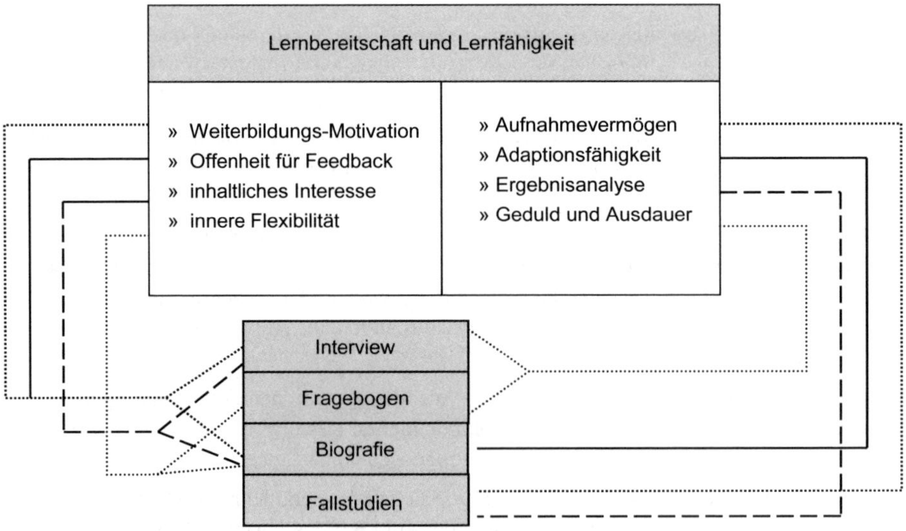

Ein Fazit für die persönlichkeitsorientierten Kompetenzdimensionen ist für die Beurteilungsaufgabe, dass ein optimaler Methodenmix aus vorbereitender Biografieanalyse, Vorab-Fragebogenbearbeitung und dann einem intensiven teilstrukturierten Interview besteht. Um dieses Interview von einer klassischen Selbstverkaufs-Situation mit Freiraum für Sympathieeffekte und sonstige Beurteilungsfehler wegzuführen, sind intensive Beschreibungen der Kompetenzdimensionen sowie ihrer Teilkompetenzen und Beobachtungsanker einerseits sowie Fragefelder und Fragetechniken andererseits vorzubereiten. Die nachfolgenden Interviewtechniken haben sich hierbei bewährt:

- in der Startphase des Interviews sehr öffnende Fragestellung und deutlicher Darstellungsfreiraum für den Bewerber

- episodische Vertiefungsfragen mit der Konkretisierung von erreichten Ergebnissen, Umfeldbedingungen und persönlichen Schlussfolgerungen

- reflektorische Fragen zur Ableitung von Motiven und Lebensmustern

- Fragen zum Abgleich unterschiedlicher Eindrücke – etwa aus Interview, Lebenslauf und Fragebogen-Ergebnissen

- gewisse Konfrontation mit Widersprüchen und nicht-authentischen / glaubhaften Eindrücken

- reflektorische und analogieorientierte Vertiefungsfragen zu Berufszielen, treibenden Motiven und persönlichen Erfolgsfaktoren.

Abbildung 2.9 zeigt das Ergebnisprofil eines online-basierten berufsbezogenen Interessentests, Abbildung 2.10 den wünschenswerten Zielkorridor auf einem Selbsteinschätzungs-Instrument zur Motivationsanalyse.

Zur Analyse zwischenmenschlicher und analytischer Verhaltenskompetenzen mit den Merkmalen von Technikbeherrschung / Fertigkeiten, Verhaltensdurchgängigkeit und Glaubwürdigkeit ist die Kombination aus Fragebogen und Fallstudie, natürlich unterstützt durch ein einleitendes Interview, eindeutig zu bevorzugen. Gerade im intellektuellen Bereich stoßen Interviewtechniken an ihre Grenzen – sprachlich flexibel und im Auftreten sympathische / souveräne Gesprächspartner bewältigen inhaltliche Vertiefungsfragen souverän (Blender-Effekt); introvertiert-schüchterne „Spezialisten" transportieren ihre hervorragende Fachkompetenz und inhaltliche Begeisterungsfähigkeit nicht ausreichend resultierender Beurteilungsfehler aus Bescheidenheit / Understatement und begrenzter Kommunikationskompetenz (Sarges, W. 1996 und W. Jochmann, 1998). Deshalb hat sich in der Berufseinstiegs-Diagnostik das Assessment-Center-Instrumentarium sehr gut durchsetzen können. Es variiert von einer mehrstündigen / halbtägigen Schmalspur-Version über die klassische und empfehlenswerte Eintages-Durchführung bis hin zu mehrtägigen Durchführungsformen (eher bekannt für die Potenzialanalyse vorhandener Nachwuchskräfte und Manager der mittleren Ebene). Abbildung 2.11 zeigt den Verlauf des eintägigen Auswahl-Assessments für Hochschulabsolventen einer Großbank.

Das verbleibende Feld fachlicher Kompetenzen wird eindeutig am besten über die Kombination aus vorbereitender Biografieanalyse und anschließendem Interview analysiert. Es kann sich bei dem non-akademischen Bereich allerdings empfehlen, mit Blick auf englische Sprachkenntnis-

Abbildung 2-9: *Ergebnisprofil online-basierter berufsbezogener Interessentest*

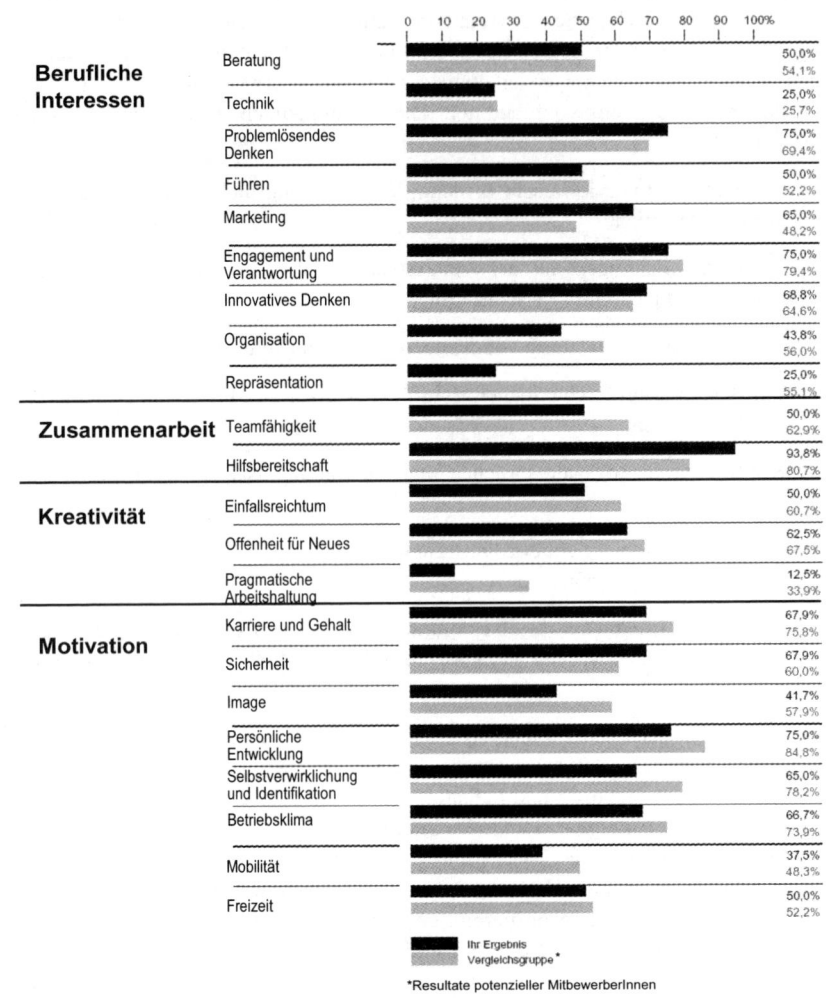

Quelle: geva-institut 2002

se, IT-Anwendungen oder auch kaufmännisch-betriebswirtschaftliches Denken Mini-Fall-studien oder Fach-Fragebögen / Prüfungen ergänzend einzusetzen. Beispiele hierzu sind eine englische Interviewführung, die Analyse betriebswirtschaftlicher Daten, die Arbeitsprobe einer Präsentationserstellung am PC oder die Selbstorganisation in einer umfangreichen Stärken-Schwächen-Fallstudie. In der Vergangenheit wurde bei dieser Methodenorientierung die sau-bere Analyse des bisherigen Lebenslaufes mit notwendigen Analogien geforderter Leistungs-

Abbildung 2-10: *Wünschenswerter Zielkorridor Selbsteinschätzungs-Instrument zur Motivationsanalyse*

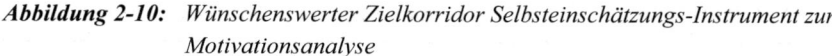

	1 gering	2	3	4	5 hoch
Einflussmotivation Will Einfluss auf andere besitzen	○	○	⬤	○	
Erfolgsmotivation Will sich selbst neue, herausfordernde und schwierige Ziele setzen und erreichen	○	○	○	⬤	
Veränderungsmotivation Will Strukturen verändern, bewegen	○	○	○	⬤	○
Problemlösemotivation Will in Aktivität stehen und auch unter widrigen Umständen Probleme lösen	○	○	○	⬤	
Misserfolgsmotivation Will alles richtig machen, Fehler vermeiden	⬤	○	○	○	
Wettbewerbsmotivation Will sich mit anderen messen, eigene Leistung mit anderen vergleichen	○	○	⬤	○	
Arousal Will Abwechslung haben durch immer wieder neue und unbekannte Aufgaben	○	○	○	⬤	○
Anschlussmotivation Will nette Kontakte zu Kollegen haben	○	⬤	○	○	
Statusmotivation Will Ansehen im Beruf/ in der Gesellschaft haben (anerkannte Position, nach außen sichtbare Symbole)	○	⬤	○	○	○
Hilfsmotivation Will das Gefühl haben, gebraucht zu werden und helfen zu können	○	○	⬤	○	
Extrinsische Motivation Will Anerkennung/Rückmeldung von seinen Mitarbeitern/Vorgesetzten bekommen	○	○	⬤	○	○
Zahlenmotivation Will Freude haben an der Steigerung seiner Geschäfts -/ Verkaufszahlen	○	○	○	⬤	
Materielle Motivation Will hohes Gehalt und damit verbundenen Lebensstil erreichen/halten	○	○	⬤	○	○
Entwicklungsmotivation Will die eigene Persönlichkeit erfahren und weiterentwickeln	○	○	○	⬤	

Abbildung 2-11: *Ablauf eintägiges Auswahl-Assessment Hochschulabsolventen Großbank*

10.00 – 10.15	Einführung und allgemeine Informationen zu Acs
10.15 – 11.00	Interview (Werdegang und Motivation)
11.00 – 11.30	Zwischenfeedback
11.30 – 12.00	Präsentation
12.00 – 12.30	Zwischenfeedback
12.30 – 13.00	Kienbaum-Management-Fragebogen
13.00 – 13.30	Mittagspause
13.30 – 14.30	Vorbereitung Fallstudie
14.30 – 15.00	Durchführung Fallstudie
15.00 – 15.30	Zwischenfeedback
15.30 – 15.45	Vorbereitung Mitarbeitergespräch
15.45 – 16.15	Durchführung Mitarbeitergespräch
16.15 – 16.45	Abschlussfeedback

---

ergebnisse unterschätzt – etwa in der Wahrnehmung von real gegebenen Chancen für Auslandsaufenthalte, in der Dokumentation von Vertriebsaufgaben, in der Wahrnehmung von Führungs- und Steuerungsaufgaben etwa als Klassensprecher oder Leiter von Jugendgruppen.

2.2.3   Von der Einzelanalyse zur Förderung von Employability

Die Auswahlsituation bringt Bewerber mit in der Regel raren Beschäftigungsmöglichkeiten zusammen, die derzeitigen Quoten von ernsthaften / vorselektierten Bewerbern für offene Positionen liegt im Traineebereich bei 1:5. Das Prinzip der Bestenauslese wird bei sorgfältiger methodischer Vorbereitung und fachlicher Qualifizierung der Diagnostiker Trefferquoten zwischen 80 und 90 % erbringen können. Auch die Frage der jeweiligen Anforderungsprofile wird sich durch Professionals mit Blick auf die relevanten Branchen und Berufsbilder eindeutig lösen lassen. Hier wird die Hauptaufgabe darin bestehen, klassisch-bewährte Anforderungslisten mit Prioritäten zu versehen und den jeweiligen Berufsgruppen-spezifischen Zuschnitt zu erzielen – dabei ist es ein Fehler, mit langen Generalprofilen zu arbeiten und dann beispielsweise gerade für fachliche Kernkompetenzen zu viele Bewerber fälschlicherweise auszusondern.

Wie kann es nun prophylaktisch gelingen, die Ausbildungs- und Studiengänge, wahrscheinlich sogar die Schulausbildung auf die zukünftigen Arbeitsmärkte mit den Merkmalen von Flexibilität, Internationalität, Generalismus und hoher Leistungsbereitschaft vorzubereiten? Aus meiner Sicht bietet sich hierzu die Kombination aus Information und Transparenz einerseits, aus Fakten-orientierter und erlebnisorientierter Qualifizierung andererseits an. Insgesamt werden sich moderne Lernformen schon in Schulen orientieren müssen am Einsatz

- klarer Beschreibung von best practice-Beispielen (etwa Aufzeigen neuer Berufsbilder oder der Ausbildungsgänge in anderen Staaten)

- von modernen Visualisierungs- und Moderationstechniken

▓ von Einladungen von Vertretern relevanter Branchen und Berufsgruppen

▓ der Ermöglichung von Unternehmensbesuchen und Praktika in zukunftsrelevanten Kompetenzfeldern

▓ der konsequenten Qualifizierung des Lehrpersonals in Inhalten und Verhaltenskompetenzen von Employability – Lehrkräfte müssen sich an Vorbild-Merkmalen messen lassen.

Es wird darauf ankommen, einer in Teilen freizeit- und erlebnisorientierten sowie orientierungslosen Jugend die Chancen und Risiken in den Arbeitsmärkten von morgen und die resultierenden Performance-Erwartungen aufzuzeigen. Häufig ist es Unverbindlichkeit und mangelnde Darstellung der Konsequenzen in den letztlich selbst zu wählenden Bildungsinvestitionen, die junge Menschen in engeren Arbeitsmärkten oder hochselektiven Ausbildungsgängen scheitern lässt. Gegenüber einem isolierten Elitedenken wird die Aufgabe zur Beschäftigungssicherung eher eine kollektive Verbindlichkeit erforderlich machen, zu der Lehrkörper, potenzielle Arbeitgeber und Elternhäuser beitragen müssen.

Abbildung 2.12 verdeutlicht die heutigen Empfehlungen an Bewerber, die sich für attraktive Einstiegsfunktionen etwa im Traineebereich bewerben. Aus diesen Anforderungen lassen sich Qualifizierungsinhalte und wünschenswerte Einstellungsmuster ableiten – etwa in die Richtungen strukturierter Vorbereitung, klarer eigener Standortbestimmung, hoher kommunikativer Kompetenz in der Balance zwischen Sympathie und sich auf andere einstellen einerseits, der Vermittlung von Selbstsicherheit und Eigenständigkeit andererseits.

Der Schritt von der Diagnostik Employability-relevanter Kompetenzen zur proaktiven Förderung in den vorangehenden Ausbildungsstationen führt zu folgenden abschließenden Empfehlungen:

▓ Deutlich intensivere Vorbereitung auf Mechanismen der Wirtschaft und alternative Berufsbilder im Profit-Bereich schon in den Schuljahren 8–10, vertiefend 11–13.

▓ Deutliche Verstärkung grundlegender betriebswirtschaftlicher Inhalte zumindest ab Realschule.

▓ Verbesserung der Unterstützung in der Berufswahl – seitens Lehrpersonal, Arbeitsämtern und Personalbereichen von Unternehmungen / Organisationen.

Abbildung 2-12: *Empfehlungen für den Bewerbungs- und Auswahlprozess*

■ Strukturierung und Umfang der Bewerbungsunterlagen – less is more.

■ Faktoren der Einzigartigkeit – unique competence proposition.

■ Strukturen und Erfolgsfaktoren des Zielunternehmens kennen.

■ Klares Erklärungsmuster – wieso dieses Unternehmen, wieso ich?

■ Gesprächspartner spiegeln und Zeichen setzen!

■ Intelligente Fragen stellen ...

■ Commitment und Standing dokumentieren.

■ Verstärkung ausbildungsbegleitender Praktika.

■ Weitere Professionalisierung des Englischunterrichtes und idealer weise Auslandsaufenthalte vor Schulabschluss.

■ Deutliche Intensivierung berufsvorbereitender Informationen über zukünftige Arbeitsmärkte, Branchenentwicklungen und resultierende Berufsbilder.

■ Abbildung Employee-relevanter Kompetenzen in passenden Schulfächern – beispielsweise Toleranz, internationales Wissen und interkulturelle Sensibilität, Kommunikationskompetenz.

■ Ermutigung zu schulbegleitenden Steuerungs- und Führungsaufgaben – etwa im Rahmen von sozialen oder sportorientierten Vereinen.

Employability fängt nicht mit der Bewerbungsphase um Ausbildungs- und Studienplätze an. Sie beinhaltet angeborene und früh sozialisierte Persönlichkeitstendenzen, allerdings auch klare Veränderungspotenziale durch Informationstransparenz und Vorbilder schon im frühen Jugendalter. Ein Teil der Wettbewerbsfähigkeit der dienstleistungs- und wissensbasierten Branchen im deutschsprachigen Europa wird davon abhängen, ob wir junge talentierte Menschen zielgerichtet für diese Industrien und mit ihnen vorhandene Perspektiven und Selbstentfaltungsmöglichkeiten gewinnen. Die self-fulfilling-Prophecy wird in beiden Richtungen funktionieren – im negativen Sinne Wirtschafts-Skeptizismus und Elite-Angst mit Freizeitorientierung und beruflichem Mindestleisten bewirken – im positiven Sinne eine Aufbruchstimmung erzeugen, die geprägt ist von internationaler Offenheit, Neugierde, Begeisterung und Gestaltungswillen für die Welt von morgen.

Literatur

LOCKE, L. und MORLEY, W.: Enhancing Employability, Recognising Diversity: Making Links Between Higher Education and the World of Work, July 2002, Harvey, A. Universities UK and CSU

JOCHMANN, W.: Bilanz und Veränderungen des Instrumentes Management Audit, Personal 04/2003

Radlett, Herts. (2001): Graduates' Employability Skills, Developing Personal Skills for the Workplace Whilst at University: Industry and Education

JOCHMANN, W. (1998): Modelle zur Beurteilung von Persönlichkeit, Potentialen und Leistungsverhalten. in: JOCHMANN, W. (Hrsg.): Innovationen im Assessment-Center. Schäffer-Poeschel-Verlag, Stuttgart

SCHULER, H. (1998): Psychologische Personalauswahl, Verlag für Angewandte Psychologie, Göttingen

SARGES, W. und WOTTAWA, H. (Hrsg.) (2001): Handbuch wirtschaftspsychologischer Testverfahren. Pabst Science Publishers, Lengerich, S. 89–102/405–408

SARGES, W. (Hrsg.) (1996): Weiterentwicklung der Assessment Center Methode. Hogrefe, Göttingen

JOCHMANN, W. (1998): Change-Prozesse mit der Methodik Assessment-Center unterstützen. in: JOCHMANN, W. (Hrsg.): Innovationen im Assessment-Center, Schäffer-Poeschel-Verlag, Stuttgart

BRICKENKAMP, R. (2002): Handbuch psychologischer und pädagogischer Tests (Band 1/2). Hogrefe, Göttingen

SULLIVAN, SHERRY E.: The Changing Nature of Careers: A Review and Research Agenda, Journal of Management, May–June 1999 v25 i3 p457

JOCHMANN, W.(1998): Zukunftsorientierte Konzepte und Instrumente eines erfolgreichen Personalmanagements. In: FRÖHLICH, W. (Hrsg.): Moderne Personalarbeit der Zukunft. Datakontext-Fachverlag, Frechen

JOCHMANN, W. (1998): Strategische Aufgabe: Personalmanagement. in: Markt und Mittelstand

LOHAUS, D. und HABERMANN W.: Employability statt Outplacement, Personal 07/2003

ETZEL, S. und KÜPPERS, A. (2002): Mit Methodenvielfalt zum Ziel – Computergestützte und klassische Assessment-Techniken in R. BÄCKER und S. ETZEL: Einzel Assessment, Düsseldorf: Symposium Publishing

Stefan F. Dietl und Ulrich Höschle

3 Employability durch Ausbildung
Auswirkung, Konsequenz und Konzepte

In diesem Beitrag wird aufgezeigt, wie das Grundkonzept der Employability im Rahmen einer Ausbildungskonzeption zum Nutzen der Auszubildenden und des Unternehmens umgesetzt werden kann. Das Beispiel stellt die Festo AG & Co. KG in Esslingen dar.

3.1   Das unternehmerische Umfeld

Das Umfeld von Unternehmen ist von unterschiedlichen Einflussfaktoren geprägt, die sich zunehmend auf die Personal- und Ausbildungspolitik auswirken:

- Durch die Globalisierung und das Internet werden Informationen schneller übermittelt und stehen weltweit zur Verfügung.

- Kommunikation über E-Mail und SMS verändert das Informations- und Kommunikationsverhalten.

- Kontinuierlicher Wissenszuwachs verlangt Wissensmanagement und verursacht abnehmende Halbwertszeit des Wissens.

- Die Ökonomisierung verlangt einen höheren und erkennbaren Wertschöpfungsbeitrag auch durch den Erfolgsfaktor Human Resources Management in allen Kernprozessen.

- Demografische Veränderungen spiegeln sich auf Grund geringer werdenden Geburtenraten in einer abnehmenden Bevölkerungszahl wider (quantitative Veränderungen). Hinzu kommt die Veralterung der Gesellschaft als qualitativen Aspekt. Vor diesem Hintergrund wird es schwieriger, hoch qualifizierte Nachwuchskräfte auf dem Arbeitsmarkt zu beschaffen. Nicht nur Arbeitnehmer, sondern vielmehr auch Unternehmen müssen sich in Richtung Employability weiterentwickeln.

- etc.

Vor diesem Hintergrund muss ein zukunftsweisendes Human Resources Management all diese Aspekte in die eigene Strategie integrieren, um keine Wettbewerbsnachteile für das Unternehmen zu erfahren. Diese Trends wirken sich insbesondere in der Qualifizierungsstrategie von Unternehmen aus. Lernen, Qualifizierung und eine positive Veränderungskultur sind wichtige Bausteine, um Employability seitens der Arbeitnehmer und der Unternehmen zu erzielen.

Der Qualifizierungsprozess eines Unternehmens ist dabei mehrschichtig. Ein zukünftiger Mitarbeiter kann als Auszubildender oder Studierender an einer Berufsakademie die unternehmenseigene Ausbildung durchlaufen, nach Abschluss eines Studiums als Trainee beginnen, als mehrjähriger Mitarbeiter als Potenzialträger oder als High-Potenzial identifiziert und gefördert werden. Im Rahmen dieses Aufsatzes stehen Auswirkung, Konsequenzen und Gestaltungsmöglichkeiten der betrieblichen Erstausbildung im Mittelpunkt. Dies sind zum einen die Auszubildenden im dualen Ausbildungssystem zum anderen auch Teilnehmer kooperativer Studiengänge wie der Berufsakademie.

3.2 Konsequenz für die Ausbildung

Nichts ist konsequenter als der Wandel. Durch die aufgezeigten Einflussfaktoren resultieren Veränderungen in der Arbeitswelt. Wissensaneignung ist dabei sehr wichtig, um über die Veränderungen und die Einflussmöglichkeiten erkennen und abwägen zu können. „Mindestens genau so wichtig ist es, die Fähigkeit zu lernen zu vermitteln. Wissen veraltet, aber die Fähigkeit zu lernen bleibt." [1] „Nur" Wissen zu besitzen reicht auf Grund der abnehmenden Halbwertszeit nicht mehr aus. Gelerntes ist wichtig, aber die Fähigkeit zu lernen ist viel wichtiger. Anstatt Wissen zu entwickeln müssen Menschen entwickelt werden, deren innere Einstellung Veränderungen gegenüber positiv ist und die in der Lage sind, diese zu erkennen und aktiv mitzugestalten.

Diese Anforderungen benötigen eine ausgeprägten Persönlichkeits-, Sozial- und Methodenkompetenz.

Die Persönlichkeitskompetenz ist dabei der entscheidende Faktor. Sie beinhaltet die eigenen, individuellen Werte und Normen wie die Bereitschaft zu leisten, Beziehungen mit Unternehmen einzugehen, Kreativität, Wertschätzung anderen Menschen gegenüber, um nur einen Auszug der Persönlichkeitskompetenz darzustellen. Die Sozialkompetenz könnte auch als Interaktionskompetenz bezeichnet werden, da sie dann zum Ausdruck kommt, wenn mehrere Menschen beisammen sind und beispielsweise gemeinsam in einem Projekt arbeiten. Hierzu gehört beispielsweise die Kontaktfähigkeit oder Kooperationsfähigkeit. Die Methodenkompetenz stellt eine Art Transferkompetenz dar, die benötigt wird, wenn vorhandenes Fachwissen in die Praxis umgesetzt werden soll. Die alle Kompetenzen umfassende Handlungskompetenz wird noch ergänzt durch die Fachkompetenz. Sie beinhaltet das gesamte Wissen eines Menschen. Insbesondere die Persönlichkeits- und Sozialkompetenz und bedingt die Methodenkompetenz sind extrafunktionaler Art. Dieter Mertens hat Mitte der Siebziger extrafunktionale Qualifikationen auch als Schlüsselqualifikationen bezeichnet, die es dem Einzelnen ermöglichen, sich in einer ständig verändernden Arbeitswelt zurecht zu finden und somit zur Employability zu kommen.

Vor diesem Hintergrund müssen Schlüsselqualifikationen stärker in Qualifizierungskonzepte integriert werden, ohne dabei das nötige Fachwissen zu vernachlässigen.

---

[1]   Rau, Johannes: „Noch ein wenig mehr". Über die Verantwortung für die berufliche Bildung. In: Wirtschaftswoche. Nr. 21 vom 26.7.2001. Seite 36.

Die Berufsausbildung hat dabei die Chance, diese Anforderung von Beginn an in die Qualifizierung des eigenen Nachwuchses zu integrieren zu lassen und das Ausbildungskonzept entsprechend zukunftsfähig zu gestalten.

Hierbei baut sie notwendigerweise auf Vorarbeiten aus dem Bereich der allgemeinen Schulbildung auf. Nicht erst seit der PISA-Studie sind in diversen Schularten entsprechende Konzepte entstanden und in der Umsetzung. Hier gilt es für Wirtschaft und Schulen konzeptionell zusammenzuarbeiten.

3.3 Konzepte für die Ausbildung

Grundlage der gesamten Ausrichtung einer Ausbildung ist das Anforderungsprofil. In ihm werden alle relevanten Kriterien verankert, die im Auswahlverfahren systematisch diagnostiziert, während der Ausbildung gefördert und entwickelt und dann jeweils evaluiert werden sollen.

Wenn das Bewusstsein einer abnehmenden Halbwertszeit des Wissens proaktiv genutzt werden soll, ist es konsequent, dass im Anforderungsprofil schwerpunktmäßig die Eigenschaften und Anforderungen integriert werden, die langfristig angelegt sind und nicht einer permanenten Entwertung unterliegen. Zudem müssen im Anforderungsprofil speziell im Kontext der Mitarbeiterauswahl die Eigenschaften und Anforderungen einfließen, die wegen ihrer Langfristigkeit nur schwer zu verändern sind. Ziel im Anforderungsprofil ist es, diese Anforderungskriterien zunächst zu identifizieren, zu definieren und zu operationalisieren.

Welches sind nun die erfolgsrelevanten Anforderungen eines Unternehmens? Um diese Frage beantworten zu können, stehen mehrere Vorgehensweisen zur Auswahl. Im Rahmen der „Critical Event Method" oder „Critical Incident Method"[2] werden besonders kritische Situationen eines Auszubildenden beschrieben, die er meistern muss, um erfolgreich zu sein. Aus diesen Situationen werden dann die Eigenschaften abgeleitet und fließen ins Anforderungsprofil ein.

Bei einer weiteren Methode werden zunächst die entscheidenden Einflussfaktoren identifiziert, die auf das Unternehmen in den nächsten Jahren gravierend einwirken. Aus der daraus abgeleiteten Unternehmensstrategie werden dann die Anforderungen definiert. Taucht eine Anforderung mehrfach auf, ist dies ein Indikator dafür, dass sie besonders relevant ist.

Um das Anforderungsprofil multiperspektivisch zu entwickeln und somit einen möglichst breiten Konsens zu erzielen, müssen andere Personen als die in der Ausbildung tätig sind, integriert werden. Dies sind beispielsweise Mitarbeiter und Führungskräfte aus einigen Fachbereichen, die Geschäftsleitung, Referenten des Personalwesens, ehemalige Auszubildende oder sogar externe Kunden des Unternehmens.

Damit das Anforderungsprofil im Rahmen des Auswahlverfahrens berücksichtigt werden kann, sollen maximal fünf bis acht Anforderungskriterien herangezogen werden. Mehr sind in einem praktikablen Auswahlverfahren nicht zu diagnostizieren.

---

2   Vgl.: Paschen / Turck / Weidemann / Stöwe: Assessment-Center professionell. Luchterhand-Verlag. 2002.

Abbildung 3-1: *Herleitung von Anforderungskriterien am Beispiel eines Mobilfunkherstellers.*[3]

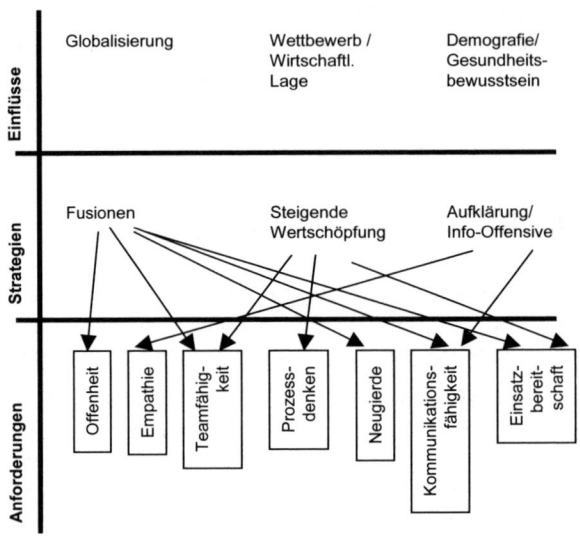

Abbildung 3-2: *Multiperspektivische Identifikation von Anforderungen*

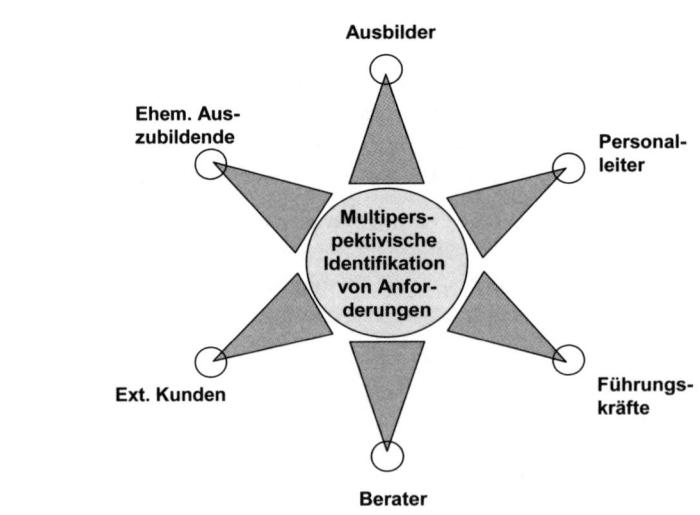

---

[3]   Vgl. Dietl, Stefan F.: Ausbildungsmarketing und Bewerberauswahl. Köln 2003. Seite 50.

Abbildung 3-3: *Mögliche Definition des Anforderungskriteriums „Kommunikationsfähigkeit"*

- Kann seine Ausdrucksweise der Situation / dem Gesprächspartner anpassen.
- Wird verstanden und kann anderen zuhören.
- Kann die Wirkung seiner Kommunikationsfähigkeit messen.
- Verwendet Kommunikation als zentrales Instrument der Kooperation.
- Trägt dazu bei, eine für ihn und seine Anliegen günstige Gesprächsatmosphäre aufzubauen.

Es ist nicht ausreichend, die relevanten Kriterien nur zu identifizieren. Sind mehrere Beobachter in einem Auswahlverfahren integriert, würde jeder unter dem Begriff z. B. „Kommunikationsfähigkeit" etwas anderes verstehen. Anforderungskriterien müssen definiert werden. Die Definition stellt dar, was unter diesem Begriff verstanden wird.

Die Definition berücksichtigt noch nicht die Beobachtbarkeit der Anforderung. Dies wird durch die Operationalisierung (= Beobachtbarkeit) erreicht. Die Kernfrage ist: Wie kann die gewünschte Eigenschaft beobachtet werden? Was muss bei einem Bewerber sichtbar sein, damit diese Eigenschaft beobachtbar ist?

Nachdem alle Anforderungskriterien identifiziert, definiert und operationalisiert wurden, entsteht ein Anforderungsprofil, das mit den unternehmensspezifischen Schlüsselqualifikationen die Basis für das Auswahlverfahren darstellt.

Das Auswahlverfahren muss so konstruiert sein, dass es die gewünschten Eigenschaften erkennen lässt, um einen Abgleich von Anforderungsprofil und Qualifikationsprofil zu ermöglichen.

Während in der Vergangenheit nach dem „besten" Bewerber gesucht wurde, wird heute und auch zukünftig nach dem „passenden" gesucht. Gewiss werden noch Schulnoten und schriftliche Testverfahren als erstes Filterkriterium verwendet. In naher Zukunft wird durch die abneh-

Abbildung 3-4: *Mögliche Operationalisierung des Anforderungskriteriums „Kommunikationsfähigkeit"*

Positiv: Der Bewerber...	**Negativ: Der Bewerber...**
- ... passt sich dem Sprachniveau seines Gesprächspartners an. - ... hat einen angemessenen Anteil zwischen Reden und Zuhören. - ... redet mit klarer Sprache und deutlicher Stimme - ... kann bei der Kommunikation in die Augen anderer schauen.	- ...bemüht sich wenig, anderen etwas zu erklären - ...wirkt abwesend. - ...drückt sich vage, schwammig und missverständlich aus - ...wird von anderen missverstanden (inhaltlich und akustisch)

Abbildung 3-5: *Anforderungsprofil für Auszubildende der Festo AG & Co. KG*

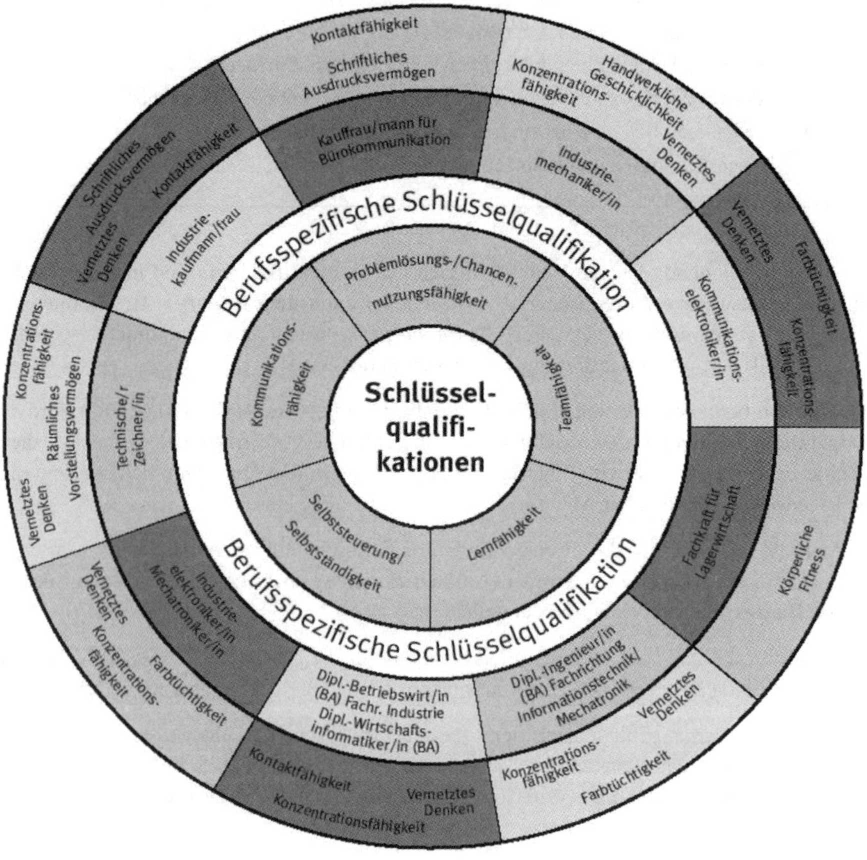

mende Demografie die Anzahl der Bewerbungen stark zurückgehen, sodass mehr Zeit für den einzelnen Bewerber investiert werden kann. Ein systematisches und fundiertes Testverfahren verfügt eine entsprechende Validität und Reliabilität (z. B. IST 2000r). Es ermöglicht dabei Aussagen über die Intelligenz und, über den Determinationskoeffizienten, über potenzielle Entwicklungen und Prognosen zum „Berufserfolg".

Gruppenauswahlverfahren bieten die Möglichkeit, dass mehrere Bewerber gleichzeitig beobachtet werden. Dies hat zum einen den qualitativen Vorteil, dass mehrere Bewerber unmittelbar miteinander verglichen werden können und über Verhalten in speziellen Situationen nicht gesprochen werden muss, sondern genau dieses Verhalten kann in der Situation beobachtet werden. Sie bieten zudem ökonomischen Vorteil, da der Man-Power-Input pro Bewerber trotz mehrerer Beobachter in der Regel geringer ist, als bei einem Einzelinterview.

Abbildung 3-6: Struktur Auswahlverfahren

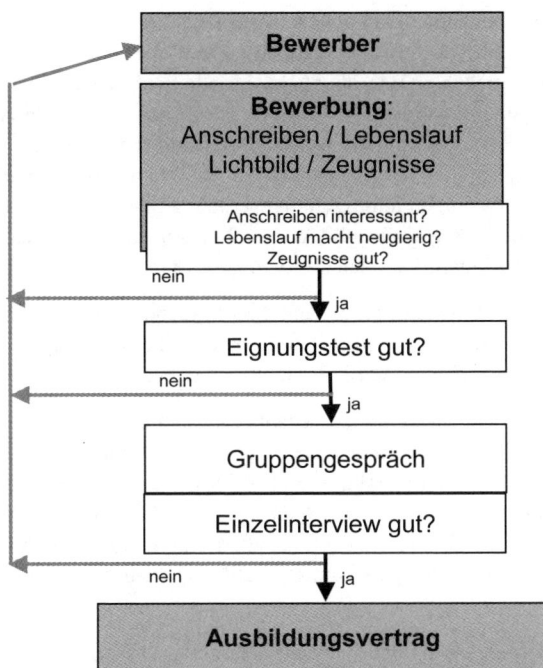

Ein systematisiert geführtes Einzelinterview vermittelt einen weiteren persönlichen Eindruck darüber, ob der Bewerber mit seinem Verhalten in die Unternehmenskultur passt bzw. denkbar ist.

Im nächsten Schritt müssen die im Anforderungsprofil definierten Kriterien gefördert werden. Dafür stehen viele Ausbildungsmethoden zur Auswahl. Ganzheitliche Ausbildungsmethoden müssen zukünftig noch mehr spezielle Faktoren erfüllen.

Durch die beschriebene, zunehmende Ökonomisierung und die daraus entstehende Notwendigkeit, dass der Wertschöpfungsbeitrag von allen Bereichen zu forcieren ist, muss die Ausbildung sich zukünftig noch mehr in diesen Prozess einbringen.[4] Somit kann sie einen positiven Beitrag für das Unternehmen bringen. Allerdings darf die Wertschöpfung nicht auf Kosten der Schlüsselqualifizierung (dem Bildungsaspekt) verstärkt werden. Diese beiden Aspekte würden zwar kurzfristig einen Vorteil verschaffen, allerdings sind damit noch längst keine zukünftigen Bewerber gewonnen. Sind die eingesetzten Ausbildungsmethoden jedoch wertschöpfend, schlüsselqualifizierend und machen den Auszubildenden zusätzlich Spaß, verbreiten sie ihre positiven Eindrücke bringen sie diese Botschaft in ihrem privaten Umfeld, sei es ihre Cliquen, ihre Eltern

---

4   Vgl.: Dietl, Stefan F./Frick, Gerold: Das Prinzip „Wertschöpfung" in der kaufmännischen Ausbildung. Personalführung 7 / 2000. Seite 30 ff.

oder in ihrem Freundeskreis. So verbreitet sich diese positive Botschaft und sichert auch in einem zunehmend schwerer umkämpften Bewerbermarkt genügend und gute Bewerbungen.

Zunächst müssen Auszubildende daran gewöhnt werden, von bisher oftmals passiven Rolle des Schülers in die aktive Rolle des Auszubildenden zu wechseln. Im Rahmen von *Einführungs-veranstaltungen* sollten nicht nur Begrüßungsreden gehalten oder Unterlagen verteilt werden. Vielmehr können sie genutzt werden, um eine Vertrauensbasis zwischen Ausbilder[5] und Auszubildenden zu bilden. Besonders positiv werden Veranstaltungen gesehen, die außerhalb eines typischen Unterrichts- oder Seminarraumes stattfinden. In Jugendherbergen können zu relativ niedrigen Preisen Veranstaltungen durchgeführt werden. Außerdem gibt es die Möglichkeit, in Form eines „Einführungs-Camps" teambildende Übungen durchzuführen. So werden gezielt die gewünschten Schlüsselqualifikationen aus dem Anforderungsprofil gefördert.

Nach einem erfolgreichen Einstieg fällt es den Auszubildenden leichter, Aufgaben zu übernehmen und eigenständig, Lösungen zu erarbeiten. In einer stark ausgeprägten Angstkultur bzw. in autoritativen Ausbildungsstrukturen wird dies nicht gelingen.

Auf dieser Basis können weiterführende Ausbildungsmethoden aufbauen. Im Rahmen von betriebspädagogischen Seminaren können neben der Vermittlung von Kommunikations- und Präsentationsfähigkeit, Kooperationsfähigkeit und Projektarbeit konkrete Problemstellungen analysiert ,Lösungen dafür entwickelt und präsentiert werden. Zur langfristigen Lerntransfersicherung können beispielsweise KVP-Teams in diesen Seminaren installiert werden, die auch nach Abschluss des Seminars für eine bestimmte Zeit auch über die Ausbildungsgrenzen hinaus bestehen bleiben.

Die gewonnenen Erfahrungen können dann auch in anderen Abteilungen oder sogar im Rahmen von mehrwöchigen *Auslandseinsätzen* in Landesgesellschaften, Vertriebs- oder Geschäftspartner (z. B. bei Kunden oder Lieferanten) eingebracht werden. Auszubildende sind meist sehr offen und interessiert, schon früh in unterschiedlichen Kulturkreisen interkulturelle Kompetenzen zu sammeln. Dies ist gerade im Zuge der Globalisierung besonders relevant. Damit können durchaus wertschöpfende Leistungen verbunden werden. Ob Studierende an der Berufsakademie oder Auszubildende: Beide können im Ausland Projekte bearbeiten, die zwar schon seit längerer Zeit stehen, bislang aber mangels Kapazitäten nicht realisiert wurden. Angehende Diplom-Ingenieure (BA) der Fachrichtung Mechatronik ist es z. B. gelungen, durch eine selbst entwickelte und realisierte technische Vorrichtung die Rüstzeit einer Maschine von 90 Minuten auf 20 Minuten zu reduzieren. Die entstandenen Flug- und Unterkunftskosten waren dadurch innerhalb weniger Tage amortisiert.

Die Kriterien „Wertschöpfung, Schlüsselqualifizierung und Spaß" werden in besonderem Maße in *Lerninseln oder Juniorenfirmen* gefördert. In eine Juniorenfirma oder Lerninsel fließen mehrere Faktoren ein[6]:

---

5 Im Rahmen dieses Berichts werden die Personen als „Ausbilder" bezeichnet, die diese Aufgabe als Hauptaufgabe haben. Die Mitarbeiter, die diese Aufgabe eher sekundär erfüllen, werden als Ausbildungsbeauftragte bezeichnet

6 Vgl.: Kutt, Konrad: Juniorenfirma. In: Wittwer, Wolfgang: Methoden der Ausbildung. Didaktische Werkzeuge für Ausbilder. Köln, 2000. Seite 33.

▓ Es handelt sich um ein „Realprojekt",

▓ sie ist auf Dauer angelegt,

▓ sie wird unter dem „Schirm" des Ausbildungsbetriebes gegründet,

▓ sie wird möglichst weitgehend in eigener Verantwortung der Auszubildenden geführt,

▓ sie ermöglicht eine flexible, zeitlich-organisatorische Realisierung,

▓ sie ist innovativ für den Betrieb und ermöglicht einen messbaren Zusatznutzen,

▓ sie verbindet arbeiten und lernen,

▓ sie ermöglicht selbstständiges Arbeiten durch die Auszubildenden.

Lerninseln können in der Form eines internen Dienstleisters für Mitarbeiter, Führungskräfte und Management fungieren und Leistungen erbringen, die von jedem benötigt werden. Welcher Mitarbeiter oder welche Führungskraft wünscht sich nicht eine Unterstützung, die seine Notizen während einer Dienstreise oder Aufzeichnungen auf ein Diktaphon einer Auslandsreise als Präsentation aufbereitet. Diese Aufgaben können Auszubildende in einer Lerninsel übernehmen, die Back-Office-Charakter hat. Sie sind dabei selbst verantwortlich für ihre gesamte Büroausstattung, für eine möglichst hohe Auslastung, für eine hohe Kostendeckung aber auch für die eigene Büromaterialverwaltung, für die Kalkulation von Preisen, für die Erstellung von Statistiken. Statistiken sollen den Erfolg und die Leistungen der Auszubildenden quantifizieren, evaluieren und letztlich dokumentieren.

Eine weitere Lerninsel ist der weltweite Vertrieb von Werbe- und Geschenkartikel. Welches Unternehmen ab einer bestimmten Größe hat nicht ein kleines Sortiment. Werden diese Artikel dezentral beschafft und vertrieben, werden Synergien nicht genutzt, da mehrere Mitarbeiter mit einer ähnlichen Aufgabe beschäftigt sind. Wird dies dagegen zentral von Auszubildenden übernommen, werden diese Synergien genutzt und das Corporate Design eines Unternehmens konsequent umgesetzt. Die Auszubildenden sind dabei verantwortlich für die gesamte Sortimentssteuerung. Es müssen laufend neue Artikel aufgenommen werden. Jeder Auszubildende kann somit die Funktion eines „Produktmanagers" einnehmen und „sein" Produkt einführen. Hinzu kommt die notwendige Vermarktung über einen Katalog, über Mail, über Newsletter oder ergänzend über den eigenen Intranetauftritt. Bei regelmäßigen Verkaufsaktionen auf dem Firmengelände werden Auszubildende auch direkt von den firmeninternen Kunden gelobt – sie lernen aber auch den Umgang mit Kritik. Eine regelmäßig durchgeführte ABC-Analyse ist die Grundlage dafür, dass auch wenig verkaufte Produkte aus dem Sortiment herausgenommen werden und bietet die Möglichkeit, theoretisches Schulwissen in die Praxis umzusetzen. Sie beantworten außerdem Anfragen von Mitarbeitern aus allen Abteilungen und allen Landesgesellschaften zu den jeweiligen Produkten. Wo kann das Funktionieren eines kleinen Unternehmens transparenter erlebt werden?

Speziell in diesem Lerninsel-Modell werden die drei Anforderungskriterien in besonderem Maße berücksichtigt. Die Auszubildenden erleben alle interdependenten Prozesse eines kleinen, international agierenden Handelsunternehmens anfallen. Dies prägt das unternehmerische Handeln und Denken der Auszubildenden in besonderem Maße und unterstützt den Prozess „vom Azubi von Heute zum Mitunternehmer von Morgen". Durch die übertragene Verantwortung wird das Selbstbewusstsein gestärkt und gibt den Auszubildenden ein positives Gefühl. Sie er-lernen das Kommunizieren über verschiedene Medien: über E-Mail, Fax, Briefe und Telefon wird jeweils in unterschiedlichen Sprachen verhandelt und Aufträge angebahnt. Darüber hinaus werden Leistungen erbracht, die für ein Unternehmen unerlässlich sind.

In den regelmäßig durchgeführten Meetings (einmal pro Woche für 60 Minuten), werden in englischer Sprache offene Fragen geklärt und Entscheidungen getroffen. Speziell dafür wird ein eigenes Lexikon geführt, in das alle relevanten, aber unbekannten Vokabeln aufgenommen werden. Die Auszubildenden erwerben hierbei gemeinsam mit ihrem Ausbilder internationale Sprachkompetenz.

Die klassische Ausbildungsmethode war lange Zeit die *Unterweisung* oder das *Lehrgespräch*. „Gespräche zwischen Ausbilder und Auszubildendem, die der Wissensvermittlung, Erkenntnis-gewinnung oder Impulsgebung im Zusammenhang mit der Durchführung von Aufgaben die-nen."[7] Meist geschieht dies am Lernort in der Abteilung, wenn der Ausbilder oder der lokale Ausbildungsbeauftragte dem Auszubildenden etwas erklärt. [8]

Beim *Multiplikatorenkonzept* hat der Auszubildende die Möglichkeit die Funktion des Referen-ten (= Repetierenden) einzunehmen. Dies verfestigt nicht nur sein Wissen, sondern bietet die Möglichkeit einer kostengünstigen Wissensweitergabe. Ob ein Internetkurs für Führungskräfte oder eine Schulung für die neuen Auszubildenden – in allen Fällen wird ihm die Wissens-vermittlung zugetraut und ermutigt ihn.

Ein relativ neuer Trend ist *„soziales Lernen"*. Auszubildende arbeiten gemeinsam mit sozialen Minoritäten wie behinderte Menschen, sozial abgedriftete Jugendliche oder alten Menschen. Ziel ist u. a. eine Verschiebung der Koordinate im eigenen Wertesystem und den Jugendlichen aufzuzeigen, wie Menschen, die in einer „anderen Welt" als jemand selbst lebt, leben und sich darin zurechtfinden müssen. Auszubildende können dabei helfen, dass diese Menschen sich einfacher zu Recht finden und lernen dabei nachhaltig den Umgang mit diesen Menschen. So können Auszubildende (z. B. angehende Bankkaufleute) Essen an Obdachlose ausgeben, ge-werblich-technische Auszubildende können Vorrichtungen für eine Behindertenwerkstatt kon-struieren und fertigen, kaufmännische Auszubildende können sozial benachteiligte Jugendliche bei deren Bewerbung am PC helfen etc. Durch die Kommunikation und Kooperation in diesen Projekten wird schon jetzt die Konsequenz einer abnehmenden Demografie – Integration von sozialen „Randgruppen" im weitesten Sinne – aufgezeigt und bietet wertvolle Erfahrungen. Zudem erfahren Auszubildende in Projekten mit „Jugendlichen im Abseits", wie schnell ein Abdriften möglich ist und handeln präventiv, um nicht selbst in solche Situationen zu kommen.

Nicht zuletzt dient auch *e-Learning* zur Förderung der Employability von jungen Menschen. Wissen wird zeitnah aufgenommen (Learning on demand), wobei das Lerntempo und die Lern-zeit vom Lernenden selbst bestimmt wird. Ergänzt durch Start- und Präsenzveranstaltungen fördert „blended learning" nicht nur die reine Fachkompetenz, sondern bietet durchaus die Möglichkeit, auch Methoden- und Sozialkompetenz zu unterstützen. Durch die wegfallenden

---

[7] Vgl.: Häcker, Eberhard: Ausbilder-Topics von A–Z. Schnelle Antworten zu den wichtigsten Fragen der Ausbildungspraxis. Köln 2001.

[8] Vgl.: Dietl, Stefan / Speck, Peter: Strategisches Ausbildungsmanagement. Verlag Recht und Wirtschaft. Heidelberg, 2003.

Trainer- und Reisekosten hat das Unternehmen – langfristig angelegt – durchaus die Möglichkeit, eine kostengünstige, bedarfsorientierte und insbesondere bei Jugendlichen akzeptierte Lernmethode anzubieten. Durch die Offenheit der Zielgruppe „Jugendliche" gegenüber dem „Lerninstrument PC" wird ein positives Image in das Unternehmen hineintransportiert und reduziert somit die bisherigen mentalen Hürden bei erfahrenen Mitarbeiter.

Alle Ausbildungsmethoden entwickeln den Auszubildenden und unterstützen seine Employability. Er lernt, sich auf unbekannte, neue Situationen einzustellen und ist in diesen schnell handlungsfähig. Veränderungen schrecken den zukünftigen Mitarbeiter nicht mehr ab, da er sie mehrfach erfolgreich gemeistert hat. Er ist es gewohnt, selbstständig zu arbeiten, Eigenverantwortung und Verantwortung für das Unternehmen zu übernehmen. Situatives Handeln wird zur Gewohnheit und stärkt die Veränderungsfähigkeit. Dies alles führt zu einer positiv ausgeprägten Employability beim Auszubildenden und zukünftigen Mitarbeiter eines Unternehmens.

Voraussetzung ist jedoch, dass ihm die Möglichkeit geboten wird, sein Verhalten jeweils aktiv zu reflektieren. Durch ein fundiertes Beurteilungsgespräch muss sich der jeweilige Ausbilder konstruktiv kritisch mit dem Auszubildenden auseinander setzen. Nur konkrete und konstruktive Hinweise bringen den Auszubildenden weiter und optimieren sein Verhalten und seine Veränderungsfähigkeit.

Wenn zukünftig weiter veränderte Anforderungen von Auszubildenden erfüllt werden müssen, bedeutet dies gleichzeitig ein verändertes Anforderungsprofil an das Ausbildungspersonal. Grundsätzlich erfordert eine aktivere Rolle des Auszubildenden eine passivere Rolle des Ausbilders. Er wird in erster Linie ein Lernbegleiter oder Coach.

Der Ausbilder muss dafür sorgen, dass der Auszubildende nicht nur seine Leistungsbereitschaft und seine Leistungsfähigkeit entfalten kann, sondern dass die Leistungsmöglichkeit existiert.

Häufig besteht der Eindruck, dass Auszubildende oftmals sich nicht in dem Maße einbringen dürfen, wie sie es könnten und wollten. Diese Hürde im Unternehmen zu überwinden ist zunächst eine der Hauptaufgabe für den Ausbilder und die Ausbildungskonzeption.

Er selbst muss sich darüber im Klaren sein, dass er zum einen eine Vorbildfunktion einnimmt und von den Auszubildenden imitiert wird. Wenn er sich unveränderbar zeigt und Veränderun-

Abbildung 3-7: *Die Leistungstriade*

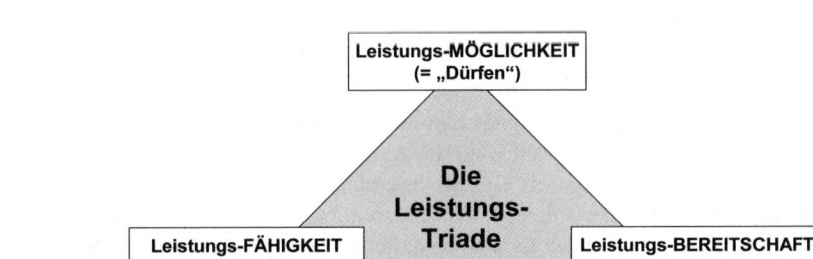

gen bzw. Ideen der Auszubildenden ignoriert, wird dieses Verhalten im Unternehmen durch die Auszubildenden multipliziert. Er ist so gesehen ein Katalysator für die gewünschten Verhaltensweisen. Der Ausbilder ist Kulturträger und -gestalter und hat für eine positiv ausgeprägte Fehlerkultur zu sorgen. Fehler werden immer entstehen. Erfolgreiche Unternehmen unterscheidet der Umgang mit diesen Fehlern. Ob ein Fehler vertuscht und verheimlicht wird oder ob er als Chance der Veränderung und Optimierung gesehen wird – der Ausbilder hat diesen Ansatz in die Ausbildung einfließen zu lassen.

All diese Anforderungen verlangen beim Anforderungsprofil eines Ausbilders eine stärkere Ausprägung der Persönlichkeits-, Sozial- und Methodenkompetenz als in der Vergangenheit.

Eine individuelle Personalentwicklung muss ergänzt werden durch kollektive und teambildende Qualifizierungsmaßnahmen, an der alle Ausbilder (je nach Unternehmensgröße) teilnehmen. Ziel hierbei ist, das Ausbilderteam auf einen gemeinsamen Stand zu bringen und Charakterzüge der einzelnen Ausbilder untereinander bekannter zu machen. Nur wenn jeder Ausbilder die Stärken seiner Kollegen kennt, kann er sich bei Fragen gezielt an die anderen wenden.

Darüber hinaus müssen die Ausbildungsbeauftragten in den Fachabteilungen höhere Ansprüche erfüllen.

Durch ein attraktives Ausbildungskonzept wird schon bei Auszubildenden Employability entwickelt. Zukünftig müssen aber auch Unternehmen Employability unter Beweis stellen, da sie mit anderen Unternehmen mehr und mehr um gute Mitarbeiter konkurrieren. Nur wenn sie sich auf den veränderten Führungs- und Beschäftigungsanspruch rechtzeitig einstellen, wird die Gewinnung neuer Arbeitskräfte erleichtert.

3.4   Fazit

Auf den beschriebenen Maßnahmen und Instrumenten können weitere aufbauen. Was in heutiger Zeit Knowledge-Management ist, könnte zukünftig zum Competence-Management werden. Es wird nicht mehr ausreichend sein, „Wissen" zu managen bzw. Datenbanken zu entwickeln, aus denen hervorgeht, wer was weiß. Vielmehr müsste darauf geachtet werden, wer kann was. Es sollte gelingen, die Potenziale der einzelnen Auszubildenden sehr schnell und zutreffend zu identifizieren, gezielt zu fördern und dann bei der Übernahme in ein anschließendes Beschäftigungsverhältnis eine Funktion zu finden, auf der der Auszubildende seine individuellen Potenziale rasch entfalten und erschließen kann. Als Konsequenz führt dies zu einer optimalen Zufriedenheit und zu einem maximalen Leistungsoutput, wodurch letztlich auch das Unternehmen seinen „Return on Qualification" maximieren kann.

Dieser Return on Qualification kann allerdings nur entstehen, wenn die Ausbildung zukünftig auch an anderen Maßstäben als der Anzahl von IHK-Auszeichnungen gemessen wird. Werden weiterhin verstärkt „die besten Bewerber" eingestellt, erhöht sich die Gefahr, dass diese auch nach Abschluss der Ausbildung das Unternehmen verlassen. Der langfristige Nutzen kann aber nur entfaltet werden, wenn ambivalente Evaluationskriterien herangezogen werden. So ist die Verbleibensquote nach der Ausbildung ein interessanter Indikator für eine gute Ausbildung.

Eine hohe Übernahmequote direkt nach der Ausbildung und eine lange Verbleibensquote sind die Grundlage dafür, dass Karrierepfade entstehen und aufgezeigt werden können. Dies sind nicht nur gute Argumente, die für eine gute Ausbildung sprechen. Vielmehr kann damit Marketing – nach innen Richtung Management und nach außen Richtung Bewerber – gemacht werden, was auf Grund des wirtschaftlichen Umfeldes wiederum ein Wettbewerbsvorteil darstellt.

Wichtig für die Nachhaltigkeit der Investitionen in die Ausbildung ist natürlich die „Anschluss"-Qualifizierung nach der Übernahme in ein Beschäftigungsverhältnis. Sie setzt bereits bei der systematischen Einarbeitung ein, setzt sich über die regelmäßige Weiterbildungsplanung fort bis hin zur eventuellen Nennung für ein Potenzialentwicklungsprogramm[9]. Auf diese Weise werden die Talente aus der Ausbildung im Sinne der Employability „behandelt".

Über den beschriebenen Weg wird Employability beim zukünftigen Mitarbeiter aber auch seitens des Unternehmens sichergestellt. Nur über diesen Weg wird die Ausbildung in Zukunft als Wertschöpfungsfaktor und Businesspartner anerkannt und sichert somit ihren langfristigen Erfolg. Die Zukunft hat begonnen.

Literatur

DIETL, S. / FRICK, G.: Das Prinzip „Wertschöpfung" in der kaufmännischen Ausbildung. Personalführung 7/2000. S. 30 ff.

DIETL, S. (2003): Ausbildungsmarketing und Bewerberauswahl, Köln, S. 50

DIETL, S. / SPECK, P. (2003): Strategisches Ausbildungsmanagement. Verlag Recht und Wirtschaft, Heidelberg.

JARON-THEILER C. / SPECK P. (2003): Internationale Personalentwicklung bei der Festo AG & Co. KG. in: SPECK / WAGNER (Hrsg.): Personalmanagement im Wandel. Vom Dienstleister zum Businesspartner. S. 347 ff. Gabler Verlag, Wiesbaden

KUTT, K.: Juniorenfirma. in: Wittwer, W.: Methoden der Ausbildung. Didaktische Werkzeuge für Ausbilder. Köln, 2000. S. 33

HÄCKER, E.: Ausbilder-Topics von A–Z. Schnelle Antworten zu den wichtigsten Fragen der Ausbildungspraxis. Köln 2001

PASCHEN / TURCK / WEIDEMANN / STÖWE (2002): Assessment-Center professionell. Luchterhand-Verlag.

RAU, J.: Noch ein wenig mehr über die Verantwortung für die berufliche Bildung. in: Wirtschaftswoche 21/2001, S. 36

---

[9]   Vgl.: Jaron-Theiler / Speck: Internationale Personalentwicklung bei der Festo AG & Co. KG. In: Speck / Wagner (Hrsg.): Personalmanagement im Wandel. Vom Dienstleister zum Businesspartner. Seite 347 ff. Gabler Verlag, Wiesbaden 2003.

Daniela S. Eisele und Jürgen Hurst

4 Das Trainee-Programm der EnBW AG
Eine lohnende Investition für Unternehmen und Mitarbeiter

4.1 Aspekte in der Durchführung von Trainee-Programmen

Trainee-Programme sind teuer[1]. Diese Feststellung ist verbreitet und auch korrekt. Die Kosten sind daher mit einem Nutzen für Unternehmen und Mitarbeiter[2] zu begründen.

Bei der Energie Baden-Württemberg (EnBW) AG wurde folgender strategischer Zielrahmen für das Trainee-Programm abgeleitet, vor dessen Hintergrund der Nutzen für Teilnehmer wie das Unternehmen zu beurteilen ist:

- Unterstützung der Wettbewerbsfähigkeit des Konzerns

- Förderung der Integration im Konzern

- Unterstützung und Mitgestaltung von Veränderungsprozessen im Konzern

- Einbringen von externem Know-how in den Konzern

- Förderung von konzerninternem Know-how

- Kommunikation der Konzernphilosophie

- Förderung internationaler Kompetenz

Diesen Zielsetzungen kann das nun sieben Jahre bestehende Programm nur entsprechen, wenn es unternehmensspezifisch aufgebaut ist und sich strategisch und kulturell ins Unternehmen einfügt.

Die Ausgestaltung des Konzern-Trainee-Programms der EnBW stellt sich wie im Folgenden beschrieben dar:

- Teilnehmer des Trainee-Programms

- Organisation des Trainee-Programms

---

1   Vgl. Freund, F.; Knoblauch, R.; Eisele, D. (2003), S. 116
2   Wenn im Folgenden von Mitarbeitern, Bewerbern etc. die Rede ist, sind damit gleichermaßen Mitarbeiterinnen und Bewerberinnen etc. gemeint

- Dauer und Standardisierungsgrad des Programms

- Lernziele

- Arbeitsphasen (Projekte, Auslandsaufenthalt)

Teilnehmer des Trainee-Programms

Für das Trainee-Programm können sich Mitarbeiter der EnBW genauso wie externe Kandidaten bis zum Alter von 30 Jahren bewerben. Dabei geht es in erster Linie darum, in den Konzern passende Persönlichkeiten zu gewinnen, zu halten und zu fördern. Strukturelle Komponenten, wie das Verhältnis der Ausbildungsrichtung (Wirtschaft, Recht und Technik) oder das Geschlechterverhältnis spielen dagegen nur eine untergeordnete Rolle. Die Anwerbung und Auswahl der maximal zwölf und in diesem Jahr neun Teilnehmer wird in den entsprechenden Kapiteln näher erläutert.

Organisation des Trainee-Programms

Das Trainee-Programm wird zentral von der EnBW Akademie GmbH und dem Personalbetreuungsbereich getragen. Beteiligt sind darüber hinaus Führungskräfte weiterer Fachbereiche, die in den Praxisphasen, aber auch in den Theoriephasen eine tragende Rolle in der Ausbildung übernehmen. Um diese fach- und bereichsübergreifende Zusammenarbeit zu koordinieren, wird jedes Jahr ein Steuerungsteam gebildet. Dieses Steuerungsteam setzt sich zusammen aus Führungskräften verschiedener Bereiche, darunter der Personalentwicklung und der Personalbetreuung. Hinzu kommen ein Mitarbeiter der EnBW Akademie, verantwortlich für die Programmleitung, und eine externe Prozessbetreuung. Das Steuerungsteam unterstützt die Programmleitung in der Organisation und Gestaltung des jeweils aktuellen Programms. Außerdem promoten die Teammitglieder das Trainee-Programm und die Trainees selbst im Konzern. Wichtig ist außerdem die Sicherung und Nutzung der gesammelten Erfahrungen, um das Programm stetig zu optimieren.

Dauer und Standardisierungsgrad des Trainee-Programms

Das Trainee-Programm ist mit 15 Monaten lang genug für die Trainees, um ein starkes Netzwerk untereinander zu knüpfen, verschiedene Bereiche und deren Mitarbeiter kennen zu lernen und sich neben praktischen Erfahrungen fachliches wie methodisches Know-how anzueignen. Dabei macht der Anteil der Praxisphasen etwas mehr als die Hälfte der gesamten Programmdauer aus.

Während die Off-the-Job-Phasen für die Teilnehmer und teilweise von ihnen selbst einheitlich gestaltet werden, gibt es für die Praxisphasen kaum Vorgaben. Forderung: Die Fachgebiete müssen ständig wechseln, eine von den fünf Phasen ist im Ausland und eine „im Blaumann" zu verbringen. Alle Praxisstationen werden von den Teilnehmern selbst gewählt, die Auslandsphase wird i.d.R. unternehmensextern absolviert.

Lernziele

Die abgebildeten Programmziele sind auf sechs Themenbereiche verteilt: Konzern, Zukunft, Zusammenarbeit, Internationalität und Wettbewerb sowie Persönlichkeit. Führung wird nicht (mehr) als einzelner Punkt hervorgehoben, da das Trainee-Programm zwar für Leistungsträger

Abbildung 4-1: *Programmziele des Konzern-Trainee-Programms der EnBW AG 2003*

Programmziele

Konzern	Internationalität	Wettbewerb	Persönlichkeit	Zusammenarbeit	Zukunft
Überblick über den Konzern gewinnen	Interkulturelle Kompetenz ausbauen	Unternehmerisch denken und handeln	Verantwortung übernehmen und Initiative ergreifen	Kooperative Gruppenkultur entwickeln	Innovativ denken und verändern wollen
Konzernpolitik verstehen	Fremdsprachliche Kompetenz ausbauen	Betriebswirtschaftliches Fachwissen ausbauen	Entscheidungsfähigkeit entwickeln	Teamarbeit erfahren und reflektieren	Strategisch denken und handeln
Erfahrungen in fachfremden Bereichen erwerben	Förderung der Integration im Konzern auf internationaler Ebene	Kundenorientiert denken und handeln	Mut zur eigenen Position entwickeln	Konfliktmanagement beherrschen	Bereitschaft zum kontinuierlichen Lernen entwickeln
Unternehmenskultur erfahren und leben	Verständnis des europäischen Energiemarktes	Professionell verhandeln	Andere motivieren können	Feedback geben und einfordern	Wertschätzung gegenüber Bestehendem entwickeln
Netzwerk im und für das Unternehmen bilden			Kritikfähigkeit entwickeln	Projektmanagement beherrschen	
			Überzeugen können	Moderationstechnik beherrschen	
				Kommunikation gestalten können	
				Professionell präsentieren	

gedacht ist, dabei aber nicht unbedingt eine Führungskarriere impliziert. Auf die Erreichung der formulierten Ziele sind die Inhalte des Programms ausgelegt, wie sie in Abschnitt 4.3 weiter beschrieben werden. Daneben setzen die Teilnehmer eigene Entwicklungsschwerpunkte, auf die sie sich über die Laufzeit des Programms hinweg besonders konzentrieren möchten[3].

4.2 Die Teilnehmer

Das Trainee-Programm kann nur so gut sein, wie die Beteiligten – auf Unternehmen wie auf Teilnehmerseite. Damit stellen sich die Kandidatengewinnung und Bewerberauswahl als eine notwendige Bedingung des Erfolges dar.

4.2.1 Gewinnung geeigneter Kandidaten

Ein zielgenaues Hochschulmarketing sorgt dafür, dass unter Studenten und Absolventen das interessante und international ausgerichtete Programm der EnBW AG mit guten Zukunftsperspektiven bekannt ist[4]. Das Konzept des Hochschulmarketings sieht dabei die Nutzung folgender Plattformen vor:

Neue Medien

- Marketing auf der unternehmenseigenen Recruiting-Homepage unter www.enbw.com, Karriere.

- Stellenausschreibungen in verschiedenen Jobbörsen, darunter www.jobpilot.de, www.monster.de, www.stellenanzeigen.de und www.ingenieurkarriere.de.

- Partnerlinks an Hochschulen, die direkt zu den Karriereseiten der EnBW führen.

- Möglichkeit der Online-Bewerbung auf der unternehmenseigenen Recruiting-Homepage sowie Möglichkeit der E-Mail-Bewerbung neben der klassischen Form der schriftlichen Bewerbung.

Messen und Events

- Teilnahme an verschiedenen Hochschulmessen und kommerziellen Messen, u.a. an verschiedenen bonding-Messen und dem VDI Recruitingtag.

- Roadshow: Die Trainees 2002 haben für Ihre Nachfolger Informationsstände an ausgewählten Hochschulen in der Region organisiert.

Printwerbung

- Schaltung von Anzeigen in Hochschulpublikationen.

---

[3]   Vgl. auch Spieker, F.; Strobel, S. (2000), S. 40 ff.
[4]   Vgl. Corporate Research Foundation (CRF), S. 128 f.

■ Entwicklung spezifischer Werbebroschüren, in denen die verschiedenen Einstiegsmöglichkeiten bei der EnBW für Hochschulabsolventen informativ dargestellt werden.

■ Artikel in Hochschulpublikationen, z. B. Forum Praxisführer für Hochschulabsolventen.

Direktsuche

■ Direkte Ansprache von potenziellen Kandidaten über Bewerberdatenbanken.

■ Gezielte Anschreiben auf Grundlage der Absolventenbücher von Hochschulen der Region.

Programme

■ Rekrutierung von Teilnehmern des internen Förderprogramms für hoch qualifizierte Praktikanten und Diplomanden „ECP" (Energy-Career-Programm).

■ Rekrutierung von Werkstudenten, Praktikanten und Diplomanden.

Hochschulkontakte

■ Plakataushänge an den Lehrstühlen regionaler Hochschulen.

■ Werbung für das Trainee-Programm bei Studentengruppen im Rahmen von Vorträgen und Unternehmensbesichtigungen.

■ Vorträge an Hochschulen von Unternehmensvertretern.

Unternehmensintern wird mittels Werbeaktion im Intranet der EnBW, Artikel in der internen Mitarbeiterzeitung und Veröffentlichung der Trainee-Stellen im „internen Stellenmarkt" der EnBW auf das Programm aufmerksam gemacht.

Andrea Scheeff, zuständig für das Hochschulmarketing bei der EnBW AG: „Das Trainee-Programm richtet sich an Hochschulabsolventen verschiedener Fachrichtungen. Das Trainee-Programm steht aber nicht nur externen Bewerbern offen. Im Sinne einer umfassenden Personalentwicklung werden junge Mitarbeiter der EnBW AG aufgefordert, ihre Bewerbung einzureichen. Für diese stellt die Teilnahme eine Möglichkeit der persönlichen und beruflichen Entwicklung dar und eröffnet anschließend weitere Perspektiven. Die Externen bekommen durch die internen Teilnehmer einen schnelleren Einblick in das Unternehmen. Andererseits profitieren die internen Teilnehmer von den unterschiedlichen Erfahrungen der Externen."

4.2.2 Auswahl der Trainees

Durch kontinuierliches Personalmarketing und vor dem Hintergrund der aktuellen Lage auf dem Arbeitsmarkt haben sich die Bewerberzahlen von 500 auf mittlerweile mehr als 1000 schriftliche, E-Mail und Online-Bewerbungen für das jährliche Trainee-Programm gesteigert. Dabei ist insbesondere die Zahl der wirtschaftswissenschaftlichen Bewerber überproportional angestiegen.

Um den Imageeffekt des Programms nicht zu schädigen, steht die sorgfältige und zielgerichtete Personalauswahl im Fokus. Die Festlegung der Kriterien für den gesamten Auswahlprozess erfolgte dabei durch ein Auswahlteam. Um den aktuellen Erfordernissen im Unternehmen zu entsprechen, erfolgt die Ableitung nicht nur aus den Zielsetzungen des Programms und vor dem Hintergrund der Unternehmensplanung, sondern aus Gesprächen mit verantwortlichen Personalexperten und verschiedenen Führungskräften im Konzern.

Der Prozess der Auswahl gliedert sich in drei Schritte, die für den Bewerber jeweils eine Hürde darstellen. Um die Qualität der Auswahl sicherzustellen, wurde der gesamte Prozess von dem Auswahlteam, bestehend aus fünf Personalbetreuern, konstant geführt:

- Unterlagensichtung gem. dem Vier-Augenprinzip

- Teilstrukturierte Interviews gem. dem Vier-Augenprinzip

- Zweitägiges Assessment Center mit Beobachtern aus dem Personalbereich und der Linie

4.2.3   Unterlagensichtung

Die Sichtung und Beurteilung der Unterlagen erfolgt anhand eines Leitfadens, der durch das Auswahlteam jedes Jahr gem. den aktuellen Bedingungen überarbeitet wird. Als formale Kriterien sind ein Hochschulabschluss, erste Praxiserfahrungen, mindestens ein längerer Auslandsaufenthalt, Anwenderkenntnisse in den gängigen MS-Office Produkten, Sprachkenntnisse in zwei Fremdsprachen und ein Alter bis zu 30 Jahren vorausgesetzt. Daneben wurden folgende Leitfragen geprüft:

- Welchen Gesamteindruck vermitteln die Bewerbungsunterlagen? (z. B. Vollständigkeit und Layout.)

- Welchen Eindruck macht das Anschreiben? (Es weckt Interesse, bezieht sich auf das gesuchte Trainee-Profil etc.)

- Ist der Werdegang lückenlos und zielorientiert? (z. B.: Passen Studienschwerpunkte und Praktika zusammen?)

- Sind aus dem Lebenslauf Engagement und Eigeninitiative ersichtlich? (Überdurchschnittliche Leistungen im Studium, Beurteilungen im Praktikum, soziales Engagement etc.)

- Was finde ich an dem Bewerber besonders interessant? (z. B. Auslandsaufenthalte, Hobbys, Gesamteindruck.)

- Was stört mich und was sind offene Punkte für das Interview?

Jede Bewerbung wurde von mindestens zwei Personen gesichtet und anhand der obigen Struktur eingeschätzt, erst danach wurde eine Entscheidung über die Einladung zum Gespräch getroffen. Aus den knapp 1200 Bewerbungen wurden so 150 Bewerber für ein Interview ausgewählt.

Dazu Markus Schmidt, der Kopf des Personalbetreuerteams: „Über die große Resonanz haben wir uns natürlich gefreut. Bei der Anzahl an Bewerbungen war es allerdings hart das Vier-Augenprinzip durchzuhalten. Viele von unserem Team haben auch übers Wochenende Bewerbungen eingepackt und zu Hause weitergearbeitet. Geärgert haben uns Doppel- oder gar Drei-fachbewerbungen von Kandidaten, die unabhängig auf allen Kanälen Bewerbungen senden, also schriftlich, online und per E-Mail. Insgesamt sind die E-Mailbewerbungen weitaus weniger sorgfältig gestaltet wie die schriftlichen Bewerbungen. Daher haben wir bei diesem Klientel auch eine niedrigere Interviewquote festgestellt."

4.2.4 Auswahlgespräch

Die Gespräche anhand eines Leitfadens wurden von fünf Personalbetreuern des Auswahlteams im Zeitraum Oktober 2002 bis Februar 2003 durchgeführt. Zentraler Wert in den durchschnittlich eineinhalb Stunden des Gesprächs wurde auf den Umgang des Kandidaten mit der eigenen Person gelegt: Wie geht der Bewerber beispielsweise mit Misserfolgen um? Und reflektiert der Bewerber sein Tun und zieht er Schlüsse für die Zukunft?

Um die Gespräche und Ergebnisse zu objektivieren, wurde dem Gespräch ein Leitfaden zu Grunde gelegt. Es galt folgende Themenfelder abzudecken, für die beispielhafte Fragen vorformuliert waren, von denen einige ausgewählt sind:

- Studium: Zufriedenheit mit den Leistungen? Was würden Sie heute anders machen?
- Praktische Erfahrungen: Wie kamen Sie zu Ihren Praktika? Kriterien für die Auswahl des Praktikums?
- Reflexion: Persönliche Veränderung während des Studiums? Größter Misserfolg und Erfahrungen daraus?
- Motivation: Erwartungen in Bezug auf die persönlichen Ziele? Wo haben Sie sich noch beworben und warum?
- Abschlussphase: Fragen des Bewerbers! Klärung des Eintrittstermins, weiterer Schritte etc.

Die Auswertung erfolgt, wie in Abb. 4-2 ersichtlich, anhand der Beurteilung des Bewerbers in den relevanten Themenbereichen und deren Zusammenfassung zu einem abschließenden Urteil. Mit Beginn des Trainee-Programms ist noch nicht festgelegt, in welchen Bereichen oder Gesellschaften die Trainees letztendlich arbeiten werden. Hat sich ein grundsätzlich geeigneter Bewerber bereits auf einen bestimmten Einsatzbereich festgelegt, wird im Normalfall versucht, eine Möglichkeit des Direkteinstiegs aufzuzeigen. Für das Trainee-Programm werden dagegen flexibel einsetzbare Kandidaten gesucht, die gem. den Anforderungen des Unternehmens und ihren eigenen Bedürfnissen erst am Ende des Programms ihren Einsatzbereich suchen. 55 Kandidaten wurden aus dieser zweiten Runde für den letzten Auswahlschritt, das Assessment Center (AC), vorgeschlagen.

Abbildung 4-2: *Auszug aus dem Gesprächsleitfaden „Trainee-Programm 2003"*

Konzerntraineeprogramm 2003 ⎯⎯⎯⎯⎯⎯⎯⎯⎯⎯⎯⎯⎯ **EnBW**

Auswertung

1	2	3	4
Anf. nicht erfüllt	Anf. gering erfüllt	Anf. weitgeh. erfüllt	Anf. voll erfüllt

Flexibilität
    Zeigt Interesse für unterschiedliche Fachbereiche.
    Eher Generalist als Spezialist. Noch keine feste Vorstellung über Zielposition

1	2	3	4

Eigeninitiative / Außeruniversitäres bzw. soziales Engagement
    Nimmt Dinge selbst in Angriff (z.B. Organisation Praktika, Wahl Studium/Dipl.arbeit;)
    Prüft verschiedene Alternativen; entscheidet sich bewusst; hat Wissen über EnBW,
    interessiert sich auch für Umgebung, leistet Beitrag für Gesellschaft

1	2	3	4

Interkulturelle Zusammenarbeit / Mobilität
    Erkennt kulturelle Unterschiede und bewältigt diese.
    Kann Vorteile einer Auslands-Praxisphase nennen, hat Lust darauf.
    Hat Interesse an Tätigkeit in anderer Stadt – bisher und zukünftig

1	2	3	4

Arbeit in unterschiedlichen Gruppen
    Integriert sich in verschiedene Gruppen, sieht sich als Mitglied der Gruppe;
    kein Statusdenken, bringt beteiligten Personen und der Arbeit Wertschätzung entgegen;
    bewegt sich sicher auf unterschiedlichen Hierarchieebenen

1	2	3	4

EDV-Kenntnisse
    Kann die gängigen Programme von MS Office sehr gut anwenden,
    ist sicher im Umgang mit dem Internet   ☐ ok   ☐ nicht ok

---

Veränderungsfähigkeit / Lernfähigkeit
Reflektiert eigenes Verhalten sowie Verhalten innerhalb der Gruppe; analysiert eigenes Lernverhalten, nimmt Kritik auf und setzt sich damit auseinander; hat unterschiedliche Interessensgebiete

1	2	3	4

Motivation/ Leistungsbereitschaft
Hat schon in Vergangenheit Verantwortung übernommen, will dies auch im Traineeprogramm tun; ist hochmotiviert; hat eigenes Ziel vor Augen; hat hohe Motivation schon in Vergangenheit bewiesen

1	2	3	4

Intellektuelle Fähigkeiten / Einarbeitung in unterschiedliche Bereiche
kann flexibel zwischen Themengebieten wechseln; hat breites Wissen; kann schnell auf Fragen / Sprünge reagieren, Hubschrauber-Perspektive einnehmen, Argumentation ist schlüssig aufgebaut; kann komplexe Sachverhalte aus seinem Themengebiet logisch und verständlich erklären, Themen in Gesamtzusammenhang einordnen; schweift nicht ab, setzt sich konzentriert mit Fragen auseinander

1	2	3	4

4.2.5 Assessment Center

Die Verfahren im AC werden jedes Jahr vom Auswahlteam in enger Abstimmung mit dem Steuerungsteam neu gestaltet. Gängig ist die Selbstpräsentation der acht Teilnehmer anhand eines vorstrukturierten Steckbriefs. Dabei stellen sich die Beobachter in gleicher Weise vor wie die Bewerber. Die Kandidaten müssen zusätzlich noch einen englisch- oder französischsprachigen Kurzvortrag übernehmen, in dem sie ihren Einstiegswunsch konkret begründen sollen. Im Mittelpunkt der Auswahl 2003 stand jedoch folgende Gruppenaufgabe:

„Bitte gestalten Sie die nächsten Stunden so, dass deutlich wird, wer aus Ihrer Sicht als Trainee zur EnBW passt."

Vorgegeben wurden lediglich die Erarbeitung des Themas gemeinsam in der Gruppe und die Ausklammerung der direkten Hilfe durch die Beobachter. Die Präsentation der Ergebnisse erfolgte am Morgen des zweiten Tages, die zeitliche Planung bis dahin lag ebenfalls bei den Teilnehmern. Als Hilfestellung geboten wurden auf der anderen Seite Moderationsutensilien, Broschüren der EnBW, wie Geschäftsbericht, Innovationsbericht, Führungsleitbild, die zeitliche und thematisch begrenzte Befragung ausgewählter Beobachter und Mitarbeiter der Unternehmenskommunikation, sowie ein Netzcomputer.

Wie gehen die Kandidaten mit einer so offenen Frage um? Dazu Beobachtungen des Auswahlteamleiters Markus Schmidt: „ Das Positive: Alle Gruppen haben eine interessante Präsentation zu Stande gebracht. Dabei haben sich die Vorgehensweisen jedes Mal unterschieden, teilweise zeigten sich die Gruppen sehr kreativ. Negativ überrascht hat uns, dass die gebotenen Hilfsmittel – mit Ausnahme der Moderationshilfen – kaum Beachtung fanden. Das Führungsleitbild wurde bspw. kein einziges Mal zu Rate gezogen. Vor dem Hintergrund der vorangegangen Auswahl, waren wir darüber schon verwundert.

Komplex ist die Aufgabenstellung allerdings nicht nur für die Teilnehmer, sondern auch für die Beobachter. Trotz einer intensiven Schulung im Vorfeld. Beurteilt wurden die acht Teilnehmer jeweils durch ein sechsköpfiges Team. Neben zwei Mitgliedern aus dem Auswahlteam bestand dieses aus zwei Führungskräften aus dem Konzern, einem Vertreter der Akademie und einem Betriebsratsvertreter. Unterteilt haben wir die Beobachtung in eine Prozessbeobachtung und eine kriterienbezogene Einschätzung. Während im ersten Teil aufgenommen wurde, wer, was, zu welchem Zeitpunkt und mit welchem Ergebnis beiträgt, erfolgt anhand des zweiten Teils eine skalierte Einstufung zentraler Dimensionen, die jeweils über Verhaltensanker gekennzeichnet waren: Bearbeitung komplexer Themenstellungen bzw. intellektuelle Fähigkeiten, Kooperationsfähigkeit, Veränderungs- und Lernfähigkeit, Kreativität und Motivation bzw. Eigeninitiative. Mit diesen Einschätzungen und ergänzenden Notizen wurde in der Gruppe ein einheitliches Ergebnis gesucht. Dabei hat jeweils ein Beobachter vier Kandidaten zugeordnet bekommen, so dass mindestens die Einschätzungen von dreien pro Teilnehmer zu diskutieren waren.

Besonders wichtig ist uns dann auch das Feedback (FB) gegenüber allen Kandidaten. Die Teilnehmer erhalten direkt nach dem AC ein ausführliches FB. Entscheiden sich Unternehmen und Bewerber füreinander, nimmt dieser Punkt zudem in der ersten Theoriephase einen entscheidend Raum ein, um in der Folge Stärken und Schwächen in der weiteren Programmgestaltung mit beachten zu können."

4.3 Phasen im Trainee-Programm

Im Rahmen der 15 Monate wechseln sich vier- bis sechswöchige Trainings- und elfwöchige Praxisphasen ab. Insgesamt werden so fünf Trainingsphasen und ebenfalls fünf Praxisphasen von den Teilnehmern absolviert.

4.3.1 Trainingsphasen zur gezielten Kompetenzentwicklung

In der ersten Trainingsphase wählen die Trainees einen Kompetenzbereich (s.o.) aus, den sie als persönliche Stärke wahrnehmen und entsprechend ausbauen möchten sowie zwei schwächere Bereiche. Mit einem Mentor aus dem Steuerungsteam trifft der Trainee dann eine Zielvereinbarung, die in regelmäßigen Gesprächen reflektiert wird. Durch die Zielvereinbarung wird betont, dass die Teilnehmer für ihre Entwicklung (mit) verantwortlich sind. Gleichzeitig werden sie mit dem Führungsinstrument Zielvereinbarung vertraut gemacht, mit dem im gesamten Konzern gearbeitet wird.

Auch in den Trainingsphasen übernehmen die Trainees Eigenverantwortung. Zu Beginn des Programms erhalten sie ein Budget, mit dem sie ergänzende Veranstaltungen für sich, aber auch ihr Eigenmarketing im Konzern finanzieren können.

4.3.2 Trainees in der Praxisphase – Multiplikatoren im Konzern

Auch in den Praxisphasen ist die Entwicklung der Teilnehmer zentral, neben einem konkreten Fachbereich lernen sie zahlreiche Mitarbeiter des Unternehmens kennen und erarbeiten selbständig (Teil-)Projekte und Aufgabenpakte, deren Ergebnis sie idealerweise schon am Ende der Phase beurteilen können. Auf der anderen Seite profitiert der Konzern an dieser Stelle durch die Einbindung externen und auch fachfremden Know-hows in konkrete „Projekte". Zudem werden die Trainees als Multiplikatoren der Konzernphilosophie gesehen[5].

Frau Lattewitz, die Betreuerin des Programms auf Seiten der EnBW Akademie, zur Programmgestaltung: „In der ersten Phase sollen unsere Trainees sich erst einmal untereinander und das Unternehmen kennen lernen. Da die erste Praxisphase schon nach fünf Wochen ansteht, erhalten die Teilnehmer dabei Starthilfe von meiner Seite: Eine Liste mit aufnahmewilligen Abteilungen liegt vor. Die folgenden Aufenthalte sind dagegen von den Trainees völlig selbständig zu planen und zu organisieren. Das ist Teil des Programms und fördert die Selbständigkeit, die in unserem Unternehmen gebraucht wird. Geachtet wird von mir lediglich darauf, dass die Teilnehmer auch in Bereichen praktische Erfahrungen sammeln können, die nichts mit ihrem fachlichen Hintergrund zu tun haben.

---

[5] Vgl. Spieker, F.; Strobel, S. (2000), S. 40 ff.

Abbildung 4-3: Programmziele des Konzern-Trainee-Programms der EnBW AG 2003

Konzern-Traineeprogramm EnBW 2003

Trainingsphase 2.1
30.06.2003 – 04.07.2003

Wochensprecher: Trainee Hans Müller

Montag/30.06. NWS Ausbildungszentrum Raum 400	Dienstag/01.07. AKA STU Raum Aquarium Windkraftanlage	Mittwoch/02.07. Europapark	Donnerstag/03.07. Karlsruhe Raum H2/303	Freitag/04.07. Jour Fixe Raum H2/303
Ab 9:15 Uhr — Welcome back!	9:00 Uhr - 10:00 Uhr — Frau Maier (KWG) Theoretischer Input (Besprechungsraum Akademie)	Projekt „Brücke New York-Berlin" Europapark Rust	9:00 Uhr - 10:00 Uhr — Herr Adolphi Top Fit	9:00 Uhr - 10:00 Uhr — Klärung Vorgehen Vergabe 2. Praxisphase
Erfahrungen, Infos, News aus der ersten Praxisphase	Im Anschluss		11:00 Uhr - 12:00 Uhr — Holding Regulierung und Ordnungsrahmen Frau Dr. Braun	11:00 Uhr - 12:00 Uhr — Quo Vadis EnBW? Infoveranstaltung des Vorstandes
Ca. 18:00 Uhr — Überblick 2. Trainingsphase	Fahrt nach Westerh. ca 15:30 Uhr — Wind-Kraftanlage (Westerheim, Schwäbische Alb)		14:00 Uhr - 16:00 Uhr — Frau Weinheimer Holding Vorstandsbereich Personal Auslandseinsatz	14:00 Uhr - 16:00 Uhr

Zu Beginn jeder Praxisphase schließen die Trainees mit dem jeweiligen Betreuer vor Ort eine Zielvereinbarung ab. Festgehalten wird, welche konkreten Aufgaben der Trainee während der Praxisphase bearbeitet und welches Ergebnis erwartet wird. Mit der frühzeitigen, gegenseitigen Erwartungsklärung haben wir bislang sehr gute Erfahrungen gemacht, bislang gab es kaum Probleme im praktischen Einsatz. Im Zweifelsfall stehen ich und bei besonderen Problemfällen auch unsere externe Trainerin als Ansprechpartnerinnen und Vermittlungsinstanz zur Verfügung.

Zentral ist für die Programmsgestaltung aus meiner Sicht folgendes: Im Trainee-Programm der EnBW steht neben der zielorientierten Kompetenzentwicklung an erster Stelle die Eigenverantwortung. Das Programm ist so angelegt, dass die Teilnehmer und zukünftigen Leistungsträger in jeder Abteilung oder Gesellschaft des Konzerns arbeiten können."

Annika Heitmann, eine Teilnehmerin des Trainee-Programms, vorher als wissenschaftliche Mitarbeiterin an der Universität Karlsruhe tätig, und momentan in der Unternehmenskommunikation im Einsatz, zur Programmgestaltung: „Natürlich sind alle Praxisphasen äußerst lehrreich und interessant, neben der praktischen Erfahrung kann man zahlreiche Kontakte knüpfen, das Netzwerk im Konzern wird so stetig größer. Hervorstechend finde ich allerdings die „Blaumannphase", auf die ich auch besonders gespannt bin. Ein großer Pluspunkt ist außerdem die zweimonatige Auslandsphase. Man kann einfach unheimlich viel in sehr kurzer Zeit kennen lernen. Besonders innovativ finde ich aber hier die Umsetzung dieser Phase in der EnBW. Uns Trainees wird bei der Wahl des Unternehmens und auch des Ziellandes weitgehend freie Hand gewährt. Auch die gesamte Organisation des Praktikums liegt bei uns, wobei wir das Trainee-Gehalt und die Reisekosten bezahlt bekommen. Bedingung ist allerdings, dass wir die Ziele, die wir mit dem Praktikum erreichen möchten, sowie den spezifischen Nutzen für uns selbst und insbesondere für den Konzern in einer Präsentation darstellen."

4.4 Und was wird aus den Trainees?

Lohnt sich das Trainee-Programm? Diese Frage stellt sich für das Unternehmen wie für die Teilnehmer.

Auf Unternehmensseite können einige Kennzahlen herangezogen werden, um den Erfolg des Programms abschätzen zu können. Eine Auswahl der Kennzahlen, die bei der EnBW AG als Indikatoren des Erfolgs herangezogen werden:

- Die Zielerreichung der Kandidaten wird sowohl für das Gesamtprogramm als auch für die Praxisphasen geprüft.

- Schon während der Trainee-Zeit bringen die Teilnehmer den Einsatzbereichen konkreten Nutzen. Zur Überprüfung des Nutzens werden systematisch Rückmeldungen aus den Bereichen eingeholt.

- Die Quote der Abbrecher während des Trainee-Programms geht gegen Null. Einzelfälle sind über private Gründe zu erklären.

▨ Auch die Fluktuationsquote nach dem Trainee-Programm geht gegen Null. Dies wird unterstützt durch attraktive Einstiegsangebote. Doch auch hier wird auf Selbständigkeit gesetzt. Ein Arbeitsplatz garantiert wird nicht, die Trainees haben einen für das Programm befristeten Vertrag und bewerben sich im Anschluss intern. Da die EnBW AG mit dem maßgeschneiderten Programm aber für sich und nicht für den Markt ausbildet und die Trainees auf ein großes Netzwerk zurückgreifen können, haben bislang alle Teilnehmer adäquate Einstiegsplätze gefunden.

▨ Alle internen Mitarbeiter, die am Programm teilnahmen, haben danach in einem neuen Fachbereich oder mit einer anderen Position einen Schritt in ihrer Entwicklung gemacht.

▨ Die Anzahl der Bewerbungen, die für das Trainee-Programm eingehen, stieg in den vergangenen Jahren um das Dreifache an. Allerdings ist die Aussagekraft vor der aktuellen Arbeitsmarktlage eingeschränkt zu werten.

Wie bei den meisten Maßnahmen des Personalmanagements, ist eine rein an Zahlen orientierte Beurteilung nicht ausreichend. Letztendlich muss das Management überzeugt sein, durch das Programm langfristig nicht nur direkte, sondern auch indirekte Erfolge zu erzielen. In der EnBW werden durch das Angebot eines attraktiven Programms mit guten Zukunftsaussichten für junge Menschen vor allem auch Arbeitgeberimageeffekte nach außen wie nach innen gesehen.

Auf Seiten der Mitarbeiter gewinnt die subjektive Einschätzung des Programmerfolges an Bedeutung. Dazu Kai Müller, interner Trainee-Teilnehmer 2002 und heute Assistent des Arbeitsdirektors der EnBW AG: „Ich bin bei den Neckarwerken in Stuttgart 1994 als Student der Berufsakademie eingestiegen. Nach meinem Abschluss bin ich in die Personalbetreuung und konnte als Personalreferent wertvolle Erfahrungen sammeln. Nach einigen Jahren habe ich nach neuen Herausforderungen für mich gesucht, das Trainee-Programm bot sich als ideale Entwicklungsstufe an. Nicht nur, dass ich nach Abschluss des Programms in die Holding gewechselt bin und heute unseren Arbeitsdirektor direkt unterstütze, auch inhaltlich hat sich meiner Meinung nach das Programm voll bewährt. So bekommt man in geballter Form Wissen über den Konzern, fachliches und methodisches Know-how an die Hand. Die intensive Gruppenarbeit lässt nicht nur ein langfristiges Netzwerk entstehen, sondern hilft bei der Weiterentwicklung sozialer Kompetenzen. Das Trainee-Programm hat mir geholfen, den Konzern noch besser kennen zu lernen und mit Hilfe meiner externen Trainee-Kollegen den berühmten Blick über den Tellerrand zu wagen. Gerade das Kennen lernen der unvorbelasteten Sichtweisen der Externen, ihre Fachkenntnisse und ihre Arbeitsmethoden waren für mich eine absolute Bereicherung. Ich würde das Trainee-Programm auf jeden Fall noch einmal machen und möchte die anstrengende, aber abwechslungsreiche Zeit auf keinen Fall missen."

Literatur

CORPORATE RESEARCH FOUNDATION (CRF) (2003): Top-Arbeitgeber in Deutschland, Bielefeld

FREUND, F., KNOBLAUCH, R. UND EISELE, D. (2003): Praxisorientierte Einführung in die Personalwirtschaftslehre, Stuttgart

SPIEKER, F. UND STROBEL, S.: Mit Eigenverantwortung zur Führungskraft, in: Personalwirtschaft 12/2000, S. 40–43

THOM, N.; FRIEDLI, V. UND KUONEN, D.: Neue Trends bei Trainee-Programmen nach dem Wirtschaftsstudium, in: Personal 7/2002, S. 26– 29

Werner Rössle

5 Berücksichtigung von Employability im Studium an der Berufsakademie Baden-Württemberg
University of cooperative education

5.1 Einleitung

Die Berufsakademie (BA) vermittelt – so der § 1 des Berufsakademiegesetzes – eine wissenschaftsbezogene und zugleich praxisorientierte berufliche Bildung. Sie erfüllt ihre Aufgabe durch das Zusammenwirken der staatlichen Studienakademie und den beteiligten Ausbildungsstätten (duales System). Es ist damit klar zu stellen, dass der „schulische" Ausbildungsträger, die staatliche Studienakademie, keine Schule nach dem Landesschulrecht und damit auch keine Berufsschule im Sinne eines Partners im „dualen System" der Berufsausbildung ist. Des weiteren wird die BA-Ausbildung trotz der über die angeschlossenen Betriebe integrierten Praxiskomponenten vom Berufsbildungsgesetz (BBiG) nicht erfasst, da sie sich innerhalb jenes Gestaltungsraumes „beruflicher Bildung" befindet, der jenseits der Bedingungen des „Ausschließlichkeitsgrundsatzes" (§ 28 BBiG) liegt.

Es ist zu beweisen, dass das duale Studium an der BA die Richtigkeit dieser Behauptung zeigt und damit einen bedeutenden Beitrag zur „Employability" leistet. Damit kann auch bewiesen werden, dass das BA-Konzept nach baden-württembergischem Muster seinen berechtigten Platz in der Hochschullandschaft neben Universitäten und Fachhochschulen haben muss.

5.2 Zur Entstehung der Berufsakademie

Die Veränderung des Bildungswesens eines Landes vollzieht sich auch im Zeichen der sozialen Modernisierungsbewegung – als ein längerfristiger historischer Prozess. In ihm finden sich manche konkrete Innovationsvorhaben eingestreut, die oft nur engere Teilbereiche, gelegentlich aber auch umfassendere Neustrukturierungen betreffen. Neuerungen sind im Allgemeinen nur dann von Dauer, wenn sie sich als Reflex des Übergangs in eine andere geistesgeschichtliche Epoche erweisen oder wenn politische Machtverschiebungen eintreten bzw. irreversible sozioökonomische Modernisierungs- und Differenzierungsprozesse im Hintergrund stehen.

Nicht immer erkennt der Staat – er ist immer noch der mächtigste Träger bildungspolitischer Initiativen – als erster die Zeichen der Zeit. Das gilt auch für die Entstehungsgeschichte der

Berufsakademie Baden-Württemberg (BA). Der Anstoß für ihre Errichtung wurde zu Beginn der siebziger Jahre von der privaten Wirtschaft gegeben. Sie verfolgte das Ziel, für dispositiv-operative Funktionen – zunächst im kaufmännischen Bereich – optimal qualifizierte Nachwuchskräfte heranzubilden. Die Entscheidung für eine wissenschaftsorientierte und zugleich praxisnahe Abiturientenausbildung wurde jedoch nicht nur von der Absicht bestimmt, ein an spezifische Leistungsanforderungen angepasstes Qualifikationsprofil zu vermitteln. Sie war auch eine Reaktion auf vorausgegangene Veränderungen im Bildungswesen. Der Sog zum Gymnasium lenkte seit Mitte der sechziger Jahre die vorhandenen „Begabungsreserven" von dem über mittlere Abschlüsse führenden herkömmlichen Zugangsweg zu dispositiv-operativen Funktionen ab. Bei der Übergangsquote der Abiturienten in den Hochschulbereich von mehr als 90 % zeichnete sich für die Betriebe die Gefahr ab, dass durch Überbetonung der theoretischen, bei gleichzeitiger Vernachlässigung der praktischen Ausbildungskomponente die Rekrutierung für anspruchsvollere dispositiv-operative Funktionen erheblich erschwert würde. Hinzu kam, dass in dieser Zeit das Vertrauen der Wirtschaft in die Qualität eines Hochschulstudiums zumindest gegenüber bestimmten Hochschulen abnahm.

Aus einer Distanz von mehr als fünfundzwanzig Jahren zeigt sich, dass das unter der Kurzbezeichnung „Stuttgarter Modell" im Jahre 1972 in Kooperation der Firmen Daimler-Chrysler AG (damals Daimler-Benz AG), Robert Bosch GmbH und Standard Elektrik Lorenz AG (heute Alcatel) unter Beteiligung der Württembergischen Verwaltungs- und Wirtschaftsakademie (VWA) entwickelte Ausbildungskonzept nicht als Überreaktion auf krisenhafte Erscheinungen im Bildungswesen in einer kurzen gesellschaftspolitischen Umbruchphase gewertet werden kann. Die sich damals abzeichnenden quantitativen Verschiebungen zwischen den drei Sektoren des dreigliedrigen Bildungswesens dürften inzwischen die Erwartungen der Gründer des „Stuttgarter Modells" mindestens erreicht, wahrscheinlich jedoch übertroffen haben. Auch die Prognose, die traditionellen universitären Studiengänge für Abiturienten würden aus Kapazitätsgründen und wegen ihres curricularen Zuschnitts den an sie gestellten Erwartungen nicht gerecht werden können, hat sich bestätigt. Das „Stuttgarter Modell" mit seinem in den tertiären Bildungssektor übertragenen dualen Ausbildungskonzept, das die Lernorte Betrieb und VWA auf eine wissenschaftsbezogene und zugleich praxisorientierte berufliche Bildung verpflichtete, bot gewissermaßen schon ein organisatorisches Muster für das zur damaligen Zeit von der Bildungskommission des Deutschen Bildungsrates erörterte Problem, die zunehmende Zahl der Abiturienten mittels „berufsqualifizierender Bildungsgänge im tertiären Bereich in das Beschäftigungswesen adäquat einzugliedern", so der Deutsche Bildungsrat 1973.

Die unter dem Einfluss des baden-württembergischen Kultusministers Wilhelm Hahn 1974 getroffene Entscheidung, das „Stuttgarter Modell" zur Keimzelle einer BA Baden Württemberg zu erklären und die ursprünglich von der VWA betreute wissenschaftliche Qualifikationskomponente vom Staat getragenen „Studienakademien" zuzuordnen, war durchaus umstritten (vgl. dazu auch die vor allem mündlich geäußerten Bedenken von Richard Osswald), fand jedoch bei den unmittelbar Betroffenen eine positive Aufnahme. In der Modellversuchsphase konnte sich die BA als eine funktionsgerecht arbeitende Institution im tertiären Sektor des Bildungswesens auch nach dem Urteil der Bund-Länder-Kommission für Bildungsplanung und Forschungsförderung (Beschluss vom 15.12.1980) legitimieren. Rein quantitativ hatte die BA in Baden-Württemberg jedoch vor der Überführung in eine staatliche Regeleinrichtung noch nicht zu einer bedeutsamen Entlastung des Hochschulbereichs geführt.

Wenn das „Stuttgarter Modell" und in der Folge die Berufsakademien nicht nur institutionalisierte Organisationsgerüste blieben, die als ungenutzte Qualifikationsmöglichkeit ein Schattendasein hätten führen müssen, sondern mit Leben erfüllt und funktionsgerecht genutzt wurden, dann bestätigte sich damit die meist unterschwellige Vermutung, mit der Expansion der Abiturientenzahl und der damit z.T. in Verbindung stehenden Aktivierung des Bildungsinteresses sogenannter „hochschulferner Schichten" würde ein breiteres Spektrum an Ausbildungs- und Berufsinteressen in den tertiären Sektor einmünden. Die damaligen Forschungsergebnisse zeigten, dass in der Abiturientenschaft Einstellungsmuster vorhanden waren, die offenbar eine besondere Affinität zur BA-Ausbildung aufwiesen. Im Vordergrund standen unter den BA-Studierenden mit rund 30% diejenigen, für die die praktische Ausbildungsdimension von besonderer Attraktivität war. Mit jeweils rund 25 % folgten Studenten, die sicher sein wollten, das in der Ausbildung Angeeignete später auch praktisch umsetzen zu können, und solche, die sich von der BA Arbeitsplatzsicherheit und Aufstiegsmöglichkeiten versprachen. Dieser Befund war nicht frei von methodischen Mängeln und sollte deshalb auch nicht überbewertet werden. Andererseits bietet er jedoch eine vorläufige Erklärungsskizze dafür, weshalb mit der BA gemachte Angebot für attraktiv gehalten und angenommen wurde.

5.3 Bildungspolitische Begründung der BA und ihre Organisationsstruktur

Im (noch) gültigen BA-Gesetz wird formuliert:

„Die Berufsakademien gehören dem tertiären Bildungsbereich an (....). Die nach drei Jahren erfolgreich abgeschlossene Ausbildung an der Berufsakademie steht den vergleichbaren berufsbefähigenden Abschlüssen an staatlichen Hochschulen gleich".

Mit der dualistischen Lernortstruktur und den Kooperationsbeziehungen zwischen staatlichen Einrichtungen und Ausbildungsstätten steht die BA gewissermaßen im „Mittelraum" zwischen beruflicher Erstausbildung und Hochschulstudium. Manfred Erhardt, einer der Initiatoren des BA-Gedankens, spricht bildhaft von einem „Flaggschiff der dualen Berufsausbildung".

Die Rechtsbasis der BA steht zwar außerhalb des klassischen Hochschulrechts, sie begründet einen Sonderweg in der Hochschulpolitik. Er hat institutionelle und strukturelle Aspekte, die im Folgenden gekennzeichnet werden und die beweisen, dass die heutigen Entwicklungen zur Praxisorientierung an Universitäten und Fachhochschulen bei der BA schon seit ihrer Gründung ein Faktum war.

- Die BA existiert nicht als Institution im eigentlichen Sinne: Sie ist Inbegriff des funktionellen Zusammenwirkens zweier Lernorte bzw. Ausbildungsträger „auf dem Boden ihrer jeweiligen Rechtsordnungen", so Manfred Erhardt im Jahre 1993.

- Bildungspolitisch wird die BA als eine Einrichtung des tertiären Bereichs, jedoch noch nicht als „Hochschule" (Anmerkung des Verfassers: fälschlicherweise) angesehen. Die Kultusministerkonferenz (KMK) definiert die BA als „Einrichtungen des tertiären Bildungsbereichs außerhalb der Hochschulen", deren Ausbildung „Abiturienten in Stufen zu einem wissenschaftlichen und berufsqualifizierenden Abschluss (führt), der mit einem Hochschulabschluss vergleichbar ist" (KMK 1976). Die „Nichtinanspruchnahme" des Attributs „Hochschule" kann mit dem Hinweis auf die bildungspolitisch gewollten Essentialia der BA „erklärt" werden: Erhardt verweist darauf, dass das Landesrecht die BA „nicht von ungefähr außerhalb des Hochschulbereichs angesiedelt" habe (Erhardt 1993). Damit unterliegt die BA weder dem Universitäts- noch dem FH-Gesetz des Landes Baden-Württemberg. Da das baden-württembergische BA-Gesetz jedoch eindeutig von einer tertiären Positionierung ausgeht, kann die BA auch nicht als Schulsektor angehörig angesehen werden. Sie verfügt damit zweifelsohne über einen juristisch wie auch bildungspolitisch einzigartigen Status, der ursächlich ist für die andauernde bildungspolitische Debatte um die „Gleichwertigkeit" bzw. „Gleichstellung" der BA-Ausbildung im Verhältnis zu jener der FH. Zurzeit wird von Prof. Dr. Hailbronner von der Universität Konstanz ein Gutachten im Auftrag der Landesregierung von Baden-Württemberg erstellt, das u.a. auch den Hochschulcharakter der BA klären soll. Positive Anzeichen scheinen gegeben (Stand Januar 2004).

■ Mit der sektoralen Zuordnung zum tertiären Bereich des Bildungswesens ergeben sich dennoch spezifische Besonderheiten, die die Nähe zu den „klassischen" Hochschulen unterstreichen: Für das hauptamtliche Lehrpersonal der BA gelten dieselben Einstellungsvoraussetzungen wie für das der Hochschulen im Allgemeinen bzw. der FH im Besonderen. Die Klientel der BA erwirbt ein Abschlusszertifikat, das von der Nomenklatur her an FH- und Universitätsabschlüsse angeglichen ist: Es unterscheidet sich lediglich durch den Zusatz „(BA)" von Hochschuldiplomen. Das Studium ist wie im Hochschulbereich in Studienhalbjahre eingeteilt. Dagegen ist die Grundorientierung der didaktisch-curricularen Struktur der Ausbildung in den Ausbildungsbereichen Wirtschaft und Sozialwesen weniger am Funktionsprinzip, das für den Hochschulsektor im Vordergrund steht, als am „Branchenprinzip", also institutional, orientiert.

■ Eine weitere augenfällige strukturelle Verwandtschaft mit der klassischen beruflichen Erstausbildung zeigt sich in Folgendem: Die Mitwirkung der Ausbildungsstätten ist durch deren Mitgliedschaft im Kuratorium sowie in den jeweiligen Fachausschüssen garantiert . Das Kuratorium „beschließt Empfehlungen in allen Angelegenheiten der Berufsakademie von grundsätzlicher Bedeutung, insbesondere für das Zulassungs-, Ausbildungs- und Prüfungswesen", während die Fachausschüsse beratend zuständig sind für „die überörtlichen fachlichen Angelegenheiten der an der Berufsakademie eingerichteten Ausbildungsbereiche", insbesondere für „die Aufstellung von Studien- und Ausbildungsplänen".

■ Kuratorium und Fachausschüsse sind zu gleichen Teilen mit Vertretern des Landes (z. B. der BA sowie Vertreter von Ministerien) sowie Vertretern der beteiligten Ausbildungsstätten besetzt. Hiervon ist wiederum die sog. „Anerkennungsfrage" berührt, bei der der juristische Streit gegenwärtig maßgeblich von der unterschiedlichen Interpretation struktureller Merkmale der zu vergleichenden tertiären Bildungsinstitutionen bestimmt wird.

■ Schließlich lässt sich auf strukturelle Besonderheiten verweisen, die der BA den Charakter einer Bildungseinrichtung verleihen, die keiner herkömmlichen Kategorie eindeutig zugeordnet werden kann. Dazu gehört die Stufung des Ausbildungsganges in Verbindung mit der Zertifizierung eines ersten berufsqualifizierenden Abschlusses, die atypisch ist für das Hochschulstudium wie auch für die Mehrzahl der Ausbildungsgänge im Rahmen der „dualen Ausbildung". Zudem verweist die Struktur des Lehrkörpers im Falle der BA auf einen wesentlichen Aspekt von Andersartigkeit im Vergleich zu den Hochschulen: der größte Anteil wird von den nebenamtlichen Lehrkräften aus Wissenschaft und Praxis gestellt.

■ Die Zulassung zum Studium erhält nur, wer neben der allgemeinen Hochschulreife einen Ausbildungsvertrag mit einer Ausbildungsstätte (dualer Partner) vorweisen kann. Sie meldet den Studierenden bei der Studienakademie zur Ausbildung an und verpflichtet sich im Ausbildungsvertrag zur Freistellung für den Besuch der Lehrveranstaltungen an der Studienakademie sowie zur Einhaltung der Prüfungsvorschriften und Ausbildungspläne (§ 8 I BAG) sowie zur Zahlung einer durchgängigen Ausbildungsvergütung.

Die Organisationsstruktur der BA ist Rahmenbedingung des von ihr praktizierten curricularen Arrangements. Dabei formuliert die BA folgende Soll-Merkmale:

■ Praxisnähe bei gleichzeitigem Wissenschaftsbezug der Ausbildungsinhalte: Es handelt sich um die Verknüpfung zweier didaktisch-curricularer Prinzipien unter der Zielvorstellung der reibungslosen Eingliederung des BA-Absolventen in das Beschäftigungswesen und seiner Positionierung im dispositiv-operativen Bereich. Mit der Praxis- und Betriebsbindung des Ausbildungsprozesses solle die Mobilität der Absolventen im überbetrieblichen wie auch die Flexibilität hinsichtlich potenzieller beruflicher Einsatzmöglichkeiten im innerbetrieblichen Sinne erreicht werden.

■ Duales Lernkonzept:: Die Ausbildungskonzeption transponiert das dualistische Prinzip auf die tertiäre Ebene. Die „Wechselausbildung" zwischen Studienakademie und Ausbildungsbetrieb soll zur Effizienz von Lernprozessen führen und die theoretische und berufspraktische Ausbildung sowie den Erfahrungsraum betrieblichen Arbeitens verbinden.

■ Didaktisch-curriculare Verzahnung von Theorie und Praxis: Die Studienpläne der Studienakademie und die Ausbildungspläne der Betriebe sind aufeinander abgestimmt. Garantiert wird dies durch ausbildungsbereichsspezifische Fachausschüssen, die sich aus Vertretern des Landes, der Studienakademien sowie der Ausbildungspartner zusammensetzen.

■ Kooperation von Staat und Wirtschaft: Konstitutiv ist der Mitbestimmungsanspruch der „beteiligten Praxisfelder". Er prägt das Bild der den eigentlichen „Lernverbund" überlagernden Gremienstruktur (Kuratorium, Fachausschüsse, Duale Senate sowie Konferenzen der Studienakademie).

■ Differenzierte Struktur der Dozentenschaft: Der nebenamtliche Lehrkörper der Studienakademien setzt sich aus Hochschullehrern von Universitäten und Fachhochschulen, Lehrern berufsbildender Schulen sowie Dozenten zusammen, die aus der Betriebspraxis kommen. Damit ist gesichert, dass Praxiserfahrung nicht nur in den betrieblichen Teil, sondern auch in die Ausbildung an der Studienakademie eingebaut werden.

■ Stufung des Ausbildungsganges: Nach zwei Jahren Ausbildung kann ein Zwischenabschluss – ähnlich der Stufenausbildung im „dualen System" – abgelegt werden, der zu einer qualifizierten Berufstätigkeit befähigt (Wirtschafts-, Ingenieurassistent, Erzieher). Die Abschlüsse am Ende der Ausbildung werden diplomiert (Diplom-Betriebswirt, Diplom-Wirtschaftsinformatiker, Diplom-Ingenieur, Diplom-Wirtschaftsingenieur, Diplom-Sozialpädagoge). Die zweite Ausbildungsphase, die ein weiteres Jahr dauert, ist durch die Spezialisierung auf einen betrieblichen Funktionsbereich, einen Fachbereich bzw. einen Studien-schwerpunkt bestimmt und wird durch Wahlpflichtfächer und Zusatzfächer (z. B. Fremd-sprachen) ergänzt.

5.4   Entwicklung der Berufsakademie

Die BA Baden-Württemberg kann nach 30 Jahren auf eine Entwicklung zurückblicken, die durch Expansion ihrer institutionellen Strukturen sowie durch das Wachstum von Ausbildungs-kapazität und Ausbildungsbeteiligung gekennzeichnet ist. Die Zahl der Standorte hat sich von ursprünglich zwei Akademien (Stuttgart und Mannheim) auf zwischenzeitlich acht vergrößert (ohne die Außenstellen Horb, Friedrichshafen und Bad Mergentheim). Insgesamt werden zur-zeit ca. 30 Studiengänge in den drei Studienbereichen Wirtschaft, Technik und Sozialwesen an-geboten.

Die Zahl der Studierenden stieg von 163 im Jahre 1974, also dem Gründungsjahr, auf über 20.000 Studierende im Jahr 2003. Im Jahr 2003 wurden knapp 6.200 Studierende neu immatri-kuliert, davon allein ca. 1.600 an der BA in Stuttgart. Interessant ist, dass über 10 % der Abitu-rienten in Baden-Württemberg den Weg zum dualen Studium gewählt haben. Im Bereich der Wirtschaftswissenschaften weist die BA in Baden-Württemberg den größten Prozentsatz der erfolgreich abgeschlossenen Prüfungen auf (ca. 45 %).

Die Erfolgsquote des BA-Studiums kann im Vergleich zu derjenigen des Universitätsbereichs als relativ hoch angesehen werden. Die sog. „Drop-out-Quote", d. h. der Anteil eines Studien-jahrgangs, der den Absolventenstatus nicht erreicht, liegt nach wie vor bei rund 10–15 %. Das liegt unter anderem sicher auch daran, dass die Studierenden in einem bezahltem Vertragsver-hältnis mit einem Ausbildungspartner stehen und dadurch das Studium mit einer großen Diszi-plin absolviert wird.

Die Arbeitsmarktchancen der BA-Absolventen sind gut. Nur wenige, dann aber meist spektaku-läre Informationen sprechen von einer Nichtübernahme der Absolventen durch den Ausbil-dungsbetrieb. Die Übernahmequote liegt im Bereich Wirtschaft bei knapp 80 %, in den Berei-chen Technik und Sozialwesen sind die Quoten nur unwesentlich geringer. Man kann also mit Fug und Recht von einer erfolgreichen Employability sprechen.

5.5   Der Übergang vom Studium in den Beruf

Pauschal kann festgestellt werden, dass die BA-Absolventen der drei Ausbildungsbereiche Wirtschaft, Technik und Sozialwesen meist zügig, d. h. innerhalb der ersten drei Monate nach Studienende, ohne größere Schwierigkeiten im Anschluss an ihr Studium eine reguläre Be-schäftigung aufnehmen. Über zwei drittel der Ingenieure und Betriebswirte verblieben zunächst im Ausbildungsbetrieb; auch wenn die Absolventen dieser Ausbildungsbereiche keine Stellen-zusage von ihrem Ausbildungsbetrieb erhalten haben, fanden sie in der Regel in kürzester Zeit eine Beschäftigung. Zwei bis zweieinhalb Jahre nach Studienende arbeiten noch 55 % der Ingenieure und 51 % der Betriebswirte in ihrem Ausbildungsbetrieb, während 30 % bzw. 37 % von ihnen in einem anderen Betrieb tätig sind. Von Arbeitslosigkeit waren und sind die BA-Absolventen auch in konjunkturell schwierigen Zeiten kaum betroffen. Die Arbeitslosenquote, die bei den Ingenieuren wenige Monate nach Studienende deutlich unter dem Bundesdurchschnitt und unterhalb der Arbeitslosenquote von FH- und Uni-Absolventen lag, bewegte sich zwischen 1–2 % und stieg in der für den technischen Bereich konjunkturell äußerst schwierigen Phase Ende 1993 auf 3–4 % an. Bei den Betriebswirten bewegte sie sich um 1 %.

Die offensichtlich guten Berufschancen der BA-Absolventen unterstreichen auch die Befunde zu ihren Bewerbungsaktivitäten. Nur 13 % der Ingenieure, 5 % der Betriebswirte und 4 % der Sozialpädagogen berichteten, sie hätten auf ihre Bewerbungen bei anderen Einrichtungen keine Einladung zu einem Vorstellungsgespräch erhalten. 80–90 % gaben an, ihnen wäre in diesem Falle auch ein Stellenangebot unterbreitet worden. Bei ihrer Bewerbung legten sie besonderen Wert auf anspruchsvolle und sinnvolle Aufgaben. Im Vergleich zu FH- und Uni-Absolventen waren sie bei ihrer Stellensuche aber status- und sicherheitsorientierter. Dies könnte ein weiterer Anhaltspunkt dafür sein, dass die – zwar geringen, aber durchaus vorhandenen – Unterschiede im Übergang vom Studium bis zur ersten Beschäftigung zwischen BA-Absolventen einerseits und FH- und Uni-Absolventen andererseits eher auf die o.g. unterschiedlichen Einstellungen der Absolventen als auf ihre generellen Berufschancen zurückzuführen sind.

Bei der beruflichen Einarbeitungsphase scheinen vor allem jene BA-Absolventen im Vorteil, die im Ausbildungsbetrieb verbleiben. Sie profitieren davon, dass sie bereits während ihres Studiums Gelegenheit hatten, sich mit den Organisations- und Sozialstrukturen des Betriebes vertraut zu machen. Sofern BA-Absolventen den Ausbildungsbetrieb nach Beendigung des Studiums verlassen, kann es vereinzelt zu größeren Schwierigkeiten als bei FH- und Uni-Absolventen kommen.

BA-Absolventen beschreiben mehrheitlich ihre Tätigkeit als „fordernd", d.h. als eine Tätigkeit, die relativ große Gestaltungsräume lässt und bei der die fachlichen Stärken zur Geltung gebracht werden können. Möglichkeiten zur wissenschaftlicher Tätigkeit bieten sich jedoch ebenso selten wie Chancen zu politischer Einflussnahme. Die Perspektiven zur beruflichen Weiterqualifizierung, des Aufstiegs, der Übernahme von Koordinations- und Leistungsaufgaben werden von 50 % der Absolventen als hoch eingeschätzt. Hier heben sich Uni-Absolventen – zumindest in den Bereichen Technik und Wirtschaft – z. T. deutlich ab. Im Vergleich zu FH-Absolventen beschreiben die BA-Absolventen ihre berufliche Situation insgesamt betrachtet als „fordernder" und anspruchsvoller.

Bei einer Bewertung der Unterschiede in der beruflichen Situation zwischen BA-Absolventen einerseits und FH- und Uni-Absolventen andererseits ist Vorsicht und Differenziertheit anzuraten. Über die mehrfach angesprochenen grundsätzlichen Probleme des hier vorgenommenen Vergleichs hinaus ist dabei insbesondere zweierlei zu berücksichtigen: Erstens blicken FH- und Uni-Absolventen zwei Jahre nach Studienende noch nicht auf dieselbe Berufserfahrung zurück, weil sie im Durchschnitt erst später mit einer regulären Beschäftigung beginnen. Zweitens finden sich BA-Absolventen häufiger in kleineren und mittleren Betrieben. Da viele Absolventen des tertiären Sektors die ersten beiden Jahre nach Studienende mit der Suche einer Beschäftigung, beruflicher Qualifizierung (z. B. Trainee, Anerkennungsjahr) und mit der Einarbeitung in eine berufliche Tätigkeit verbringen, dürfte eine Differenzierung der Berufskarrieren ferner erst noch bevorstehen. Von daher wird im weiteren zu prüfen sein, wie die Unterschiede und Gemeinsamkeiten zwischen FH-, BA- und Uni-Absolventen nach längerer Berufserfahrung ausfallen.

Für die ersten beiden Jahre nach Studienende lässt sich abschließend aber feststellen, dass sich die Hypothese, Absolventen der BA hätten einen quantitativen und qualitativen Arbeitsmarktvorteil, nur voll bestätigt. Die Befunde legen auch hier eine differenziertere Sichtweise nahe: BA-Absolventen gehen zwar schneller und zielstrebiger in eine Beschäftigung über als FH- und Uni-Absolventen, die Arbeitslosenquoten halten sich nach Aufnahme der Erstbeschäftigung jedoch ungefähr die Waage. Gegenüber den FH-Absolventen ist die positive Einschätzung der Ausbildungsadäquanz bei ehemaligen BA-Studierenden ausgeprägter; gegenüber den Uni-Absolventen trifft dies nur im Bereich Sozialarbeit/-pädagogik zu, was in deutlichem Widerspruch zu der häufig geäußerten Vermutung steht, Uni-Absolventen seien auf Grund ihrer „praxisfernen" und „wenig bedarfsgerechten Ausbildung" im Nachteil.

Nach den Untersuchungsergebnissen von Zabeck und Zimmermann lässt sich aber auch die Hypothese der fehlenden Befähigungsbreite von BA-Absolventen in ihrer pauschalierten Form nicht halten: Sofern BA-Absolventen den Betrieb bzw. Betrieb und Branche wechseln, treten kaum Schwierigkeiten bei der Übernahme zugewiesener Funktionen auf. Betriebswechsler erreichen in den ersten zwei Jahren dieselben Positionen wie im Ausbildungsbetrieb Verbliebene, ihr Einkommen ist z. T. sogar höher und kennzeichnen ihre berufliche Situation als ebenso gut, ja sogar als anspruchsvoller und aussichtsreicher. Auch im BA-FH-Uni-Vergleich fallen sie nicht negativ aus dem Rahmen. Denkbar wäre, dass nur die „besseren" BA-Absolventen den Ausbildungsbetrieb verlassen, also solche, die auf Grund ihrer Leistungsfähigkeit umstellungsfähiger sind. Diese These wird scheinbar dadurch gestützt, dass Betriebs- und Branchenwechsler bei ihrer Assistentenprüfung bessere Noten erzielten als die Verbliebenen; ihre Abiturnote und ihre Zensuren im Rahmen der BA-Diplomprüfung bestätigen die Tendenz der Zwischenprüfung jedoch nicht.

Festzustellen ist hingegen, dass Branchenwechsler ihre Beschäftigung etwas seltener als adäquat betrachten und dass sie gemeinsam mit den Betriebswechslern etwas häufiger von Schwierigkeiten mit der Umsetzung des Gelernten infolge von Defiziten im Fachwissen berichten. Branchenwechsler plädieren auch häufiger dafür, das BA-Studium breiter anzulegen. Für weitere Studien könnte es aufschlussreich sein, der noch weitgehend offenen Frage nachzugehen, weshalb die Wechsler sich auffällig häufig in Klein- und Mittelbetrieben wiederfinden und welche systematischen Unterschiede zu Verbliebenen und zu FH- und Uni-Absolventen damit einhergehen.

Es kann festgehalten werden, dass die BA-Absolventen

- vielfach qualitative und quantitative Arbeitsmarktvorteile aufweisen, ebenso vielfach Einarbeitungsvorteile im Betrieb haben und auch keine Defizite in der Befähigungsbreite aufweisen, auch wenn sie den Betrieb oder die Branche wechseln.

5.6 Verbleib und berufliche Karriere der Absolventen

In Untersuchungen und Befragungen ermittelte Ergebnisse lassen den Schluss zu, dass BA-Absolventen dauerhaft in das Beschäftigungssystem integriert sind, dass sie sich dort ohne Schwierigkeiten funktionsfähig halten können und dass sie Funktionen übernehmen, die sie in der Regel als anspruchsvoll und mehrheitlich als ausbildungsadäquat kennzeichnen. Vergleicht man ihre Tätigkeiten und Funktionen mit denen von FH- und Uni-Absolventen, so zeigen sich vielfach Überschneidungen. Das gilt vor allem für die Relation von BA- und FH-Absolventen. Soweit Unterschiede vorhanden sind, korrespondieren sie mit den von den Trägern der BA intendierten Differenzierungsansprüchen. Einschränkungen sind hinsichtlich der Ausbildungsadäquanz der Beschäftigung von BA-Absolventen zu machen. Diese Bewertung stützt sich insbesondere auf folgende zentrale Befunde:

- Fünf Jahre nach Studienende sind 85 %, zehn Jahre danach 95 % der BA-Ingenieure erwerbstätig. Die Beschäftigungsverhältnisse sind mit wenigen Ausnahmen unbefristet. Rund 75 % beider Gruppen waren kontinuierlich beschäftigt. Unterbrechungen waren selten von Arbeitslosigkeit verursacht. Querschnittlich betrachtet liegt die Arbeitslosenquote bei den Absolventen äußerst niedrig und steigt bei Konjunkturkrisen nur leicht an. Sie liegt damit immer noch unter dem allgemeinen Bundesdurchschnitt, und sie ist – vorsichtig formuliert – zumindest nicht höher als die allgemeinen Quoten für FH- und Uni-Absolventen.

- Die Einschätzung, dass BA-Absolventen im Sinne von Employability ohne größere Schwierigkeiten auf dem Arbeitsmarkt bestehen und sich auch längerfristig funktionsfähig halten können, ist keineswegs nur darauf zurückzuführen, dass sie in ihrem Ausbildungsbetrieb verbleiben. Fünf Jahre nach Studienende sind noch rund 50 % der BA-Ingenieure, nach zehn Jahren noch 43 % im Ausbildungsbetrieb tätig. Bei den Betriebswirten sind es ca. 30 % nach fünf Jahren bzw. 20 % nach zehn Jahren. Viele haben Beschäftigungswechsel hinter sich, die zumeist von ihnen selbst initiiert wurden, um die berufliche oder persönliche Lebenssituation zu verbessern.

- BA-Absolventen verteilen sich auf Betriebe aller Größenklassen; sie sind über zahlreiche Branchen verstreut und in nahezu allen betrieblichen Funktionsbereichen zu finden.

- Der betriebliche Einsatz der BA-Absolventen unterscheidet sich z.T. von dem von FH- und Uni-Absolventen. Das zeigt sich u.a. an der Personalverantwortung. Zwar ist die ihnen unterstellte durchschnittliche Mitarbeiteranzahl nicht geringer. Vorwiegend sind ihnen aber Personen ohne Hochschulstudium zugeordnet.

- Was die an sie gestellten beruflichen Anforderungen betrifft, heben BA-Absolventen der Ausbildungsbereiche Technik und Wirtschaft vor allem Problemlösefähigkeit und sog. Arbeitstugenden hervor, die häufig auch als „Schlüsselqualifikationen" bezeichnet werden.

An diesen Befragungsergebnissen lassen sich nachstehende Folgerungen ableiten:

1. Die pauschale Vermutung, BA-Absolventen wären zu betriebs- und branchenspezifisch ausgebildet, was sich langfristig nachteilig auf ihre Beschäftigungsaussichten auswirke, lässt sich Langzeituntersuchungen zufolge nicht halten. In der Qualität ihrer Berufskarrieren sind die Wechsler den Verbliebenen gegenüber nicht im Nachteil. Im Gegenteil: Oft haben Wechsler Verbliebenen vieles voraus.

Die Befunde unterstreichen die sehr guten Beschäftigungsaussichten von BA-Absolventen.

5.7 Berufliche Zufriedenheit und Identität

Berufliche Zufriedenheit und Identität sind wichtige Aspekte im Rahmen von Employability.

Zur Frage nach der beruflichen Zufriedenheit der BA-Absolventen kann thesenartig festgehalten werden:

1. Die BA-Absolventen bringen im Hinblick auf ihre berufliche Gesamtsituation ein hohes Maß an Zufriedenheit zum Ausdruck. Nur jeder Vierzehnte ist mit seiner beruflichen Situation (gar) nicht zufrieden.

2. Im Laufe der Berufstätigkeit scheint die Zufriedenheit mit einer Reihe von Aspekten der beruflichen Situation zuzunehmen. Hinweise hierfür ergeben sich daraus, dass die BA-Absolventen, die bereits zehn Jahre im Beruf sind, höhere Zufriedenheitswerte aufweisen als jene Absolventen, die auf eine erst fünfjährige Berufstätigkeit zurückblicken können. Die Zufriedenheits-„Profile" verändern sich über die Zeit jedoch kaum. Am zufriedensten sind die Absolventen mit den Inhalten ihrer Tätigkeit sowie mit der ihnen gebotenen Möglichkeit, einer persönlich fordernden Arbeit nachzugehen.

3. Die Absolventen des Ausbildungsbereichs Wirtschaft haben ein mit den FH- und Uni-Absolventen vergleichbares Zufriedenheits-„Profil", während die BA-Ingenieure mit einer Reihe von Aspekten der beruflichen Situation deutlich weniger zufrieden sind als ihre Kollegen von der FH und Uni.

Zur Frage der beruflichen Identität der Studierenden bzw. der BA-Absolventen gilt:

1. Der Bereich des Beruflichen hat für die Studierenden wie auch für die Absolventen eine relativ hohe Bedeutung. Die Studierenden „definieren" sich relativ stark über den Beruf.

2. Das berufliche Selbstkonzept, das berufliche Idealkonzept, die Kontrollüberzeugung sowie die Verwirklichung von Selbstansprüchen stellen wichtige Dimensionen der beruflichen Identität dar.

    a) Auf die für das berufliche Selbstkonzept zentrale Frage, wie man sich selbst als Person sieht, beschreiben sich die Studierenden vor allem als selbständig sowie praxisbezogen denkend und handelnd, kontaktbereit und -fähig, flexibel und umstellungsfähig sowie einsatzbereit und leistungsfähig.

b) Die beiden Karriereaspekte „beruflicher Aufstieg" und „hohes Einkommen" spielen auch beim beruflichen Idealkonzept, also bei der Frage danach, wie man als Person sein möchte, nur eine untergeordnete Rolle. Vielmehr möchten die Studierenden gerne über jene Kompetenzen verfügen, die es ermöglichen, Verantwortung zu übernehmen sowie ihre Vorstellungen und Ideale zu verwirklichen.

c) Anzeichen für einen Identitätswandel während der Ausbildung gibt es nicht. Dies deutet darauf hin, dass die Studien- bzw. Ausbildungssituation keine gravierenden oder gar dramatischen Situationsveränderungen, Einschnitte oder Diskontinuitäten aufweist, die bei den Studierenden zu völlig neuen, nachhaltig betroffen machenden Selbsterfahrungen führen würden.

d) Die BA ist für die allermeisten Studierenden die ihnen angemessene Ausbildungsstätte. Es wurde festgestellt, dass bei nur einem kleinen Prozentsatz das Studium bzw. dass die praktische Ausbildung nicht ihren Vorstellungen entspreche.

3. Die Studierenden unternehmen in einem hohen Maße bewusst Aktivitäten, um ihre Selbsteinschätzungen abzusichern. Diese Aktivitäten werden über die gesamte Studienzeit hinweg beibehalten.

4. Daraus lässt sich schließen, dass im Vergleich zu Berufspersonen ohne Studium die BA-Absolventen ihre berufliche Lage vor allem gekennzeichnet sehen durch größere Verantwortung, bessere Aufstiegsmöglichkeiten, umfassendere Tätigkeiten und durch die Möglichkeit, die eigenen Qualifikationen in größerem Ausmaß einsetzen zu können.

5.8 Didaktische Analyse der Ausbildungsgestaltung an den Lernorten Studienakademie und Ausbildungspartner

Die Zweckrationalität der Ausbildungsgestaltung in Theorie und Praxis ist bei einem dualen Studium von enormer Bedeutung. Das bestehende Ausbildungskonzept gibt darauf folgende Antworten:

1. Die Lehrveranstaltungen an der Studienakademie entsprechen in der Regel der ihnen im BA-Konzept zugewiesenen Funktion: Die Studierenden erhalten einen auf praktische Problemstellungen bezogenen Unterricht, der als transfer- bzw. anwendungsförderlich und damit als „zweckrational" zu bezeichnen ist.

2. Evaluationsergebnisse zeigen, dass die Studierenden an die Dozenten, die aus der beruflichen Praxis stammen, die besten Bewertungen vergeben. Hervorgehoben wird, dass sie am häufigsten auf aktuelle und praxisrelevante Probleme eingehen, sie verstünden es am besten, den Anwendungsbezug des vermittelten Wissens herausstellen und das Lernklima in ihren Veranstaltungen sei am besten. Traditionelle Wissensvermittlungsformen verlieren an Bedeutung.

3. In den Betriebsphasen sind die Studierenden vorwiegend in den regulären betrieblichen Arbeitsablauf eingebunden. Mit zunehmender Ausbildungszeit im Betrieb sind die BA-Studierenden mit Projektaufgaben betraut.

4. Demzufolge sind die BA-Studierenden fast überwiegend in ein positives Arbeitsklima eingebunden.

5. Von der Studienakademie wird streng darauf geachtet, dass ein hohes Maß an Umsetzung von Theorie in Praxis erreicht wird. Hier sind sicher partiell noch Defizite vorhanden.

5.9 Die Berufsakademie – eine duale Hochschule?

Die Berufsakademie wurde 1972 bzw. staatlich 1974 außerhalb des Hochschulbereiches gegründet, um das sehr bewährte Modell der Dualen Berufsausbildung auf den tertiären Bereich zu übertragen. Seither hat sich die Berufsakademie in Baden-Württemberg sowie in Berlin, Sachsen und Thüringen zu einer überaus erfolgreichen Einrichtung entwickelt, wie die im Abschnitt 5.4 ausgewiesenen Zahlen zeigen. Auch die Mehrzahl der Ausbildungspartner sprechen der BA höchste Anerkennung aus. Diese ist allerdings vor allem bei den sog. KMU durch die sich teilweise verschlechternde Bewerberlage in Gefahr geraten.

Da die Berufsakademie (noch) keine Hochschule ist, sind die Abschlüsse der BA nur eine Berufsbezeichnung und kein akademischer Grad. Dies führt zu einer Reihe von Problemen und teilweise Missverständnissen, wovon hier nur die zentralen angeführt werden sollen:

◼ Studenten: Häufig erhalten sie eine Ablehnung der Zulassung zu Aufbaustudiengängen, da kein „echtes Studium" – gemeint ist ein Hochschulstudium – vorliegt. Eine Verbesserung der Situation hat sich allerdings dadurch ergeben, dass nach erfolgreichen Abschlusses des Evaluierungs- und Akkreditierungsverfahrens durch die Open University of England sich den BA-Absolventen die Möglichkeit eröffnet, parallel zum Diplom den Titel „Bachelor (Hons)" zu erwerben. Master-Studiengänge mit Kooperationspartnern gibt es bereits, weitere sind in Planung.

◼ Unternehmen: Diese haben oft Schwierigkeiten geeignete Studenten zu finden, da Abiturienten „Durchgängige Studienmodelle (mit Bachelor- und Masterstudiengängen) bevorzugen und die BA ohne adäquaten akademischen Abschluss mehr und mehr gemieden werden könnte.

Gleichzeitig verändert sich die Hochschullandschaft in Deutschland. Vielfach werden bewährte Erfolgsfaktoren des BA-Konzeptes (kooperative Studiengänge der Hochschulen und so genannte Berufsakademien im Sekundarbereich) übernommen. Zur Abgrenzung wird dabei häufig auf die Anerkennungsproblematik hingewiesen und damit nachhaltig das Image der BA beschädigt. Auch durch das Bologna-Abkommen können Gefahren drohen. Es sieht vor, dass bis 2010 gestufte Hochschulstudiengänge mit Abschluss „Bachelor" und „Master" an allen Hochschulen eingeführt werden. Die Einbeziehung der Berufsakademien in den Bologna-Prozess ist also dringend notwendig. Positive Signale sind zu erkennen.

Aktuell wird durch verschiedenste Interessengruppen (u. a. Direktorenkonferenz der BA, Unternehmen und Studenten) nachhaltig und überzeugend die Weiterentwicklung der BA in eine „Duale Hochschule" gefordert. Wichtig dabei ist allen Beteiligten. Dass die Erfolgsfaktoren der BA voll erhalten bleiben sollen und können.

Durch Gutachten werden zurzeit die rechtlichen Möglichkeiten einer „Dualen Hochschule" ausgelotet. Es ist wünschenswert, wenn unter Berücksichtigung der Ergebnisse des fast abgeschlossenen Gutachtens die Möglichkeiten der Weiterentwicklung der BA zu einer „Dualen Hochschule" von Partnerunternehmen, Studenten, Absolventen und der Staatlichen Studienakademie ergebnisoffen diskutiert werden würde, um für eine weitere politische Umsetzung ein abgestimmtes und tragfähiges Konzept zu erzielen.

5.10 Zusammenfassung und Ausblick

Die im Jahre 1972 gegründete Berufsakademie ist ein allseits anerkanntes Erfolgsmodell geworden. Die Studenten- und Absolventenzahlen sowie die Zahl der beteiligten Partnerunternehmen zeigen dies deutlich. In zahlreichen Führungspositionen sitzen Damen und Herren, die Absolventinnen und Absolventen der Berufsakademien sind. Von diesen Beteiligten werden immer wieder die Erfolgsfaktoren „Praxisnähe durch die Praxisphasen sowie die praxisbezogenen Lehrveranstaltungen, kurze Studiendauer, kleine Kursgruppen, finanzielle Unabhängigkeit der Studenten sowie die hohen Übernahmequoten" hervorgehoben. Letzteres ist im Zeichen einer schwachen konjunkturellen Lage ein besonders wichtiger Faktor im Rahmen der „Employability". Auf diesen Sachverhalt weisen die zahlreichen „Alumni"-Institutionen an den einzelnen Berufsakademien immer wieder mit großem Nachdruck hin.

Die hohe Flexibilität der Lehrenden bezüglich Zeit und Inhalt des zu vermittelnden Stoffes führt der BA ständig neue Bewunderer zu. Allerdings gerät diese Bewunderung etwas in Gefahr, wenn sowohl Partnerunternehmen als auch Absolventen durch die Anerkennungspraxis bei deutschen Hochschulen Bedenken und Vorbehalte gegenüber der BA äußern. Durch das beabsichtigte Einbeziehen der Berufsakademien in den so genannten „Bologna"-Prozess sind diese Bedenken und Vorbehalte nicht berechtigt.

Es wäre wünschenswert, wenn das angesprochene Gutachten Wege zu einer „Dualen Hochschule" aufzeigen könnte. Es besteht sonst die Gefahr, dass entsprechende Initiativen zu spät zur Integration in das baden-württembergische Hochschulgesetz und damit auch das Berufsakademie-Gesetz erfolgen und damit die großen Erfolge des Erfolgsmodels „Berufsakademie Baden-Württemberg" gefährdet sind. Für die Beschäftigungssituation vieler junger Menschen innerhalb und außerhalb Baden-Württembergs wäre dies nicht förderlich.

Literatur

Eine aussagefähige Aussage über die Berufsakademie Baden-Württemberg – Staatliche Studienakademie – mit vielen weiteren Literaturangaben ist die Studie von

ZABECK J. UND ZIMMERMANN M. (Hrsg.) (1995): Anspruch und Wirklichkeit der Berufsakademie Baden-Württemberg – Eine Evaluationsstudie, Weinheim.

Walter Koch

6 Ausbildung
Die Bedeutung für die Unternehmen und für den regionalen Standort

6.1 Für die Anforderungen von morgen müssen wir heute trainieren

Mit dem stetigen Strukturwandel in der Wirtschaft verändern sich nicht allein die Profile von Wirtschaftsbereichen und Unternehmen, sondern auch ganz wesentlich die Anforderungen an die Arbeitskräfte. Doch nicht nur die Belegschaften müssen sich anpassen, auch diejenigen, die vor dem Eintritt ins Berufsleben stehen, müssen anders auf ihre Aufgaben in den Betrieben vorbereitet werden als vor 20 Jahren. Die Fragen nach Ausbildungsformen und -inhalten müssen ständig neu gestellt und beantwortet werden. Zum einem ist das eine gesellschaftliche Aufgabe, zum anderen aber auch eine ureigene betriebswirtschaftliche, der sich jedes Unternehmen immer wieder erneut stellen muss.

Das Saarland hat diese Entwicklung durch die Abkehr von der Montanindustrie in jüngster Vergangenheit bereits intensiver durchlebt als andere Regionen. Den Veränderungsprozess haben die Saarländer gemeinsam mit den heimischen Unternehmen gut gemeistert. Doch der Wandel geht weiter und nimmt Fahrt auf. Neue Entwicklungen der Informations- und Computertechnologie, neue Dienstleistungen und Fertigungsstrukturen verändern Berufsbilder, lassen andere ganz verschwinden und schaffen auf der anderen Seite neue Qualifikationsanforderungen. Denn nur wenn die Unternehmen die qualifizierten Fachkräfte haben, die sie für ihre modernen Produkte und Fertigungstechnologien benötigen, haben sie eine Chance auf den immer enger zusammenwachsenden Märkten der Welt.

Unser Ausbildungssystem muss sich in noch nie da gewesenem Maße neuen Herausforderungen stellen. Neue Inhalte für die Ausbildung auf allen Ebenen werden notwendig. Die künftige Facharbeit wird anspruchsvoller und zugleich interessanter. Es wird zunehmend darum gehen, wer den Zugriff auf methodisches Wissen hat und wer nicht.

Die heutigen Nachwuchskräfte werden in ihrem beruflichem Werdegang unter einem stärkeren Anpassungsdruck stehen als die vorhergehenden Generationen. Es ist Aufgabe der gesamten Gesellschaft, sie darauf vorzubereiten. Ein entscheidender Baustein dazu ist eine hohe Qualifikation durch eine entsprechende berufliche Aus- und Weiterbildung. Umso mehr gilt in der Zukunft: eine gute Qualifikation ist die beste Versicherung gegen Arbeitslosigkeit.

6.2 Müssen wir unser Modell der Berufsausbildung über Bord werfen?

Die Berufsausbildung im dualen System ist ein deutsches Erfolgsmodell, schlägt sie doch Jahr für Jahr für rund zwei Drittel aller Schulabsolventen in 345 anerkannten Ausbildungsberufen eine Brücke ins Arbeitsleben. Gegenüber den schulischen Berufsausbildungen, die in den meisten anderen europäischen Ländern dominieren, haben sich die Vorteile klar herauskristallisiert. Die effiziente Verbindung von Theorie und Praxis, Wissen und Können, Denken und Handeln, macht die duale Berufsausbildung gegenüber den schulischen Varianten überlegen. Während die Ausbildung dort virtuell bleibt, heißt es für deutsche Auszubildende bereits sehr früh in den Betriebsalltag integriert zu werden und seinen Mann bzw. seine Frau zu stehen. Durch die Kombination von berufspraktischem und schulischem Lernen entspricht die duale Berufsausbildung den Erfordernissen in der modernen Arbeitswelt und die bundesweit einheitlichen Ausbildungsordnungen sorgen für die nötige Transparenz auf dem Arbeitsmarkt.

Die hohe Qualifikation der deutschen Facharbeiter hat wesentlich zum Aufschwung am Wirtschaftsstandort Deutschland nach dem zweiten Weltkrieg beigetragen. Im Laufe der Jahre und Jahrzehnte ist jedoch Sand ins Ausbildungsgetriebe geraten, ehemals eindeutige Profile haben sich abgeschliffen oder passen nicht mehr in die moderne Zeit. Die Anzeichen dafür sind offensichtlich: Viele Jugendliche bewerben sich vergebens um eine Ausbildungsstelle in ihrem Traumberuf, Unternehmen suchen händeringend geeignete Auszubildende für nicht besetzte Lehrstellen, immer mehr Schulabgänger ziehen ein Studium der Ausbildung vor, alle paar Jahre gibt es Meldungen über die Ausbildungsmisere und der Ruf nach einer Ausbildungsabgabe wird laut.

Zweifellos gehört das deutsche Modell auf den Prüfstand und es sind auch einige große Reparaturen notwendig (die Bereiche in denen die Stellschrauben mehr oder weniger stark angezogen werden müssen, sollen später noch einmal angesprochen werden). Von Verschrotten kann aber keine Rede sein, das deutsche Modell der dualen Berufsausbildung ist zukunftsfähig, es wird auch langfristig das Rückgrat der Fachkräfteausbildung bleiben.

6.3 Rückgang bei Bewerbern

Die duale Ausbildung genießt in der Öffentlichkeit weiterhin ein gutes Ansehen, was ein Blick in die Statistik beweist: Im Jahre 2002 lag die Zahl der Bewerber um die Ausbildungsstellen bei knapp 600.000. Dennoch darf man nicht verschweigen, dass immer weniger Jugendliche eines Jahrgangs einen Ausbildungsplatz suchen, besonders Abiturienten hatten immer seltener das Verlangen eine Lehre zu absolvieren. Ihr Anteil an allen Auszubildenden ging in den letzten Jahren deutlich zurück, sie weichen auf alternative Ausbildungsgänge aus oder entscheiden sich für ein Hochschulstudium. Eine gefährliche Entwicklung der die Unternehmen gegensteuern müssen, denn gerade auch die leistungsfähigeren Schüler werden für eine Facharbeiterkarriere in den Betrieben gebraucht. Ursächlich hierfür ist u. a. die höhere Attraktivität der so genannten „white collar"-Berufe. Das zu unrecht schlechte Image einiger Ausbildungsberufe lässt viele Jugendliche vor der betrieblichen Berufsausbildung zurückschrecken.

6.4   Blick in die Zahlen

Der positive Trend der vergangenen Jahre auf dem deutschen Ausbildungsstellenmarkt hat sich im Jahre 2002 nicht fortgesetzt und wird sich auch 2003 nicht wieder einstellen. Die Anzahl der angebotenen Lehrstellen ging um knapp 50.000 zurück, die Anzahl der Bewerber dagegen wurde nur um knapp 40.000 kleiner. Insgesamt wurden im Jahr 2002 im Vergleich zum Vorjahr daher 6,8 Prozent weniger Ausbildungsverträge abgeschlossen.

Etwas besser sah die Bilanz 2002 im Saarland aus. Die eingetragenen Ausbildungsverhältnisse konnten seit Mitte der 90er Jahre um gut 20 Prozent erhöht werden und das Saarland weist die höchste Ausbildungsdichte (Ausbildungsplätze je 1.000 Einwohner) im Vergleich zu allen anderen alten Bundesländern auf. Im letzten Jahr konnten die rund 2.800 ausbildenden Firmen aus Handel, Dienstleistung und Industrie rein rechnerisch jedem Suchenden einen Ausbildungsplatz anbieten. Einen Lichtblick am Ausbildungsmarkt bietet auch die saarländische Metall- und Elektroindustrie (M+E-Industrie). Zwar wurden auch hier weniger Lehrstellen angeboten, doch mit 1.945 Stellen übertraf das Angebot auch 2002 die Nachfrage, die bei 1.463 Stellengesuchen lag. Dieses Überangebot an Ausbildungsstellen ist nun schon seit vielen Jahren zu beobachten. Zum einen ein Indiz für das Engagement der M+E-Betriebe, zum anderen aber auch ein Hinweis auf eine mangelnde Nachfrage bei den Schulabgängern.

Im Jahre 2003 wird es schwieriger, eine ausgeglichene Bilanz auf dem Ausbildungsstellenmarkt zu erreichen. Das Ausbildungsangebot folgt stets der Beschäftigung und geht demnach in konjunkturell harten Zeiten zurück. Kann man einem Unternehmer verdenken, dass er keine Verantwortung für neue Auszubildende übernimmt, wenn er ums Überleben seines Betriebes kämpft?

Zusätzlich zur schwachen Konjunktur kommen skeptische Erwartungen über die weitere Entwicklung und ein hoher Kostendruck. Alles zusammen führt dazu, dass die Firmen derzeit kaum über den eigenen Bedarf ausbilden.

Allen Unkenrufen, die schon den Niedergang unseres Ausbildungssystems herbei redeten, muss jedoch eine klare Absage erteilt werden. Immerhin wurden zum Jahresende 2002 bundesweit 1,62 Millionen Auszubildende beschäftigt.

Die deutschen und insbesondere die saarländischen Unternehmen haben die Notwendigkeit verstärkter Bemühungen um die Ausbildung sehr wohl erkannt. In den letzten Jahren hat sich der Anteil der ausbildenden Betriebe im Saarland von 30 auf 36 Prozent erhöht. Das reicht noch nicht aus und daher müssen weitere Reserven mobilisiert werden.

6.5   Berufsausbildung als Unternehmensziel

Die Argumente, die für die Berufsausbildung als Unternehmensziel sprechen sind überzeugend. Für die Betriebe ist das Ausbilden von jungen Menschen weiterhin das zentrale Instrument der Personalgewinnung. Zum einen können Unternehmen auf diesem Wege ihre Nachwuchskräfte qualifizieren und zum anderen erhöht die betriebliche Ausbildung die Bindung der Fachkräfte an das Unternehmen.

In einer Zeit, wo qualifizierte Mitarbeiter als Leistungs- und Wissensträger ein entscheidender Wettbewerbsfaktor sind, legt die Ausbildung den Grundstein für ein lebensbegleitendes Lernen. Die Ausbildungsordnungen bestimmen lediglich die Minimalanforderungen. Der Ausbildungsbetrieb kann die Inhalte, die darüber hinaus gehen, in Eigenregie festlegen. Dadurch, dass er seine technischen und organisatorischen Besonderheiten einfließen lässt, kann er die Qualifikationen vermitteln, die im Betrieb tatsächlich gebraucht werden und auf diese Weise seinen spezifischen Bedarf an Facharbeitern decken.

6.6   Integration ins Unternehmen

Die Auszubildenden lernen sehr früh die internen und betriebsindividuellen Arbeitsabläufe, aber auch die Ziele und Werte ihres Ausbildungsbetriebes kennen. Durch die frühe Integration ins Mitarbeiterteam identifizieren sich die Auszubildenden mit ihrer Arbeit und ihrem Unternehmen und haben eine hohe Leistungsmotivation und nur geringe Fehlzeiten. Die Fluktuation ist gering und langwierige Einarbeitungszeiten gibt es auch nicht.

Umgekehrt lernt der Arbeitgeber bereits sehr früh die Stärken und Schwächen seiner zukünftigen Fachkräfte kennen und kann sie für seine Personalplanung nutzen, Fehlbesetzungen kann er verhindern. Ein erheblicher Vorteil, wenn es darum geht, die Rentabilität von Sachinvestitionen wie Maschinen und Geräte hoch zu halten. Nur wenn kostenträchtige Stillstandszeiten vermieden werden, kann ein Unternehmen rentabel arbeiten. Für die Bedienung und die Instandhaltung der Anlagen werden qualifizierte Fachkräfte benötigt, für die ein Unternehmen durch eine betriebliche Ausbildung Vorsorge treffen kann.

Hoch- und vielseitig qualifizierte Facharbeiter können teamorientiert geführt werden. Ihre umfassende Qualifikation ermöglicht heute viel mehr Gestaltungsvielfalt und Dispositionsspielraum am Arbeitsplatz. Die selbst ausgebildeten Mitarbeiter können ihr Unternehmen am besten einschätzen, sie wissen „was geht" und was sie dem Kunden versprechen können. Wenn es darauf ankommt können sie neue Anforderungen flexibel bewältigen. Herausforderungen durch kurzfristige Produktionsumstellungen und Veränderungen der Marktkonstellationen sind mit einem solchen Team leichter zu meistern.

Entscheidungsfähige und kreative Mitarbeiter ermöglichen es den Unternehmen frühzeitig auf neue Trends zu reagieren. So können Unternehmen bereits durch eine entsprechend gestaltete Ausbildung den Grundstein dafür legen, dass sie ihre im Wettbewerb dringend benötigte Innovationsfähigkeit behalten.

6.7   Reine Kostenabwägung?

Nicht zuletzt stehen die Ausbildungskosten im Raum. Lohnt sich der Aufwand wirklich? Da sind auf der einen Seite die Personalkosten, die über 85 Prozent der gesamten Ausbildungskosten ausmachen. Sie setzen sich aus der eigentlichen Ausbildungsvergütung und den Ausbildergehältern einschließlich Sozialversicherungsbeiträge und Sozialleistungen zusammen. Hinzu kommen die Sach- und Anlagekosten, die die Kosten für den Arbeitsplatz, die Ausstattung, die Lehrwerkstatt, die Prüfungsgebühren, das Lehrmaterial und vieles mehr beinhalten.

Immerhin zahlten die Unternehmen nach einer Studie des Bundesinstituts für Berufsbildung (BIBB) im Jahre 2000 durchschnittlich 16.435 Euro pro Auszubildenden. Insgesamt beliefen sich die Kosten für die Qualifizierung der 1,7 Millionen Auszubildenden damit im Jahre 2000 auf 28 Milliarden Euro.

Allerdings bringen die Auszubildenden durch ihre Arbeitsleistung den Unternehmen auch einen geldwerten Nutzen. Im ersten Jahr erwirtschaften die Fachkräfte von morgen immerhin schon 5.400 Euro, im dritten Lehrjahr sind es bereits knapp 11.000 Euro. Wenn man also die direkte Gegenrechnung aufmacht, erarbeiteten die Auszubildenden im Jahr rund 13 Milliarden Euro, das sind knapp 50 Prozent der Aufwendungen der Betriebe.

Darüber hinaus sparen die Unternehmen hohe Kosten bei der Suche, Einarbeitung und Qualifizierung von Fachkräften, wenn sie sich diese selbst ausbilden. Das BIBB bezifferte diese Einsparung auf durchschnittlich 5.800 Euro je Fachkraft. Hinzu kommen die nicht unmittelbar messbaren Vorteile.

Viele der Vorzüge kann ein Unternehmen aber erst für sich verbuchen, wenn es eine konstante Nachwuchsarbeit über viele Jahre hinweg betreibt. Unternehmen, die einen langen Atem beweisen und eine qualitativ hochwertige Ausbildung bieten, müssen sich um geeignete Nachwuchskräfte keine Sorgen machen. Sie sind in der komfortablen Situation, unter den Besten einer Region auswählen zu können und müssen auch nicht Gefahr laufen, dass die frisch ausgebildeten Facharbeiter sich einen neuen Arbeitgeber suchen. Die Ausbildungskosten haben sich schnell amortisiert.

6.8   Segen für die Region

Nicht zu unterschätzen ist das Image, das sich ein Unternehmen durch eine vorbildliche Ausbildungstätigkeit in der Öffentlichkeit verdient – auch über die Ortsgrenzen hinaus. Schließlich können die Bemühungen der Unternehmen das Schicksal einer ganzen Region bestimmen. Bestes Beispiel ist das Saarland. Lange Jahrzehnte hat es von seinen natürlichen Ressourcen wie der Steinkohle profitiert und gelebt. Mit dem Niedergang des Bergbaus war eine Entwicklung zu einer Ökonomie, die immer stärker auf das Wissen setzt, geradezu ein Zwang. Natürlich wurde in den letzten Jahrzehnten auch im Steinkohlebergbau gut ausgebildet, aber mittlerweile machen Güter und Dienstleistungen, die einen hohen Anteil an Humankapital beinhalten, die Exportstärke unseres Landes aus. Und das ging nur durch engagierte Unternehmen, die die Akzente in der Ausbildung neu setzten.

Es stimmt auch heute weniger denn je, dass das Saarland nur „verlängerte Werkbank" bei Neuansiedlungen gewesen sein soll. Die Arbeitsplätze im verarbeitenden Gewerbe erfordern zunehmend eine hochwertige Berufsausbildung, beim Faktor „einfacher Arbeitskraft" kann das Saarland nicht mehr konkurrieren, dafür sind die Lohnstückkosten am Standort zu hoch. Im

Wettbewerb ist als Alleinstellungsmerkmal in der Produktpalette gefragt und dazu benötigen die saarländischen Unternehmen Know-how und gut ausgebildete Servicekräfte.

Die Ausbildung ist entscheidend für einen rohstoffarmen Standort. Mehr denn je heißt es nämlich jetzt, die Innovationsfähigkeit zu erhalten und zu verbessern für ein nachhaltiges Wirtschaftswachstum und den Abbau der Arbeitslosigkeit an der Saar.

6.9   Logische Zusammenhänge

Die Wirkungskette erscheint logisch: Eine gute Ausbildung sorgt für gut qualifizierte und motivierte Fachkräfte für die Unternehmen am Standort. Richtig eingesetzt und mit den entsprechenden Investitionen kombiniert, erwirtschaften sie eine hohe Produktivität. Diese Firmen haben die besten Chancen wirtschaftlich erfolgreich zu sein. Der Erfolg der Unternehmen wiederum bedeutet sichere Arbeitsplätze, Aufschwung und Wohlstand für die Menschen und den ganzen Standort.

Doch so einfach das klingt, es bedeutet permanente Anstrengungen aller Beteiligten, den Kreislauf in Schwung zu halten.

6.10   Ausbildungshemmnisse beseitigen

Mangelnde Flexibilität und Anpassungsfähigkeit eines Ausbildungssystems hemmen die Innovations- und Zukunftsfähigkeit des Wirtschafts- und Bildungsstandortes Deutschland. Zwar wurden seit 1996 133 Ausbildungsberufe modernisiert und 45 neue sind entstanden, aber es besteht kein Grund, sich auf den erworbenen Lorbeeren auszuruhen, wie die rückläufige Anzahl abgeschlossener Ausbildungsverträge zeigt.

Fragt man die deutschen Unternehmen nach Verbesserungswünschen am Ausbildungssystem (Umfrage des Instituts der deutschen Wirtschaft, IW), steht an erster Stelle die schnellere Integration neuer Qualifikationsanforderungen in die Ausbildungsordnungen, gefolgt von dem Wunsch nach Modernisierung und neuen Berufen und dem Bedürfnis nach größeren Gestaltungsspielräumen bei den Ausbildungsinhalten. Die Ausbildung zum Facharbeiter muss neben Fachwissen auch Lern- und Methodenkompetenz vermitteln und die sozial-kommunikativen Fähigkeiten stärken.

Aber auch die Unternehmen sind gefordert: Lebenslanges Lernen darf nicht nur ein geflügeltes Wort bleiben, es muss auch mit Inhalten gefüllt werden. Dazu ist nicht nur die Bereitschaft bei den Beschäftigten notwendig, auch die Ausbildungs- und Weiterbildungsanstrengungen müssen in einem Gesamtkonzept eng verzahnt werden, um die Belegschaft „fit" zu halten.

6.11 Qualifikation der Schulabgänger verbessern

Ein ganz zentrales und Besorgnis erregendes Problem ist die mangelnde Qualifikation der Schulabgänger. Unternehmen können immer weniger darauf vertrauen, dass die Bewerber auf die zu vergebenden Ausbildungsstellen einem gewissen Anforderungsprofil entsprechen und „ausbildungsfähig" sind. Auf neudeutsch heißt das, dass die „Employability" nicht mehr stimmt. Die Gründe sind spätestens seit PISA allgemein bekannt: ungenügende schulische Voraussetzungen in den Grunddisziplinen Rechnen, Lesen und Schreiben sowie große soziale Defizite. Viele Unternehmen konnten ihre Ausbildungsplätze auf Grund der mangelhaften Bewerberqualifikation nicht oder nur mangelhaft besetzen und bieten sie angesichts der verschlechterten Wirtschaftslage jetzt gar nicht mehr an.

Hier stehen Staat und nicht zuletzt jeder Jugendliche selbst in der Verantwortung. In der Schule müssen die Jugendlichen mit dem Rüstzeug ausgestattet werden, um eine Berufsausbildung erfolgreich zu absolvieren. Auf diese elementaren fachlichen und sozialen Fähigkeiten müssen die Ausbilder in Berufsschulen und Betrieben bei den Auszubildenden vertrauen und aufbauen können. Werden sie gezwungen, Grundlagenbildung zu übernehmen, kommen die fachlichen Bildungsinhalte zu kurz und die Ausbildung wird für die Betriebe unattraktiv.

6.12 Was passiert mit denen, die es nicht schaffen?

Wir müssen aber auch an die Jugendlichen denken, die mit den steigenden Anforderungen des Berufsalltags nicht Schritt halten können. Durch neue, von Theorie entfrachteten Ausbildungsgängen können wir ihnen eine Integration in die Arbeitswelt ermöglichen und ein Arbeitskräftepotenzial erschließen, dass in Zukunft bei immer weniger Nachwuchskräften dringend benötigt wird. Die Alles-oder-Nichts-Verweigerungshaltung der Gewerkschaften, wenn es darum geht, Berufe für praktisch Begabte zu schaffen, nützt den lernschwachen Schulabgängern wenig. Auch eine zweijährige Ausbildungszeit in einigen Berufsfeldern darf kein Tabu sein.

6.13 Leistung fördern

Gleichzeitig müssen leistungsstarke Jugendliche ebenso gefördert werden. Bereits jetzt können Auszubildende während der Lehre einen Schulabschluss machen und dadurch die Hochschulzulassung erwerben.

Die Entwicklung geht sogar weiter – das Modell der dualen Berufsausbildung färbt ab. Seit den siebziger Jahren entstanden auf Initiative der Wirtschaft Sonderausbildungsgänge für Abiturienten mit dem Ziel auch hier durch eine Verknüpfung von praktischer Ausbildung im Betrieb und theoretischem Unterricht an Berufsakademien und Fachhochschulen qualifizierte Nachwuchskräfte auszubilden. Das Konzept scheint aufzugehen, denn im Jahr 2001 stellten bundesweit bereits 6.500 Betriebe etwa 28.000 Ausbildungsplätze in diesen Ausbildungsgängen zur Verfügung. Das waren 8.000 mehr als zwei Jahre zuvor. Auch die saarländischen Unternehmen haben nicht untätig zugesehen und im Jahre 2001 den Fachbereich Maschinenbau als dritten Studiengang an der Berufsakademie des Saarlandes (ASW) gegründet, der bereits im ersten Semester mit über 40 Auszubildenden der saarländischen Industrie hervorragend angenommen wurde. Darüber hinaus gibt es zahlreiche Kooperationen zwischen der Hochschule für Technik und Wirtschaft des Saarlandes (HTW) und saarländischen Firmen, um auch hier den Transfer von Theorie und Praxis für die Studierenden zu erleichtern.

Doch die Berufsausbildung muss noch weiter angepasst werden. Mit einem modularen Ausbildungssystem könnten neben den Standardelementen auch Zusatzqualifikationen, wie Fremdsprachen und technische und kaufmännische Lernmodule während der Regelausbildungszeit vermittelt werden.

Elitenförderung darf nicht auf Grund falsch verstandener Chancengleichheit unter den Tisch fallen. Eine hoch industrialisierte Volkswirtschaft, die mit Rohstoffen nicht reich gesegnet ist braucht vor allem eins: Spitzenkräfte.

6.14 Zum akademischen Nachwuchs

Die Bundesrepublik Deutschland nimmt unter den Industrienationen, was den Anteil an Akademikern betrifft, eine Position im Mittelfeld ein. In dem Akademiker-Anteil liegt nicht das eigentliche Problem, eher in der Verteilung auf die einzelnen Wissenschaftsdisziplinen. Vor allem aber treten Jung-Akademiker in Deutschland wegen zu langer Schulzeiten und zu langer Studienzeiten zu spät in das Berufsleben ein. So liegt im Gegensatz zu Frankreich mit durchschnittlich 24 Jahren das Berufseintrittsalter in Deutschland bei etwa 27 Jahren. Das bedeutet eine erhebliche Belastung für die deutsche Volkswirtschaft und insbesondere für die Sozialsysteme.

Ein Problem für die deutsche Industrie – insbesondere auch in den Bereichen Forschung und Entwicklung – stellt die in der Vergangenheit deutlich zurückgegangene Neigung zu technischen Disziplinen und den Naturwissenschaften dar. Nach Einbruch der entsprechenden Studierendenzahlen Mitte der 90er Jahre hat sich die Situation zwar verbessert, aber die Zahlen von Ende der 80er Jahre sind noch nicht annähernd wieder erreicht.

Es muss unter den Schülern wie auch bei den Lehrern für die technische/naturwissenschaftliche Ausbildung gezielt geworben werden. Insbesondere bei den überdurchschnittlich qualifizierten Schülern muss das Interesse für diese für unsere Zukunft so wichtigen Disziplinen geweckt werden.

Die Förderung der Eigenverantwortung unter Schülern und Studenten sowie die Stärkung der Autonomie der Hochschulen bringen mehr Markt in die Ausbildungslandschaft. Verkürzte Schulzeiten (G8 im Saarland), frühere Einschulung und gestraffte Studien stellen die Absolventen unserer Hochschulen künftig unserer Gesellschaft deutlich früher zur Verfügung als heute. Das steigert die Leistungsfähigkeit der deutschen Wirtschaft im internationalen Wettbewerb.

Die Wirtschaft muss allerdings diese Chancen auch nutzen, indem sie selbstbewussten und leistungsstarken Jungakademikern reizvolle Aufgaben und ein leistungsförderndes Arbeitsumfeld anbietet.

Der heute festzustellende Rückstand im Bildungswesen und in der intellektuellen Leistungsfähigkeit unserer jungen Menschen gegenüber denen anderer Industrienationen muss schnellstens aufgearbeitet werden. Ansonsten werden wir unseren nach wie vor hohen Wohlstand und die komfortable soziale Absicherung nicht halten können.

6.15 Zukunftsperspektive für die Unternehmen und den Standort Saarland

Die Anzahl der Schulabgänger wird auf Grund der demografischen Entwicklung schon in ein paar Jahren sinken, doch die Nachfrage nach gut ausgebildeten Facharbeitern wird auch in Zukunft weiterhin hoch sein. Der Wettbewerb zwischen den Unternehmen um die besten Köpfe wird sich verschärfen und die Betriebe tun daher gut daran ihre Mitarbeiter von morgen bereits heute auszubilden. Zum Wohle des eigenen Erfolges und den bereits beschriebenen positiven Effekten für die Region. Dabei können auch Lernortverbünde (Ausbildungsverbünde und Lernortkooperation) oder in Ausnahmefällen die überbetriebliche Ausbildung die richtige Strategie sein, die Entwicklung zu einer „lernenden" Region wesentlich voranzubringen.

Zwei Megatrends sind dabei zu beachten: Zum einem wird die Entwicklung zur Dienstleistungsgesellschaft voranschreiten. Prognosen ergeben, dass im Jahr 2015 ungefähr 70 Prozent der Erwerbsfähigen in dienstleistungsnahen Branchen arbeiten werden. Zugleich wird der Trend zu steigenden Qualifikationsniveaus anhalten. Arbeiternehmer ohne oder mit schlechter Ausbildung werden immer weniger benötigt.

6.16 Investition in die Zukunft

Zurzeit beschäftigt uns aber ein anderes Problem. Die Anzahl der Schulabgänger wird auf kurze Sicht weiter wachsen und eine Besserung am Arbeitsmarkt ist nicht in Sicht. Das Problem mangelnder Ausbildungsplätze droht sich in vielen Bundesländern zu verfestigen. Sogar im Saarland ist der Ausgleich gefährdet.

Die Forderung nach einer Ausbildungsumlage ist aber ein völlig ungeeigneter Griff in die Mottenkiste. Auf diese Weise wird das Problem nicht gelöst. Würden wir alle Unternehmen, die nicht oder nicht ausreichend ausbilden, verpflichten, eine Ausbildungsumlage zu zahlen, bedeutet das einen schleichenden Abschied von der betrieblichen Ausbildung. Viele Unternehmen würden sich ruhigen Gewissens von der Ausbildungsverpflichtung frei kaufen und die Verantwortung auf den Staat übertragen. Der kann jedoch nur außerbetriebliche Maßnahmen anbieten, womit die großen Vorteile der betrieblichen Ausbildung verloren wären. Durch eine Ausbildungsplatzumlage entstünde neuer Verwaltungsaufwand und damit ein weiterer Kostenschub für die Unternehmen, der negative Effekte auf Ausbildungs- und Arbeitsplätze hat. Und was geschieht mit den Unternehmen, die Auszubildende suchen, aber keinen geeigneten Bewerber finden?

Einen Zuwachs an betrieblichen Ausbildungsplätzen kann man so jedenfalls nicht erreichen! Dafür sind ganz andere Dinge notwendig.

An erster Stelle steht eine beschäftigungsfreundliche Wirtschafts-, Finanz-, Arbeitsmarkt- und Sozialpolitik als beste Voraussetzung für mehr Ausbildungsplätze. Staat und Gewerkschaften müssen auch an den bereits angesprochenen Verbesserungen am Ausbildungssystem mitarbeiten sowie an der Beseitigung tarifpolitischer Hemmnisse wie der Übernahmeverpflichtung in der M+E Industrie. Schließlich sind auch die Jugendlichen gefordert: Flexibilität beim Berufswunsch und Mobilität helfen bei der Suche nach einer Ausbildungsstelle.

Jeder ausbildungswillige und ausbildungsfähige junge Mensch muss sich darauf verlassen können, dass er nach Abschluss der allgemein bildenden Schule eine Berufsausbildung beginnen kann. Diese Möglichkeit zu sichern, ist zentrale Aufgabe von Politik und Gesellschaft. Die Unternehmen bekennen sich hierzu auch in Zeiten schwacher Konjunktur. Selbst wenn wirtschaftliche Zwänge befristet zu einem Rückgang des Angebotes an Ausbildungsplätzen führen, bleibt es bei der Grundüberzeugung:

„AUSBILDUNG IST DIE BESTE INVESTITION IN DIE ZUKUNFT."

Teil II

Advanced ... on the way

Daniel Wiesner

7 Führung von Mitarbeitergesprächen
Eine strategische Management-Aufgabe

7.1   Einleitung

Über Führung von Mitarbeitergesprächen ist sehr viel geschrieben worden. Es gab und gibt keine Managementausbildung in der dieses Thema nicht behandelt wird. So bedeutet Management neben Aufgaben wie Organisieren, Entscheiden, Ziele setzen, vor allem Führung von Mitarbeitern. Als Führungskräfte führen wir täglich Gespräche mit Mitarbeitern. Es werden Informationen ausgetauscht und mit Mitarbeitern besprechen wir Ziele, Einzelmaßnahmen und Visionen. Anweisungen werden gegeben, Projekte organisiert, Aufgaben delegiert und versucht, Probleme und komplexe Aufgabenstellungen zu lösen. Doch sehr häufig laufen diese Gespräche nicht besonders strukturiert ab. Allen ist bewusst, dass Mitarbeiter und Führungskräfte „die wertvolle Ressource" einer jeden Organisation sind. Sie werden als die wahren Treiber des Wandels gesehen. Leider wird das Individuum dabei oft viel zu wenig berücksichtigt. Führungskräfte haben einerseits die Aufgabe, die Visionen der strategischen und operativen Ziele der Organisation, andererseits die Ziele der Mitarbeiter in hohem Maß zu erfüllen und die Motivation und Leistungsbereitschaft zu erhalten.

Ein Instrument, diese Führungsaufgabe optimal bewältigen zu können ist, das systematische Mitarbeitergespräch, beginnend bei der Personaleinstellung bis zum Abschlussgespräch bei Verlassen einer Organisation.

Dieses systematische Mitarbeitergespräch ist in der Regel – mit Ausnahme des erwähnten Einstellungs- oder Abschlussgespräches – ein jährliches, strukturiertes, ausführliches Gespräch, in dem, unabhängig von der täglichen Routine und der Diskussion und Besprechung von Tagesproblemen, strategische Perspektiven besprochen werden können. Es werden in diesem Gespräch auch die notwendigen Voraussetzungen für den gemeinsamen Erfolg festgelegt.

Um diese Themenstellung geht es in diesem Beitrag. Es sollen Voraussetzungen und Erfolgsfaktoren der Personalentwicklung und Mitarbeiterführung, deren Kernelement das jährliche Mitarbeitergespräch darstellt, im Kontext des Managementprozesses gesehen werden. Das Mitarbeitergespräch kann nur dann seine volle Wirksamkeit entfalten, wenn es als integrales Element der gesamten Unternehmensprozesse gesehen wird.

Der Autor lässt in diese Ausführungen sowohl wissenschaftliches Know-how, als auch langjährige Praxiserfahrung aus zahlreichen Gesprächen in Industrie, Banken, Consulting-Unternehmen, sowie aus Bildungs- bzw. Hochschulinstitutionen mit einfließen. Viele Denkansätze und Anregungen gehen auch auf Peter F. Drucker, sowie Fredmund Malik zurück. Bei Peter F. Drucker handelt es sich unbestritten um einen der ganz großen und visionären Management-Denker des 20. Jahrhunderts, der auch den Autor mit seinen Ausführungen zum Thema Management stark inspiriert hat.

Letztlich kommt es sowohl in erwerbswirtschaftlichen, als auch in so genannten Non-Profit-Organisationen vor allem auf die Entwicklung und Förderung von Führungskräften und Potenzialträgern an. Je größer eine Organisation ist, und je mehr Führungskräfte ein Manager in einer Organisation hat, umso wichtiger wird die Aufgabe der gezielten Mitarbeiterführung. So gesehen ist Führung von Mitarbeitergesprächen unter besonderer Beachtung der Individualität jedes Einzelnen eine der zentralen strategischen Aufgaben von Führungskräften in Organisationen.

7.2   Ressource Personal und ihr Wissen

Die wesentlichen Herausforderungen für Führungskräfte in Organisationen lauten einerseits in und durch die Organisation verschiedenste Ziele zu erreichen und andererseits die Produktivität zu erhöhen. Dies gilt vor allem für die Wissensarbeiter in Organisationen.

Diese zwei Herausforderungen haben wir heute – im Gegensatz zur Produktivität der manuellen Arbeit (Fliessbandfertigung, Massenproduktion u. ä.) – noch nicht vollumfänglich systematisiert und unter Kontrolle.

Jede Führungskraft, jeder Manager in einer Organisation besitzt fachliche Fähigkeiten. Diese waren i. d. R. auch ausschlaggebend für die Einstellung. Jeder ist ein Fachmann auf einem gewissen Spezialgebiet (z. B. Informatiker, Controller, Techniker etc.). Daneben muss er jedoch auch Spielmacher- und Integrationsfunktionen wahrnehmen. Die Herausforderung lautet, alle drei Bereiche zu nutzen.

Entsprechend den wahrzunehmenden Funktionen bedarf es auch unterschiedlicher Kompetenzen die in nachfolgender Darstellung abgebildet sind. Je mehr Spielmacher und Integrationsfunktionen – vorwiegend Managementfunktionen – eine Führungskraft wahrzunehmen hat, umso mehr gewinnen die Aspekte der Persönlichkeits- und Sozialkompetenz an Bedeutung und rücken in den Vordergrund. Wichtig ist es, diese unterschiedlichen Fähigkeiten und Kompetenzen entsprechend den zu erfüllenden Funktionen zu fördern.

An Wissen und Können fehlt es einzelnen Mitarbeitern und Führungskräften oft nicht. Aber was nützen alle Kenntnisse, wenn sie nur zum Reden und Erklären eingesetzt werden und nicht zum Handeln bzw. der Erreichung von Resultaten. Sehr oft ersticken geplante Ansätze von Wollen und effizientem Handeln in langen Sitzungen, endlosen Diskussionen und Kritiken von Besserwissern. Die meisten Führungskräfte wissen, was sie aktiv in Angriff nehmen sollten, wenn ihre Organisation oder Teile davon in Problemen sind – sei es, dass Umsätze, Deckungsbeiträge oder Verkäufe einbrechen, Kundenreklamationen zunehmen oder Qualitätsprobleme in der Leistungserstellung auftreten.

Um sich aus diesen schwierigen Situationen wieder zu befreien, kann auf eigene Erfahrungen zurückgegriffen oder auf Ideen ehemaliger oder aktueller Vorgesetzten, Kollegen und Bekann-

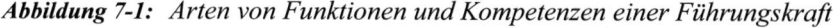

Abbildung 7-1: *Arten von Funktionen und Kompetenzen einer Führungskraft*

Funktionen   Kompetenzschalen

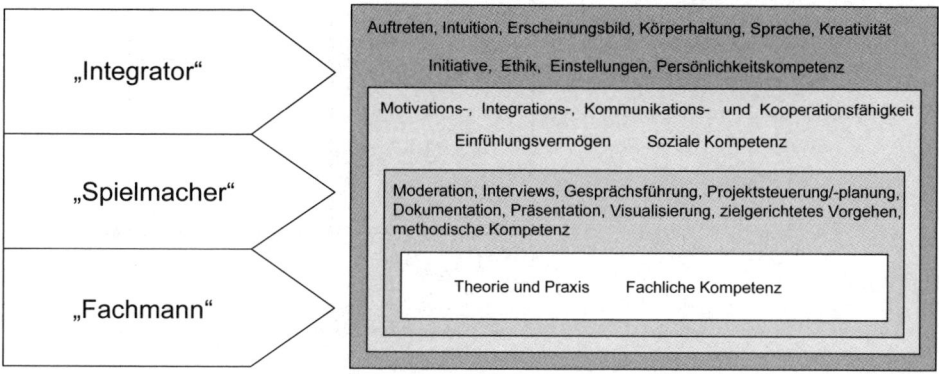

ten aufgebaut werden. Sollte das nicht ausreichen, hat man auch die Möglichkeit sich externer Berater zu bedienen und auf deren Erfahrungen und Fachwissen zurückzugreifen.

Aber selbst angesichts verfügbaren Wissens passiert sehr oft wenig oder gar nichts. D. h. es wird nicht viel verändert und es wird nichts realisiert. Manche Führungskräfte oder Mitarbeiter reagieren einfach nicht und stecken auch Konzepte von externen Beratern in die Schublade und lassen sie nach dem Abschluss der Arbeiten einfach wieder „sterben". Bei der Auswahl von Verhinderungsmethodiken sind Menschen in solchen Situationen oft sehr kreativ.

Diese Aspekte von Kompetenzen von zu erfüllenden Funktionen sowie die Diskrepanz von Wissen und Handeln sind eine der wesentlichen Rahmenbedingungen von Mitarbeitergesprächen.

Aufbauend auf der angeschnittenen Diskrepanz zwischen Können und Wollen lassen sich Mitarbeiter vereinfacht in vier Kategorien hinsichtlich Potenzialanalysen und Personalentwicklungsfragen unterteilen.

Feld 1 *Kategorie: Hohes Können und keine bzw. geringe Leistungsbereitschaft*

Bei Mitarbeitern dieser Kategorie sollte man als Vorgesetzter rasch ein Gespräch unter vier Augen suchen und Fragen stellen (z. B. Was ist los?), um die Ursachen im beruflichen/privaten Umfeld zu analysieren.

Abbildung 7-2: *Felder-Personalentwicklungsportfolio*

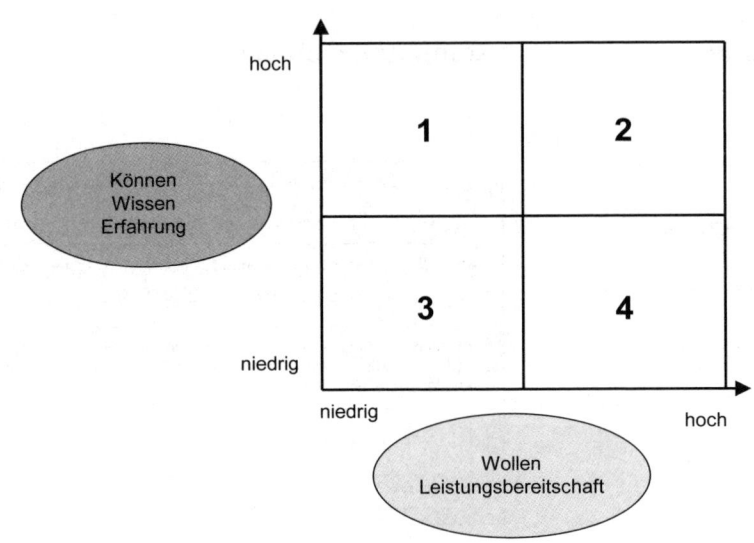

Feld 2   *Kategorie: Hohes Können und hohes Wollen*

Mitarbeiter dieser Kategorie sollte man Aufgabenkompetenzen und Verantwortung delegieren, selbstständig arbeiten lassen und nicht beschränken und / oder einengen.

Feld 3   *Kategorie: Niedriges Können und geringe Erfahrung und Leistungsbereitschaft*

In wirtschaftlich guten Zeiten stellen solche Mitarbeiter nicht unbedingt sofort ein Problem dar und werden von der Organisation mitgetragen; heute sind sie allenfalls aufzufordern, sich ein neues Betätigungsfeld zu suchen oder zu kündigen.

Feld 4   *Kategorie: Hohe Leistungsbereitschaft und niedriges Können, geringe Erfahrung*

Diese Mitarbeiterkategorie ist behutsam zu fördern und zu unterstützen. Man sollte ihr Hilfestellungen leisten, damit die Betroffenen – i. d. R. Nachwuchsführungskräfte – nicht zu hart von Fehlern bzw. Misserfolgen eingeholt bzw. getroffen werden.

7.3   Ziele formulieren und verabschieden

Können und Wollen der Mitarbeiter sind nur eine der Voraussetzungen für erfolgreiche Unternehmen, und wenn Reden und Diskutieren zum Ersatz für unternehmerische Entscheidungen werden, dann zahlen auf Dauer die Eigentümer, die Kunden und in letzter Konsequenz auch die Mitarbeiter die Rechnung. Wichtig ist, dass Ziele nachvollziehbar aufbereitet

Abbildung 7-3: *Das Zielsystem einer Organisation von der Dachstrategie zu den operativen Zielen*

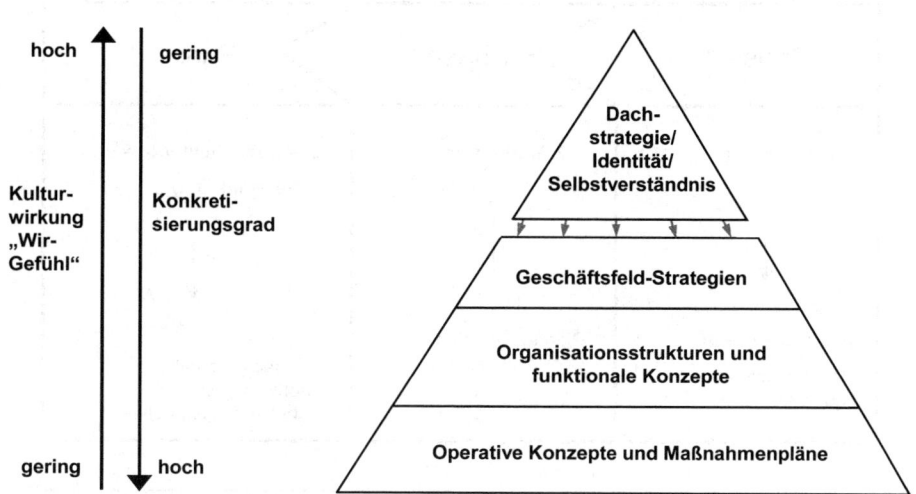

und verabschiedet werden. Wie die Ziele in Organisationen zu Stande kommen ist a priori nicht so relevant. Viel wichtiger ist es, dass diese Ziele auch den für die Umsetzung Verantwortlichen bekannt sind und im Gesamtkontext von Leitbild und Dachstrategie einer Organisation gesehen werden. Das Leitbild und die Dachstrategie bilden den generellen Orientierungsrahmen für die verschiedenen Ziele einer Organisation. Alle Ziele und Geschäftsfelderstrategien sind auf diese Ziele abzustimmen und entsprechend auszuformulieren.

Ziele können grundsätzlich vereinbart oder vorgegeben werden. Noch wichtiger ist aber, dass es sie überhaupt gibt. Gerade potenzielle Spitzenführungskräfte und Führungskräftenachwuchs haben klare Vorstellungen über persönliche und in der Organisation mögliche Ziele. Diese teilweise divergierenden Ziele gilt es möglichst aufeinander abzustimmen.

Vorteile eines solchen idealtypischen Zielvereinbarungsprozesses über mehrere Stufen (Management-by-Objectives), sind sicherlich Motivation und entsprechende höhere Akzeptanz bei den Involvierten. Der entsprechende Erarbeitungsprozess ist jedoch in der Regel recht zeitintensiv. Jährliche Zielfindung kann als ein integrierter dreistufiger Prozess über die verschiedenen Hierarchie-Ebenen vollzogen werden. Idealtypischerweise werden in Phase 1, in der generelle Ziele einer Organisation Top-Down von der Geschäftsleitung oder dem Vorstand mit qualitativen und quantitativen Eckwerten definiert und vorgeben. Aufbauend darauf erfolgt in Phase 2 eine Planung der Ziele von Bereichen/Abteilung. In einer Phase 3 werden Abweichungen zwischen Top-Down und Bottom-Up allenfalls diskutiert, abgestimmt und angepasst.

Abbildung 7-4: *Dreistufiger Zielvereinbarungs-Prozess (Management–by-Objectives)*

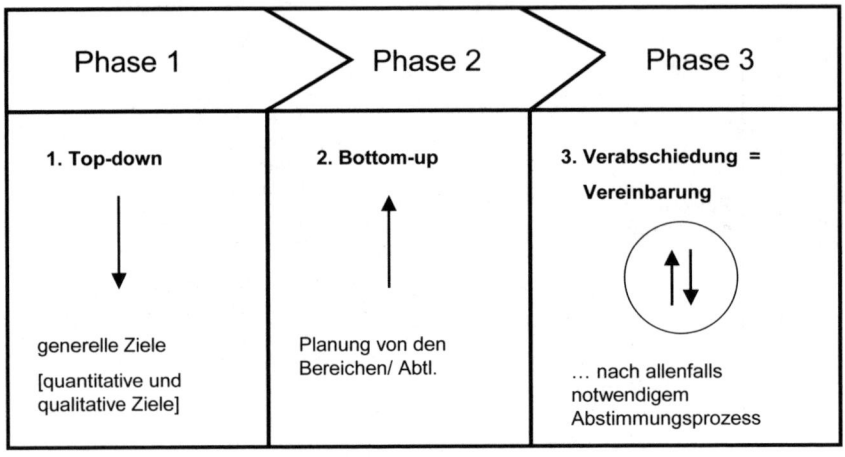

Der Vorteil von Zielvorgaben liegt klar auf der Hand – es ist der Zeitfaktor! Die Motivation und breite Akzeptanz kommen hier sicher etwas zu kurz. Es gibt jedoch sehr wohl Sitzungen und Diskussionen, in denen nicht ausreichend Zeit zur Verfügung steht, um lange Diskussionen hinsichtlich Zielvorgaben durchzuführen. Insbesondere in Krisenzeiten oder wenn Entscheidungen sehr rasch gefällt werden müssen, haben sich Zielvorgaben in der Praxis als sehr praktikabel erwiesen. Ergänzend möchte der Autor auch darauf hinweisen, dass seiner Erfahrung nach kein unmittelbarer Zusammenhang zwischen falschen und richtigen Entscheidungen und der Art der Zielfindung gegeben ist. De facto kann nicht nachgewiesen werden, dass Zielvereinbarungen einen höheren Anteil von richtigen Entscheidungen im Vergleich zu Zielvorgaben „produzieren".

7.4   Ergebnisse und Resultate entscheiden

Wie bereits erwähnt ist es die Aufgabe von Führungskräften entsprechende Ergebnisse und Resultate zu erzielen. Diese Resultate haben sich an den definierten Zielen, wie in vorherigen Ausführungen dargestellt (Dachstrategie, Geschäftsfeldstrategie), zu orientieren. Doch selbst wenn man davon ausgeht, dass Mitarbeiter und Manager täglich hart arbeiten (d. h. sie bemühen sich, investieren Zeit und Anstrengung, stehen unter Stress etc.), kann man noch nicht daraus folgern, dass auch immer entsprechende Ergebnisse und Resultate erarbeitet werden. Ansonsten wäre es nicht notwendig, sich mit Management-Methoden und Hilfsmitteln wie Sitzungsorganisation, Entscheidungsfindung, Delegation und Organisation zu beschäftigen und sie konsequent anzuwenden.

Abbildung 7-5: *Ergebnisse im Kontext von Ziel und Aktionen*

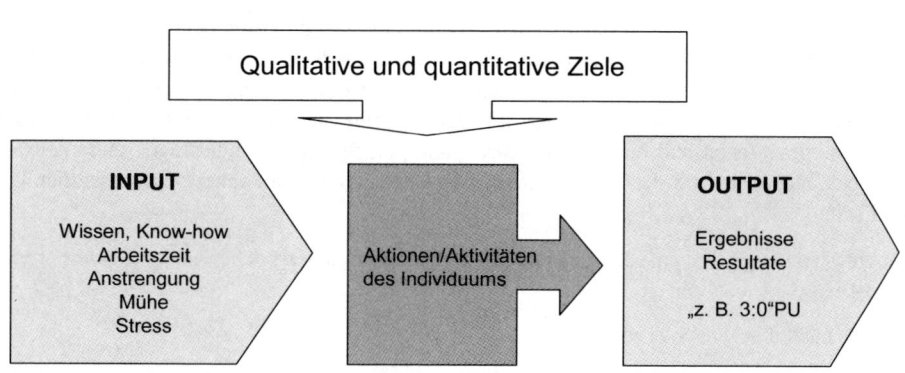

Menschen sind von Natur aus eher inputorientiert, d. h. sie denken und erzählen eher von Inputs, also von aufgewendeter Zeit, von äußeren Einflüssen, von Stress etc., als von schlussendlich damit erzielten Resultaten. Weder das theoretische Know-how noch die geleistete Arbeit,
noch die Anstrengung spielen am Schluss eine Rolle, was wirklich zählt, sind die Resultate. Die
entscheidende Frage in diesem Zusammenhang lautet: Was haben wir heute erreicht? und nicht:
Was haben wir heute gearbeitet?

Diese Frage sollte im Zuge von Mitarbeitergesprächen immer wieder gestellt und beantwortet
werden, nur so kann man die Effektivität von Mitarbeitern wirklich überprüfen. Dies gilt selbstverständlich auch für die eigene Person. Am besten lässt sich dies auch am Beruf eines Fußballtrainers und seinen Erfolgen in der Liga ablesen. Schlussendlich kann diese Berufsgruppe für
alle nachvollziehbar, am „Ranking" in der Rangliste bzw. am Tabellenplatz gemessen werden.

Dieses Resultatsdenken darf jedoch nicht dazu führen, dass Führungskräfte in der Organisation
zur Erreichung Ihrer Ziele „über Leichen" gehen, d. h. persönliche Situationen bzw. Stärken
und Schwächen von Mitarbeitern offensichtlich ausnutzen oder vollständig außer Acht lassen.
Man hat es als Führungskraft immer mit ganz normalen Menschen zu tun und auch gewisse
soziale Aspekte zu berücksichtigen. Aber schließlich auf das Beispiel des Fußballtrainers her-
unter gebrochen bedeutet dies, dass gewissen „Aspekten" der Ethik, der Fairness und Verantwortung in der Spielgestaltung Rechnung getragen werden muss.

Diese eher moralischen, ethischen und sozialen Aspekte der Mitarbeiterführung sind in Mitarbeitergesprächen immer wieder zu beachten und anzusprechen. Schlussendlich zählen jedoch
beim unmittelbaren Vergleich von Mitarbeitern die erzielten Resultate und nicht die entsprechenden Erklärungen, weshalb etwas nicht funktioniert hat. Erfolgreiche Führungskräfte erzielen außerordentliche Ergebnisse für die Organisation.

7.5 Bedeutung und Größe des Beitrages

Die Einhaltung der Ergebnis- und Resultatsorientierung als ein wesentlicher Aspekt von Mitarbeitergesprächen soll nun weiter konkretisiert werden. Jede Führungskraft muss ihren Blick von Zeit zu Zeit von seinem Verantwortungsbereich auf das „größere Ganze" (das Unternehmen) richten. Größe und Inhalt des persönlichen Beitrages zur Organisation sind ebenfalls in Mitarbeitergesprächen und bei der Neuausrichtung von Stellen zu hinterfragen und anzusprechen. Naturgegeben wird der Beitrag eines Vorstandes zum Gesamtbeitrag ein wesentlich größerer sein.

Die entscheidenden Fragen, die in Mitarbeitergesprächen angesprochen und beantwortet werden sollten:

- Was nützt das, was Sie (wir) tun?
- Was kann ich tun, um für das Ganze (Unternehmen/Organisation) einen wesentlichen Beitrag zu leisten?
- Was tragen Sie (wir) zur Organisation (zu Ihrem Erfolg) bei?

Recht leicht lässt sich der Beitrag von z. B. Vertriebsmitarbeitern oder Mitarbeitern in der Fertigung nachvollziehen und darstellen. Sie sorgen für Verkaufsumsätze oder gefertigte Stücke eines bestimmten Produktes. Bei indirekt produktivem Personal oder gar bei Führungskräften ist das Nachvollziehen und die Darstellung des Beitrages oft sehr viel schwieriger und komplexer. So wird z. B. ein Controller erst dann wirksam und leistet einen Unternehmensbeitrag, wenn ein Abteilungsleiter bzw. ein Mitarbeiter eines anderen Bereiches mittels seiner Analyse, Kennzahlen und Informationen bessere Entscheidungen fällen kann und nicht alleine wegen der grafisch „schön" aufbereiteten Folien und Berichte. Oder ein Dozent in einer Bildungsinstitution leistet erst dann einen „großen" Beitrag, wenn die Absolventen der Institution auf Grund des Gelernten aus seinen Vorlesungen und Seminaren effektives Know-how erhalten haben und dieses entsprechend erfolgreich in der Wirtschaft bzw. in Betrieben einsetzen können. Diese Beitragserzielung lässt sich jedoch nicht immer unmittelbar und einfach nachvollziehen bzw. nachkontrollieren. Man sollte es dennoch immer wieder versuchen und in Mitarbeitergesprächen ansprechen. Je größer und komplexer eine Organisation ist, umso schwieriger ist in der Regel diese Frage nach dem Beitrag zum Ganzen zu beantworten.

Klare und möglichst eindeutige Antworten auf diese Fragen zu erhalten, ist die wesentliche Aufgabe von Führungskräften und als ein wichtiges Element von Mitarbeitergesprächen zu sehen. Das gilt sowohl für den eigenen Beitrag, als auch für den der Mitarbeiter.

7.6 Konzentration auf Weniger und Wesentliches

Als konsequente Ergänzung zu den angesprochenen Aspekten der Ergebniserzielung und Beitragsorientierung ist die Einhaltung des Satzes: „Konzentration auf Weniges und Wesentliches" zu sehen. Jede gute Führungskraft erlernt sehr schnell, dass sich nicht auf allen wichtigen Gebieten einer Organisation, einer Institution bedeutende Beiträge und Resultate erzielen lassen.

Die Einhaltung dieses Grundsatzes zwingt eine wirksame Führungskraft dahingehend Prioritäten zu setzen, d. h. sich für (erstrangige Aktionen und Ziele) zu entscheiden und nur eine Sache auf einmal zu tun. Die Führungskraft bzw. der Mitarbeiter kann nicht auf allen für eine Organisation relevanten Gebieten Beiträge leisten. Folglich darf man sich als Führungskraft auch nicht allzu viel auf einmal vornehmen. Man unterliegt der permanenten Gefahr der „Verzettelung". Konkret bedeutet dies für Mitarbeitergespräche, dass die wesentlichen Ziele, Aktionen zu definieren sind (Vorschlag: ca. 5–9). Sie sind entsprechend zu vereinbaren, schriftlich festzuhalten und können somit auch nachvollzogen und kontrolliert werden.

7.7 Potenzial- und Stärkennutzung

Ein weiterer Aspekt für Mitarbeitergespräche ist die Potenzial- und Stärkennutzung. Es kommt darauf an, bereits vorhandene Stärken zu nutzen. Hier handelt es sich um den wichtigsten Ansatz einer Erfolg versprechenden Führung von Mitarbeitern überhaupt. Denn eine Organisation braucht nicht nur Resultate auf den richtigen Gebieten – jede Organisation benötigt überdurchschnittliche Leistungen, man könnte auch sagen „Spitzenleistungen". Dies gilt insbesondere für den gezielten Einsatz von Führungskräften.

Dies wird umso notwendiger, je schwieriger die Marktgegebenheiten (z. B. bei Verdrängungswettbewerb) sind und je schlechter die aktuelle wirtschaftliche Ausgangssituation eines Unternehmens. Doch jede Organisation hat es mit ganz gewöhnlichen Menschen zu tun – mit all ihren Stärken und Schwächen – und diese Menschen sollen nun entsprechende Top- bzw. Spitzenleistungen erbringen. Dieser Tatsache ist in Mitarbeitergesprächen und Diskussionen bzw. Sitzungen immer wieder Rechnung zu tragen. Es gibt nur eine Möglichkeit, den Widerspruch aufzulösen, dass auf der einen Seite Höchstleistungen zu erbringen sind, aber auf der anderen

Abbildung 7-6: Mitarbeiter Stärken-/Schwächen-Profil

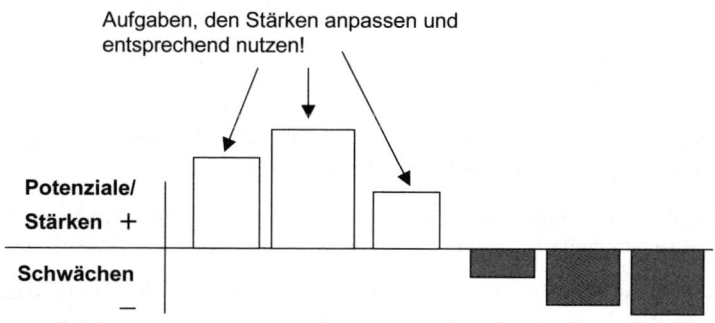

Seite in den Organisationen nur ganz gewöhnliche, normale Menschen dafür zur Verfügung stehen: Die möglichst strikte Befolgung des Leitsatzes „Nutzung vorhandener Stärken bzw. Potenziale". Aufgaben müssen den Stärken angepasst und Potenziale gefördert werden.

Folgende Gedanken können in Mitarbeitergesprächen von Nutzen sein:

- Potenziale und Stärken sind möglichst zu identifizieren und wenn möglich durch Aus- und Weiterbildungsaktivitäten oder unternehmensinterne Spezial-Trainings weiter auszubauen

- Die Schwächen sollte man kennen. Auch Führungskräfte haben Schwächen, die zu akzeptieren sind. Dieser Tatsache wird viel zu wenig Beachtung geschenkt – sie dürfen nur nicht „schlagend" werden. Sie sind als Limitationen bzw. Grenzen in Mitarbeitergesprächen zu beachten. Vermeiden Sie, wenn möglich, Mitarbeiter dort einzusetzen, wo sie Schwächen haben. Leider konzentriert man sich in Mitarbeitergesprächen vielfach auf die Besprechung von Schwächen und in der Folge um deren Beseitigung. Die Individualität und das Stärken/ Schwächen-Profil lässt sich in der Praxis nur sehr schwer „verbiegen"

- Die Nutzung der persönlichen Stärken eines Mitarbeiters bei der Erfüllung einer Aufgabe führt zu entsprechend guter Leistung und zur Motivation.

Idealerweise sollten Mitarbeiter durch die Aufgabenerfüllung motiviert werden, da diese seinen Stärken entspricht, denn das, was man gut kann, setzt man lieber und auch besser in die Tat um.

7.8 Vertrauen schenken und nicht missbrauchen

Ein weiterer Aspekt, den Führungskräfte im täglichen Umgang mit Menschen und Situationen beachten sollten ist der des gegenseitigen Vertrauens. In fast allen Führungssituationen spielt dieses gegenseitige Vertrauen und die Erwartung eine gewisse Rolle. Das Vertrauen bildet einen wichtigen psychischen Eckpfeiler der persönlichen Leistungsfähigkeit eines jeden Mitarbeiters und einer Führungskraft und bilden eine zentrale Basis jeder Zusammenarbeit in Organisationen.

Folgende Punkte sind in diesem Zusammenhang zu beachten und finden in Mitarbeitergesprächen Anwendung:

- Klare Spielregeln der Zusammenarbeit definieren – sie bilden den Ausgangspunkt für das gegenseitige Vertrauen.

- Gegenseitiges Vertrauen führt eher zu robusten Führungssituationen, dies ist vor allem in wirtschaftlichen schwierigen Situationen festzustellen

- Vertrauen ist ein Vorschuss, mit dem jeder Mitarbeiter eine Aufgabe beginnt; prinzipielles Misstrauen ist kein guter Ratgeber

- Zuhören und Fragen stellen können und zu sich selbst stehen; jede Führungskraft muss ein gewisses Maß an Integrität besitzen und die Vertrauenskomponente pflegen.

Führungssituationen müssen robust sein, d.h. es müssen entsprechende „Spielregeln" existieren und es darf nicht das „Verlierspiel" gespielt werden (d. h. Spielregeln werden im Nachhinein und jedes Mal zu Gunsten des Stärkeren definiert bzw. ausgelegt). Man muss meinen, was man sagt, d. h. nicht hinterher sagen „das habe ich nicht so gemeint". Eine effektive Führungskraft äußert in solchen Situationen dann besser gar nichts.

7.9   Motivation und Sinngebung

Auf die Frage, was die wichtigste Aufgabe in Mitarbeitergesprächen ist, treten oft Antworten in Richtung Motivation der Mitarbeiter auf. Dass Motivation insbesondere für Leistungsträger eine zentrale Aufgabe ist, ist allseits bekannt. Der Autor ist hinsichtlich dieser Themenstellung ein großer Anhänger von Viktor Frankl, der Begründer der Logotherapie. Er legt dar, dass der Mensch u. a. durch Sinn und die Suche nach Sinn motiviert wird. Eine der Kernaussagen von ihm ist das Bild von Friedrich Nietzsche „ Wer ein Warum zu leben hat, erträgt fast jedes Wie". D. h. der Sinn der Aufgabenerfüllung wird über das „Wann" begründet. Dieser Leitsatz lässt sich sehr gut auf Mitarbeitergespräche transferieren. Mitarbeiter müssen einen Sinn in ihrer Tätigkeit erkennen.

Menschen können in verschiedenen Aufgaben und Zielsetzungen in Organisationen Sinn finden:

- Orientierung und Ausrichtung an einer Sache: Durch die Erfüllung einer Aufgabe, die Erbringung einer Leistung, die Schaffung eines Werkes oder auch dadurch, dass man etwas erlebt. Es muss nicht betont werden, dass darin der Schlüssel zur Motivation liegt.

- Orientierung und Ausrichtung an einer Person oder mehreren, wie in der Hingabe zur Familie, zu Freunden, aber auch an hilfsbedürftigen Menschen. Dieser Weg kann auch im Berufsleben vorkommen

- Der Mensch findet Sinn dadurch, dass er ein Leiden in Leistung verwandelt. Dadurch, dass er Zeugnis ablegt von der wohl menschlichsten Leistung, nämlich einen schweren Schicksalsschlag wie Tod oder schwere Krankheit eines Kindes bzw. Freundes in Würde zu ertragen.

Für die Qualität der zu erfüllenden Führungsaufgabe sind diese Sinnaspekte sicherlich von zentraler Bedeutung. Die Kernaussage lautet: Wir alle – Führungskräfte und Mitarbeiter sind „ganz normale Menschen", und jeder ist „auf der Suche" nach Sinn – sowohl privat als auch beruflich. Diese Sinnsuche ist eine bewegende Kraft schlechthin und spielt auch stark in die berufliche Entwicklung hinein. Sinn in einer Tätigkeit, kann niemals, auch nicht von einem Vorgesetzten gegeben werden. Jeder muss selbst den Sinn in seiner Tätigkeit suchen.

7.10 Das jährliche Zielvereinbarungs- und Entwicklungsgespräch

Aufbauend zu den bisherigen ergänzenden Aspekten und Grundvoraussetzungen von Mitarbeitergesprächen stellt ein jährliches Zielvereinbarungs- und Entwicklungsgespräch das zentrale Element der Zieldefinition, Leistungsbeurteilung und Potenzialentwicklung von Mitarbeitern dar. Diese Tatsache ist zwar vielen Managern bestens bekannt, dennoch wird aus verschiedenen Gründen (Zeitverzug, Sinnhaftigkeit etc.) darauf verzichtet. Das Gespräch zwischen Mitarbeiter und Vorgesetzten ist, wie bereits eingangs erwähnt, ein wesentlicher Bestandteil der täglichen Zusammenarbeit. Das jährliche Zielvereinbarungs- und Entwicklungsgespräch dient – über den täglichen Kontakt und die damit verbundenen Gespräche und Sitzungen hinaus – einer grundsätzlichen Standortbestimmung. Die gemeinsame Arbeit an der Beurteilung, sowie die Vereinbarung von Zielen und Fördermaßnahmen vertiefen das gegenseitige Vertrauen und verbessern die Zusammenarbeit.

Der schlechteste Einstieg in diese Zielvereinbarungs- und Mitarbeitergespräche ist sicherlich der, ein Eingangsstatement in Richtung „wir müssen dieses Gespräch durchführen und ein entsprechendes Protokoll ausfüllen, weil es der Chef und die Personalabteilung verlangen". Beide Beteiligten, d.h. sowohl Vorgesetzter als auch die unmittelbar angesprochene Führungskraft bzw. Mitarbeiter müssen die Durchführung des Gesprächs in den Grundzügen für sinnvoll und zielführend halten.

Nachfolgend ist ein Leitfaden zusammengestellt, der sich in der Praxis als sehr nützlich herausgestellt hat. Schließlich ist noch zu erwähnen, dass dieses Gespräch ungestört ca. 1,5–2 Std. dauern kann. Auch eine strukturierte Vorgehensweise ergänzt diese Anregung dahingehend, dass erfahrene Führungskräfte Gesprächsergebnisse schriftlich festhalten. Umso qualifizierter und erfahrener die Führungskräfte mit solchen Zielvereinbarungs- und Entwicklungsgesprächen sind, desto weniger benötigen sie solche Leitfäden. Das Gespräch soll unter anderem dazu dienen, die Stärken des Mitarbeiters für zukünftige Aufgaben zu fördern und Entwicklungspotenziale herauszufinden, welche durch gezielte Fördermaßnahmen zur Entfaltung gebracht werden können. Der gemeinsame Erfolg hängt maßgeblich von der Leistung der Mitarbeiter ab.

Beginnen Sie rechtzeitig vor dem Gesprächstermin mit der intensiven Vorbereitung:

- Eine gute Vorbereitung ist die Voraussetzung für ein erfolgreiches Gespräch.
- Überlegen Sie sich, welche Bedürfnisse Sie haben.
- Vermeiden Sie äußere Störungen des Gesprächs.
- Ich-Botschaften und aktives Zuhören fördern den fairen Gesprächsverlauf und ergeben eine offene Atmosphäre.

Die Zukunftsorientierung ist Zweck dieses Gesprächs, deshalb sollten Ursachen und Gründe zwar sauber vermittelt werden, doch die Frage „Wie werden wir in Zukunft noch besser?", sollte stets im Mittelpunkt stehen. Zur Vorbereitung dieses Gesprächs ist in Abbildung 7-7 ein Beispiel einer Checkliste mit möglichen Fragestellungen von der Ergebnisanalyse des vergangenen Jahres bis zur Konsequenz der zukünftigen Zusammenarbeit aufgeführt. Je nach Bedarf können natürlich noch weitere zusätzliche Schwerpunkte gesetzt werden.

Abbildung 7-7: *Leitfaden eines Zielvereinbarungs- und Entwicklungsgespräches*

---

❶ *Ergebnisanalyse des vergangenen Jahres*

▨ Wie vollständig, erfolgreich und rechtzeitig wurden die Ziele der vergangenen Periode erreicht?

▨ Waren die Zielformulierungen und die Zeitplanung angemessen?

▨ Welche Randbedingungen haben die Zielerreichung gefördert/gehemmt?

▨ Welche persönlichen Stärken haben die Zielerreichung gefördert/gehemmt?

▨ Welche besonderen Stärken/welche Schwächen Ihres/r Mitarbeiters/in haben die Zielerreichung gefördert?

❷ *Rückblick auf die Fördermaßnahmen der vergangenen Periode*

▨ Konnten das persönliche Wissen und die Erfahrung voll eingesetzt werden?

▨ Wurden die im letzten Zielvereinbarungs- und Entwicklungsgespräch vereinbarten Fördermaßnahmen/Ausbildungen durchgeführt?

▨ Was hat sich bewährt? Was nicht?

❸ *Leistungsbeurteilung*

Als **Führungskraft (FK)**

▨ Geben Sie Ihrem Mitarbeiter ein klares Feedback, wie Sie seine Leistungen beurteilen; was war gut / nicht gut und welche Stärken sehen Sie an ihm.

▨ Sprechen Sie dabei über konkretes Verhalten und nicht über Eigenschaften. Geben Sie konkrete Beispiele.

Als **Mitarbeiter/in (MA)**

▨ Fragen Sie Ihre Führungskraft, wie sie Ihre Leistung und Resultate beurteilt und welche Stärken sie an Ihnen sieht.

▨ Beurteilen Sie das fachliche Verhalten und das Führungsverhalten (Delegation, Organisation, Entscheidungen) Ihrer Führungskraft.

❹ *Konsequenzen für die weitere fachliche und persönliche Entwicklung des/der Mitarbeiters/in*

Als **Führungskraft (FK)**

▨ Welchen weiteren Entwicklungsweg stellen Sie sich für Ihren Mitarbeiter vor – wie könnten Sie ihn seinen Stärken entsprechend einsetzen?

▨ Welche seiner Stärken sollten auf diesem Entwicklungsweg weiter ausgebaut werden?

▨ Wie könnten Sie selbst ihren Mitarbeiter in seiner Entwicklung fördern?

▨ Was können Sie als Vorgesetzter tun, damit Ihr Mitarbeiter besser arbeiten kann?

▨ Welche weiteren Fördermaßnahmen sind denkbar (am Arbeitsplatz / außerhalb des Arbeitsplatzes)?

Als **Mitarbeiter/in (MA)**

■ Welche weiteren Entwicklungsschritte stellen Sie sich vor – wie können Sie Ihre Stärken am Besten zur Geltung bringen und wie sollten sie ausgebaut werden?

■ Was können Sie selbst dazu tun?

■ Was können Sie als MA tun, damit Ihr Vorgesetzter besser arbeiten kann?

■ Was sollte Ihrer Ansicht nach die FK tun, damit Sie besser arbeiten können?

■ Welche weiteren Fördermaßnahmen sind denkbar (am Arbeitsplatz/Seminare etc.)?

❺ *Konsequenzen für zukünftige Zielprozesse und die Zusammenarbeit*

■ Was wollen Sie in Zukunft verstärkt beachten (z. B. persönliche Zeitplanung)?

■ Welche Randbedingungen sind wie zu ändern?

■ Welche unterstützenden Maßnahmen sind wünschenswert?

■ Wie empfinden Sie die Arbeit mit Ihrer Führungskraft / Ihrem Mitarbeiter?

■ Welche Maßnahmen eignen sich, die Zusammenarbeit im nächsten Jahr zu verbessern?

❻ *Persönliche Anmerkungen*

Auf die im Zusammenhang mit einer Beurteilung relevanten Aspekte der Entlohnung, wird hier bewusst nicht eingegangen. Abschließend sei angeführt, dass das Gespräch schriftlich als Protokoll festzuhalten ist. Als sehr nützlich erweist es sich auch, dass das Protokoll vom Vorgesetzten, als auch vom Mitarbeiter durch Unterschrift bestätigt wird. Ein ordentlicher Gesprächsabschluss dieses jährlichen Zielvereinbarungs- und Entwicklungsgespräches stellt auch ein Handschlag sowie ein Ausblick auf die weitere gemeinsame Zusammenarbeit dar.

7.11 Beurteilung und Feedback

Auch wenn von Führungskräften und Mitarbeitern solche Zielvereinbarungs- und Entwicklungsgespräche konsequent geführt und entsprechende Aufzeichnungen dazu erstellt werden, so besteht doch teilweise Angst vor Beurteilung oder Feedback. Im voran dargestellten Leitfaden werden vor allem die zukünftigen Möglichkeiten der Verbesserung der Mitarbeiter und Führungskräfte dargelegt. Mitarbeiter und Führungskräfte haben jedoch teilweise Angst davor, dass sie nur negative Kritik zu hören bekommen könnten. Vorgesetzte ihrerseits fürchten Mitarbeiter, die auf Kritik mit Abweisung und Gegenargumenten reagieren. Mögliche Folgen sind: beide Seiten halten sich bedeckt und gehen Kritik- und Schwachpunkten aus dem Weg. Dies ist bedauerlich, denn somit fehlt den Führungskräften bzw. den Mitarbeitern das benötigte Feedback, um tatsächliche Leistungsverbesserungen, sei es in fachlichen- oder führungsspezifischen Fragestellungen, zu ermöglichen. Das kann langfristig zur Folge haben, dass beide Seiten ihrer Karriere schaden. Der Autor empfiehlt die Leistungsbeurteilung sowohl in Mitarbeitergesprächen, als auch in der täglichen Zusammenarbeit als integralen Bestandteil zu handhaben. Ungesunde Furcht von solchem Feedback schlägt sich in destruktivem Verhalten, wie Verleumdungen, Herauszögern von Arbeiten, Schwarzmalerei etc. und allenfalls Intrigenspiel nieder. De facto schaden sich alle Beteiligten selbst und der Organisation. Die festgehaltenen Punkte die- nen beiden Seiten als Grundlage der Zusammenarbeit und sollten immer wieder ins Gedächtnis gerufen werden (z. B. Ablage im persönlichen Timer). In diesem Sinne kann auch Mitarbeitern nur empfohlen werden, allenfalls Rückmeldungen einzufordern, d. h. aktiv darauf zuzusteuern, wenn es zu keinem Feedback kommt. Bitten Sie ihren Vorgesetzten um regelmäßige Leistungs- beurteilung in Ergänzung zur Leistungsbeurteilung in Mitarbeitergesprächen.

7.12 Fazit

Nachdem nun einige Voraussetzungen und ergänzende Aspekte sowie ein konkreter Leitfaden für die Führung von Mitarbeitergesprächen dargelegt wurden, versucht Abbildung 7-8 noch- mals diese Teilbereiche und ihre Wirkungszusammenhänge im Überblick darzustellen.

Perfekt werden wir diese erwähnte Personalmanagementaufgabe als Menschen nie lösen kön- nen. Sicherlich kann diese Aufgabenerfüllung durch ein, wie hier besprochenes, standardisier- tes Personalentwicklungsgespräch erleichtert werden. Aber auch Leitfaden und Formulare sind reine Hilfsmittel, der Individualität jedes einzelnen Menschen ist unbedingt Rechnung zu tra- gen.

Diese Abhandlung versteht sich keinesfalls als Rezeptbuch eher als „roter" Leitfaden. Sie ver- zichtet nicht darauf etwas zu den Grundlagen menschlichen Verhaltens und Reagierens zu sa- gen und das Thema Vertrauen als besonders relevant hervorzuheben.

Abbildung 7-8: *Das jährliche Zielvereinbarungs- und Entwicklungsgespräch im Kon- text von Voraussetzungen und Managementgrundsätzen*

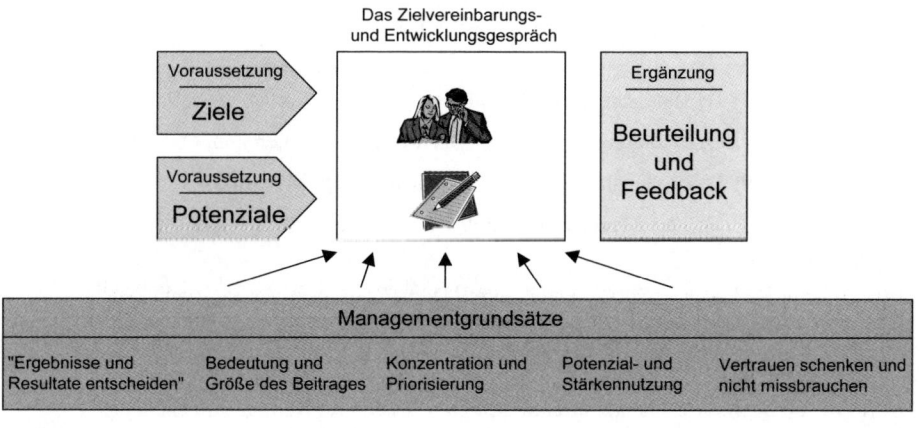

Die Orientierung an diesem „roten" Leitfaden, wie dieser in der Abbildung 7-7 im Detail dargelegt ist, lohnt sich sicherlich. Vor allem für eher unerfahrene Führungskräfte kann er eine Hilfe darstellen, relevante Themen nicht unberücksichtigt zu lassen. Der Leitfaden bringt eine gewisse Struktur und Ordnung in ein effizientes und effektives Mitarbeitergespräch.

Nachhaltige Erfolge lassen sich in unserer Wirtschaft nur durch das aufrichtige und ehrliche Handeln der Führungskräfte und dem damit verbundenen Management der Mitarbeiter erzielen. Unternehmer, die nur Alibihandlungen setzen und sich durch ein Leben ohne Ziele, Nichtentscheidungen oder Nichtkommunizieren hervortun, werden dem Thema Mitarbeiterführung bzw. der Organisation nicht dienlich sein. Dafür Sorge zu tragen, dass diese Aufgabe konsequent wahrgenommen wird, ist Aufgabe der nächst höheren Führungsebene oder der Aufsichtsorgane. Dies erfordert teilweise eine mittelbare Einflussnahme der nächst höheren Hierarchieebene auf diese Zielvereinbarungs- und Entwicklungsgespräche einerseits, als auch auf die Maßstäbe und die Standards zur Beurteilung von Leistungen und Ergebnissen andererseits.

Generell ist der Autor davon überzeugt, dass unsere Gesellschaft Führungskräfte braucht, die verantwortungsvoll, menschlich und strategisch denken und sich als „komplette Menschen" präsentieren, die neben Erfolgen auch Misserfolge und Enttäuschungen persönlich erlebt haben. Erfolgreiche „Überflieger und Gurus", die zu allen Themen der Mitarbeiterführung „Patentrezepte" und „einfache Lösungen" und Meinungen publizieren bzw. anwenden, sind nicht gefragt und können für Unternehmen im Sinne der strategischen Führung sogar gefährlich sein.

Die Führung der Mitarbeiter und untergeordneten Führungskräfte ist vielleicht eine große Belastung, aber sie ist eine sehr große Chance und Herausforderung. Somit kann die Führung von Mitarbeitergesprächen sicherlich und ohne Vorbehalte als eine der strategischen Managementaufgaben von Führungskräften in erfolgreichen Organisationen gesehen werden.

Literatur

BUCKINGHAM, M. ET AL. (2001): Erfolgreiche Führung gegen alle Regeln, Campus Verlag, Frankfurt/New York

DRUCKER, P. F. (1999): Management im 21. Jahrhundert, Econ Verlag, 2. Auflage, München

DRUCKER, P. F. (1992): Managing for the future, Butterworth-Heinemann, Oxford

DRUCKER, P. F. (1995): Die ideale Führungskraft, Econ Verlag, München

FRANKL, V. E. (1995): Der Mensch vor der Frage nach dem Sinn, Piper Verlag, 7. Auflage, München

HINTERHUBER, H.H. ET AL. (2002): Erfolg durch Dienen?, Expert Verlag, Renningen

HORNSTEIN VON, E. ET AL (2000): Ziele vereinbaren, Leistung bewerten, Wirtschaftsverlag Langen Müller/ Helbig, München

KOTTER, J.P. (1999): Wie Manager richtig führen, Carl Hanser Verlag, München

MALIK, F. (2000): Führen, Leisten, Leben, Deutsche Verlagsanstalt, 5. Auflage, Stuttgart

SPRENGER, R. K. (1999): Mythos Motivation, Campus Verlag, Frankfurt/New York

Richard Weber und Dieter Thiele

8 Auswirkung der Employability auf die Personalpolitik der Unternehmen des Karlsberg Verbundes

„Das Engagement jedes Einzelnen schafft die Voraussetzungen für Sicherheit und Selbstentfaltung innerhalb unserer betrieblichen Gemeinschaft"[1]. Als wir 1991 diesen Satz in einer Leitbild-Klausur des Karlsberg Verbundes formulierten, dachte keiner an „Employability". Uns war damals aber klar, dass in einem Unternehmen, in dem der „Mensch im Vordergrund steht" und in dem der Grundsatz gilt „was dem Menschen dient, dient auch dem Unternehmen", bei einigen Mitarbeitern die Haltung aufkommen könnte: Liebes Unternehmen, sorg du allein für mich: für mein Auskommen, meine Zukunft und meine Weiterentwicklung!

8.1 Mitarbeiter müssen zu uns passen wie ein Maßanzug

Wir fühlen uns für die Mitarbeiter in unseren Unternehmen in hohem Maße verantwortlich. Wir erwarten jedoch in gleichem Maße von jedem Einzelnen die Bereitschaft, durch Eigeninitiative, Flexibilität und Eigenverantwortung dafür zu sorgen, dass er seine Beschäftigungsfähigkeit – seine „Employability" – erhält.

Die Erfahrung zeigt, dass dies auch von Seiten der Mitarbeiter so verstanden wird. Wir wollen sicherstellen, dass die Menschen, die zu uns kommen, in unsere Kultur der Eigenverantwortlichkeit, Selbststeuerung und Selbstorganisation passen, dass sie sich integrieren ohne sich anzupassen und sich engagieren aus innerer Überzeugung. Die einen sprechen von strategischer Personalpolitik, wir sprechen von Menschenorientierung. „Unsere personenbezogene Struktur erfordert eine Führung zum Anfassen", die „von persönlicher Nähe geprägt ist".

Das beginnt schon bei der Einstellung ins Unternehmen. Der neue Mitarbeiter muss zu uns passen, zum Unternehmen, der Funktion, den Produkten und den Menschen; passen wie ein Maßanzug. Er muss nicht nur gefallen, sondern passen. Um das zu erreichen, gehen wir nicht von standardisierten Anforderungsprofilen aus, sondern von funktionsspezifischen Profilen der zu besetzenden Stelle. Im Auswahlgespräch loten Personalabteilung und Fachbereich gemeinsam

---

[1] alle Zitate aus:
– Karlsberg (Januar 1992): Unser Leitbild 2000
– Karlsberg (Januar 1992): Leitsätze der Unternehmenskultur des Karlsberg Verbundes
– Karlsberg Brauerei (März 2003): Personalentwicklung der Karlsberg Brauerei

mit dem Bewerber nicht nur aus, ob er die notwendigen Qualifikationen mitbringt, sondern ob diese Funktion auch für ihn eine Perspektive darstellt. Eine Überqualifizierung des Bewerbers führt mit großer Wahrscheinlichkeit zu seiner Enttäuschung. Zum Beispiel fördern exzellente Fremdsprachenkenntnisse, die keine Chancen haben eingesetzt zu werden, bald die Unzufriedenheit. Lieber ist uns dann ein Bewerber mit einer leichten Unterqualifizierung, aber mit dem notwendigen Entwicklungspotenzial. Das schafft Anreiz, motiviert und fördert die Zufriedenheit und verhindert Frust durch Enttäuschung. Deshalb sind die Angaben in unseren Stellenanzeigen realistisch formuliert und wecken keine falschen Erwartungen. Kommunikations- und Teamfähigkeit steht dann in der Ausschreibung, wenn die Funktion dies auch erfordert und ermöglicht, wie z. B. im Kundenteam. Ein solcher Auswahlprozess setzt einen intensiven Dialog zwischen Personal- und Fachabteilung voraus. Einstellungen erfolgen nur im Konsens; das heißt alle Beteiligten müssen die Entscheidung mittragen können.

Wir haben das Ziel, zwei Drittel der freiwerdenden Stellen mit Mitarbeitern aus den eigenen Reihen zu besetzen. Dies ist ein wichtiges Signal für unsere Mitarbeiter, dass sich Leistung lohnt. Dies motiviert sie, sich zu engagieren. Die Erfahrung zeigt, dass eine Stelle, die intern besetzt wird, eine Mehrfachentwicklung ermöglicht. Wenn zum Beispiel die Stelle eines Verkaufsleiters zu besetzen ist und wir uns für einen internen Potenzialträger aus den Reihen der Gebietsverkaufsleiter entscheiden, dann kann ein Außendienstmitarbeiter nachrücken. Dessen freie Stelle kann dann mit einem Vertriebstrainee besetzt und ein neuer Trainee eingestellt werden. Es ist möglicherweise weniger aufwändig, gleich einen Verkaufsleiter von außen einzustellen, als das Prozedere des „Nachrückens" innerhalb des Unternehmens umzusetzen. Aber das Nachrückverfahren bietet für viele in der Organisation eine Entwicklungschance. Eine solche Praxis setzt eine entwicklungsorientierte Einstellung bei allen Beteiligten voraus.

Trotzdem stellen wir auch externe Bewerber ein. Zum Beispiel aus der Not heraus, wenn intern das spezifische Know-how trotz Entwicklungsplanung nicht vorhanden ist. Aber auch, um spezielles Markt-Know-how und Kundenbeziehungen „einzukaufen" oder um Veränderungsprozesse leichter gestalten zu können. Menschen, die von außen kommen, können unsere Organisation mit ihren Ideen, ihren positiven Erfahrungen, die sie in anderen Organisationen gemacht haben, und ihren alternativen Arbeitsweisen befruchten. Sie sind nicht mit der Vergangenheit belastet und packen viele Themen anders an. Wir erleben, dass die in anderen Unternehmen gemachte Erfahrung hilft, sich der besonderen Kultur im Karlsberg Verbund bewusst zu sein und das Positive zu schätzen. Durch die zahlreichen Übernahmen von Unternehmen in den Verbund haben wir gelernt, Menschen zu integrieren. Dabei hilft uns der Grundsatz „Akzeptanz der Andersartigkeit". Dieser lautet: „Nur Unterschiedliches kann sich ergänzen und befruchten. Unser Prinzip der Vielfalt umfasst auch die Vielfalt der Meinungen und Charaktere. Motor und Bremse haben einen gegensätzlichen Charakter. Dennoch sind beide notwendig, um schnell und sicher ans Ziel zu kommen." Oder: Wenn zwei immer die gleiche Meinung haben, ist einer überflüssig.

Um die Menschen zu finden, die zu uns passen, ist für uns mehr notwendig, als Anzeigen in der regionalen und überregionalen Presse zu schalten. Durch ein Netzwerk von Kontakten und Beziehungen zu Hochschulen, Beratern, Unternehmen und qualifizierten Mitarbeitern haben wir einen Pool von Kandidaten. Neben dem Geschäftsbericht und den Produkten sind es vor allem unsere Mitarbeiter selbst, die glaubhaft das Arbeitgeberimage im regionalen Umfeld aufbauen. Was und wie sie sich über das Unternehmen in ihrem privaten Bereich äußern, bestimmt das Bild in der Region. Menschen suchen Aufgaben, die sie erfüllen und die ihnen eine Perspektive bieten. Voraussetzung dafür ist, dass sie sich mit dem Unternehmen identifizieren.

8.2 Bindung an das Unternehmen durch Entwicklungsperspektiven und Möglichkeiten der Mitgestaltung

Oft haben wir den Satz gehört, dass gut qualifizierte Mitarbeiter auch attraktiv für den Arbeitsmarkt sind. Das würde in der Schlussfolgerung auch bedeuten, dass „Employability" die Gefahr fördert, dass die Mitarbeiter schneller das Unternehmen verlassen. Gute Mitarbeiter lassen sich jedoch in der Organisation halten, wenn sie eine Entwicklungsperspektive in ihren Aufgaben und damit einhergehend eine Gehaltsentwicklung sehen. Wichtig sind dabei Zufriedenheit und Spaß am Tun. Dazu tragen die Rahmenbedingungen wie zum Beispiel ein funktionaler Arbeitsplatz und eine angemessene Bezahlung bei. Der Mitarbeiter muss das Gefühl haben, innerhalb der Struktur des Unternehmens und im Vergleich zu seinen Kollegen gerecht entlohnt zu werden. Wichtiger ist jedoch die Wertschätzung, die er erfährt, die persönlichen und beruflichen Entwicklungsaussichten und die Möglichkeit, sich mit seinen Erfahrungen und Kompetenzen einzubringen. „Darüber hinaus bietet die Arbeit in Projektgruppen den Mitarbeitern die Möglichkeit, sich ihren Fähigkeiten und Neigungen entsprechend einzusetzen."

Wenn sich der Mitarbeiter weder überfordert noch unterfordert fühlt, dann fördert dies den Spaß an der Arbeit. Überforderung kann Angst machen, sorgt für Stress, fördert das Kranksein und verursacht Aufwand und Kosten. Unterforderung schafft Unzufriedenheit und Langeweile. Die abnehmende Konzentration führt zu Fehlern. Unzufriedene Mitarbeiter schaffen Unruhe, und eine Kündigung verursacht ebenfalls Aufwand. Deshalb „sollte jeder das tun, was er am besten kann".

Anerkennung erhält der Mitarbeiter zunächst durch seine Arbeit selbst, dann durch seine Führungskraft und seine Kollegen und als drittes durch seine Entlohnung und seine erworbenen Rechte. Als Motivationselement werden letztere dann bedeutsam, wenn sie abgebaut werden. Besonders demotivierend wirkt eine Reduzierung, die für das Umfeld wahrnehmbar wird und zu einem Gesichtsverlust führt. Jeder Mitarbeiter hat sich sowohl im Unternehmen als auch außerhalb ein Image erarbeitet. Nehmen wir ihm zum Beispiel einen angestammten Parkplatz weg, laden wir ihn zu einer wichtigen Veranstaltung nicht mehr ein oder halten wir ein gegebenes Versprechen nicht ein, dann stellt er sich die Frage, was bin ich dem Unternehmen eigentlich noch wert. Keine Gehaltserhöhung macht das wieder gut.

Die Führungskräfte sind aufgefordert dafür zu sorgen, dass die Mitarbeiter sich mit ihren Fähigkeiten einbringen können und eine persönliche und berufliche Entwicklungschance haben. Aber ganz im Sinne von „Employability" sind Offenheit und Lernbereitschaft für Neues gefragt. Wer auf seinem Gebiet das Höchstmaß seiner Leistungen erreicht hat, keine ins Gewicht fallenden Steigerungsmöglichkeiten mehr sieht, der Reiz des Fortschritts fehlt, dann ist es an der Zeit, sich neuen Feldern zuzuwenden. Der Mitarbeiter sollte sein persönliches Leitbild neu definieren, sich neue Ziele setzen, die ihm Raum zu neuer Entfaltung bieten. Auch die verschiedenen Altersstufen im Verlauf des Lebens erfordern die Entfaltung der ihnen entsprechenden Fähigkeiten.

Die richtigen Mitarbeiter zu finden, sie zu fördern und zu fordern ist eine wesentliche Aufgabe aller Führungskräfte. Sich dieser Aufgabe zu entziehen bedeutet, keinen Einfluss mehr zu nehmen auf den strategischen Erfolgsfaktor des Unternehmens: die Mitarbeiter. Für uns ist es der Mensch, der Märkte und Unternehmen gestaltet. Das bedeutet, dass unsere Mitarbeiter durch ihre Persönlichkeit das berufliche Umfeld aktiv beeinflussen und weiterentwickeln.

In Zeiten starker Veränderungen – die neben Aufbruchstimmung auch viel Verunsicherung schaffen – ist eine offene Kommunikation förderlich. Dieses Verhalten gibt dem Mitarbeiter Vertrauen zum Unternehmen. Auch wenn wir noch nicht sofort über Ergebnisse sprechen können, suchen wir doch den persönlichen Kontakt und informieren sehr früh über die Prozesse, die Absichten und weiteren Schritte. Dazu gehört auch darüber zu sprechen, wann die Mitarbeiter was von wem erfahren werden.

8.3   Sinnvermittlung durch „Unser Leitbild"

Zu Beginn seiner Tätigkeit erhält der neue Mitarbeiter nicht nur seinen Einarbeitungsplan. Ihm wird ein persönlicher Coach zugeteilt, der für seine Betreuung zuständig ist. Durch Gespräche mit Führungskräften und Kollegen fühlt er sehr schnell die vorhandene Kultur und kann sie aufnehmen. Gerade in einer großen Organisation ist eine systematische und strukturierte Einarbeitung bedeutsam. Nur so wird der „Maßanzug" zur zweiten Haut.

Die Personalentwicklung hat sicherzustellen, dass die Mitarbeiter über Einstellungen, Motivation, Kenntnisse, Fertigkeiten und Verhaltensweisen verfügen, die sie heute und zukünftig benötigen. Nur so können die Herausforderungen in unserem Wettbewerb erfolgreich bewältigt und dabei eine persönliche Zufriedenheit in der beruflichen Tätigkeit gefunden werden. Der Einstellung bzw. Motivation kommt dabei eine besondere Bedeutung zu, weil wir immer wieder erfahren haben, dass unsere Mitarbeiter durch ihre Motivation auch schnell Defizite in den Kenntnissen und Fertigkeiten ausgleichen konnten. Deshalb legen wir Wert darauf, dass unsere Mitarbeiter den Sinn ihres Handelns nicht nur kennen, sondern sich damit identifizieren können.

Bei der Entwicklung unseres Unternehmens-Leitbildes, das wir alle zehn Jahre neu erarbeiten, binden wir möglichst viele Mitarbeiter ein, damit es zu ihrem Leitbild wird. Darin finden sich Bilder, die zum Zeitpunkt des Entstehens eher Visionen als konkret erreichbare Ziele darstellen. Aber gerade darin liegen die großen Chancen unseres Leitbildes. Die Aussage von Antoine de Saint-Exupéry „Wenn du ein Schiff bauen willst, dann trommle nicht Männer zusammen, um Holz zu beschaffen, Aufgaben zu vergeben und die Arbeit einzuteilen, sondern lehre sie die Sehnsucht nach dem weiten, endlosen Meer.", spiegelt wider, was wir darunter verstehen.

8.4   Personalentwicklung als Erfolgsfaktor

Die Geschäftsleitung der Karlsberg Brauerei hat verschiedene Ziele für die Personalentwicklung erarbeitet. Sie sind abgeleitet zu einem kleineren Teil aus einem erlebten Mangel bzw. Defizit bei den Mitarbeitern, zum überwiegenden Teil jedoch aus der Notwendigkeit heraus, unsere unternehmerischen Ziele zu erreichen. Damit wird die Personalentwicklung zu einem strategischen Erfolgsfaktor, weil sie die Erreichung unserer Unternehmensziele aktiv unterstützt. Die Ziele wurden für jeden verständlich und nachvollziehbar formuliert. Oftmals müssen wir jedoch noch viel tun, um die Zielpunkte zu erreichen. Erreicht haben wir, dass es einen Konsens darüber gibt, in welche Richtung es mit welchen Schwerpunkten geht. Ohne diese von der Geschäftsleitung mit dem oberen Führungskreis festgelegten Zielen bestünde die Gefahr, dass Personalentwicklung zum Spielball der individuellen Interessen und möglicherweise zum Selbstzweck verkümmern würde.

8.5   Ziele der Personalentwicklung

Die Ziele der Personalentwicklung lauten im Einzelnen:

- Für freie Schlüsselpositionen stehen Mitarbeiter mit Potenzial aus den eigenen Reihen zur Verfügung.

- Es ist sichergestellt, dass Schlüsselpersonen bzw. -abteilungen über die notwendigen Kenntnisse, Fertigkeiten und Verhaltensweisen verfügen, um heute und zukünftig ihre Leistung zu erbringen.

- Gute Mitarbeiter werden durch eine systematische (Nachwuchs-) Förderung langfristig an Karlsberg gebunden.

- Die Führungskräfte sind kompetent und erbringen ihre vereinbarte Führungsleistung. Nur Mitarbeiter mit entsprechender Eignung werden als Führungskräfte eingesetzt.

- Durch Zielvereinbarungen ist sichergestellt, dass die Unternehmensziele konsequent umgesetzt werden.

- Fremdsprachen- und interkulturelle Kompetenz für das internationale Geschäft sind vorhanden.

- Es sind Voraussetzungen geschaffen, dass Mitarbeiter moderne Technologien und Verfahren anwenden.

8.6 Grundsätze der Personalentwicklung als Orientierung

Aus der erlebten Praxis über viele Jahre sind Grundsätze der Personalentwicklung entstanden, die den Beteiligten Orientierung geben. Grundsätze können nicht wie Gesetze alles regeln, aber sie sind wie Leitplanken, innerhalb derer sich alle bewegen können.

Wesentlich ist die erste Aussage „Personalentwicklung unterstützt die Erreichung der Unternehmensziele". Hier wird deutlich, dass Personalentwicklung zunächst einmal eine unternehmerische Dimension hat. Persönliche Entwicklungsziele, die nicht in die Entwicklungsziele des Unternehmens einzuordnen sind, fallen damit nicht weg, sondern werden durch individuelle Lösungen möglichst zur Zufriedenheit aller Beteiligten gefördert. Im Vordergrund jedoch stehen die Unternehmensziele, die es zu erreichen gilt, und dafür kann die Personalentwicklung einen wichtigen Beitrag leisten. Das kann sie jedoch nur dann, wenn sie ihre Aufgabe nicht nur darin sieht, Seminare anzubieten, sondern zielgerechte Lösungen zu entwickeln.

Personalentwicklung bedeutet für die Mitarbeiter eine Entwicklungschance im fachlichen, methodischen und persönlichen Bereich und in den zunehmend herausfordernden Aufgaben. Sie ist allerdings keine Karriereplanung im Sinne von: wenn ich das und das mache, bin ich in x Jahren in der y-Funktion.

„Personalentwicklung ist individuell orientiert, d. h. unter Berücksichtigung der übergeordneten Zielsetzungen auf die Person und die Funktion zugeschnitten." Auch wenn es gilt, Unternehmensziele zu erreichen, werden in der Entwicklungsarbeit die individuellen Voraussetzungen beachtet. Dies kann auch individuelle Maßnahmen wie z. B. ein Coaching zur Folge haben.

Im nächsten Grundsatz „bei Bedarf unterstützt die Personalentwicklung die Erreichung der abteilungs- bzw. unternehmensbezogenen Entwicklungsziele" wird deutlich, dass Personalentwicklung nicht nur einzelne Mitarbeiter, sondern ganze Abteilungen bzw. das gesamte Unternehmen in der Entwicklung unterstützt. Beispiele aus unserer Praxis zeigen, dass damit die größte Wirkung erzielt wird, weil ein organisationsweiter Entwicklungsprozess von allen Beteiligten durchlaufen wird.

Um zum Beispiel in der Logistik sowohl die Kundenzufriedenheit durch eine schnelle, fehlerfreie und freundliche Be- und Entladung als auch die interne Mitarbeiterzufriedenheit durch eine leistungsorientierte finanzielle Anerkennung zu fördern, wurde ein Bereichsentwicklungsprojekt aufgesetzt. Nach einer sorgfältigen Analyse wurde eine zu der Logistik passende Leistungsbewertung entwickelt, die folgende Ziele erfüllt: Sie fordert und fördert die Vorarbeiter, in ihre Führungsverantwortung zu gehen, und sie erkennt die individuelle Leistung der Mitarbeiter finanziell an. Durch die Mitarbeitergespräche werden persönliche Anerkennung, aber auch notwendige Entwicklungen sichergestellt. Damit diese Ziele erreichbar sind, musste ein Bewertungssystem entwickelt werden, das vom Betriebsrat und den Mitarbeitern akzeptiert wird und die Führungskräfte in ihrer Führungskompetenz stärkt. Vor der Einführung war ein umfangreiches Training erforderlich.

Als vor einigen Jahren Projektmanagement als Führungsinstrument unternehmensweit beschlossen wurde, genügte nicht ein Qualifizierungsprogramm für die Projektleiter, sondern mit allen Beteiligten wurden auf Grund der erlebten Praxis die Grundsätze der Projektarbeit, die Vorgehensweisen und Instrumente erarbeitet. Da Projektarbeit neben dem Tagesgeschäft erledigt werden muss, stellt sie gerade für Potenzialträger eine besondere Bewährungs- und Entwicklungschance dar. Heute werden neue Mitarbeiter im Multiplikatorensystem durch erfahrene „alte" Projektleiter eingewiesen.

Da die Persönlichkeit der Mitarbeiter in einem menschenorientierten Unternehmen von besonderer Bedeutung ist, berücksichtigt die Personalentwicklung sowohl die fachliche und methodische Qualifizierung als auch die für die Funktion notwendige Persönlichkeitsentwicklung.

Die Aussage „Personalentwicklung ist flexibel und kann sich auf Grund der Situation verändern" verdeutlicht, dass keine Strategie für die Ewigkeit geschrieben ist, sondern sich schnell den geänderten Zielen, Umfeldbedingungen und betrieblichen Situationen anpassen muss.

Früher hat es den jungen Mitarbeitern, die als Auszubildende und Trainees zu uns kamen, genügt zu hören, wenn ihr euch engagiert und Leistung erbringt, dann habt ihr eine Zukunft bei Karlsberg.

Heute wollen unsere jungen Leute möglichst konkret hören, wie es mit ihnen weiter geht. Deshalb „ist die Auswahl und Qualifizierung der Auszubildenden und Trainees bedarfs- und zielorientiert und wird in der Personalplanung berücksichtigt."

Grundsätzlich sind Kosten der Personalentwicklung einem Veränderungsprojekt zuzuordnen und werden auch dort budgetiert.

„Bedeutende bereichsübergreifende Maßnahmen, die nicht in anderen Projekten berücksichtigt sind, werden in der Abteilung Personalentwicklung budgetiert."

Das Qualitätsmanagement erfordert über die Zertifizierung, dass „die Qualifikation der Mitarbeiter systematisch erfasst und dokumentiert wird."

„Training durch interne Mitarbeiter hat Vorrang vor externer Trainingsleistung; dies wird unterstützt und anerkannt und fördert die Entwicklung der internen Trainer." Diesen Grundsatz haben wir aufgenommen, weil wir mit dem internen Multiplikatorenkonzept, bei dem erfahrene Mitarbeiter ihre Kollegen qualifizieren, in verschiedenen Veränderungsprojekten gute Erfahrungen gemacht haben. So konnten alle Mitarbeiter innerhalb kurzer Zeit mit neuen PC-Anwendungen vertraut gemacht, Spezialistenwissen in den Kundenteams an die Kollegen vermittelt oder das Projektmanagement-Know-how weitergegeben werden. Voraussetzung ist jedoch, dass die Führungskräfte diese Trainingsaktivitäten auch aktiv unterstützen und anerkennen.

Um in einer Organisation mit über 2.500 Mitarbeitern eine interne berufliche Entwicklung zu ermöglichen und zu fördern, „sind der Karlsberg Verbund und die assoziierten Unternehmen der Personalmarkt, den wir als erstes nutzen".

8.7 Klare Verantwortlichkeiten in der Personalentwicklung

In der Personalentwicklung sind die Verantwortlichkeiten klar geregelt und es wird deutlich, dass in erster Linie die Führungskräfte die verantwortlichen Personalentwickler ihrer Mitarbeiter sind. „Für die systematische Ermittlung des Qualifizierungs- und Entwicklungsbedarfs und die Umsetzung der zielgerichteten Maßnahmen sind die Führungskräfte verantwortlich."

Aber ganz im Sinne von „Employability" sind die Mitarbeiter „mitverantwortlich, dass sie über die notwendigen Kenntnisse, Fertigkeiten und Verhaltensweisen verfügen, um heute und zukünftig ihre Leistung zu erbringen." Diese Mitverantwortung beinhaltet die gesamte Dimension von der Bereitschaft, die angebotenen internen Qualifizierungsmöglichkeiten zu nutzen bis hin zum selbstständigen Sorgen für die eigene Qualifikation auch außerhalb der Organisation. Das Unternehmen legt den Schwerpunkt darauf, die betrieblich notwendige Qualifikation sicherzustellen. Bisher werden dem Mitarbeiter dafür überwiegend während der Arbeitszeit kostenfrei Qualifizierungsmöglichkeiten geboten. In Zukunft wird der Anteil der Entwicklungsmaßnahmen außerhalb der regulären Arbeitszeit allein schon deshalb zunehmen, weil an abteilungsbezogenen Maßnahmen alle Mitarbeiter teilnehmen müssen.

Der Geschäftsleitung kommen dabei zwei wesentliche Verantwortlichkeiten zu: „Sie formuliert die übergeordneten Personalentwicklungsziele und schafft für deren Erreichung die Rahmenbedingungen und entscheidet über verhaltensorientierte Entwicklungs- und Qualifizierungsmaßnahmen." Durch den letzten Punkt wird sichergestellt, dass kein Wildwuchs im Bereich der Führungskräfteentwicklung entsteht, der unser spezielles Führungsverständnis verwässert.

Damit die Personalentwicklung auch systematisch umgesetzt wird, „werden alle Qualifizierungs- und Entwicklungsmaßnahmen im Planungsprozess erfasst, besprochen, priorisiert und durch die Geschäftsleitung genehmigt."

Die Abteilung Personalentwicklung hat die Aufgabe, „die Geschäftsleitung und die Führungskräfte in ihrer Verantwortung zur Personalentwicklung gegebenenfalls mit externer Unterstützung zu beraten und zu unterstützen."

Nach unserem Verständnis der Einbeziehung aller Beteiligten in wichtige Entscheidungsprozesse „wird der Betriebsrat bei allen bedeutenden Maßnahmen beteiligt".

In Abbildung 8-1 wird im Überblick deutlich, wer in welchen Prozessschritt verantwortlich eingebunden ist.

Um „Employability" zu Gewähr leisten, sind sicherlich auch Formen der Entwicklung gefordert, die in besonderem Maße ein eigenverantwortliches und selbständiges Lernen fördern.

So sind die kaufmännischen Auszubildenden ab dem ersten Lehrjahr für die Gestaltung ihres „Innerbetrieblichen Unterrichts" verantwortlich. Sie leiten im Wechsel die Veranstaltung, organisieren interne Referenten, bearbeiten gemeinsam Projekte und reflektieren ihre Ausbildung. Den jungen Menschen wird natürlich schnell klar, welche Qualifikationen sie benötigen, um diesen Anforderungen gerecht zu werden, und fordern diese ein. Sie werden ihnen dann praxisgerecht vermittelt, gegebenenfalls auch durch das Nachahmen ihrer älteren Kollegen. Die Ausbilder begleiten und beraten diesen Prozess.

Abbildung 8-1: *Prozess der Personalentwicklung der Karlsberg Brauerei*

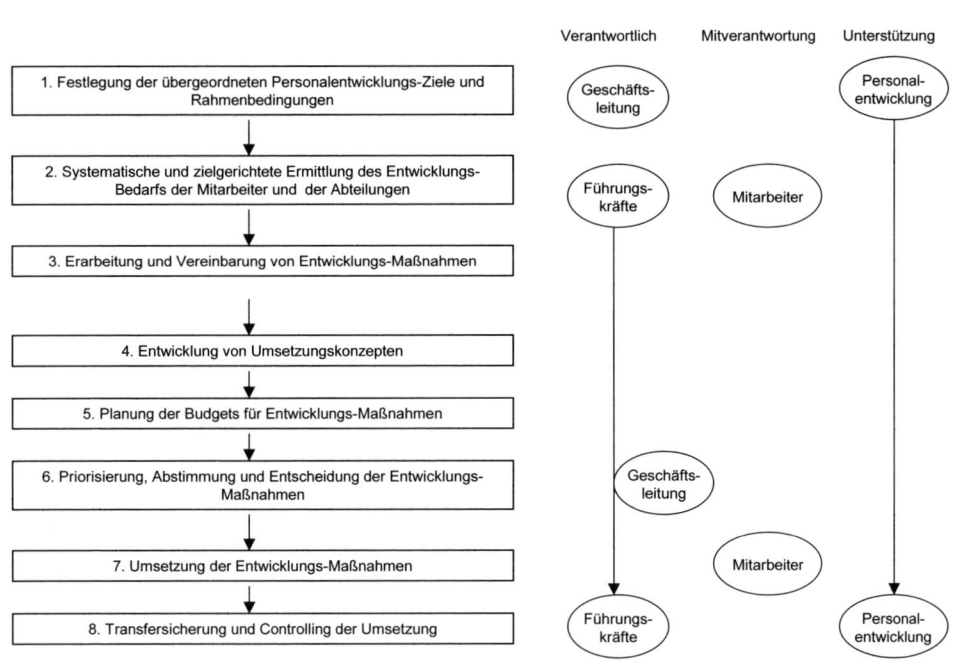

8.8 Employability als Ausdruck der Unternehmenskultur

Aus unserer Erfahrung können Unternehmen, die ihre Mitarbeiter wertschätzend behandeln, sie fordern und fördern, Eigenverantwortlichkeit und Selbststeuerung ermöglichen und Chancen zur Entwicklung bieten, auch dem Anspruch nach „Employability" der Mitarbeiter gerecht werden. „Beschäftigungsfähigkeit" kann nicht allein in der Verantwortung des Unternehmens liegen, sondern benötigt Mitarbeiter, die dafür aus eigener Motivation und Kraft heraus etwas tun. Dies setzt jedoch eine Unternehmenskultur voraus, die diese Denkweise und Haltung beim Mitarbeiter schätzt und fördert. Der eigenverantwortlich und selbständig handelnde Mitarbeiter muss grundsätzlich und ernsthaft vom Unternehmen gewollt sein. Wir denken, Menschen haben ein gutes Gespür für die Glaubwürdigkeit solcher Aussagen.

Jürgen Fuchs

9 Führen in Know-how-Unternehmen
Wenn die Mitarbeiter ihren Chef bezahlen

9.1 Das neue Kapital: Mensch statt Maschine

Marx und Marktwirtschaft: Seit über 100 Jahren wurden und werden diese Begriffe als gegensätzlich gebraucht, manchmal auch missbraucht. Wie feindliche Brüder stehen sie sich gegenüber. Aber jeder braucht den anderen zur eigenen Profilierung. Karl Marx prangerte an, dass beim Übergang vom Handwerk zur Fabrik die Menschen nicht mehr über die Produktionsmittel verfügen. Handwerksmeister und Gesellen hatten noch ihr eigenes Werkzeug. Die Fabrikhallen und Maschinen waren aber jetzt in der Hand von Kapitalisten, die ihre Arbeiter zu „Sklaven" machten. Er beklagte auch die „Entfremdung von der Arbeit", weil die Arbeiter keine Gewerke mehr erstellen konnten. Die Produktion wurde in kleine Schritte zerlegt. Die Menschen mussten einfache, vorgeschriebene Handgriffe verrichten. So sahen und sehen sie nicht das Ergebnis, den Wert und Sinn ihres Tuns.

Was würde Marx wohl in seinem Buch „Das Kapital" schreiben, wenn er die Wissens- und Dienstleistungs-Unternehmen vor Augen hätte, z. B. Investmentbanken oder Consulting-Unternehmen, Versicherungsmakler oder Wirtschaftprüfer und exzellent geführte Hotels? Aber auch die Handwerksbetriebe mit qualifizierten Leuten und die ganz „normalen" Dienstleistungsunternehmen wie Banken, Sparkassen, Versicherungen oder Reisebüros, die sich nur durch die Fähigkeiten und Fertigkeiten ihrer Mitarbeiter differenzieren können. Ihre Produkte und Prozesse werden immer leichter austauschbar. In diesen Unternehmen sind die Mitarbeiter und ihr Wissen die wesentlichen Produktionsmittel. Sie sind jetzt das Kapital. Das, was sie vermögen, ist das Vermögen des Unternehmens, sein Leistungs-Vermögen. Nur durch die Leistung der Mitarbeiter für die Kunden kommt Geld in die Kassen der Unternehmen.

Eine wesentliche Konsequenz: das Unternehmen und sein Management kann jetzt nicht mehr über seine Produktionsmittel „verfügen". Die Wissens-Träger, das so genannte „Intellectual Capital", kann man nicht besitzen. Ein Unternehmen kann nur dafür sorgen, dass es für die Menschen attraktiv ist – mit seiner Unternehmenskultur. Wenn die Mitarbeiter wirklich der Mittelpunkt sind und nicht Mittel, dann kommen sie gerne, dann bleiben sie gerne.

In den Wissens- und Dienstleistungs-Unternehmen sind die Mitarbeiter zwar noch Arbeitnehmer. Aber der Arbeitgeber ist nicht mehr der Chef, sondern der Kunde. Dieser gibt die Arbeit – oder auch nicht. Der Kunde erkundigt sich überall, jetzt auch über Internet. Er macht sich kundig und gibt dann Kunde – eine Nachricht, Anfrage oder einen Auftrag. Das ist Marktwirtschaft pur. Kundige Kunden wollen kundige Mitarbeiter, die kompetent, informiert und entscheidungsfähig sind, die in unserem Unternehmen nicht durch Manager dressiert und durch Richtlinien abgerichtet werden. Für das Wohl dieser Menschen würde Marx mehr Marktwirtschaft fordern und weniger Gängelung – innerhalb und außerhalb der Unternehmen. Dann können sie ihre Leistungsfähigkeit voll entfalten und entwickeln. In der Wissens- und Dienstleistungsgesellschaft widersprechen sich die Forderungen von Marx und die Gesetze der Marktwirtschaft nicht mehr.

Das klingt doch zu schön, um wahr zu sein! Wo ist der Haken? Warum spüren wir diese Prinzipien nicht in allen Unternehmen? Die Antwort ist ganz einfach. Die meisten Unternehmen verharren heute noch in den industriellen und frühkapitalistischen Vorstellungen, insbesondere:

■ bei ihren Struktur-Modellen

■ bei ihren Führungs-Praktiken

■ bei ihren Karriere-Bildern

■ bei ihren Vermögens-Begriffen

Das wird sich aber in Zukunft ändern: Denken in Netzen wird das Denken in Pyramiden ergänzen, vielleicht sogar ersetzen.

9.2   Die neuen Strukturen: Netze statt Pyramiden

Das gängige Strukturmodell im Unternehmen ist immer noch die Pyramide mit dem Chef an der Spitze, den Mitarbeitern unten und den Kunden manchmal ganz unten. Die Zukunft gehört horizontalen Netz-Strukturen – nicht nur bei virtuellen Unternehmen, sondern auch innerhalb der Firmen. Prinzipien der Marktwirtschaft müssen und werden auch innerhalb der Unternehmen gelten. Zentralbereiche arbeiten dann als Dienstleistungs-Zentren für die anderen Leistungs-Zentren, z. B. Produktion oder Vertrieb. Das Unternehmen ist organisiert wie ein Marktplatz, auf dem jeder nach marktwirtschaftlichen Prinzipien sein Wissen und seine Leistungen an den Mann bringen kann und muss. Jeder Arbeitsplatz hat ein Gesicht und jeder Arbeitsplatz hat Kunden, externe oder interne. All diese Geschäftspartner agieren „auf gleicher Augenhöhe" als echte Partner, wie auf einem richtigen Marktplatz. Das heißt, der Mitarbeiter arbeitet nicht mehr für seinen Chef, sondern für seinen Kunden, seinen Arbeitgeber. Von diesem holt er sich auch sein Lob, sein Feedback. Auf gleicher Augenhöhe und nicht wie ein Hund, der zu Herrchen aufschaut.

9.3   Die neue Führung: Wert-Schöpfung durch Wert-Schätzung

Viele Manager definieren sich heute noch durch das Pyramidenmodell eines Unternehmens. Sie sind Vorgesetzte, die den Mitarbeitern vorgesetzt wurden. Und sie stehen über ihren Untergebenen, die sind unten und geben. Aus diesem Bild leitet sich auch das Führungsselbstverständnis ab. Etwas überspitzt heißt dies: kommandieren, kontrollieren und korrigieren. Denn die Mitarbeiter sind schlechter ausgebildet, unfähiger und unwilliger als ihr Chef. So das Klischee.

In der Wissens- und Dienstleistungs-Gesellschaft haben wir es allerdings mit Know-how-Trägern zu tun, für deren Leistung der Kunde bereit ist, viel Geld zu bezahlen. Sie geben ihre Personalverantwortung morgens nicht an der Pforte ab. Sie übernehmen Verantwortung für ihr Handeln und auch für ihr Nicht-Handeln. Sie müssen, können und dürfen selbst entscheiden; auch schon vor 17.00 Uhr und nicht nur abends als Vorstand im Verein oder in der Familie.

Welche Aufgaben haben jetzt die Führungskräfte in solchen Unternehmen? Führung wird dort definiert als eine Dienstleistung an dem Mitarbeiter als Kunde der Führungskraft. Die als wichtige Dienstleistungen erbringt:

- kommunizieren

- kooperieren

- konzentrieren

Die Führungskräfte müssen die Kräfte fokussieren, eine klare Strategie festlegen und vertreten. Wesentliche Führungsleistungen für die Mitarbeiter sind:

- Orientierung geben und Mitarbeiter inspirieren

- Mut machen und optimale Rahmenbedingungen schaffen

- Personalentwicklung im Sinne von Vermögensentwicklung

In diesem Sinne agieren die Führungskräfte als „Vermögensberater", die den Shareholder Value dadurch steigern, dass die Mitarbeiter mehr vermögen. Für diese Leistungen werden Führungskräfte „von ihren Mitarbeitern bezahlt". Für diese Leistungen holen sie sich auch ihr Feedback von den Mitarbeitern – auf gleicher Augenhöhe. Marktwirtschaft gilt jetzt auch für Führungskräfte. Das marktwirtschaftliche Prinzip innerhalb von Firmen besagt:

- Der Kunde bezahlt den Mitarbeiter – für seine Leistungen.

- Der Mitarbeiter bezahlt den Chef – für seine Leistungen.

- Die operativen Einheiten bezahlen die zentralen Stellen – für ihre Leistungen.

Zentrale Stäbe stehen – wie der Name schon sagt – im Zentrum des Marktplatzes im eigenen Unternehmen und nicht oben an deren Spitze.

9.4 Die neue Karriere: Werde-Gang statt Auf-Stieg

Gängige Karrierevorstellungen orientieren sich am Bild der Pyramide aus der traditionellen Industriestruktur. Karriere hieß damals überspitzt formuliert: Aufstieg in die Unproduktivität. Die Tarifsysteme und Statussysteme im Unternehmen lassen es üblicherweise nicht zu, dass

„produktive" Mitarbeiter mehr Geld bekommen oder einen höheren Status als ihre Chefs haben. Deswegen passiert es immer wieder, dass man gute Fachleute zu schlechten Führungskräften macht, nur damit man ihnen mehr Geld geben kann. Nach marktwirtschaftlichen Prinzipien verdient derjenige mehr Geld, der mehr vermag und bei seinen Kunden mehr bewirkt. Er soll es nicht nur verdienen, sondern auch bekommen. Deshalb bedeutet Karriere in der Wissens- und Dienstleistungsgesellschaft nicht mehr „Aufstieg auf einer Leiter", sondern „wertvoller werden" durch Wachsen an Fähigkeiten, Fertigkeiten und Wissen.

Werdegang bedeutet gehen und dadurch werden. Jobrotation und Mehrfachqualifikation erweitern den Horizont und geben Sicherheit bei der Bewältigung komplexerer Aufgaben. In den Zeiten vor Taylor und Ford macht man Karriere durch seine Lehr- und Wander-Jahre. Heute sind das die Lern- und Wandel-Jahre. Und die dauern das ganze Leben lang. Karriere heißt jetzt Vermögensentwicklung: mehr vermögen, größere Komplexität bewältigen und mehr Wert beim Kunden schaffen. Fach- und Führungsaufgaben werden gleichrangig und der Wechsel zwischen Fach- und Führungsrollen selbstverständlich – alles im Sinne einer „Kompetenz-Karriere". Jetzt kann und soll *jeder* Karriere machen, ohne „unproduktiv" werden zu müssen. Diese Vermögensentwicklung ist ein wohl verstandener Shareholder Value. Unternehmensinteressen und Mitarbeiterinteressen wachsen zusammen. Unternehmen und Mitarbeiter wollen wachsen an Wissen und Wert, für den externen und internen Kunden. Das ist lebendige Marktwirtschaft.

9.5 Der neue Weg: Marktwirtschaft statt Richtlinien

Diese Gedanken mögen revolutionär wirken, sind es aber nicht. Heinrich Nordhoff, langjähriger VW-Chef, sagte in den 70er Jahren: „Wirklich wertvoll in einem Unternehmen sind nicht die Maschinen und Fabrikhallen, sondern die Menschen, die darin arbeiten, und der Geist, in dem sie es tun". Mit Gruppenarbeit verlagerte man mehr Verantwortung „nach unten", und bei Porsche sagte ein Meister: „Meine Aufgabe als Führungskraft ist, dafür zu sorgen, dass die mir anvertrauten Mitarbeiter ihr teures Gehalt in Stuttgart-Zuffenhausen wert sind und auch wert bleiben". Durch Training und Job-Rotation sorgte er dafür, dass jeder Mitarbeiter alle Tätigkeiten beim Bau eines Motors beherrscht. Der Mitarbeiter darf und braucht nicht mehr an einer Stelle stehen und wenige Handgriffe verrichten. Jetzt baut er den Motor vollständig alleine. Zur Qualitätskontrolle kennzeichnet er ihn mit seinem guten Namen. Bei Porsche wird die von Karl Marx so beklagte „Entfremdung von der Arbeit" dadurch beseitigt, dass der Mitarbeiter wieder ein Gewerk erstellt, einen kompletten lauffähigen Motor. Die Banken und Versicherungen arbeiten daran, die „fallabschließende" Sachbearbeitung mit entsprechender EDV-Unterstützung einzuführen.

„Von Marx zur Marktwirtschaft" ist also nicht nur ein Weg für Dienstleistungsunternehmen, sondern für alle, bei denen das Wissen von Mitarbeitern der wesentliche Produktionsfaktor ist. In solchen Unternehmen haben Marx und Shareholder dasselbe Interesse: Das Management muss die Mitarbeiter gut behandeln, zum Blühen und zum Wachsen bringen. Denn Frust frisst Gewinne.

Wissen ist ein tolles Mittel, um damit Geld zu verdienen: Man hat es. Man verkauft es. Und man hat es dann immer noch. Wissen ist ein Rohstoff, der sich beim Gebrauch nicht verzehrt, sondern noch wertvoller wird – weil die Mitarbeiter etwas dazu gelernt haben. Wertvolles Wissen hat aber zwei „Nachteile". Erstens ist es an Menschen gebunden. Wir finden es nur zwischen den Ohren der Menschen, als „Know-how" als „Gewusst wie". Und zweitens kann kein Chef seine Mitarbeiter per Anweisung oder Druck dazu zwingen, ihr Wissen zu nutzen, es zu erweitern oder sogar mit Kollegen zu teilen. Er kann aber die Menschen begeistern und entfesseln, damit sie sich entwickeln, entpuppen und entfalten: wie Schmetterlinge. Schon in Abschnitt 8.3 wurde dazu sehr passend A. de Saint-Exupéry zitiert.

9.6   Führen von Führungskräften

Zwischen dem Führen von Führungskräften und dem Führen von Mitarbeitern gab es in der streng hierarchischen oder bürokratischen Arbeitswelt wenig Unterschiede. In der marktwirtschaftlichen Dienstleistungs- und Know-how-Welt ist das jedoch anderes:

■ Der Mitarbeiter arbeitet für *einen* Kunden,

■ die Führungskraft hat aber *mehrere* Kunden-Gruppen:

  – die Mitarbeiter,
  – die externen Kunden und
  – die Shareholder.

Führungskräfte haben also die vielfältige Interessen ihrer Kunden-Gruppen auszubalancieren. Und sie müssen bei ihren Kunden Wirkung erzielen. Gestalten, nicht nur verwalten!

Solche Führungskräfte zu führen und zu bewerten hat sich in der Praxis als sehr anspruchsvoll herausgestellt. Deshalb greift man auch gelegentlich zu 360°-Beurteilungen. Wir bei CSC Ploenzke gehen da noch weiter. Mit über 5.000 Mitarbeitern gelten wir als ein führendes Beratungs- und Dienstleistungsunternehmen der IT-Branche. Wenn wir diese Stellung ausbauen wollen, brauchen wir Menschen, die führen wollen und führen können. Deshalb setzten wir sehr stark auf den professionellen Dialog zwischen der Führungskraft und ihrem Chef. „Führend sein" ist kein Zustand - nichts, was einem zusteht. Sondern etwas, das entsteht, wenn Menschen Menschen führen. Bei CSC Ploenzke richtet sich dieser Anspruch besonders an Führungskräfte, die Führungskräfte führen.

Zur Unterstützung dieses Führungs-Dialogs hat sich bei uns ein Instrument bewährt, das die vielfältigen Leistungen einer Führungskraft für ihre Kunden und ihre Fähigkeiten übersichtlich darstellt und so das Führungsgespräch erleichtert, das bei uns *„Strategie- und Feedback-Gespräch"* heißt. Dieses „S+F-Gespräch" wird im Folgenden etwas detaillierter dargestellt.

9.7 Führungskräfte haben Kunden: Mitarbeiter, externen Kunden und Shareholder

Führungskräfte sind – auch bei uns – nicht automatisch in der Lage, entsprechende Wirkungen zu entfalten und die notwendigen Kompetenzen vorzuweisen. Daher hat sich auch bei uns die Frage gestellt, wie wir unsere Führungskräfte unterstützen können, diesem Leadership-Anspruch gerecht zu werden. Klassisch bieten sich entsprechende Entwicklungsprogramme an, durch einschlägige Business Schools oder durch hausgemachte Veranstaltungen. Bevor sich jedoch die Frage nach Entwicklungsprogrammen stellt, ist es erst mal notwendig, eine „Standortbestimmung" für jede Führungskraft zu machen. Welchen Beitrag soll sie für ihre „Kunden" liefern? In welchem Umfang lebt sie bereits Leadership? Wie wirksam sind ihre Führungsleistungen? Wenn unsere Führungskräfte erkennen wollen, wie sie ihr Leadership-Profil weiter entwickeln können, brauchen sie ein qualifiziertes Feedback von *ihrer* Führungskraft. Schließlich ist sie ja deren Kunde.

Dies ist in der Praxis alles andere als selbstverständlich. Eine Führungskraft scheint allein dadurch, dass sie Führungskraft ist, über „heldenhafte" Fähigkeiten zu verfügen. Die Frage nach Feedback suggeriert eher Unsicherheit – und wer ist schon gerne unsicher. Darüber hinaus sind unsere Führungskräfte so sehr in das Tagesgeschäft eingebunden, dass sie weder Zeit noch Muße haben, sich Feedback zu holen oder Feedback zu geben. Wie es uns dennoch gelungen ist, das Führen von Führungskräften erfolgreich im Unternehmen zu etablieren, soll dieser Beitrag aufzeigen. Vor dem Hintergrund des Selbstverständnisses von Führung bei CSC Ploenzke stellen wir das Strategie- und Feedback-Gespräch als Feedbackinstrument für unsere Führungskräfte vor.

9.8 Das Selbstverständnis von Führung bei CSC Ploenzke

Bei CSC Ploenzke geht es weniger um die klassische Frage, was eine gute Führungskraft auszeichnet (Führungsstil, Eigenschaften, Merkmale), sondern darum, wie wirksam die Führungskraft ist und welchen Nutzen sie stiftet.

■ Führung à la CSC Ploenzke heißt:
Strategie festlegen und Wirkung erzielen

Aus unserer Sicht verkörpern unsere Führungskräfte im Wesentlichen drei Rollen. Sie sind *Trendscouts, Visionäre* und *Enabler*. In diesen Rollen erbringen sie spezifische Leistungen für ihre Kunden, ihre Mitarbeiter, ihren Markt und ihre Shareholder. Der *Trendscout* erkennt Trends auf dem Markt und in der Technologie. Er analysiert diese auf ihre Bedeutung für seinen Kunden, Kollegen und Mitarbeiter. Als *Visionär* erkennt er Gesamtzusammenhänge und inspiriert sein Umfeld. Er schafft kraftvolle Bilder und gibt dadurch Orientierung. Und als *Enabler* hilft er, die notwendigen Entscheidungen zu treffen und umzusetzen. So schafft er in seinem Umfeld Vertrauen für sich und CSC Ploenzke. Er erzielt Wirkung und steigert das Ver-

Abbildung 9-1: *Die Führungskraft bei CSC Ploenzke: Ihre Kunden, Fähigkeiten, Leistungen und Wirkungen*

Wirkung für CSC Ploenzke
- Attraktivität
- Vertrauen
- Vorsprung
- Wirtschaftlicher Erfolg

Führungskraft

Kunde der Führungskraft

Leadership-Fähigkeiten

Leistungen

- Mitarbeiter
- externer Kunde
- Markt
- CSC

Leadership-Fähigkeiten	Kernleistungen	Nutzenkategorien
- Beziehungs-Orientierung	- Trendscout: erkennt Trends und Gesamtzusammenhänge, analysiert diese auf ihre Bedeutung für den Markt, Kunde, Mitarbeiter, CSC	- Potenziale erschliessen
- Ergebnis-Orientierung		- Wettbewerbs-fähigkeit erhöhen
- Innovations-Orientierung	- Visionär: schafft kraftvolle Bilder, gibt dadurch Orientierung und begeistert Menschen	- Zukunftsfähigkeit sichern
- Stabilitäts-Orientierung	- Enabler: hilft dem Partner, die notwendigen Entscheidungen abzuleiten und umzusetzen	

mögen des Unternehmens: Das was das Unternehmen vermag. Und genau das interessiert eine wichtige Gruppe seiner Kunden: seine Shareholder. Abbildung 9-1 verdeutlicht diesen Gedankengang.

Jeder, der als Führungskraft im Tagesgeschäft agiert, kennt aber die alltäglichen Dilemmata, denen er in seinem Handeln gerecht werden muss. So muss er beispielsweise immer wieder ausbalancieren. Lege ich mehr Wert auf die *Ergebnis*orientierung in einer Situation oder ist mir die *Menschen*orientierung in diesem Zusammenhang wichtiger. Dies kann kurzfristig die Ergebnisorientierung negativ beeinflussen, aber langfristig positiv auf das Ergebnis wirken. Es lassen sich ohne Mühe weitere Beispiele aufzeigen, die eine hohe Anforderung an Führung bedeuten: adäquat mit gegensätzlichen Interessen umgehen zu können. Deshalb lautet ein zweiter Grundsatz:

■ Führen à la CSC Ploenzke heißt:
Widersprüchliche Ziele und Interessen erfolgreich auszubalancieren

Eine letzte wichtige Facette im Kontext von Führung ist das grundsätzliche Verhältnis von Führungskraft und Mitarbeiter. Die klassischen Bilder beschreiben die Führungskraft als Vorgesetzten, den Mitarbeiter als Untergebenen – er ist unten und gibt. Auch wenn diese Wortwahl immer mehr ausstirbt, so erscheint nach wie vor vielen das Machtverhältnis so, dass die Führungskraft – spätestens im Konfliktfall – das Sagen hat und der Mitarbeiter sich fügen muss. Doch in anspruchsvollen beruflichen Zusammenhängen, wo das Know-how der Mitarbeiter maßgeblich über Erfolg oder Misserfolg entscheidet, erzielen derartige Verhaltensweisen eine verheerende Wirkung. Dementsprechend verändern sich die klassisch hierarchisch geprägten Bilder immer mehr zu partnerschaftlichen Vorstellungen, die Führungskraft und Mitarbeiter als zwei Menschen verstehen, die aus ihrer jeweiligen Rolle heraus ihre Leistungen erbringen, die letztendlich zum gemeinsamen Erfolg beitragen. Akzeptiert man darüber hinaus den Sachverhalt, dass in einem Beratungs- und Dienstleistungs-Unternehmen wie CSC Ploenzke die Mitarbeiter die direkte Wertschöpfung erzielen, dann erscheint der letzte Grundsatz gar nicht mehr so revolutionär oder abwegig:

■ Führen à la CSC Ploenzke:
  Das ist eine Dienstleistung für Menschen.

9.9 Das „Strategie- und Feedback-Gespräch" als Instrument zum Führen von Führungskräften

Vor dem Hintergrund des vorgestellten Führungsverständnisses bei CSC Ploenzke verfolgen wir mit dem „Strategie- und Feedback-Gespräch" im Wesentlichen vier Zielsetzungen:

■ Aufzeigen der Unternehmens-Strategie und der Trends, die unser Handeln beeinflussen

■ Reflexion und Einschätzung des *Leadership-Profils* der Führungskraft anhand konkreter Merkmale von Führung

■ Reflexion und Einschätzung der *Leadership-Leistungen* der Führungskraft anhand konkreter Leistungsbeschreibungen

■ Vermitteln von strategiekonformen Zielen und Aufzeigen von Richtungen, in die sich die Führungskräfte mit ihren individuellen Fähigkeiten und Potenzialen entwickeln sollen und können

■ Vereinbarung konkreter Umsetzungsschritte

Das Instrument gliedert sich dementsprechend in mehrere Teile: **Leadership-Profil**, **Leadership-Leistungen**, Zielvereinbarungen und Maßnahmen. Zu allem wird in dem jährlichen Strategie- und Feedback-Gespräch Stellung genommen. Dabei kommt es auf den Dialog zwischen beiden Partnern an, der nur dann erfolgreich sein kann, wenn das Prinzip „der gleichen Augenhöhe" eingehalten wird. Die klassische „vertikale Macht-Beziehung" soll bei uns durch eine „horizontale Kunden-Beziehung" ersetzt werden.

Abbildung 9-2: *Das „Leadership-Profil" einer Führungskraft*

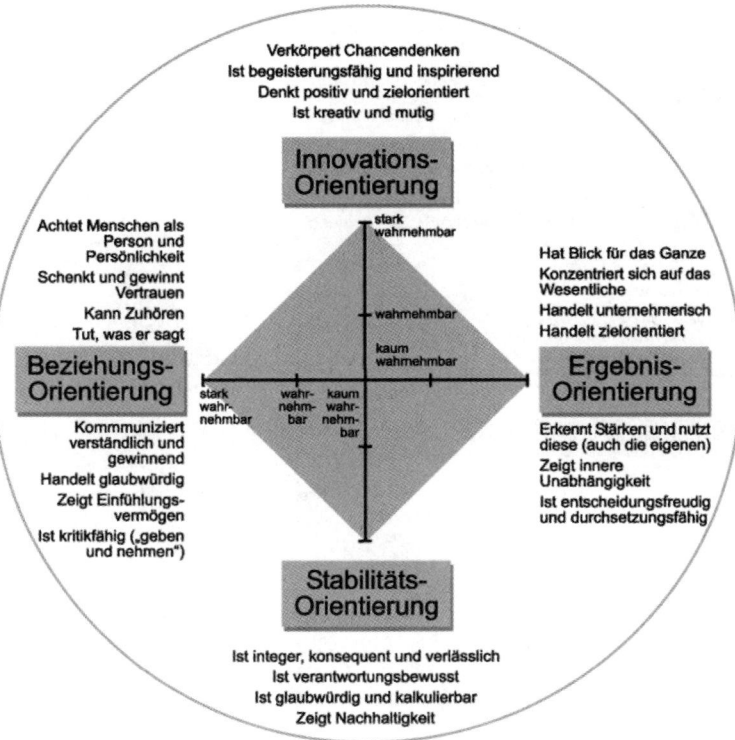

Deshalb erstellen sowohl die Führungskräfte als auch ihre Chefs das „**Leadership-Profil**". Dabei kann es durchaus zu Unterschieden bei der Fremd- und Selbst-Einschätzung kommen. Die Grafik dient dabei als Hilfe bei der Beantwortung folgender Fragen:

- In welchem Umfang lebe ich jede einzelne der vier Dimensionen von Leadership?

- Wie weit sind sie wahrnehmbar?

- Wo sind meine aktuellen Entwicklungsfelder?

Auf jeder Halbachse der vier *Leadership-Dimensionen* wird der Ausprägungsgrad markiert (siehe Abb. 9-2).

Im zweiten Teil des Gespräches gilt es, auf der Grundlage der bisher getroffenen Einschätzung die **Leadership-Leistungen** für die Kunden unserer Führungskräfte zu besprechen. Für diesen Teil benutzen die Gesprächspartner eine weitere grafische Darstellung, die in den beiden Abbildung ausschnittsweise für Mitarbeiter bzw. Kunden dargestellt werden (siehe Abb. 9-3 und

Abbildung 9-3: *Die Leadership-Leistungen (Ausschnitt: Leistungen für die Mitarbeiter)*

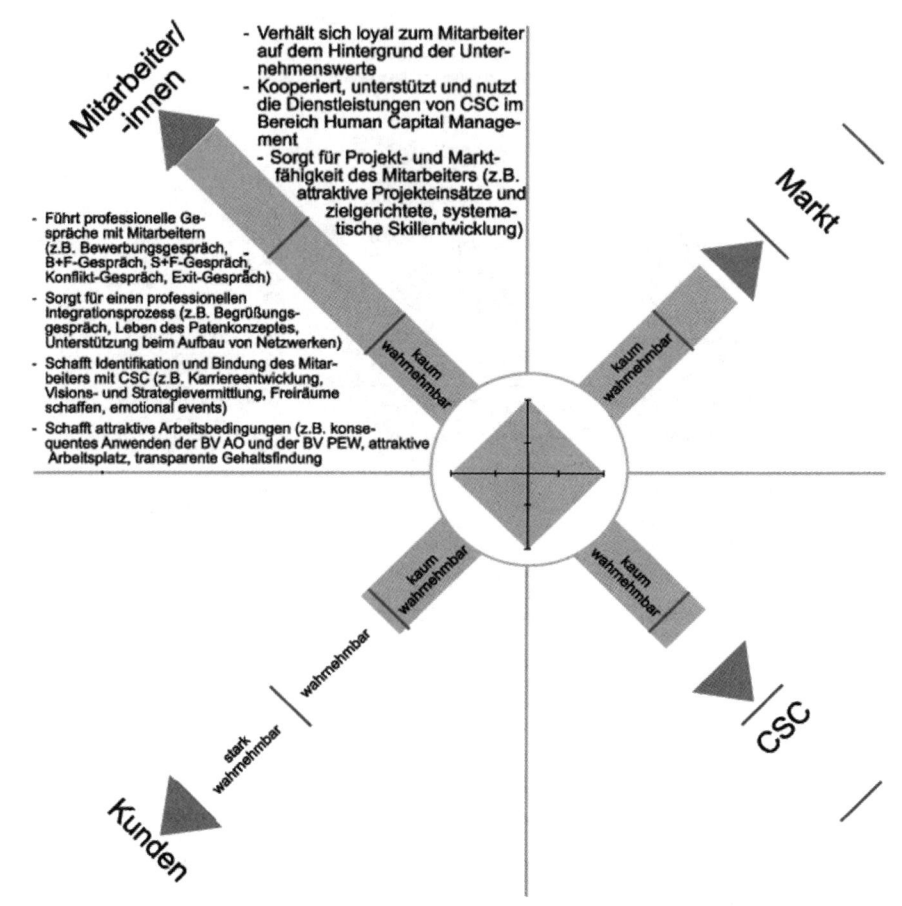

9-4). Entsprechende Verfeinerungen gibt es auch für die Führungsleistungen zum Markt und zu den CSC-Shareholdern.

Um zu entsprechenden Einschätzungen zu gelangen, werden folgende Frage gemeinsam diskutiert und beantwortet:

■ Wie stark waren die Leadership-Leistungen wahrnehmbar? In welchen Bereichen sollen sie sich in der Zukunft stärker entwickeln?

■ Wie viel Zeit und Energie hat die Führungskraft in den letzten 3–6 Monaten für die vier Felder Markt, Kunden, Mitarbeiter, CSC verwendet?

■ Was ist ihr leicht gefallen? Was ist ihr schwer gefallen?

Abbildung 9-4: *Die Leadership-Leistungen (Ausschnitt: Leistungen für die Kunden)*

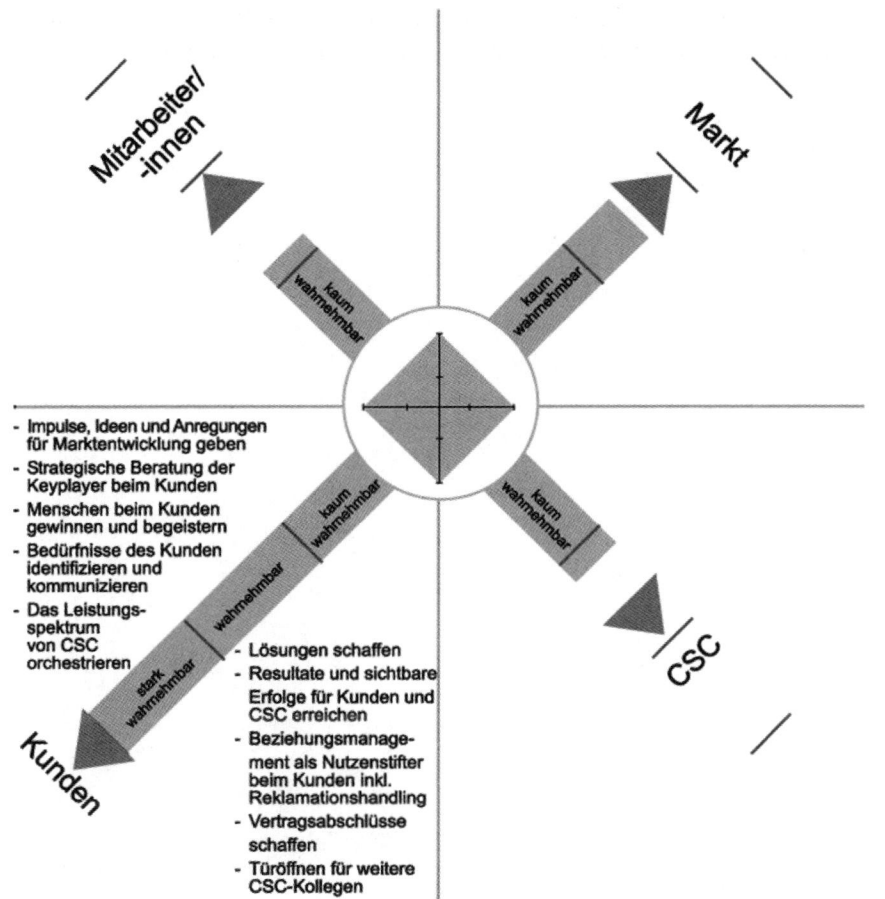

- Impulse, Ideen und Anregungen für Marktentwicklung geben
- Strategische Beratung der Keyplayer beim Kunden
- Menschen beim Kunden gewinnen und begeistern
- Bedürfnisse des Kunden identifizieren und kommunizieren
- Das Leistungsspektrum von CSC orchestrieren

- Lösungen schaffen
- Resultate und sichtbare Erfolge für Kunden und CSC erreichen
- Beziehungsmanagement als Nutzenstifter beim Kunden inkl. Reklamationshandling
- Vertragsabschlüsse schaffen
- Türöffnen für weitere CSC-Kollegen

Bei diesen Überlegungen dienen die den einzelnen Feldern zugeordneten Hauptleistungen als Orientierung, um für die Zukunft die Leistungsschwerpunkte festzulegen. Den Abschluss des Gespräches bildet die Vereinbarung von Zielen und Maßnahmen, die sich aus den bisherigen Ergebnissen und der Strategie des Unternehmens für die Zukunft ergeben. Da die Technik von Zielvereinbarungen mit Führungskräften Allgemeingut ist, verzichten wir hier auf eine ausführliche Beschreibung.

In der Praxis haben sich bei CSC Ploenzke diese Darstellungen sehr gut zur Unterstützung des Dialogs einer Führungskraft mit ihrem Chef bewährt. Sie zeigen einerseits das vielfältige Leistungsspektrum einer Führungskraft auf und erleichtern aber auch durch ihre Übersichtlichkeit die Gesprächsführung. Sie sind eine sehr gute Hilfe, um den Gesprächen mehr Substanz zu geben und qualifiziertes Führen von Führungskräften zu ermöglichen. Und sie lenken nicht durch eine filigrane Schein-Objektivität vom Wesentlichen ab: dem Dialog zwischen zwei Persönlichkeiten, die „auf gleicher Augenhöhe" miteinander kommunizieren.

Ian Walsh

10 Personalentwicklung unter dem Aspekt der interkulturellen Anforderungen an das Management

Die sechs chinesischen Gäste kamen früh morgens am Londoner Heathrow Airport an[1]. Sie wurden zum Hotel gefahren und anschließend zur offiziellen Begrüßung an die Zentrale des britischen Unternehmens. Dort mussten sie zunächst einmal eine Viertelstunde in einem kleinen Besprechungszimmer warten, bis alle britischen Teilnehmer anwesend waren und der Gastgeber, Verkaufs- und Marketingdirektor für China, ein wichtiges Telefongespräch aus Übersee erledigt hatte. In der Zwischenzeit stellten sich die Briten inoffiziell vor und versuchten, Smalltalk zu machen. Dies war schwierig, denn die Delegation hatte trotz Abmachung keinen Dolmetscher dabei. Ein Dolmetscher wurde relativ schnell gefunden aber die Gespräche liefen schleppend. Als der Verkaufsdirektor kam, konnte die Sitzung endlich beginnen. Der Gastgeber redete fast die ganze Zeit, stellte seine Kollegen vor und erläuterte das Besuchsprogramm. Nachdem der offizielle Teil nun vorbei war, wurde ein bisschen geplaudert. Zwei Chinesen ergriffen die Initiative und hielten kurze Reden, um sich für die Begrüßung zu bedanken.

Die zweite Delegation enthielt auch sechs chinesische Ingenieure. Sie kamen schon am Tag vor der ersten Sitzung in London an. Weil es Sonntag war, taten sie weiter nichts, als sich zu erholen. Die Begrüßung am nächsten Vormittag fand im gleichen kleinen Besprechungszimmer statt wie bei der ersten Gruppe. Diesmal war ein technischer Dolmetscher anwesend, weil man aus der ersten Sitzung gelernt hatte, dass technische Kenntnisse notwendig waren. Die Begrüßungssitzung lief glatt und ohne Wartezeiten ab. Der Gastgeber, diesmal der Betriebsdirektor, hieß die Gäste willkommen, ließ die britischen Mitarbeiter sich vorzustellen und bat die Chinesen anschließend sich vorzustellen. Danach stellte er das Unternehmen kurz vor. Diese Sitzung war kürzer als die erste, endete aber auch mit Smalltalk und Vorbereitungen für eine Standortbesichtigung.

Welche Sitzung war erfolgreicher? Die Chinesen fanden die erste Sitzung sowie die Vorbereitungen gut. Das Warten machte ihnen nichts aus. Sie lobten die Gastgeber für ihre Flexibilität und ihre Bereitschaft, das Besichtigungsprogramm kurzfristig zu ändern. Die zweite Delegation war wiederum sehr unglücklich über die Begrüßung. Sie ließen das für sie geplante Training streichen und bestanden darauf, die Zeit stattdessen mit Sehenswürdigkeiten und Einkaufen zu

---

[1] Diese beiden Beispiele wurden entnommen aus: Spencer-Oatey, Helen & Jianyu Xing, Managing Rapport in Intercultural Business Interactions: A Comparison of Two Chinese-British Welcome Meetings. Zu lesen bei http://intercultural.org.uk/?publications/5.pdf. Wird im Journal of Intercultural Studies veröffentlicht.

verbringen. Am Ende des Besuches stritten sie mit den Gastgebern fünf Stunden lang über verschiedene Themen. Was war schief gelaufen?

Das war ein alltägliches Ereignis im interkulturellen Management. Die Chinesen fanden die Sitzordnung beleidigend (der Gastgeber saß am Tischende, die Chinesen an den Seiten): „Bei gleichem Status sollen die Gruppen sich gegenüber sitzen". Auch die Begrüßungsrede gefiel ihnen nicht. Der Gastgeber hatte zwar die guten Arbeitsbeziehungen zu den Chinesen gelobt, die Bedeutung der chinesischen Aufträge für sein Unternehmen gewürdigt und seiner Hoffnung auf eine Fortsetzung der guten Zusammenarbeit Ausdruck verliehen. Die Chinesen meinten aber, die Briten hätten sich nicht ausreichend dankbar für die in der schwierigen Wirtschaftslage lebenswichtigen Aufträge gezeigt. Der Delegationsleiter war sauer, weil er keine Gelegenheit bekam, eine Antwortrede zu halten.

Der britische Betriebsdirektor war verblüfft, als man ihn aufklärte: Er habe doch die Besucher (für britische Verhältnisse) sehr gelobt. Er hatte den Leiter der chinesischen Delegation nicht um eine Gegenrede bitten wollen, um das Treffen informell und ungezwungen zu gestalten. Mit anderen Worten: Er hatte es gut gemeint. So etwas kann sehr teuer werden.

10.1 Die Kosten des interkulturellen Missmanagements

Das sind nur drei von vielen Missverständnissen, die in diesem kurzen Trauerspiel vorkommen, aber die Bedeutung ist klar: Auch wenn beide Gruppen es gut miteinander meinen, können interkulturelle Probleme auftreten und diese sind genau so geschäftsschädigend wie ein schlechtes Produktdesign oder eine ineffiziente Arbeitsorganisation.

Beispiele von der kostspieligen Fehleinschätzung kultureller Unterschiede gibt es genug. Hier einige aus Beratungsprojekten in Deutschland:

■ Die Automobilfirma, deren Führungskräfte glaubten, „Hire and Fire" sei in den USA ohne weiteres überall möglich und nicht wussten, dass die Aufnahme in Nachwuchsprogramme nicht altersabhängig gemacht werden darf.[2]

■ Das Software-Unternehmen, das Spezialisten mit einer „Green Card" nach Deutschland holte, ohne einen Plan für deren Integration zu haben. Wie immer wieder festzustellen ist: Die Beherrschung einer gemeinsamen Sprache (ob Deutsch oder Englisch) erschwert oft das Problem statt es zu erleichtern, weil man irrtümlicherweise glaubt, nun ohne weiteres miteinander kommunizieren zu können.

■ Die Banken, die lange brauchten, um zu erkennen, dass bei Investment Banking – ob man es mag oder nicht – grundsätzlich eine angelsächsische Kultur herrscht. Die Lehre der 90er Jahre war doch, es reicht nicht in New York oder London präsent zu sein, man muss sich auch wie die Einheimischen verhalten.

---

2   Siehe Walsh, Ian: Nachwuchsprogramm – Vorruheständler willkommen, in Personalwirtschaft 2/2000

- Die globalen Key-Account-Teams eines Maschinenbauers, deren Zusammenarbeit durch Mangel an interkulturellen Fähigkeiten beeinträchtigt wurde. Die Amerikaner in den Teams hielten die Deutschen für unhöflich und arrogant, die Deutschen konnten wiederum nicht verstehen, warum sich die Amerikaner unklar ausdrückten.

- Die virtuellen Entwicklungsteams einer IT-Dienstleistungsfirma, deren gemeinsame Sprache (Englisch) nicht ausreichte, um Konflikte effektiv zu managen. Globale Teambildung braucht mehr als nur die beste Konferenz-, Informations- und Kommunikationstechnologie. Man muss auch die unterschiedlichen kulturellen Spielregeln kennen und anwenden.

- Der Luft- und Raumfahrtkonzern, dessen internationale, hoch qualifizierte Ingenieure sich nicht auf ein gemeinsames Vorgehen bei Präsentationen einigen konnten.

In den meisten dieser Unternehmen fand kein adäquates interkulturelles Training statt. Man ist sich des Problems zwar bewusst, meint es aber irrtümlicherweise allein durch Sprachtraining und Geschäftsetikette-Kurse (geeignete Gastgeschenke, den japanischen Geschäftspartner nicht auf die Schulter klopfen, der Freundin des türkischen Kollegen keine Komplimente machen, usw.) zu meistern. Solche Lösungsansätze reichen nicht aus, denn die guten Umgangsformen müssen in jedem Land neu gelernt werden und die Beherrschung einer Sprache garantiert nicht, dass man verstanden wird: Die USA und Großbritannien sind bekanntlich zwei Länder, die durch eine gemeinsame Sprache getrennt sind.[3]

10.2 Entwicklung interkultureller Managementfähigkeiten

Da ist schon ein großer Unterschied, sich erfolgreich im Auslandsurlaub „durchzuwursteln" oder sich beruflich in interkulturellen Situationen professionell zu verhalten. Für das Erste reichen meistens einige Sprachkenntnisse, ein freundliches Lächeln und vielleicht ein bisschen Mut. Für das Zweite braucht man bestimmte Fähigkeiten, die gelernt und trainiert werden müssen. Folgende Themen gehören zur Grundausbildung einer Führungskraft, die international tätig ist (und auch für die Mitarbeiter):

- Analyse-Werkzeuge verstehen und anwenden

- Dialog als Lerninstrument

- Multikulturelle Arbeitssitzungen und Präsentationen

- Internationale Teamfähigkeiten entwickeln

- Worauf der/die Deutsche aufpassen muss

- Chancen der kulturellen Verschiedenheit nutzen

---

[3] George Bernard Shaw

10.2.1 Analyse-Werkzeuge verstehen und anwenden

Für eine Führungskräfte-Grundausbildung reichen Themen wie „Japanische Verhandlungstechniken" oder „Tischmanieren in Saudi-Arabien"nicht aus. Vielmehr müssen Manager generell in der Lage versetzt werden, sich auf andere Kulturen zu sensibilisieren, damit sie Unterschiede rechtzeitig merken und sich danach ausrichten können.

Ein inzwischen verbreitetes Werkzeug bilden die von Fons Trompenaars entwickelten „kulturellen Dimensionen".[4] Diese entstanden aus der Auswertung einer Befragung über zehn Jahre von mehr als 15000 Führungskräften in 28 Ländern. Die wichtigsten dieser Dimensionen für Führungskräfte sind:

- Universalismus vs. Partikularismus: Achten die Leute auf Regeln und Gesetze oder ziehen sie einen flexiblen, situationsbedingten Ansatz vor?

- Individualismus vs. Kollektivismus: Ist das persönliche Ziel und die persönliche Leistung wichtiger als Gruppenziele und die Gruppenleistung?

- Neutral vs. Affektiv: Werden Emotionen unterdrückt oder werden sie offen gezeigt?

- Spezifisch vs. Diffus: Wie wichtig sind persönliche Beziehungen für das Geschäft (spezifisch = Geschäft geht vor Beziehung, diffus = Beziehung geht vors Geschäft)

- Leistung vs. Zuschreiben: Legitimation von Macht und Status. Hängen Status und Macht von der Leistung ab oder von gesellschaftlichen Faktoren wie Alma Mater, Familie, Alter?

Mit diesen Dimensionen kann man eine Kultur relativ zu einer anderen bewerten. Je nachdem, wie eine Kultur auf der Skala eingestuft wird, können unterschiedliche Konsequenzen für das Verhalten im Geschäftsleben gezogen werden. Was das für den praktischen Umgang mit Geschäftspartnern bedeutet, kann anhand einer der Dimension (universal/partikular) in folgender Situation gezeigt werden: Sie sind Passagier im Auto eines Freundes, als dieser einen Fußgänger überfährt. Sie wissen, Ihr Freund ist zu schnell gefahren. Der Anwalt Ihres Freundes sagt, wenn Sie unter Eid aussagen, die Geschwindigkeit sei 30 km/h gewesen, dann kann dem Freund nichts Schlimmes passieren. Was machen Sie?

Laut Trompenaars reagieren Schweizer, US-Amerikaner und Nordeuropäer fast ohne Ausnahme „universalistisch" d.h. das Gesetz geht vor, es wird nicht gelogen. Nur 70% der Franzosen und Japaner würden ähnlich handeln, während zwei Drittel der Chinesen und Venezuelaner lügen würden, um den Freund zu retten. Hier gibt es aus interkultureller Sicht kein richtiges oder falsches Verhalten, nur unterschiedliche Perspektiven[5]. Der Manager, der international tätig ist, muss aber die verschiedenen Perspektiven in Einklang bringen (siehe Tabelle 10-1).

---

[4] Trompenaars, A., Hampden-Turner, Charles: *Riding the Waves of Culture*, Economist Books, London, 1993

[5] siehe dazu auch Walsh, Ian: Interkulturelles Management – neue Spielregeln lernen, in Lukas, Andreas, Vetter, Ulrike M., Management 1993, Wiesbaden 1993

Tabelle 10-1: *In Anlehnung an Trompenaars, adaptiert durch Hoecklin*[6]

Universalismus	Partikularismus
Fokus auf Regeln	Fokus auf Beziehungen
Vertrauenswürdig heißt: – Ehrenwort halten	Vertrauenswürdig heißt: – veränderten Umständen Rechnung tragen
Nur eine Wahrheit/ Wirklichkeit	Mehrere Perspektiven der Wirklichkeit
Beispiele: USA, Deutschland, UK	Beispiele: China, Venezuela

10.2.2 Dialog als Lerninstrument

Eine der gefährlichsten Situationen tritt auf, wenn zwei Gesprächspartner sich sprachlich (z. B. auf Englisch) aber nicht kulturell verstehen. Ohne es zu merken, reden sie aneinander vorbei. Ausgehend von Konzepten, die ursprünglich in den 70er Jahren für die US-Armee entwickelt wurden, verstand es vor allem Craig Storti, den interkulturellen Dialog als Lernmethodik zu nutzen.[7] Folgender Dialog ersetzt Bücher, wenn es darum geht, Mentalitätsunterschiede zwischen Europa und dem Nahen Osten zu verstehen:

Peter: Ich habe heute den Zollbeamten gesehen.

Hassan: Oh, gut!

Peter: Er sagte mir, Sie haben nicht mit ihm über die Freigabe der Lieferung gesprochen.

Hassan: Das tut mir Leid, Sir.

Peter: Eigentlich sagte er, dass Sie ihm gänzlich unbekannt sind.

Hassan: Das kann sein, Sir.

Peter: Aber als ich Sie fragte, ob Sie ihn kennen und mir helfen könnten, sagten Sie, Sie würden es versuchen.

Hassan: Ja.

Peter: Aber das stimmte doch nicht. Sie kennen ihn nicht und Sie haben nicht mit ihm gesprochen.

Hassan: Verzeihen Sie, Sir. Ich wollte nur behilflich sein.

Hassan wurde erzogen, auf eine Bitte immer positiv zu reagieren, ob er tatsächlich helfen kann, oder nicht. Gute Manieren sind wichtiger als „die Wahrheit". Ein Araber hätte verstanden, dass

---

[6] Hoecklin, Lisa Adent, *Managing cultural differences for competitive advantage*, Economist Intelligence Unit Special Report No. P656, London 1993

[7] siehe Storti, Craig: Cross-Cultural Dialogues, Intercultural Press, 1994. Storti, Craig: Old World, New World – Bridging Cultural Differences, Intercultural Press, 2001. Der Verfasser hat die Dialog-Beispiele in diesem Abschnitt leicht adaptiert und ins Deutsche übersetzt.

das Angebot nicht buchstäblich zu interpretieren ist, sondern als Zeichen des guten Willens. Hilfe abzulehnen oder zu sagen, dass man den Zollbeamten nicht kenne, wäre sehr unhöflich. Er kennt ihn zwar selber nicht aber vielleicht kennt er jemanden, der ihn kennt. So lange eine Chance besteht, dem Geschäftsfreund zu helfen, gibt es keinen Grund, ihn durch Unhöflichkeit zu beleidigen. Aus seiner Perspektive erwartet Hassan, dass Peter abwartet, ob etwas daraus wird oder nicht. Wenn nicht, sollte dieser davon ausgehen, dass nichts möglich war und eine andere Lösung suchen. Stattdessen bringt er Hassan in Verlegenheit und wirft ihm sogar Verlogenheit vor!

Deutsche Direktheit wird oft als unhöflich empfunden, wie im folgenden Gespräch mit einem Amerikaner (es hätte genauso gut ein Franzose bzw. ein Engländer sein können!)

Jim: Der Dieter ist wirklich unhöflich!

Iris: Wieso?

Jim: Er sagte, mein Büro sei ganz schön unordentlich.

Iris: Aber es stimmt doch.

Jim: Und er sagte, das macht einen schlechten Eindruck, wenn Besuch da ist.

Iris: Aber warum sagst Du, er sei unhöflich?

Iris versteht, dass Dieter Jim helfen möchte, denn er hat doch Recht: Das Büro ist in der Tat unordentlich und das macht einen schlechten Eindruck auf Besucher. Ihm nichts zu sagen, wäre unhöflich. Für andere Kulturen kann diese direkte Art aber beleidigend und intolerant wirken.

10.2.3 Multikulturelle Arbeitssitzungen und Präsentationen

Arbeitssitzungen dauern bekanntlich meist zu lang und sind unproduktiv. Multikulturelle Arbeitssitzungen sind noch mehr dieser Gefahren ausgesetzt. Zusätzlichen zu den üblichen Sprachproblemen haben die Teilnehmer möglicherweise auch ein unterschiedliches Verständnis von Pünktlichkeit, Entscheidungsfindung und Präsentationsstil. In einem multinationalen Unternehmen baute man das Thema Arbeitssitzung in das interkulturelle Führungskräfteentwicklungsprogramm ein[8].

Foseco ist ein führender Hersteller und Entwickler für Produkte und Verfahren, die in Gießereien weltweit zum Formen und Gießen sowie zur Schmelzebehandlung verwendet werden. Ziel des interkulturellen Trainings war es u. a. eine bessere Basis für die Zusammenarbeit zu schaffen.

Zu den Trainingsinhalten gehörten Themen, die als interkulturelle Minenfelder gelten: Richtig Zuhören, kultureller Stress (Umgang mit Zweideutigkeit und unterschiedlichen Perspektiven), Gesichtsverlust und Gesichtswahrung, Umgang mit Humor, Schweigen als Instrument. Dazu kamen Themen, die von den Teilnehmern selbst als Problemfelder definiert worden waren:

---

8   Hurn, Brian J., Jenkins, Michael: International peer group development. In Industrial and Commercial Training, Vol. 2, Number 4, 2000.

Begrüßungen, Höflichkeitsgrad, Smalltalk, Verabschiedung, Geschenke, Status der Frauen und Körpersprache.

In Arbeitsitzungen kommen einige dieser Themen zusammen. Bei Foseco wurde die Notwendigkeit erkannt, einen fähigen Moderator einzusetzen, der alle Teilnehmer einbinden konnte. Folgende Erfolgsfaktoren stellten sich für interkulturelle Sitzungen heraus:

- Detaillierte Vorbereitungen

- Akzeptanz der Notwendigkeit, einen Konsens zu finden

- Klare Ziele

- Teilnehmer aus einer geeigneten Hierarchieebene

- Klare Erwartungen

- Kultursensible Moderation

- Eine vorher abgestimmte Tagesordnung

- Dem Sozialisierungsbedarf Rechnung tragen

- Bewusstsein für und Umgang mit Sprachproblemen

Damit es keine Überraschungen bzw. „hidden agendas" gibt, ist außerdem der in Deutschland und Großbritannien beliebte Tagesordnungspunkt „Sonstiges / any other business" zu vermeiden!

Ebenfalls wird die Art zu präsentieren durch die bisher angesprochenen, unterschiedlichen Kulturmuster beeinflusst. Typisch dabei ist der Gebrauch oder Nicht-Gebrauch von Humor. Während der Witz als Eisbrecher sehr gut in angelsächsischen Kulturen ankommt, kann er in anderen Kulturen eher befremdend wirken. Es ist generell auch eine kulturelle Frage, inwieweit eine Präsentation unterhalten, informieren, Wissen dokumentieren soll bzw. welche Mischung für welche Zielgruppe geeignet ist. Darüber hinaus muss auch beachtet werden, ob Informationen rein verbal oder auch durch den emotionalen Ton kommuniziert werden. In europäischen-amerikanischen Kulturen liegt der Schwerpunkt eher auf verbaler Kommunikation. In Japan, den Philippinen, Korea und China wiederum ist der Anteil verbalen Inhaltes relativ gering – nicht-verbale Hinweise wie die Tonlage spielen hier eine wichtige Rolle.[9]

10.2.4 Internationale Teamfähigkeiten entwickeln

Teamfähigkeit muss gelernt und weiterentwickelt werden. Die Herausforderungen sind groß genug. Wenn eine interkulturelle Komplikation dazu kommt, ist es nicht verwunderlich, wenn multinationale Teams nicht funktionieren.

---

[9] Siehe hierzu beispielsweise Ishii, Keiko, Reyes, Jose Alberto, Kitayama, Shinobu: Spontaneous Attention to Word Content versus Emotional Tone – Differences among three Cultures. Zu lesen bei: http://lynx.let.hokudai.ac.jp/members/ishii/jose.pdf. Wird veröffentlicht in Psychological Press.

Tabelle 10-2 zeigt eine typische Checkliste für die effektive Teamarbeit sowie die Probleme, die in einem interkulturellen Zusammenhang aufkommen können. So kann die Sprache einen Einfluss auf die Zielklarheit haben: Eine implizite Sprache wie Englisch oder Französisch gibt nicht die Genauigkeit der expliziten deutschen Sprache wider. Selbst eine gemeinsame, gut beherrschte Arbeitssprache ist, wie wir schon gesehen haben, keine Garantie für die gute Kommunikation.

Bei der Zeitplanung sind die unterschiedlichen Interpretationen von Pünktlichkeit zu berücksichtigen: Bedeutet „15 Tage" genau fünfzehn Tage oder ist das ein ungefährer Wert, der zwischen vierzehn und siebzehn schwanken kann?

Die kulturellen Dimensionen von Fons Trompenaars können auch eine Rolle spielen. Ein Beispiel: Gut eingeschworene Teammitglieder sollen ihren Gefühlen Ausdruck geben soll. Nur dass fällt „neutralen" Kulturen (z. B. Japan, Finnland) nicht leicht. Eher das Gegenteil – die Gefühle zu verstecken – wird hier als erstrebenswert angesehen.

Und wie ist das mit der gegenseitigen Unterstützung, wenn man in einer individualistischen Kultur groß geworden ist? Der Autor erinnert sich an einen Beratungseinsatz beim Key-Account-Team eines Automobilzulieferers in Deutschland, als ein Mitglied die Meinung äußerte, der Teamansatz sei in Ordnung, solange er nach seiner individuellen Leistung bezahlt würde!

Konfliktmanagement kann auch unterschiedlich gehandhabt werden. Wo Gesichtsbewahrung als Tugend betrachtet wird, da werden Konflikte eher vermieden als angegangen.

Gute Absichten scheitern oft an kulturellen Barrieren. Eine partizipative Arbeitsweise kann durch die faktische (sprachliche) Dominanz von Muttersprachlern im internationalen Team verhindert werden, oder durch den unterschiedlichen hierarchischen Status einzelner Mitglieder.

Tabelle 10-2: *Checkliste für ein effektives Team – potenzielle Probleme der interkulturellen Teamarbeit*

Kriterien für effektive Teamarbeit	Typische interkulturelle Probleme
1. Klare Ziele	Explizit vs. implizit
2. Gute Kommunikation	Missverständnisse trotz gemeinsamer Sprache
3. Effektive Zeitplanung	Was ist Pünktlichkeit?
4. Ausdruck von Gefühlen	Neutral vs. Affektiv
5. Gegenseitige Unterstützung	Individualismus vs. Kollektivismus
6. Umgang mit Konflikten	Konflikte werden als unfein gesehen
7. Partizipation	Wenige Dominierende (Sprache? Status?)
8. Interesse/Wertschätzung	Wenig Verständnis fürs „Fremde"
9. Vertrauen/Akzeptanz	Misstrauen durch Unverständnis
10. Rollenklarheit	Mögliche Rollen nicht verstanden

Die gewünschte gegenseitige Wertschätzung wird nicht zu Stande kommen, solange es wenig Verständnis für „fremde" Vorgehensweisen und Bräuche gibt. Unverständnis dafür kann auch zu Misstrauen führen, was keine Voraussetzung für eine gute Teamarbeit wäre.

Und schließlich hat die Rollenklarheit nur Sinn, wenn der Begriff an sich eine Bedeutung hat, was nicht unbedingt immer gegeben ist, weil die Individualisierung von Rollen eher ein abendländisches Konzept ist.

Für virtuelle Teams gelten diese Überlegungen umso mehr, als die Kontaktmöglichkeiten meist auf Telefon, E-Mail, Videokonferenz und Intranet beschränkt sind.

10.2.5 Worauf der/die Deutsche aufpassen muss

Tabelle 10-3 erklärt sich von selbst. Sie beinhaltet die Gefahren (und Vorurteile), denen Deutsche in multikulturellen Situationen ausgesetzt sind. Die Vorurteile kommen allerdings nicht ganz von allein, denn sie beruhen letztendlich auf bestimmten typischen Verhaltensmustern, die sich falsch verstehen lassen können.

Tabelle 10-3:   *Erkenne dich selbst! Typische deutsche Verhaltensweisen und wie diese falsch interpretiert werden können*

Deutsches Verhalten	Hintergrund	Wird manchmal missverstanden als
Nicht überschwänglich loben („net g'schimpft isch Lob g'nug")	Nüchtern und sachlich bleiben	Die Deutschen schätzen unsere Arbeit nicht
Regeln einhalten	Fair sein	Die Deutschen sind Konformisten
Berechenbar sein	Ungewissheit vermeiden	Die Deutschen sind Konformisten
Immer Klartext sprechen	Es ist rücksichtslos und unehrlich, die Wahrheit nicht zu sagen	Die Deutschen sind unhöflich und unsensibel
Sachlich präsentieren	Inhalte wichtiger als Form	Die Deutschen sind langweilig
Improvisieren heißt schlecht organisiert	Möglichst wenig dem Zufall überlassen	Ohne genaue Anleitung sind die Deutschen verloren
Kritik äußern	Verbesserungen sind immer möglich	Die Deutschen sind nie zufrieden
Guten Tag sagen (z. B. beim Eintritt ins Restaurant)	Höflichkeit, andere Menschen wahrnehmen	Typisch deutsch: Aufgepasst, hier komme ich!

Man hört schon den Einwand: Warum müssen immer wir die Fremdsprachen lernen? Warum müssen immer wir interkulturelle Fähigkeiten entwickeln, wenn die Anderen ihren Vorurteilen freien Lauf lassen?

Für die Führungskräfteentwicklung ist die Antwort klar und eindeutig: Dadurch entwickelt man einen Wettbewerbsvorteil, deshalb ist hier gekränkter Stolz vollkommen fehl am Platz!

Denn Wettbewerbsvorteile werden heute bekanntlich durch ein gutes Management der „weichen" Faktoren – im Gegensatz zu den „harten" Faktoren wie Kosten, Anlagen, Technologie usw. – erreicht. Solche Wettbewerbsvorteile kommen durch das Realisieren des menschlichen Potenzials im Unternehmen, durch die Fähigkeit, schnell zu lernen, durch die Synergiewirkung der Teamarbeit und durch die Nutzung kultureller Vielfalt im internationalen Geschäft zu Stande, was man insgesamt als Management des Humankapitals bezeichnet[10].

10.2.6 Chancen der kulturellen Verschiedenheit nutzen

Kulturelle Verschiedenheit gilt meist als Problem, das es zu lösen gilt. Führungskräfte müssen aber lernen, Kulturunterschiede als Chance, als Ressource zu sehen[11].

So konnte Frank Nuovo, Chefdesigner von Nokia, einige Innovationen einführen, gerade weil er kulturell weit entfernt von der Engineering-orientierten Mentalität der europäischen Handy-Hersteller war. Der Kalifornier merkte einmal, dass keiner im Raum wusste, welches Telefon gerade klingelte – denn alle klangen gleich – und kam auf die Idee unterschiedliche Klingeltöne in Nokia-Handys einzubauen. Auch merkte er, dass die Kalifornier ihre Mobiltelefone mehr als Modeaccessoires denn als Technologiegeräte betrachteten. Diese Erkenntnis führte zu austauschbaren Oberschalen in verschiedenen Farben. Das Handy war schon zum Konsumartikel geworden.

In der Musikindustrie kommen die weltweiten Hits aus New York, Los Angeles oder London. Basis ist die englische Sprache. Musikproduzenten aus anderen Ländern müssen also dafür sorgen, dass ihre Protegés in Englisch singen, wenn sie einen Hit außerhalb der eigenen Landesgrenzen landen wollen. PolyGram wiederum hatte die Idee, Artisten mit transnationalem Potenzial zu suchen und entwickelte dabei zwei große Märkte. Der erste umfasst Lateinamerikaner, Hispano-Amerikaner und Spanier. Der andere besteht aus den 60–100 Millionen im Ausland lebenden Chinesen, die cantonische Popmusik – genannt „Canto" – lieben.

Ein drittes Beispiel: Für das globale Geschäft werden zunehmend Allianzen notwendig. Die 1000 größten europäische Unternehmen wickeln schon über 30 % des Geschäftes mit Partnern ab[12]. In solchen Partnering-Prozessen spielen interkulturelle Probleme oft eine bedeutende

10 Siehe Walsh, Ian: Messung des Humankapitals. In: Human Resource Management. Hrsg. v. Wollert, Artur. (November 2002). Fachverlag Deutscher Wirtschaft
11 Beyond the diversity problem, INSEAD Quarterly, Vol.1, Issue 2, 2002, Seiten 17–19. Der Beitrag zitiert Forschungsergebnissen der INSEAD-Professoren Doz, Santos und Williamson.
12 Schätzung von Bryan Associates, Rhode Island NJ, USA (unveröffentlicht)

Abbildung 10-1: *Ein Modell des interkulturellen Lernens*[13]

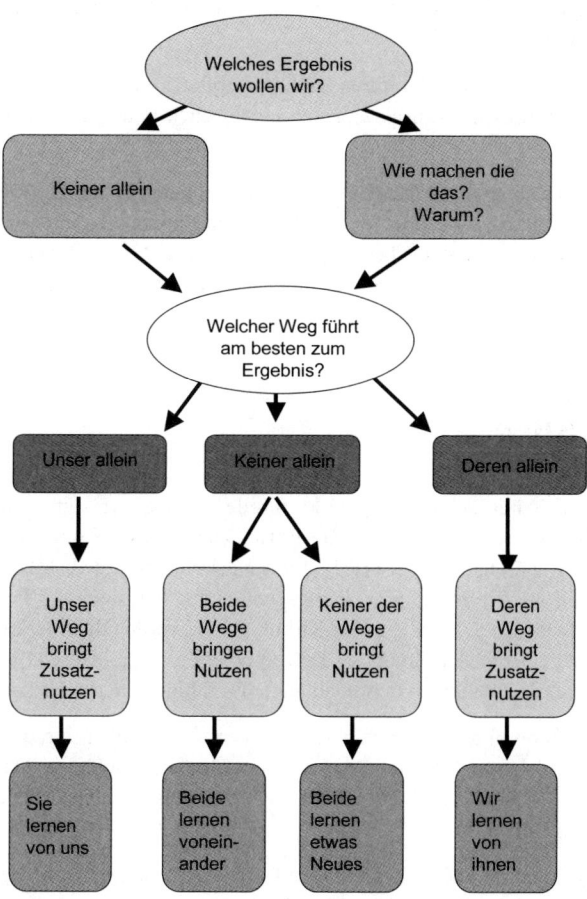

Rolle. Infolgedessen kann eine Steigerung der Allianz-Effektivität um nur 25% das Gewinn-potenzial enorm steigern.

Um solche Chancen zu nutzen, gilt es, folgende Fragen zu beantworten:

■ Welche kulturellen Normen und Werte führen dazu, dass bestimmte Managementtechniken, Strukturen und Prozesse in einer Kultur so angewandt werden wie sie angewandt werden?

---

13 nach Hoecklin, Lisa Adent, *Managing cultural differences for competitive advantage*, Economist Intelligence Unit Special Report No. P656, London 1993

■ Welche Elemente dieser Managementtechniken, Strukturen und Prozesse bieten interessante, herausfordernde oder innovative Ansätze für eine andere Kultur?

■ Welche Synergiepotenziale bestehen, wenn man diese Methodiken im Sinne einer „best practice" implementiert?

Hier geht es nicht darum, fremde Kulturen „aufzupfropfen", wie Anfang der 90er Jahre in unzähligen Diskussionen über die Einführung von japanischen Lean-Management-Techniken behauptet wurde.[14]

Solche Fragen lassen sich auch als Benchmarking-Instrumente für interkulturelle Teams anwenden, wie in der Abbildung 10-1. Man fragt sich, warum die anderen ein bestimmtes Vorgehen haben und ob dieses nicht eventuell besser geeignet sei, ein Ziel zu erreichen, als das eigene. Dieser Prozess der interkulturellen Synergiefindung kann auch bei Firmenzusammenschlüssen von Vorteil sein.

10.3 Ausblick

Im Globalisierungszeitalter gehört die interkulturelle Kompetenz zum Grundfähigkeitsprofil jeder höheren Führungskraft. Heute wird die Entwicklung dieser Kompetenz aber meist dem Zufall überlassen – wie nicht so lange her die Führungskompetenz selbst. Dass Führung gelernt und weiterentwickelt werden muss, wird inzwischen akzeptiert, doch der Fokus liegt noch auf der Führung von Menschen aus der eigenen Kultur. Dabei werden die interkulturellen Anforderungen an das Management vernachlässigt, die von einem globalen Geschäft gestellt werden, in dem man um Märkte, Kapital und zunehmend auch um fähige Mitarbeiter konkurrieren muss.

Leider versteht man unter interkulturellem Management noch immer nur, dass man einem Araber die Schuhsohlen nicht zeigt. Es hat also etwas mit allgemeinen Umgangsformen zu tun: Die Personalentwicklungsmaßnahmen beschränken sich dementsprechend auf Etikette und Sitten im Ausland sowie Sprachunterricht[15].

Dass eine solche Mentalität geschäftsschädigend sein kann, liegt auf der Hand. Um Gefahren zu vermeiden und Chancen aufzugreifen, brauchen wir heute Manager, die die interkulturellen Anforderungen als Bestandteil der originären Führungsaufgabe begreifen, nämlich als Steuerung eines kontinuierlichen Entwicklungsprozesses, der letztendlich das gesamte Unternehmen umfasst.

---

14 Walsh, Ian: Lean Management – Must we Europeans become Japanese? In: Interkulturelles Management – Abschied von der Provinzialität. Hrsg. Dana Schuppert, André Papmehl, Ian Walsh. Wiesbaden 1994
15 Walsh, Ian: Manager müssen umlernen. In: die tageszeitung, 1./2.04.2000

Abstract

Schlechtes interkulturelles Management kostet viel Geld. Gutes interkulturelles Management eröffnet wiederum die Chance, Wettbewerbsvorteile aufzubauen. Interkulturelle Management-fähigkeiten gehören daher zur Grundausbildung jeder international tätigen Führungskraft. Voraussetzung ist es aber, dass sich die Personalentwicklung vom alten Modell der Sprach- und Etikettetrainings löst und interkulturelles Management als strategisches Thema versteht.

Literatur

HOECKLIN, L. ADENT (1993): Managing cultural differences for competitive advantage, Economist Intelligence Unit Special Report No. P656, London

HURN, B. J., JENKINS, M.: International peer group development. In Industrial and Commercial Training, Vol. 2, Number 4, 2000

ISHII, K.; REYES, J. A.; KITAYAMA, S.: Spontaneous Attention to Word Content versus Emotional Tone – Differences among three Cultures, Psychological Press, http://lynx.let.hokudai.ac.jp/members/ishii/jose.pdf.

o.V. INSEAD Quarterly, Vol. 1, Issue 2, 2002, S. 17–19 Beyond the diversity problem. Der Beitrag zitiert Forschungsergebnisse der INSEAD-Professoren Doz, Santos und Williamson.

SPENCER-OATEY, H. UND JIANYU XING: Managing Rapport in Intercultural Business Interactions, A Comparison of Two Chinese-British Welcome Meetings. Journal of Intercultural Studies, http://intercultural.org.uk/?publications/5.pdf

STORTI, C.: Cross-Cultural Dialogues, Intercultural Press, 1994.

STORTI, C.: Old World, New World – Bridging Cultural Differences, Intercultural Press, 2001

TROMPENAARS, A. UND HAMPDEN-TURNER, C. (1993): Riding the Waves of Culture, Economist Books, London

WALSH, I. (1993): Interkulturelles Management – neue Spielregeln lernen, in LUKAS, ANDREAS, VETTER, ULRIKE M.: Management 1993, Wiesbaden

WALSH, I.: Nachwuchsprogramm – Vorruheständler willkommen, in: Personalwirtschaft 2/2000

WALSH, I. (2002): Messung des Humankapitals, in: Human Resource Management. Hrsg. v. WOLLERT, A., Fachverlag Deutscher Wirtschaft

WALSH, I. (1994): Lean Management – Must we Europeans become Japanese? in: Interkulturelles Management – Abschied von der Provinzialität. Hrsg. SCHUPPERT D.; PAPMEHL A.; WALSH I.; Wiesbaden

WALSH, I.: Manager müssen umlernen. In: die tageszeitung, 1./2.04.2000

Frank Zils

11 T.E.A.M. Media
Ein Mitarbeiterentwicklungs-Programm als Beitrag zur Employability

11.1 Hintergrund

Die Anforderungen an die Kompetenzen und die Qualifikation der Mitarbeiter sind komplexer geworden. Der Typus des fluiden Mitarbeiters ist gefordert: Gute fachliche Ausbildung, systematische Vertiefung der Fachkenntnisse, breite Basis an kommunikativen und sozialen Kompetenzen, Fähigkeit zum Blick für das Ganze und zum Blick über den Tellerrand der Abteilung bzw. der Organisationseinheit hinaus und Bereitschaft zu lebenslangem Lernen. Personalentwicklung steht von daher vor neuen Herausforderungen, die nur im Rahmen einer strategisch ausgerichteten Entwicklung der Mitarbeiter gemeistert werden können. Zeitgemäße Personalentwicklung muss in Anlehnung und Ableitung der strategischen Ziele eine bedarfsorientierte, systematische und nicht zuletzt betriebswirtschaftlich verantwortbare Entwicklung der Mitarbeiter leisten. Vor diesem Hintergrund ist Personalentwicklung immer auch mit der Organisationsentwicklung verschränkt. Dass Personalentwicklung bedeutsam für die Entwicklung des Unternehmens ist, ist inzwischen konsensfähig und bedarf keiner ausführlichen Erklärung. Inwieweit dann aber wirklich Ressourcen (finanzielle und personelle) eingesetzt werden, um Personalentwicklung konsequent und professionell voranzubringen, ist bisweilen fraglich. Spätestens mit den Budgetverhandlungen kommt die Nagelprobe. Erfolgreiche Unternehmen setzen jedoch gerade in wirtschaftlich angespannten Zeiten auf eine kontinuierliche und v.a. systematische Personalentwicklung. Hier ist der Blick für das Wesentliche notwendig. Kluge Konzepte sowie zukunftsfähige und innovative Maßnahmen sind gefordert, um die einzelnen Mitarbeiter sowie die Organisation als Ganze zielstrebig nach vorne zu bringen. Partielle Einzelmaßnahmen, die ausschließlich von externen Trainern durchgeführt werden, sind längst out. Vielmehr sind verzahnte und mehrschichtige Projekte der Personal- und Organisationsentwicklung gefragt, bei denen zunehmend auch interne Ressourcen (z. B. Mitarbeiter oder Führungskräfte als Trainer) eingesetzt werden. Strategisch bedeutsame PE-Programme leisten einen Beitrag zur Organisation wie zur Personalentwicklung.

Die Matrix in Abbildung 11-1 zeigt den Zusammenhang von Personal- und Organisationsentwicklung. Strategische Personalentwicklung wird Maßnahmen in allen vier Quadranten durchführen und insbesondere Programme initiieren, die Elemente der Organisationsentwicklung wie der Personalentwicklung enthalten.

Abbildung 11-1: *Zusammenhang von Personal- und Organisationsentwicklung nach Sattelberger, 1996, S. 29*

11.2 Ausgangslage

Im Folgenden wird ein Programm zur Mitarbeiterentwicklung dargestellt, das erstmals 2002 bei der Saarbrücker Zeitung durchgeführt wurde. Das Programm wurde vor dem Hintergrund folgender Praxiserfahrungen und strategischer Zielsetzungen entwickelt:

Junge bzw. angehende Führungskräfte werden in der Regel gefördert und bisweilen sogar mit Seminaren und Entwicklungsmaßnahmen überhäuft. Hingegen bleiben Mitarbeiter, die keine Führungsaufgaben bzw. herausgehobenen Sonderaufgaben übernehmen meist unberücksichtigt, wenn systematische und umfassende Entwicklungsprogramme konzipiert und umgesetzt werden. Wodurch werden Mitarbeiter gefördert, die bereits 3–5 Jahre erfolgreich im Unternehmen tätig sind und in absehbarer Zeit keine Führungsaufgabe übernehmen? Wie werden Mitarbeiter gefördert, die bereits über einige Jahrzehnte an Berufserfahrung verfügen, sicherlich keine Führungsaufgabe mehr übernehmen werden und fachlich bereits alle Kenntnisse, Fähigkeiten und Fertigkeiten besitzen? Wie können Mitarbeiter gezielt zur Mitverantwortung und zur abteilungsübergreifendem Denken und Handeln motiviert werden? Welche Tools benötigen die Mitarbeiter dazu?

Vor dem Hintergrund dieser Fragestellung hat die Saarbrücker Zeitung ein Förderprogramm für Mitarbeiter entwickelt, das Personal- und Organisationsentwicklung integriert und einen Beitrag zu Employability leisten will. Der Titel des Projektes ist programmatisch und verdeutlicht zugleich den Stellenwert der teamorientierten Arbeit innerhalb eines Medienhauses: „T.E.A.M. Media". Die Abkürzungen stehen für die Begriffe „Training, Eigeninitiative, Aktivität und Mentoring".

Das Förderprogramm steht unter dem Motto „Breitensport ergänzend zum Spitzensport" und richtet sich an Mitarbeiter aller Abteilungen. Sachbearbeiter aus den kaufmännischen Bereichen sind ebenso angesprochen wie Mitarbeiter aus gewerblich-technischen Bereichen. Gerade die Heterogenität der Gruppe soll die abteilungsübergreifende Zusammenarbeit fördern. Drucker, Personalsachbearbeiter, Controller, Informatiker, Redakteuren nehmen gleichermaßen am Programm teil. Führungskräfte gehören nicht zur Zielgruppe des Programms. Insgesamt nehmen 10–12 Mitarbeiter pro Jahr an diesem Entwicklungsprogramm teil.

Die Zielgruppe sind engagierte Mitarbeiter bis 35 Jahre und mindestens zweijähriger Unternehmenszugehörigkeit. Die Teilnehmer werden von den betreffenden Abteilungsleitern vorgeschlagen. Anschließend findet ein ausführliches Gespräch mit dem Personalentwickler statt. In diesem Gespräch werden die Ziele und die Grundkonzeption des Programms ausführlich erläutert. Ferner soll in diesem Gespräch sichergestellt werden, dass die Teilnehmer die erforderlichen persönlichen Voraussetzung für die Teilnahme erfüllen: Sie sollen offen sein für Neues, Bereitschaft zum Engagement über die normale Anforderungen hinaus zeigen, Freude am Lernen und der Weiterentwicklung haben. Dies ist insoweit erforderlich, als die Teilnehmer gerade während der vorgesehenen Projektarbeit in außerordentlichem Maße gefordert sind.

Das Ziel des Gesamtprogramm lässt sich auf zwei Kernpunkte fokussieren:

1. Mit T.E.A.M. Media soll ein qualifizierter Beitrag zur Organisationsentwicklung geleistet werden.

2. Darüber hinaus sollen die Teilnehmer ihre Schlüsselqualifikationen erweitern (v.a. die Soft Skills) und die erfolgskritischen Faktoren einer effektiven Teamarbeit kennen lernen. Auf diese Weise soll die Employability der Mitarbeiter gefördert werden.

Der Nutzen für den einzelnen Mitarbeitern und für das Unternehmen kann wie in Abbildung 11-2 dargestellt beschrieben werden.

In erster Linie wird ein Beitrag zur Organisationsentwicklung angestrebt, der aber in einem zweiten Schritt kompetenzerweiternd für die Teilnehmer wirkt. Daher soll das Programm eine gezielte Verschränkung von Personal- und Organisationsentwicklung leisten.

Neben den Teilnehmern ist aus jeder der entsendenden Abteilung auch ein Mentor in das Programm eingebunden. Es handelt sich dabei um einen älteren und erfahrenen Mitarbeiter. Die Mentoren sind aktiv in das Programm integriert und betreuen die Teilnehmer von T.E.A.M. Media während des gesamten Programms. Zu Beginn wird jedem Teilnehmer ein Mentor zugeordnet, der jedoch nicht aus der gleichen Abteilung wie der Teilnehmer kommen soll. Die Mentoren werten nach Abschluss der einzelnen Module die Lernerfahrungen gemeinsam mit den Teilnehmern aus und erarbeiten ggf. einen Aktionsplan zur Transfersicherung in der beruflichen Praxis. Ferner begleiten die Mentoren die Projektarbeit und beraten die Teilnehmer in fachübergreifenden und methodischen Fragen. Damit die Mentoren einen Eindruck von den Modulen des Programms erhalten, werden jeweils zwei Mentoren zur Teilnahme an einem Modul einge-

---

Abbildung 11-2:   *Nutzen von T.E.A.M. Media*

- ■ Verbesserung der Kommunikation zwischen den Abteilungen
- ■ Förderung der persönlichen Entwicklung
- ■ Bildung eines abteilungsübergreifenden Netzwerkes
- ■ Besseres Verständnis für die strategischen Herausforderungen eines modernen Medienunternehmens

Aktiver Beitrag zur Organisationsentwicklung

---

laden. Die Mentoren bringen sich als Teilnehmer ein und werden unmittelbar in die Gruppe integriert. Durch das Mentorenmodell sollen die Erfahrungen und das Wissen gerade älterer Mitarbeiter nicht nur gewürdigt, sondern auch aktiv genutzt werden.

11.3   Aufbau des Programms

Das Programm ist modular aufgebaut und dauert insgesamt ein Jahr. Die einzelnen Module bauen aufeinander auf und werden flankiert durch transfersichernde und arbeitsplatzbezogene Maßnahmen.

In fünf Kompetenzmodulen werden die Teilnehmer v.a. mit Blick auf die soziale um kommunikative Kompetenz qualifiziert. Im Rahmen einer dreimonatigen Projektarbeit haben die Teilnehmer dann die Gelegenheit, das Erlernte exemplarisch anzuwenden. Während des Programms erfahren die Teilnehmer die Dynamik einer heterogenen Gruppe und können zugleich berufsbegleitende und -integrierende Lernerfahrungen sammeln.

Das Programm beginnt mit einem Kick-off-Workshop, zu dem Teilnehmer und Mentoren eingeladen werden. Ziel dieses Workshops ist es, die Bedeutung des Programms zu erläutern, den Teilnehmern und Mentoren das Kennen lernen zu ermöglichen und schließlich „Spielregeln" für die künftige Zusammenarbeit zu vereinbaren und damit ein Commitment zu schaffen. Erfahrungsgemäß kommen die Teilnehmer mit einer gespannten Erwartung, zumal die Teilnehmer sich untereinander nur zum Teil aus der täglichen Arbeit kennen. Die Erfahrungen der letzten beiden Veranstaltungen zeigen, dass das Eis schnell gebrochen ist und die Teilnehmer rasch eine gemeinsame Arbeitsebene finden.

Im nächsten Schritt treffen sich die Mentoren untereinander, um die künftigen Aufgaben und Erwartungen an die Mentoren zu erarbeiten. Die Mentoren erleben dieses separate Treffen als wichtigen Schritt für den Erfahrungsaustausch.

Abbildung 11-3: *Aufbau von T.E.A.M. Media*

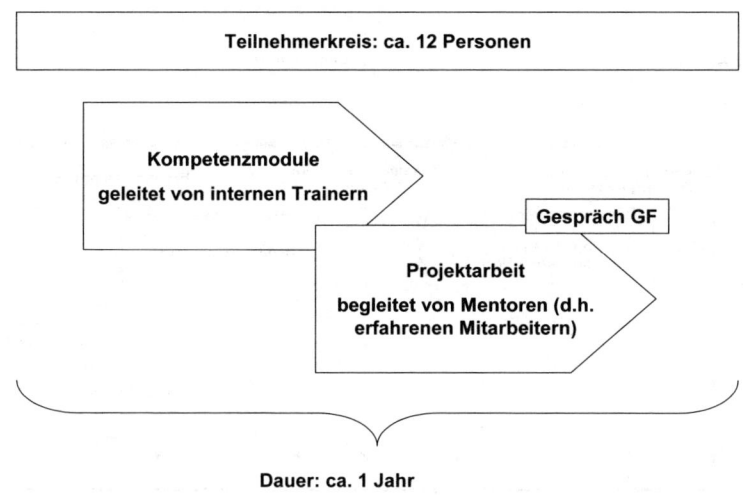

Nach vier bis sechs Wochen wird dann das erste Modul zum Thema „Selbstmanagement und Arbeitsorganisation" durchgeführt. Dieses Modul soll helfen, die Arbeitspraxis zu reflektieren und Wege zu einem effektiven Selbstmanagement und einer effizienten Arbeitsorganisation aufzeigen. Im Rahmen dieses Tagesseminars reflektieren die Teilnehmer ihren Umgang mit der Ressource Zeit und lernen Prioritäten in Anlehnung an persönlich definierte Ziele zu setzen. Klassische Zeitmanagement-Techniken werden nur kurz angesprochen. Im Vordergrund steht die Selbstreflexion des Einzelnen. Dabei wird verdeutlicht, dass der Einzelne einen entscheidenden Einfluss auf den Umgang mit der Zeit hat, sofern er sich bewusst ist, wie er arbeitet und warum er so arbeitet.

Folgende Themenbereiche werden bearbeitet:

- Berufliche und private Ziele erkennen und formulieren
- Effektivität und Effizienz
- Arbeitsorganisation und Aufgabenplanung
- Prioritäten setzen
- Terminplanung
- Umgang mit Stress

Alle Module sind durch einen Wechsel der Methoden gekennzeichnet. Impulsvorträge, Lerndialoge, Fragebögen zur Einzel- oder Gruppenarbeit, Checklisten, Erfahrungsaustausch und Diskussionen wechseln einander ab.

Abbildung 11-4: *Zeitlicher Ablauf von T.E.A.M. Media*

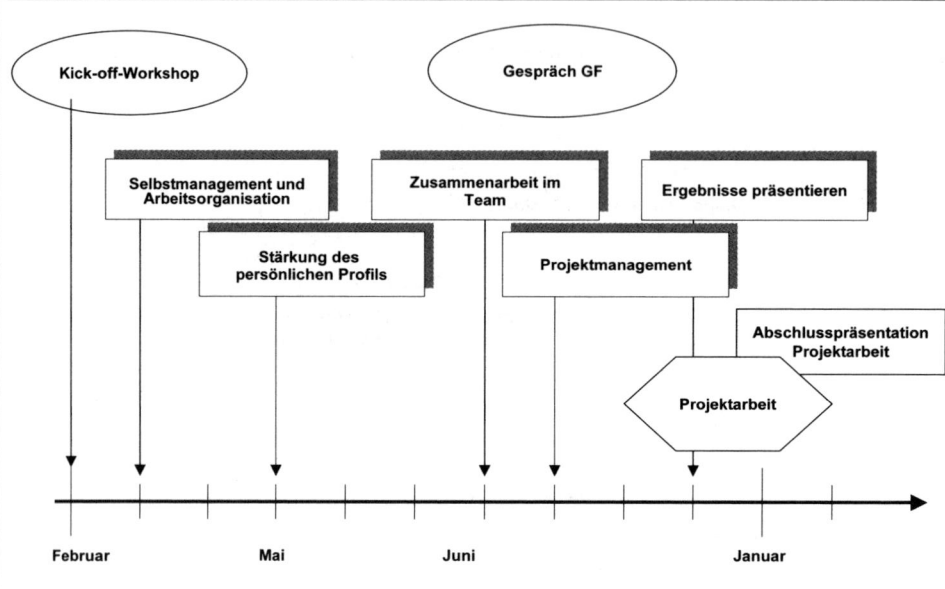

1–2 Tage nach dem Seminar erhalten die Teilnehmer einen Seminarauswertungsbogen, in dem Details zum Seminar erfragt werden. Darüber hinaus führt jeder Teilnehmer mit seinem Mentor ein Transfer- bzw. Lernerfahrungsgespräch ca. 1–2 Wochen nach dem Seminar. Auf diese Wiese wird sichergestellt, dass die Teilnehmer ihre Lernerfahrungen reflektieren und bewusst in die alltägliche Arbeit integrieren. Der Mentor ist im Rahmen dieses Gesprächs kritisch-konstruktiver Zuhörer. Er bringt eigene Erfahrungen ein und ermutigt den Teilnehmer zu konkreten Veränderungsschritten auf der Basis des Gelernten. Im Rahmen dieser nachhaltigen Transfersicherung werden Aktionspläne mit dem Mentor erarbeitet, deren Umsetzung in der betrieblichen Praxis dann beim nächsten Gespräch diskutiert wird.

Zwischen den einzelnen Modulen findet jeweils eine Gesprächsrunde zwischen Personalentwickler und Mentoren statt. Die Mentoren berichten kurz aus den einzelnen Gesprächen und erhalten gezielte Unterstützung für ihre Arbeit.

Modul 2 trägt den Titel „Stärkung des persönlichen Profils" und dient der Selbst- und Fremdeinschätzung. Im Vordergrund steht die Analyse und der gezielte Einsatz der eigenen Stärken. Eine Stärkung des persönlichen (Kompetenz-)Profils trägt entscheidend zum beruflichen Erfolg bei. Wie man sein Kompetenzprofil schärfen und seine Stärken ausbauen kann, soll Gegenstand dieses Moduls sein. Damit leistet dieses Modul einen Beitrag zur Erweiterung der Employability und führt den Teilnehmern bewusst vor Augen, welche Kompetenzen in fachlicher, persönlicher, methodischer und sozialer Hinsicht bereits vorhanden sind und wie diese gezielt entwickelt werden können.

Im Einzelnen werden im Modul 2 folgende Themen behandelt:

- Schlüsselkompetenzen – was Unternehmen erwarten
- „Emotionale Intelligenz" – nur ein Modewort?
- Analyse des persönlichen Profils
- Stärken entwickeln – Schwächen erkennen
- Selbst- und Fremdwahrnehmung
- „Ich" und Umfeld
- „Selbstmarketing" und „Eigen-PR"
- Was bedeutet „Employability"?

Im Mittelpunkt des dritten Moduls steht die Zusammenarbeit im Team. Im Rahmen eines Outdoortrainings werden die erfolgskritischen Faktoren der Teamarbeit unmittelbar erfahren. Das Erfahrungslernen spielt gerade im Modul 3 eine sehr große Rolle. Klassische Übungen wie Blindflug, Spiel des Lebens, Turm von Hanoi u. a. werden eingesetzt. Zahlreiche Impulse aus den beiden vorangegangenen Modulen können hier eingebracht werden.

Die Entwicklung hin zu flachen Hierarchien und eigenverantwortlicher Arbeit in Unternehmen und die vermehrte Einführung von Gruppen- und Projektarbeiten führen zu einer Stärkung des Teamgedankens. Wirkungsvolle Entscheidungsfindungen in einer Gruppe setzen oft die Fähigkeit eines Moderators voraus. Erfolgreich ist Teamarbeit dann, wenn aus „einzelnen Virtuosen" ein „Orchester" wird. Es genügt, um im Bild zu bleiben, nicht, gut Geige spielen zu können, sondern das Spiel muss auch abgestimmt sein auf die anderen Orchestermitglieder. Genau dies erfahren die Teilnehmer anhand konkreter Übungen im Rahmen des Outdoortrainings.

Folgende Schwerpunkte werden in Modul 3 bearbeitet:

- Einführung: Gruppe und Team
- Persönlichkeitstypen in der Gruppe
- Was bedeutet Gruppendynamik?
- Konflikte und Konfliktlösungen
- Ressourceneinsatz bei gemeinsamen Aufgaben
- Kriterien erfolgreicher Teams
- Gruppenführung
- Aufgaben eines Moderators
- Phasen der Teamentwicklung
- zielorientierte Teamarbeit

Die erfolgreiche Gestaltung von Teamarbeit ist Ziel dieses Moduls – Grundlage für ein gelingendes Projektmanagement, das im nächsten Modul behandelt wird.

Im vierten Modul wird das Thema Projektmanagement bearbeitet. Immer mehr Arbeiten werden in Unternehmen als Projekte realisiert. Projektarbeit und Projektleitung stellen – bedingt durch die zeitliche Begrenzung und die meist abteilungsübergreifende Zusammenarbeit – andere Anforderungen an die Arbeitsweise als das operative Tagesgeschäft.

Ziel des Moduls ist es, grundlegende Techniken und Arbeitsweisen in Projekten und für die Projektplanung vorzustellen. Gleichzeitig ist das Modul eine Vorbereitung auf die eigenständige Projektarbeit, die gleichsam das gesamte T.E.A.M. Media Programm umspannt und abrundet. Dieses Modul wird von Führungskräften aus dem Hause der Saarbrücker Zeitung durchgeführt, die bereits über einschlägige Projekterfahrungen verfügen. Die Kollegen vermitteln die Grundlagen der Programmarbeit und stellen darüber hinaus ein exemplarisches Projekt aus dem Unternehmen vor. Planung, Durchführung und kritische Reflexion der Projektarbeit kommen gleichermaßen zur Sprache.

Im Rahmen des Moduls werden u. a. folgende Unterthemen behandelt

- Einführung: Was ist ein Projekt?

- Projektphasen und Meilensteine

- Planung eines Projektes: Auftrag und Ziel

- Planungstechniken

- Projektstart: Kick-off

- Projektsteuerung und Arbeitsmethoden

- Kommunikation im Projektteam

Nach dem vierten Modul findet ein Gesprächsabend mit der Geschäftsführung statt, zu dem alle Teilnehmer und Mentoren eingeladen werden. An diesem Abend erhält die Geschäftsführung aus erster Hand einen unmittelbaren Einblick in das Programm. Teilnehmer, Mentoren und Trainer reflektieren die zentralen Eindrücke, Erfahrungen und die Bedeutung des Programms gemeinsam mit der Geschäftsführung. Bei dieser Gelegenheit können Teilnehmer und Mentoren auch Fragen an die Geschäftsführung richten, die über das eigentliche Programm hinaus gehen. Erfahrungsgemäß ist ein solcher Gesprächsabend für die Teilnehmer sehr wertvoll, da sie selten einen direkten Kontakt zur Geschäftsführung haben.

Durch die Präsenz der Geschäftsführung erhält das Programm einen besonderen Stellenwert und die Teilnehmer erfahren unmittelbar, welches Bedeutung die Geschäftsführung der Personal- und Organisationsentwicklung beimisst. Der Beitrag der Geschäftsführung beschränkt sich jedoch nicht nur auf den punktuellen Gesprächsabend. Vielmehr erhalten die Teilnehmer von T.E.A.M. Media im Rahmen des Gesprächsabends einen Projektauftrag von Seiten der Geschäftsführung. Es handelt sich um ein abteilungsübergreifendes Projekt, an dem die Gruppe in den folgenden 3–4 Monaten eigenständig arbeitet. Während dieser Projektarbeit werden die Teilnehmer von den Mentoren und dem Personalentwickler unterstützt. Nach dem Auftrag durch die Geschäftsführung und der Definition des Projektes wird die Gruppe eigenverantwortlich tätig, bestimmt einen Projektleiter und erstellt einen Projektplan.

Projektarbeit T.E.A.M. Media 2002

In 2002 wurde im Rahmen von T.E.A.M. Media ein Teilprojekt zum Relaunch der Saarbrücker Zeitung bearbeitet. Die Teilnehmer haben eigenständig einen Fragebogen entwickelt und alle Mitarbeiter der Saarbrücker Zeitung befragt, wie sie das Produkt „Saarbrücker Zeitung" einschätzen. Fragen zum Format, zur Farbigkeit wurden ebenso gestellt wie Fragen zu Lesegewohnheit und zur redaktionellen Arbeit. Anschließend erfolgte die Auswertung und Dokumentation der Befragungsergebnisse.

Das fünfte Modul findet flankierend zur Projektarbeit statt und bereitet auf die abschließende Projektpräsentation vor. Unter dem Titel „Ergebnisse präsentieren" werden die grundlegenden Präsentationstechniken vermittelt. Eine sichere und prägnante Präsentation ist unverzichtbar, wenn Arbeitsergebnisse und Projekte einem größeren Publikum vorgestellt werden sollen. Das Modul „Ergebnisse präsentieren" bereitet gezielt auf die Präsentation der Projektarbeit am Ende des gesamten Programms vor. Die Teilnehmer erhalten Gelegenheit Präsentationen zu üben und kritisch zu reflektieren. Zwei Führungskräften der Saarbrücker Zeitung hatten sich bereit erklärt, als Trainer in diesem Modul mitzuarbeiten.

Die einzelnen Themen dieses Moduls sind:

- Ablauf und Struktur einer Präsentation
- Präsentationen vorbereiten
- Umgang mit Medien (Flip-Chart, Metaplan, Overhead, Beamer)
- Visualisierung
- Rhetorik und Körpersprache

T.E.A.M. Media ist durch eine Dramaturgie gekennzeichnet, die sich bei näherer Betrachtung erschließt. Nach der Kennenlernphase reflektieren die Teilnehmer in den Modulen 1 und 2 insbesondere die eigene Arbeit und Person. Anhand von Impulsfragen und Reflexionsaufgaben können sich die Teilnehmer gezielt mit ihrer Person und ihrem Kompetenzprofil beschäftigen. Dann folgt der Schritt hin zur Teamarbeit. In Form eines Outdoortrainings lernen die Teilnehmer die entscheidenden Faktoren einer teamorientierten Zusammenarbeit. Damit wird der Blick vom Individuum auf die Gruppe bzw. das Team gelenkt. Die Teilnehmer erleben dieses Teamtraining als dichte und nachhaltige Erfahrung. Mit dem Teamtraining ist eine wichtige Basis für die spätere Projektarbeit geschaffen.

Das abteilungsübergreifende Denken wird von Anfang an gefördert. Flankierend zum gesamten Programm finden Besichtigungen / Besuche in einzelnen Abteilungen statt. Teilnehmer aus den jeweiligen Abteilung haben dann vor Ort die Gelegenheit, ihre Arbeit vorzustellen. Der Besichtigungszyklus beginnt mit der Redaktion. Nach einer kurzen Einführung in die redaktionelle Arbeit, nehmen die Teilnehmer an einer Redaktionskonferenz teil. Anschließend besteht die Möglichkeit, verschiedene Ressorts kennen zu lernen. Im nächsten Schritt lernen die Teilnehmer die Arbeit in der Verlagsproduktion und schließlich in der Druckerei kennen. Auf diese Weise erhalten sie einen konkreten Eindruck von der Arbeit vor Ort. Zu allen Besichtigungen sind auch die Mentoren eingeladen.

Im Modul Projektmanagement erhalten die Teilnehmer einen Überblick über die wesentlichen Tools moderner Projektarbeit. Ferner lernen sie anhand konkreter Beispiele aus der unternehmerischen Praxis, die wichtigen Schritte eines Projektes.

Die Teilnehmer sollen dann in der anschließende Projektarbeit die Lernerkenntnisse und -erfahrungen der vorangegangenen Module gezielt einsetzen. Nun gilt es, an einem abteilungsübergreifenden Projekt zu arbeiten und dabei die Herausforderungen zu meistern. Die Aufgaben müssen aufgeteilt und die Ressourcen gezielt eingesetzt werden. Es muss ein Projektleiter bestimmt werden, der für die nächsten Monate die Gesamtverantwortung für das Projekt trägt. Es gilt, Durststrecken zu überwinden und letzten Endes zu erfahren, dass ein Team mehr ist als die Summe seiner Mitglieder. Die Teilnehmer lernen, neben dem Alltagsgeschäft noch eine Projektarbeit durchzuführen und sich der zusätzlichen Belastung zu stellen.

Zum Abschluss des gesamten Programms wird das Projekt vor der Geschäftsführung und allen Bereichsleitern präsentiert. Die Teilnehmer fassen die Projektergebnisse zusammen und bereiten eine Business-Präsentation vor. Diese Präsentation hat für die Teilnehmer einen hohen Stellenwert, da der gesamte Führungskreis der Saarbrücker Zeitung eingeladen wird. Auf diese Weise sollen die Mitarbeiter erkennen, dass ihre abteilungsübergreifende Projektarbeit eine besondere Bedeutung für das Unternehmen hat. Die Projektpräsentation ist gleichsam der krönende Abschluss des einjährigen Programms T.E.A.M. Media. Im Rahmen der Abschlussveranstaltung erhalten die Teilnehmer ein Teilnahmezertifikat sowie als Erinnerung und Zeichen für den Netzwerkgedanken ein Mousepad mit dem Logo des Programms.

11.4 Vermarktung des Programms

Jedes PE-Programm muss auch angemessen vermarktet werden, damit der Bekanntheitsgrad und damit die Akzeptanz innerhalb des Unternehmens wächst. Im ersten Schritt wurde die Grobkonzeption des Programms mit der Geschäftsführung abgestimmt. Wichtig war in diesem Zusammenhang, dass die Geschäftsführung der Neuentwicklung positiv gegenüber stand und die Durchführung des Programms aktiv fördert. Ferner wurde der Betriebsrat bereits in der Entwicklungsphase eingebunden. Anschließend wurden die Detailkonzeption sowie eine entsprechende Präsentation des Programms zur internen Kommunikation erstellt. Alle Bereichsleiter erhielten eine ausführliche Information zu Aufbau, Zielgruppe und Zielen des Programms. Dann erfolgte eine Ankündung in der Mitarbeiterzeitschrift. In regelmäßigen Abständen wurden die Mitarbeiter über den aktuellen Stand des Programms, die Projektarbeit und schließlich auch über die Projektergebnisse informiert. Auf diese Weise ist der Bekanntheitsgrad des Programms gewachsen. Beim zweiten Durchlauf konnte bereits festgestellt werden, dass Mitarbeiter aus erster Hand von Teilnehmern oder Mentoren von dem Programm wussten und sich bereits für die Teilnahme beworben hatten. Die gezielte und nachhaltige Vermarktung hatte sich als wichtiges Instrument gezeigt, um eine hohe Akzeptanz innerhalb des Unternehmens zu erreichen. Für das Programm wurde eigens ein Logo verwendet, das die Bedeutung der abteilungsübergreifenden und vernetzten Zusammenarbeit verdeutlicht.

Abbildung 11-5: *Logo T.E.A.M. Media*

Darüber hinaus ist bemerkenswert, dass das gesamte Programm – bis auf das Outdoortraining – mit eigenen Ressourcen durchgeführt wurde. Als Trainer waren Führungskräfte aus dem Hause der Saarbrücker Zeitung bzw. der Personalentwickler eingebunden. Auf diese Weise konnten die Kosten auf ein Minimum reduziert werden. Pro Teilnehmer wurden intern 1.000 € berechnet. Diese Kostenkalkulation war sicherlich auch eine wichtige Voraussetzung für die Akzeptanz und Vermarktung des Programms. Anspruchsvolle und nachhaltige Personalentwicklung muss nicht immer kostenintensiv sein.

11.5 Transfersicherung

Die Transfersicherung und die Nachhaltigkeit der Lernerkenntnisse ist von großer Bedeutung. Auf verschiedenen Ebenen und mit unterschiedlicher Ausprägung wurden die Einschätzungen und Erfahrungen der Teilnehmer aufgegriffen. Zunächst gab es nach Abschluss jedes einzelnen Moduls ein Tagesfeedback, in dem die aktuelle Tagesstimmung zum Ausdruck gebracht werden konnte. Darüber hinaus erhielt jeder Teilnehmer ca. eine Woche nach dem Modul einen differenzierten Auswertungsbogen, in dem der Gesamteindruck vom Modul, die Bewertung der einzelnen Themenbereiche und die Bedeutung für den eigenen Arbeitsplatz erfragt wurde. Der Bogen wurde bewusst mit einem gewissen zeitlichen Abstand versendet, um von der tagesaktuellen Stimmung während des Moduls zu abstrahieren. Ferner fand nach Abschluss des Moduls ein individuelles Gespräch zwischen Teilnehmer und Mentor statt, in dem die Lernerfahrungen besprochen und konkrete Handlungsschritte für die berufliche Praxis vereinbart wurden.

Nach Ende des gesamten Programms wurden Teilnehmer, Mentoren und betroffene Bereichsleiter befragt, inwiefern die Ziele des Programms auch tatsächlich erreicht wurden.

Abbildung 11-6: *Fragebogen für Bereichsleiter nach Abschluss des Programms*

Auswertung des Mitarbeiterförderprogramms T.E.A.M. Media (BereichsleiterInnen)

Liebe Kolleginnen und Kollegen,

für die Planung weiterer Programme möchten wir aus Ihren Erfahrungen lernen. Bitte bewerten Sie das Mitarbeiterförderprogramm aus Ihrer Sicht, indem Sie die folgenden Fragen beantworten. Wir danken Ihnen für Ihre Unterstützung!

Ihre Personalentwicklung

■ Schätzen Sie bitte die Bedeutung des Mitarbeiterförderprogramms T.E.A.M. Media für Ihren Arbeitsbereich ein.

❏   ❏   ❏

hoch   mittel   niedrig

Was war besonders wichtig?

_____

_____

_____

■ Beurteilen Sie, inwieweit sich die Motivation Ihrer MitarbeiterInnen (TeilnehmerInnen) auf Grund der Teilnahme am T.E.A.M. Media -Programm verändert hat.

❏   ❏   ❏

stark   mittel   gering

■ Inwieweit war eine Veränderung hinsichtlich der Erweiterung der Handlungs-Kompetenz der TeilnehmerInnen spürbar?

❏   ❏   ❏

stark   mittel   kaum

■ Inwieweit konnten Sie bei TeilnehmerInnen und Mentoren eine persönliche Veränderung erkennen?

_____

_____

_____

▉ Inwieweit war das Programm für die abteilungsübergreifende Zusammenarbeit förderlich?

❏   ❏   ❏

stark   weniger   gar nicht

▉ Schätzen Sie die Idee der Betreuung durch einen Mentor ein.

❏   ❏   ❏

sinnvoll   weniger sinnvoll   überflüssig

▉ Beurteilen Sie auf einer Skala von 1 bis 7 (1 = sehr gut; 7 = äußerst schlecht) die Information und die Betreuung durch die Personalentwicklung.

1	2	3	4	5	6	7
❏	❏	❏	❏	❏	❏	❏

▉ Welche drei Ereignisse waren nach Ihrer Einschätzung des Programms für TeilnehmerInnen und Mentoren herausragend?

1. —————————————————————————————

2. —————————————————————————————

3. —————————————————————————————

▉ Um welche Themen würden Sie das Seminarprogramm erweitern?

—————————————————————————————————

—————————————————————————————————

—————————————————————————————————

▉ Welche Ideen und Anregungen haben Sie für die Zeit nach dem offiziellen Programm? (z. B. weitere Betreuung durch die Mentoren, Unterstützung durch BereichsleiterInnen ...)

—————————————————————————————————

—————————————————————————————————

—————————————————————————————————

▉ Weitere Anmerkungen/Vorschläge/Anregungen

—————————————————————————————————

—————————————————————————————————

▉ Name, Vorname   Bereich

—————————————————————————————————

▉ Datum

Ergänzend zum Fragebogen fand nach Abschluss des Gesamtprogramms auf freiwilliger Basis ein Entwicklungsgespräch zwischen Teilnehmer verantwortlicher Führungskraft (Bereichsleiter oder Abteilungsleiter) und Personalentwickler statt. Die Bereichsleiter sollten im Laufe des Gespräches erkennen, welche Bedeutung T.E.A.M. Media für ihren Bereich hat und zugleich dafür sensibilisiert werden, dass die Führungskräfte mitverantwortlich sind für die weitere Entwicklung ihrer Mitarbeiter.

11.6 Fazit

Die Rückmeldung der Teilnehmer nach Abschluss des gesamten Programms waren überaus positiv. Immer wieder wurde herausgestellt, dass der Einblick in die Arbeit anderer Abteilungen von großer Bedeutung für die abteilungsübergreifenden Zusammenarbeit ist. Viele haben ein besseres Verständnis für die Abläufe innerhalb des Unternehmens erhalten und kennen nun konkrete Ansprechpartner in einzelnen Abteilungen, die sie bei Bedarf unmittelbar kontaktieren können. Die Mentoren haben ihre Aufgaben durchweg als besondere Herausforderung erlebt. Sie konnten ihr Wissen, ihre Erfahrungen und ihre Erkenntnisse aus der jahrelangen Arbeit bei der Saarbrücker Zeitung einbringen und somit auch einen Beitrag zur generationenübergreifenden Arbeit leisten. Die Projektarbeit war für die Teilnehmer eine wichtige Lernerfahrung, die gleichsam als Nagelprobe der erworbenen Kenntnisse galt. Als besonderes Highlight wurde die Präsentation der Projektergebnisse vor der Geschäftsführung und den Bereichsleitern gewertet.

Als problematisch wurde der große Zeitaufwand für die Projektarbeit gesehen. Die Teilnehmer hatten bisweilen Schwierigkeiten, die Projektarbeit mit dem Alltagsgeschäft zu koordinieren und mussten z.T. kritische Bemerkungen von Kollegen einstecken. Die Bereichsleiter hatten teilweise den Wunsch geäußert, noch umfänglicher informiert zu werden und regelmäßige Rückmeldungen zum Verlauf des Programms zu erhalten. Als zentrales Problem gilt nach wie vor die Nachhaltigkeit nach Abschluss des Programms. Bei den Teilnehmern wurden Erwartungen geweckt, obgleich von Anfang an herausgestellt wurde, dass es sich bei T.E.A.M. Media nicht um ein Karriereprogramm handelt. Dennoch hegen die Teilnehmer die berechtigte Hoffnung, dass sie über das Programm hinaus gefördert werden. Diesem Anliegen kann nur bedingt Rechnung getragen werden, zumal die Fachabteilungen gefordert sind, kreative und bedarfsgerechte Entwicklungsmöglichkeiten zu schaffen. Die Personalentwicklung kann hier Ideengeber, Türöffner und Koordinator sein. Letzten Endes ist der Bereichsleiter erster Personalentwickler vor Ort.

Die Rückmeldungen und konstruktiven Verbesserungsvorschläge von Teilnehmern, Mentoren, Führungskräften, Betriebsrat und Geschäftsführung haben die Personalentwicklung bestärkt, T.E.A.M. Media fortzuführen.

Literatur

SATTELBERGER, T. (Hrsg.) (1996): Human Resource Management im Umbruch, Wiesbaden

SATTELBERGER, T. (Hrsg.) (1995): Innovative Personalentwicklung, Wiesbaden

Janin Ennes, Christoph Rappe und Thomas Zwick

12 Entwicklung von Führungskompetenz im gewerblichen Bereich

Dieser Beitrag beschäftigt sich mit einem Personalentwicklungskonzept für Führungskräfte und Teams im gewerblichen Bereich.

Im ersten Teil wird das Konzept vorgestellt, das erstmals im Jahr 2002 im Leistungszentrum Montage im Werk Rohrbach der Festo AG & Co. KG durchgeführt wurde. Im Anschluss daran werden die Ergebnisse einer empirischen Studie zur Evaluierung des Programms dargestellt.

12.1 Ausgangssituation

Die Festo AG & Co. KG führte 2001 im Rahmen der Einführung der Balanced Scorecard erstmals eine weltweite Mitarbeiterbefragung durch. Die Zielsetzung war zum einen, die Basis für den Quadranten Mitarbeiter/Lernen/Wissen/Information zu erhalten, und zum anderen, wichtige Erkenntnisse über die Ansichten und Interessen der Mitarbeiter zu gewinnen. Die ermittelten Daten waren die Grundlage für Maßnahmen, die zu einer größeren Arbeitszufriedenheit und damit auch zu einer besseren Leistung für die Kunden von Festo führen sollten.

Nach Analyse der Ergebnisse beschloss die Geschäftsleitung des Standortes die Entwicklung und Durchführung eines neuen Personalentwicklungsprogramms.

Zielgruppe sind Mitarbeiter der unteren Führungsebene aus dem gewerblichen Bereich, die im Durchschnitt seit fünf Jahren ihre Führungsaufgabe wahrnehmen, sowie deren Mitarbeiter aus den Leistungseinheiten (= Organisationseinheiten in der Produktion; Abkürzung: „LE").

Vor Jahren besuchten die Mitarbeiter zur Vorbereitung auf die zukünftige Aufgabe als Führungskraft Basis-Seminare zur Entwicklung der Sozial- und Methodenkompetenz. Diese zweitägigen Seminare umfassten die Bausteine:

- Führen von Mitarbeitern

- Konflikte erkennen und bewältigen

- Präsentieren und visualisieren

- Mitarbeitergespräche führen

- Moderieren von Arbeitsgruppen

Nach Analyse der Ergebnisse der Mitarbeiterbefragung identifizierte der Führungskreis weitere Entwicklungsmöglichkeiten im Bereich der Sozial- und Methodenkompetenz für die Mitarbeiter, denn es wurde den Beteiligten deutlich, dass nur zu Beginn der Führungskräftelaufbahn eine Personalentwicklungsmaßnahme konsequent verfolgt wurde und es seitdem an einer systematisch weiterführenden Weiterbildung mangelte. Es gab auch kein Angebot hinsichtlich einer Begleitung nach dem Seminar, um den Transfer der Seminarinhalte in die Praxis zu unterstützen.

Zielsetzung des neuen Konzeptes war die Vermittlung von sozialen Kompetenzen im Bereich Konflikterkennung und Bewältigung, eine Weiterentwicklung des Rollenverständnisses der Führungskräfte sowie neue Inspirationen für die Zusammenarbeit innerhalb der Teams.

Das Programm sollte den Mitarbeitern die Möglichkeit bieten, ihre Kenntnisse zu vertiefen, bisherige Erfahrungen zu reflektieren sowie mit Kollegen zu diskutieren und gemeinsam neue Lösungswege zu finden.

Wie können wir die Führungskräfte, die bereits fünf Jahre ihre Führungsaufgabe wahrnehmen, fördern und sie in ihrer Führungsrolle stärken? Wie schaffen wir es, die Zielgruppe für das Thema neu zu begeistern? Welche Methoden sollten wir einsetzen, um die Mitarbeiter zu motivieren, ihre Rolle als Führungskraft zu reflektieren und auch eventuell neue Lösungswege auszuprobieren?

12.2 Das Konzept

Die Inhalte des neuen Personalentwicklungskonzeptes richten sich an Mitarbeiter mit Führungserfahrung und deren Mitarbeiter, die bereits längere Zeit in einem festen Team zusammenarbeiten.

Jaehrling (1994) sagt, „… , dass fundierte Zweifel daran geäußert werden, ob Verhaltenstrainings überhaupt Erfolg haben können, ob sie wirklich Verhaltensänderungen bewirken oder einleiten." Er sieht die anschließende Begleitung und Betreuung der Teilnehmer in das berufliche Umfeld als eine Möglichkeit, um den Transfer zu sichern. Verhalten wird von sehr vielen Variablen beeinflusst, die schwer kontrollierbar sind.

Kirkpatrick (1979) zitiert Robert Katz, der fünf Voraussetzungen für Verhaltensänderungen nennt:

1. Die Teilnehmer müssen den Wunsch haben, sich zu verbessern.

2. Sie müssen ihre eigenen Schwächen erkennen.

3. Sie müssen in einem für Veränderungen offenen Klima arbeiten.

4. Sie brauchen Unterstützung von interessierten und fähigen Personen.

5. Sie müssen die Möglichkeit haben, neue Ideen umzusetzen.

Deshalb handelt es sich um ein ganzheitliches Konzept, welches den Teilnehmern die Möglich-keit bieten soll, die erlernten Fähigkeiten in der Praxis weiter mit Unterstützung zu trainieren.

Das Konzept besteht aus drei Modulen, die aufeinander aufbauen:

Modul 1: Führungswerkstatt
Zielgruppe: Führungskräfte (LEVs[1]), Dauer: zwei Tage

Modul 2: Teamwerkstatt
Zielgruppe: LEV und seine Mitarbeiter, Dauer: zwei Tage

Modul 3: Coaching
Einzelunterstützung für den LEV

Das *Modul 1* richtet sich im Pilotprojekt an die Führungskräfte des Leistungszentrums Monta-ge. Folgende Themen stehen im Vordergrund:

- Mit Kritik und Meinungen zieldienlich umgehen

- Mitarbeitergespräche strukturieren und durchführen

- Feedback verstärkt als Führungsinstrument einsetzen

- Die Führungskraft als „Vater des Teams": Synergien im Team erzeugen und nutzen

- Die Führungsrolle der LEVs klären

- Konflikte rechtzeitig erkennen, eingreifen und steuern

- DISG als praxisnahes Verhaltensmodell kennen lernen und als Führungsinstrument einset-zen

Die Zielgruppe des *2. Moduls* setzt sich aus den Führungskräften (zwei pro LE: für jede Schicht ein LEV) und deren Mitarbeitern zusammen.

- Die Absprachen zwischen den LEVs und den Mitarbeitern effektiv gestalten

- Teamkultur als Feedback-Kultur

- Konflikte rechtzeitig gemeinsam bewältigen

- Arbeiten an Verbesserungen der Arbeitsabläufe und des Kommunikationsflusses

Vor dem Start der Maßnahme erhält der Trainer in Einzelgesprächen mit den Führungskräften Informationen und Eindrücke über die momentane Situation der Leistungseinheit. Die Füh-rungskraft stellt die aus ihrer Sicht wichtigen Ziele dar, die mit dem Training erreicht werden sollen. So wird jedes Training auch weitgehend an die spezifischen Bedürfnisse angepasst. Im Vordergrund steht vor allem die praxisgerechte Ausrichtung des Trainings. Dabei soll in den

---

1 Abkürzung für „Leistungseinheitenverantwortlicher". Der LEV hat die Funktion der Leitung einer Leistungseinheit. Er leitet die Mitarbeiter einer Leistungseinheit fachlich und disziplinarisch.

Übungen so viel wie möglich betriebliche Realität abgebildet werden, damit sich jeder der Teilnehmer leicht mit den Themen identifizieren kann.

Methodisch wird der Schwerpunkt neben einer kurzen Grundlagenvermittlung (Theorie-Input), Kleingruppenarbeit, Erfahrungsaustausch und moderierten Diskussionen vor allem auf handlungsorientierte Maßnahmen (In- und Outdoor) gelegt. Im Gegensatz zu dem sonst üblichen „kopflastigen" Vorgehen in Seminaren steht vor allem die „Aktion" im Mittelpunkt. Die Teilnehmer diskutieren nicht „theoretisch" was zu tun ist, sondern sie handeln selbst und stellen sich den herausfordernden Aufgaben. Jeder Teilnehmer ist in den Prozess eingebunden. Das gemeinsame Handeln steht im Vordergrund – nur als Team kann die Aufgabe gelöst werden.

Genutzt werden vor allem unterschiedliche Problemlöse- und Interaktionsaufgaben, um die Entwicklung von Problemlösestrategien sowie Kommunikationsfähigkeit zu fördern. Die Aufgaben sind Herausforderungen für alle Teilnehmer und stellen authentische Situationen dar, um einen Transfer zum betrieblichen Alltag zu ermöglichen. Im Anschluss wird gemeinsam die Planungsphase, die Ausführung sowie das Ergebnis bewertet. Die Reflexion der eingesetzten Bewältigungsstrategien, die von den Teilnehmern in den Übungen angewandt werden, ist ausschlaggebend für einen Transfer in den Alltag.

- Was hat uns dabei geholfen, die Aufgaben zu lösen?

- Was hat mir gefallen?

- Was braucht das Team, um das Problem lösen zu können?

- Welche unterschiedlichen Rollen wurden im Team wahrgenommen?

- Was sind unsere Stärken/Ressourcen, die wir bewahren wollen?

- Was wollen wir bei der nächsten Aufgabe ändern?

Es wird eine „Feedback-Kultur" eingeführt, die auf Offenheit, Vertrauen und Wertschätzung ausgelegt ist. Feedback wird konsequent geübt und fällt bei diesen Aufgaben leichter als im Arbeitsalltag. Auch können in diesem „geschützten" Rahmen neue Verhaltensweisen ausprobiert werden (Spielcharakter). Dabei werden positive, zieldienliche und auch weniger zieldienliche Prozesse sichtbar, die auch den Strategien entsprechen, die schon bisher im Arbeitsleben praktiziert werden. Die Erlebnisse sind oft stark emotional „verankert" und werden somit oft im Arbeitsalltag gut erinnert. Das Training unterstützt den Transfer in den Alltag mit Maßnahmenplänen, persönlichen Lernzielen sowie Coaching und ist durch Lösungs- und Zukunftsorientierung gekennzeichnet. Problemen aus der Vergangenheit wird dennoch Raum gegeben, sie werden gewürdigt und besprochen. Im Fokus steht die Frage: Wie wollen wir zukünftig noch besser zusammenarbeiten?

Im *3. Modul* wird erstmals ein Coaching für die Führungskräfte angeboten. Coaching, definiert als individuell unterstützende Beratung, ist ein verbreitetes Instrument zur Führungskräfteentwicklung, das zukünftig neben den traditionellen Personalentwicklungsmaßnahmen wahrscheinlich weiter an Bedeutung gewinnen wird. Die Umsetzung des Erlernten in den Arbeitsalltag steht hier im Vordergrund.

Mit dem *3. Modul* „Coaching" stehen die folgenden Ziele im Vordergrund:

■ Individuelle Unterstützung der LEVs bei der Umsetzung der Trainingsinhalte aus den Modulen 1 und 2 in die Praxis

■ Ermöglichung eines intensiven Trainings „on the job"

■ Der Coach als externer Ansprechpartner bei Konflikten und Problemen

12.2.1 Bedingungen für das 3. Modul „Coaching"

Betrachtet man die von Rauen (1999) aufgeführten Bedingungen von Coaching

1. Freiwilligkeit

2. Vertraulichkeit

3. Persönliche Akzeptanz

muss beachtet werden, dass Mitarbeiter auf Meister-, Teamleiter- oder Schichtleiter-Ebene im Unterschied zur Management-Ebene eher nicht aus eigenem Antrieb heraus Coaching in Erwägung ziehen.

Zu 1. Freiwilligkeit

Dem Aspekt der Freiwilligkeit als eine Bedingung für ein erfolgreiches Coaching muss daher im Hinblick auf die Zielgruppe der LEVs besondere Beachtung geschenkt werden. Kann ein drittes Modul denn sinnvoll sein, wenn der Aspekt der Freiwilligkeit nicht von Beginn an gewährleistet wird? Es ist ein Balanceakt zwischen Freiwilligkeit und Unfreiwilligkeit, zumal die Führungskräfte nicht wissen, worauf sie sich einlassen. Zunächst wurde der Coaching-Prozess für eine bestimmte Anzahl von Sitzungen „verordnet", um allen die Möglichkeit zu bieten, diese Form der Personalentwicklung kennen zu lernen und danach selbst entscheiden zu können, ob eine freiwillige Teilnahme an Coaching-Sitzungen zukünftig erwünscht ist oder nicht.

Zu 2. Vertraulichkeit

Ein Vertrauensverhältnis ist die entscheidende Voraussetzung für ein erfolgreiches Coaching. Dieser wesentliche Aspekt muss in der ersten Sitzung über den gesamten Zeitraum zugesichert werden.

Als Coaching-Techniken werden Methoden aus der systemischen Beratung sowie dem Neuro-linguistischen Programmieren (NLP) eingesetzt.

Nach Finger-Hamborg (2002) gewinnt Coaching aus den folgenden Gründen zunehmend an Bedeutung:

■ Weiterbildung bezieht sich von Beginn an auf die Einzelperson und konzentriert sich ausschließlich auf deren individuelle Bedürfnisse.

■ In diesem Rahmen wird ein problemorientiertes sowie emotionsorientiertes Lernen möglich.

■ Dadurch, dass Coaching „on the job" an den Bedürfnissen und den aktuellen Themenstellungen des Arbeitsplatzes ansetzt, „besteht eine sehr viel höhere Wahrscheinlichkeit, dass Gelerntes in den Beruf transferiert werden kann" (Schreyögg, 1995, S.54). Dabei kann der Erfolg des Transfers des Gelernten in die Praxis als Überprüfung in einer nächsten Coaching-Sitzung thematisiert werden.

Dorando & Grün (1993) zeigen auf, dass Coaching nicht nur auf der Managementebene als individuelle Beratung eingesetzt werden kann, sondern auch auf der Meisterebene erfolgversprechende Effekte nachweisbar sind.

12.3 Evaluation von Weiterbildungsmaßnahmen

Es findet sich in der Literatur keine einheitliche Definition der Evaluation von Weiterbildungsmaßnahmen, da die verwendeten Methoden aus sehr unterschiedlichen Fachrichtungen stammen. Dies ist schon aus der Vielzahl von Begriffen, die teilweise synonym, teilweise im Sinne einer speziellen Form verwendet werden, ersichtlich: „Erfolgskontrolle", „Bildungscontrolling", „Erfolgscontrolling", „Evaluierung", „Lerntransfercontrolling", „Kosten-Nutzen-Kontrolle", „Weiterbildungskontrolle", „Personalcontrolling" sind die häufigsten.

Will et al. (1987, S.14) versuchen unterschiedliche Konzepte von Evaluation auf einen Nenner zu bringen und kommen dabei auf vier allgemeine Kennzeichen:

1. Evaluation ist ziel- und zweckorientiert. Sie hat primär das Ziel, praktische Maßnahmen zu verbessern, zu legitimieren oder über sie zu entscheiden (z. B. Schulungsmaßnahmen).

2. Grundlage der Evaluation ist eine systematisch gewonnene Datenbasis über Voraussetzungen, Kontext, Prozesse und Wirkungen einer praxisnahen Maßnahme.

3. Evaluation beinhaltet eine bewertende Stellungnahme, d.h. die methodisch gewonnenen Daten und Befunde werden vor dem Hintergrund von Wertmaßstäben unter Anwendung bestimmter Regeln bewertet.

4. Evaluation bezieht sich, im Gegensatz zur personenbezogenen Leistungsfeststellung oder Testung, auf einzelne Bereiche geplanter, durchgeführter oder abgeschlossener Bildungsmaßnahmen. Sie zielt also in der Regel primär nicht auf die Bewertung des Verhaltens (z. B. Leistungen) einzelner Personen, sondern ist Bestandteil der Entwicklung, Realisierung und Kontrolle planvoller Bildungsarbeit.

12.4 Evaluierung des Personalentwicklungskonzepts

In einer empirischen Studie sollte untersucht werden, ob das dargestellte Personalentwicklungsprogramm einen messbaren Einfluss auf das Führungsverhalten der LEVs hat. Zu diesem Zweck wurde ein Fragebogen entwickelt, der von den teilnehmenden LEVs ausgefüllt wurde sowie von Kollegen in äquivalenten Positionen, die noch nicht am Personalentwicklungsprogramm teilgenommen haben.

12.4.1 Dimensionen von Führungskompetenz

Im Zentrum des Fragebogens stand ein Führungsmodell, das 35 im spezifischen Fall relevante Kompetenzen umfasste. Die Kompetenzen lassen sich theoriegeleitet in sieben Führungsdimensionen kategorisieren:

1. Kommunikation (mit Mitarbeitern und Kollegen)

2. Delegation (von Aufgaben und Verantwortung)

3. Feedback geben (positives und negatives)

4. Umgang mit schwierigen Mitarbeitern (z. B. Motivation, Konflikte)

5. Verhältnis zu den Mitarbeitern

6. fachliche Unterstützung der Mitarbeiter

7. Erledigung der eigenen Aufgaben (z. B. Entscheidungen treffen, Zeitmanagement)

Die Zuordnung der abgefragten einzelnen Kompetenzen zu den sieben Dimensionen ist Tabelle 12-2 im Anhang dieses Kapitels zu entnehmen.

12.4.2 Methodische und statistische Grundlagen

Im Fragebogen wurden die LEVs um Selbsteinschätzungen auf den einzelnen Kompetenzen gebeten sowie um eine Bewertung der Wichtigkeit der einzelnen Aufgaben für ihren Job. Die Antwortskala bot, je nach Inhalt, zumeist fünf Abstufungen an. Die Items wurden ggf. bei der Auswertung so umgepolt, dass ein höherer Wert immer ein Mehr im Sinne der übergeordneten Kategorie bedeutet (z. B. höhere Kompetenz, ausgeprägteres Selbstverständnis als Führungskraft). Dies erleichtert die Interpretation der Daten. Die betreffenden Items sind jeweils mit dem Vermerk „umgepolt" gekennzeichnet.

In der Auswertung wurde für die einzelnen Items der Mittelwert berechnet (MW) sowie die Standardabweichung (SD). Letztere ist ein Maß dafür, wie stark sich die Antworten innerhalb der Gruppe unterscheiden; bei einem Wert von Null haben alle dieselbe Antwort angekreuzt.

Für einige Items bietet sich ein Vergleich an zwischen denjenigen, die am Programm teilgenommen haben, und denjenigen, die mit ähnlichen Führungsaufgaben zu tun haben, aber noch nicht am Programm teilgenommen haben. Die Nichtteilnehmer sind zur Hälfte auch LEVs, die andere Hälfte bekleidet eine als Teamleiter bezeichnete Position, die von Führungsverantwortung und organisationalem Werdegang her jedoch mit der der LEVs vergleichbar ist.

Um festzustellen, ob es signifikante Unterschiede zwischen den beiden Gruppen gibt, wurden so genannte t-Tests durchgeführt. Hierbei wird ein p-Wert berechnet, der angibt, mit welcher Wahrscheinlichkeit der beobachtete Unterschied durch reinen Zufall zwischen zwei Gruppen zu finden wäre, die eigentlich den gleichen wahren Wert aufweisen. Aufgrund des statistisch gesehen geringen Stichprobenumfangs werden hierbei nur die deutlichsten Effekte signifikant. Aus diesem Grund wurden auch Effekte gekennzeichnet, die mit 90-prozentiger Wahrscheinlichkeit überzufällig sind (10-%-Niveau, tendenziell signifikant). Über alle Signifikanzen ist jedoch nicht zu vergessen, dass diese nur dann relevant sind, wenn von der Stichprobe auf andere Gruppen von Mitarbeitern geschlossen werden soll; in der vorliegenden Stichprobe gilt: Ob signifikant oder nicht, die festgestellten Unterschiede in den Einschätzungen der Mitarbeiter existieren tatsächlich und können direkt gemäß ihrer Größe interpretiert werden.

12.4.3 Stichprobe

Die Fragebögen wurden soweit möglich persönlich an die Teilnehmer übergeben. Hierbei wurde der Zweck der Befragung erläutert und für die Teilnahme geworben. Dies gewährleistete eine erfreulich hohe Rücklaufquote: So haben 38 von 44 Mitarbeitern, die den Fragebogen erhalten haben, an der Umfrage teilgenommen (86 %). Die Stichprobengröße beträgt damit bei den Teilnehmern am Personalentwicklungsprogramm n = 21 und bei den Nichtteilnehmern n = 17.

Die Teilnehmer wurden nicht nach ihrer Führungskompetenz, sondern anhand ihrer Zugehörigkeit zum Leistungszentrum Montage ausgewählt. Zudem war die Teilnahme nicht freiwillig. Die Nichtteilnehmer arbeiten in vergleichbaren Positionen und wurden mit dem Ziel ausgewählt, ein möglichst ähnliches Profil aufzuweisen, damit die Unterschiede in der Führungskompetenz ausschließlich auf die Teilnahme am Personalentwicklungsprogramm zurückzuführen sind und nicht auf systematische Unterschiede zwischen Teilnehmern und Nichtteilnehmern. Das Qualifikationsniveau ist in beiden Gruppen vergleichbar (Abbildung 12-1). Bei den Nichtteilnehmern haben drei Teilnehmer eine andere Ausbildung als Facharbeiter oder Meister (technischer Betriebswirt, Techniker, kaufmännische Ausbildung).

Auch bezüglich der Arbeitsbelastung und der Umstellungsschwierigkeiten beim Wechsel in die neue Position gibt es keine Unterschiede zwischen den beiden Gruppen (siehe Tabelle 12-1 im Anhang). Es bestehen jedoch Unterschiede beim Alter, der Anzahl der betreuten Mitarbeiter, der Positionserfahrung und den Kontakten zu Kollegen und Mitarbeitern außerhalb des Betriebs. Diese Variablen weisen jedoch keine signifikanten Korrelationen mit Führungskompetenzen auf.

Somit können die Gruppen prinzipiell als äquivalent angesehen und die Unterschiede zwischen Teilnehmer- und Nichtteilnehmergruppe mit sehr großer Wahrscheinlichkeit auf die Teilnahme am Personalentwicklungsprogramm zurückgeführt werden.

Abbildung 12-1: *Ausbildungsstand der befragten Mitarbeiter*

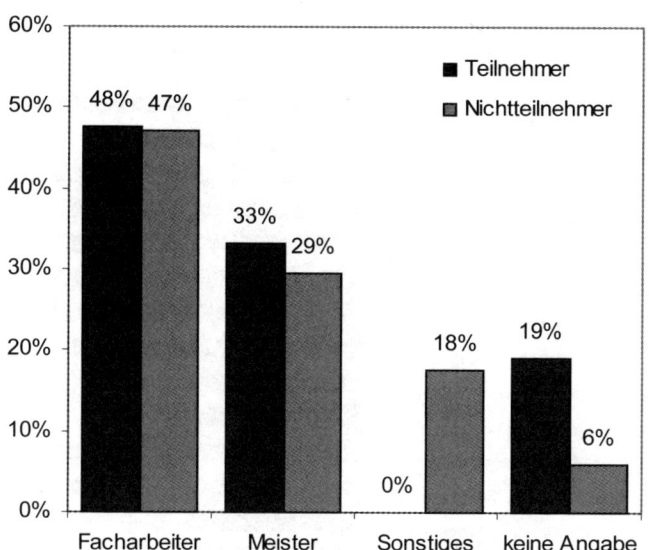

12.4.4 Effekte des Personalentwicklungsprogramms auf Führungskompetenzen

Zunächst ist festzuhalten, dass die meisten der erfassten Kompetenzen von den LEVs als ausgesprochen wichtig angesehen werden (alle Mittelwerte > 4,2 bei einer maximalen Punktzahl von 5, mit Ausnahme von „Durchsetzen der eigenen Meinung" und „Austausch mit Kollegen in anderen Bereichen"). Dies bestätigt die Relevanz des eingesetzten Führungsmodells.

Bei welchen Kompetenzen heben sich die Teilnehmer des Personalentwicklungsprogramms nun signifikant von den Nichtteilnehmern ab? Tabelle 12-2 im Anhang zeigt, dass alle Unterschiede in die erwartete Richtung gehen: Die Teilnehmer fühlen sich bei allen Kompetenzen mindestens ebenso sicher wie die Mitarbeiter in der Kontrollgruppe, bei den meisten deutlich besser, bei einigen sogar signifikant besser.

Abbildung 12-2 fasst die signifikanten Effekte zusammen: Im Kompetenzbereich Kommunikation halten es die Teilnehmer des Personalentwicklungsprogramms für deutlich einfacher, ihre Meinung durchzusetzen und sich mit Kollegen in anderen Bereichen auszutauschen. Auch die Konfliktlösungskompetenz im Umgang mit Kollegen wurde durch das Programm verbessert sowie die Fähigkeit, Belange des eigenen Bereichs gegenüber den Kollegen zu vertreten. Ge-

---

Abbildung 12-2: *Effekte auf ausgewählte Führungskompetenzen*
Anmerkungen: Skala 1 (meist schwierig) ... 5 (nie schwierig)
für Details siehe Tabelle 12-2 im Anhang

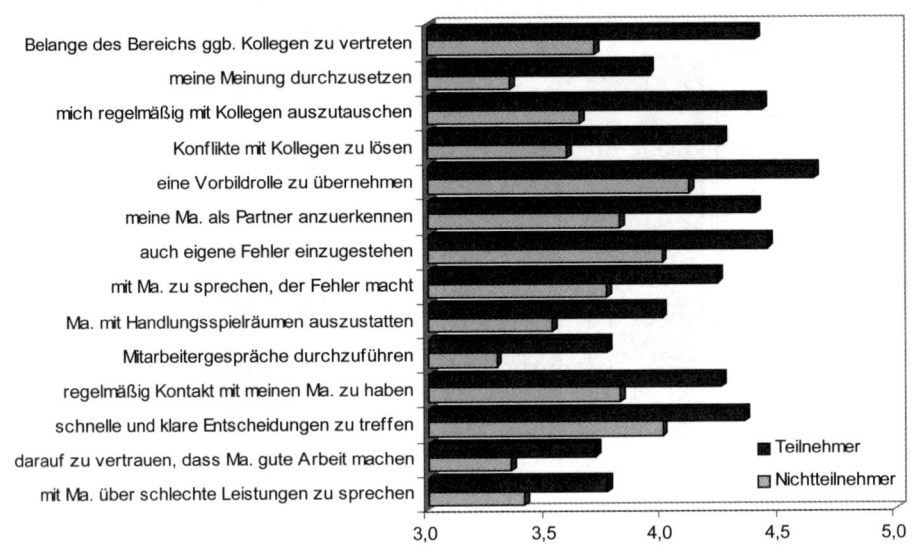

---

genüber den Mitarbeitern übernehmen die Teilnehmer nun leichter eine Vorbildrolle und sie erkennen die Mitarbeiter eher als Partner an. Auch bei einigen weiteren Kompetenzen sind tendenziell signifikante Unterschiede zu verzeichnen (s. Abbildung). Unterm Strich sind somit die größten Fortschritte im Führungsverhalten gegenüber den Kollegen erzielt worden. Den LEVs gelingt es besser, mit dem innerbetrieblichen Konkurrenzdruck zwischen den Leistungseinheiten umzugehen.

12.4.5 Effekte auf die Identifikation mit der Führungsrolle

Zudem sind klare Auswirkungen der Teilnahme auf die Identifikation mit der Führungsrolle festzustellen (Tabelle 12-3 im Anhang, Abbildung 12-3). Besonders an der Aussage „Wenn ich jemandem meine berufliche Funktion beschreiben müsste, würde ich mich als Führungskraft bezeichnen." wird deutlich, dass sich die Teilnehmer eher als Führungskraft verstehen als ihre Kollegen, die nicht teilgenommen haben.

Analog dazu erfahren die Teilnehmer auch mehr Akzeptanz als Führungskraft von ihren Mitarbeitern, wie die signifikanten Unterschiede beim Item „Für meine Mitarbeiter bin ich eher einer von ihnen als Vorgesetzter." zeigen. Tendenziell spüren die Teilnehmer auch mehr Akzeptanz als Führungskraft von ihrem nächst höheren Vorgesetzten.

Abbildung 12-3: *Signifikante Effekte auf Selbstverständnis und Akzeptanz als Führungskraft*
Anmerkungen: Skala 1 (stimme überhaupt nicht zu) ... 7 (stimme voll und
ganz zu), für Details siehe Tabelle 12-3 im Anhang

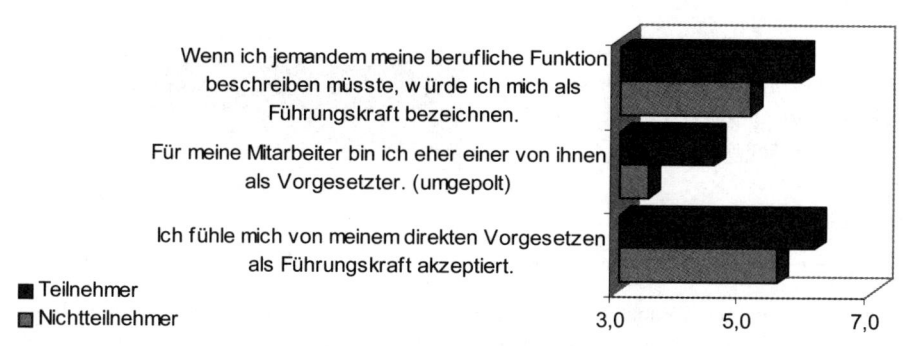

Bemerkenswert ist jedoch auch, dass sie tendenziell weniger Machtmittel einsetzen würden, um sich durchzusetzen – möglicherweise haben sie ein partnerschaftlicheres Führungsverständnis entwickelt, was bereits im letzten Abschnitt angedeutet wurde.

12.4.6 Effekte auf die Arbeitszufriedenheit

Wenn die Teilnahme am Personalentwicklungsprogramm zu verbesserten Kompetenzen führt, wirkt sich das auch auf die Arbeitszufriedenheit aus? Die Ergebnisse lassen keine signifikanten Unterschiede zwischen beiden Gruppen erkennen (Tabelle 12-4 im Anhang, Abbildung 12-4). Offensichtlich hängt das emotionale Erleben der Arbeit noch von vielen anderen Faktoren ab,

---

Abbildung 12-4: *Ausgewählte Effekte auf die Arbeitszufriedenheit*
Anmerkungen: Skala 1 (sehr unzufrieden) ... 5 (sehr zufrieden)
für Details siehe Tabelle 12-4 im Anhang

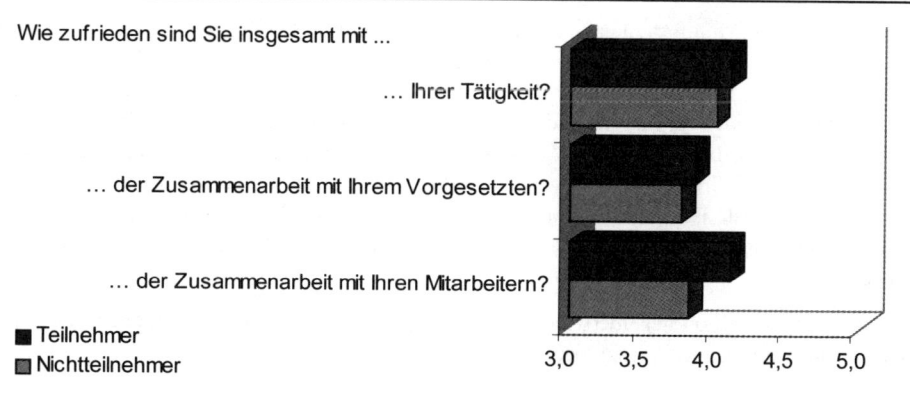

Abbildung 12-5: *Effekt auf die Einschätzung der Produktivität*
Anmerkungen: Skala -10 (viel niedriger) ... +10 (viel höher)
für Details siehe Tabelle 12-5 im Anhang

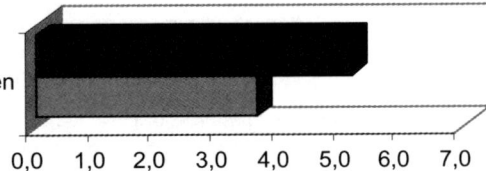

Wie schätzen Sie die Produktivität Ihres Bereichs im Vergleich zu anderen Bereichen im Unternehmen ein?

■ Teilnehmer
▨ Nichtteilnehmer

0,0   1,0   2,0   3,0   4,0   5,0   6,0   7,0

so dass ein gesteigertes Kompetenzniveau zu keinen signifikanten Veränderungen führt. Festzustellen ist auf jeden Fall, dass die Zufriedenheit sich auf einem recht guten Niveau bewegt und sich bezüglich der Zufriedenheit mit der Zusammenarbeit innerhalb der LE sogar ansatzweise ein Unterschied abzeichnet.

Die Teilnehmer erleben ihre Leistungseinheiten im Vergleich zu anderen Bereichen im Unternehmen als signifikant produktiver (Tabelle 12-5 im Anhang, Abbildung 12-5). Es handelt sich hierbei natürlich um subjektive Einschätzungen, dennoch ist dies ein ausgesprochen bemerkenswerter Befund.

12.4.7 Bewertung des Coachings

Die Teilnehmer hatten im Schnitt 3,37 Coaching-Termine (SD=1,57, n=19). Sechs Probanden hatten zum Zeitpunkt der Befragung erst ein oder zwei Sitzungen erlebt. Nur fünf von ihnen haben die Termine alleine wahrgenommen, die meisten sind zusammen mit einem Kollegen hingegangen. Die Dosis des eingesetzten Coachings war also zum Zeitpunkt der Datenerhebung noch relativ gering. Insofern ist mit Blick auf die oben dargestellten Ergebnisse anzumerken, dass mit recht wenig Input offenbar schon ein beachtlicher Effekt erzielt wurde.

Die Grundbedingungen für ein erfolgreiches Coaching sind im Großen und Ganzen gut erfüllt; die Teilnehmer fühlen sich bei ihrem Coach gut aufgehoben und akzeptiert (Tabelle 12.6 im Anhang). Wichtig ist – insbesondere da es sich um einen internen Coach handelt –, dass die Coachees den Rahmen für hinreichend vertraulich halten. Auffällig ist die hohe Standardabweichung. Beim ersten Item ist sie im Wesentlichen auf einen einzelnen Teilnehmer zurückzuführen, der ein sehr niedriges Rating abgegeben hat (2); bei der Vertraulichkeit ist der obere Skalenrand die häufigste Bewertung, einige Teilnehmer haben jedoch nur einen mittleren Wert angekreuzt (aber niemand darunter), was auf die grundsätzliche Problematik internen Coachings hinweist.

Das Coaching wird von der überwiegenden Mehrheit als sehr nützlich empfunden; auch hier gibt es jedoch vereinzelte Ausnahmen.

Selbst diejenigen, die das Coaching als nützlich bewerten, empfinden das Ganze doch ein wenig als eine therapeutische Intervention. Als Leistungskontrolle wird es jedoch nur von sehr wenigen wahrgenommen.

Eine interessante implizite Bewertung des Coachings kann man auch den Antworten auf die Frage entnehmen, ob das Coaching fortgesetzt werden soll. Eine große Mehrheit möchte das Coaching nach den verpflichtenden Terminen freiwillig fortsetzen – das spricht sehr deutlich für die erlebte Nützlichkeit. Die Anzahl der gewünschten Coaching-Termine schwankt deutlich: Ein Viertel der Teilnehmer könnte sich monatliche Sitzungen vorstellen, ein weiteres Viertel quartalsmäßige; andere wünschen sich Coaching im Halbjahresrhythmus, nach Bedarf oder (entsprechend dem vorangehenden Item) gar nicht.

12.4.8 Bewertung des Gesamtprogramms

Die Teilnehmer geben durchweg positive Bewertungen des Programms ab (Tabelle 12-7 im Anhang). Verbesserbar erscheint die Ausrichtung auf am Arbeitsplatz anwendbare Themen und Techniken. Am deutlichsten wird die positive Wahrnehmung des Programms in der klaren Weiterempfehlung des Programms an Kollegen. Auch hier sind es die eher negativen Bewertungen (Werte von 2–3) weniger Teilnehmer, die die Mittelwerte stark nach unten ziehen, so dass festzustellen ist, dass von den weitaus meisten das Programm sogar noch deutlich positiver bewertet wird, als die Mittelwerte das widerspiegeln.

12.4.9 Fazit

Alles in allem erweist sich die Kombination der Workshops mit individuellem Coaching als ein sinnvoller Ansatz, der messbare Auswirkungen auf die Führungskompetenz von LEVs zeigt. Insbesondere konnte hierdurch die Zusammenarbeit zwischen den LEVs verbessert werden. Coaching wird zudem von den Programmteilnehmern fast durchweg positiv beurteilt.

Hinweis:

Die vollständigen Ergebnisse der Studie können angefordert werden bei: Dr. Thomas Zwick, Zentrum für Europäische Wirtschaftsforschung GmbH (ZEW), L 7,1, 68161 Mannheim bzw. zwick@zew.de

Literatur

DORANDO, M. UND GRÜN, J. (1993): Coaching mit Meistern-Erfahrungsbericht eines supervisorischen Abenteuers. Supervision 24, S.53-70

FINGER-HAMBORG, A. (2002): Einzel-Coaching mit Schichtleitern: Ein Erfahrungsbericht. in: Rauen, C. (Hrsg.). Handbuch Coaching, Verlag für Angewandte Psychologie, Göttingen

JAEHRLING, D. (1996): Künftige Anforderungen an Führungskräftetrainings im Verhaltensbereich. in: Voß, B. (Hrsg.). Kommunikations- und Verhaltenstrainings. Verlag für Angewandte Psychologie, Göttingen

KIRKPATRICK, D.L. (1979): Techniques for evaluating training programs. in: Training and Development Journal, 6, S. 78-92

RAUEN, C. (1999): Coaching: Innovative Konzepte im Vergleich. Verlag für Angewandte Psychologie, Göttingen

WILL, H., WINTELER, A. UND KRAPP, A. (1987): Evaluation in der beruflichen Aus- und Weiterbildung, Konzepte und Strategien. Sauer, Heidelberg

12.5 Anhang

Tabelle 12-1:   *Merkmale der befragten Mitarbeiter*

Merkmal	Teilnehmer			Nichtteilnehmer			Differenz				
	MW	SD	n	MW	SD	n	MW	SD	t	p	
Wie viele Mitarbeiter betreuen Sie?	74,94	16,03	17	40,25	22,59	16	34,69	6,79	5,11	0,00	****
Zu wie vielen Ihrer Mitarbeiter haben Sie auch außerhalb des Betriebs Kontakt?	3,79	5,07	21	1,06	1,85	17	2,73	1,30	2,10	0,04	**
Zu wie vielen Ihrer Kollegen haben Sie auch außerhalb des Betriebs Kontakt?	1,98	1,68	21	0,76	1,15	17	1,21	0,48	2,53	0,02	**
Wie lange haben Sie Ihre derzeitige Position inne? *Angabe in Jahren*	5,76	2,11	17	4,05	2,19	16	1,72	0,75	2,30	0,03	**
Wie lange arbeiten Sie schon in diesem Unternehmen? *1 (<3 Jahre) ... 5 (≥15 J.)*	4,94	2,73	17	4,06	0,85	16	0,88	0,71	1,23	0,34	
Ihr Alter *1 (<30) ... 7 (>60)*	3,65	1,11	17	3,50	1,10	16	0,15	0,39	0,38	0,71	
Der Wechsel in meine derzeitige Position ist mir leicht gefallen. *1 (stimme überhaupt nicht zu) ... 7 (stimme voll und ganz zu)*	4,86	1,49	21	4,94	1,82	17	-0,08	0,54	-0,16	0,88	
Wie schätzen Sie die Arbeitsbelastung in Ihrem Bereich im Vergleich zu anderen Bereichen im Unternehmen ein? *−10 (viel niedriger) ... +10 (viel höher)*	5,14	3,86	21	3,53	4,12	17	1,61	1,30	1,24	0,22	

Anmerkungen: 2-seitiger t-Test; **** $p < 0,001$; *** $p < 0,01$; ** $p < 0,05$; * $p < 0,10$

Tabelle 12-2: *Unterschiede in den Kompetenzeinschätzungen zwischen Teilnehmern und Nichtteilnehmern*

Dim. / Kompetenz	Teilnehmer			Nichtteiln.			Differenz				
	MW	SD	n	MW	SD	n	MW	SD	t	p	
1 / mich regelmäßig mit Kollegen in anderen Bereichen auszutauschen	**4,43**	0,87	21	**3,65**	0,86	17	**0,78**	0,28	2,76	0,00	***
5 / die Belange meines Bereichs gegenüber meinen Kollegen zu vertreten	**4,40**	0,60	20	**3,71**	0,59	17	**0,69**	0,20	3,55	0,00	****
4 / Konflikte mit Kollegen zu lösen	**4,26**	0,56	19	**3,59**	0,80	17	**0,67**	0,23	2,97	0,00	***
1 / meine Meinung durchzusetzen	**3,95**	0,39	20	**3,35**	0,61	17	**0,60**	0,17	3,6	0,00	****
5 / meine Mitarbeiter als Partner anzuerkennen	**4,40**	0,75	20	**3,82**	0,81	17	**0,58**	0,26	2,24	0,02	**
7 / eine Vorbildrolle zu übernehmen (z. B. hinsichtlich Zuverlässigkeit, Ehrlichkeit)	**4,65**	0,49	20	**4,12**	0,60	17	**0,53**	0,18	2,97	0,00	***
3 / mit einem Mitarbeiter zu sprechen, der wiederholt denselben Fehler macht	**4,24**	0,77	21	**3,76**	0,90	17	**0,47**	0,27	1,75	0,04	**
2 / Mitarbeiter mit entsprechenden Handlungsspielräumen auszustatten	**4,00**	0,77	21	**3,53**	0,94	17	**0,47**	0,28	1,69	0,05	**
3 / Mitarbeitergespräche durchführen	**3,76**	0,89	21	**3,29**	0,92	17	**0,47**	0,29	1,59	0,06	*
7 / auch eigene Fehler einzugestehen	**4,45**	0,69	20	**4,00**	0,71	17	**0,45**	0,23	1,96	0,03	**
5 / regelmäßig Kontakt mit meinen Mitarbeitern zu haben	**4,25**	0,72	20	**3,82**	0,88	17	**0,43**	0,26	1,62	0,06	*
2 / darauf zu vertrauen, dass meine Mitarbeiter gute Arbeit machen	**3,71**	0,96	21	**3,35**	0,86	17	**0,36**	0,30	1,21	0,12	
3 / mit Mitarbeitern über schlechte Leistungen zu sprechen	**3,76**	1,00	21	**3,41**	0,87	17	**0,35**	0,31	1,14	0,13	
7 / schnelle und klare Entscheidungen zu treffen	**4,35**	0,59	20	**4,00**	0,71	17	**0,35**	0,21	1,65	0,05	*

Dim. / Kompetenz	Teilnehmer			Nichtteiln.			Differenz			
	MW	SD	n	MW	SD	n	MW	SD	t	p
3 / offen und fair Leistungen/ Verhalten zu bewerten	**3,86**	0,96	21	**3,59**	0,80	17	**0,27**	0,29	0,92	0,18
1 / Besprechungen in der Gruppe effektiv durchzuführen	**3,71**	0,64	21	**3,47**	1,12	17	**0,24**	0,29	0,84	0,20
5 / mich bei Schwierigkeiten/ Kritik vor meine Mitarbeiter zu stellen	**4,30**	0,66	20	**4,06**	0,66	17	**0,24**	0,22	1,11	0,14
6 / bei Problemen und Fragen schnell greifbar zu sein	**4,15**	0,81	20	**3,94**	0,75	17	**0,21**	0,26	0,81	0,21
2 / gemeinsam mit meinen Mitarbeitern Ziele zu vereinbaren	**3,95**	0,74	21	**3,76**	0,66	17	**0,19**	0,23	0,81	0,21
2 / Aufgaben an meine Mitarbeiter zu delegieren	**4,29**	0,85	21	**4,12**	0,70	17	**0,17**	0,26	0,66	0,26
1 / meinen Mitarbeitern Informationen zu vermitteln (z. B. durch kurze Vorträge)	**4,10**	1,00	21	**3,94**	0,75	17	**0,15**	0,29	0,53	0,30
7 / effektiv mit der eigenen Zeit umzugehen	**3,50**	0,83	20	**3,35**	0,93	17	**0,15**	0,29	0,51	0,31
3 / Mitarbeitern ein negatives Feedback zu geben, ohne die Beziehung zu belasten	**3,14**	1,01	21	**3,00**	0,87	17	**0,14**	0,31	0,46	0,32
3 / Rückmeldungen über die Zielerreichung zu geben	**3,76**	0,83	21	**3,65**	1,17	17	**0,11**	0,32	0,35	0,36
7 / ein Problem zu analysieren und die beste Lösung auszuwählen	**4,10**	0,64	20	**4,00**	0,79	17	**0,10**	0,24	0,43	0,34
4 / mit schwierigen Mitarbeitern umzugehen	**2,85**	1,04	20	**2,76**	0,97	17	**0,09**	0,33	0,26	0,40
4 / Konflikte mit Mitarbeitern zu lösen	**3,20**	0,77	20	**3,12**	0,99	17	**0,08**	0,29	0,28	0,39
3 / gute Leistungen zu loben und anzuerkennen	**4,14**	0,96	21	**4,06**	0,85	16	**0,08**	0,30	0,26	0,40
6 / meine Mitarbeiter bei fachlichen Problemen zu unterstützen	**4,55**	0,69	20	**4,47**	0,80	17	**0,08**	0,24	0,33	0,37
6 / Fachkenntnisse vermitteln	**4,35**	0,67	20	**4,29**	0,59	17	**0,06**	0,21	0,27	0,40

Janin Ennes, Christoph Rappe und Thomas Zwick

Dim. / Kompetenz	Teilnehmer			Nichtteiln.			Differenz			
	MW	SD	n	MW	SD	n	MW	SD	t	p
5 / die Belange meines Bereichs gegenüber meinem Vorgesetzten zu vertreten	**3,70**	1,13	20	**3,65**	0,93	17	**0,05**	0,34	0,15	0,44
1 / das richtige Maß an Interesse an meinen Mitarbeitern zu zeigen	**3,71**	1,01	21	**3,69**	0,95	16	**0,03**	0,33	0,08	0,47
4 / Konflikte rechtzeitig zu erkennen	**3,15**	0,67	20	**3,18**	0,88	17	**-0,03**	0,26	-0,1	0,46
1 / klare Absprachen mit einzelnen Mitarbeitern zu treffen	**4,00**	0,84	21	**4,06**	0,66	17	**-0,06**	0,25	-0,24	0,41
4 / meine Mitarbeiter zu motivieren	**3,35**	0,75	20	**3,41**	0,94	17	**-0,06**	0,28	-0,22	0,41

Anmerkungen: Skala 1 (meist schwierig) … 5 (nie schwierig); Spalte Dim.: Zuordnung der Items zu den Führungsdimensionen (1: Kommunikation, 2: Delegation, 3: Feedback, 4: Umgang mit schwierigen Mitarbeitern, 5: Verhältnis zu den Mitarbeitern, 6: fachliche Unterstützung der Mitarbeiter, 7: Erledigung der eigenen Aufgaben; 1-seitiger t-Test; **** p < 0,001; *** p < 0,01; ** p < 0,05; * p < 0,10

Tabelle 12-3:   *Unterschiede zwischen Teilnehmern und Nichtteilnehmern bezüglich ihrer Rolle als Führungskraft*

Kat.	Item	Teilnehmer			Nichtteiln.			Differenz				
		MW	SD	n	MW	SD	n	MW	SD	t	p	
Selbstverständnis	Ich sehe mich selbst in erster Linie als Kollegen meiner Mitarbeiter. (umgepolt)	**3,19**	1,81	21	**2,53**	1,33	17	**0,66**	0,53	1,26	0,11	
	Ich sehe mich selbst in erster Linie als Vorgesetzten meiner Mitarbeiter.	**4,57**	1,43	21	**4,47**	1,23	17	**0,10**	0,44	0,23	0,41	
	In Situationen, in denen es wirklich wichtig ist, setze ich alle mir verfügbaren Machtmittel ein, um mich durchzusetzen.	**4,57**	1,86	21	**5,35**	1,06	17	**-0,78**	0,51	-1,54	0,07	*
	Wenn ich jemandem meine berufliche Funktion beschreiben müsste, würde ich mich als Führungskraft bezeichnen.	**5,86**	1,11	21	**5,06**	1,43	17	**0,80**	0,41	1,94	0,03	**
Akzeptanz von unten	Für meine Mitarbeiter bin ich eher einer von ihnen als Vorgesetzter. (umgepolt)	**4,48**	1,50	21	**3,47**	1,28	17	**1,01**	0,46	2,19	0,02	**
	Meine Mitarbeiter wenden sich manchmal direkt an meinen Vorgesetzten statt mich anzusprechen. (umgepolt)	**5,86**	1,31	21	**5,76**	1,09	17	**0,09**	0,40	0,23	0,41	
	Ich fühle mich von meinen Mitarbeitern als ihre Führungskraft akzeptiert.	**5,71**	1,38	21	**5,47**	0,80	17	**0,24**	0,38	0,64	0,26	

Kat.	Item	Teilnehmer			Nichtteiln.			Differenz				
		MW	SD	n	MW	SD	n	MW	SD	t	p	
Akzeptanz von oben	Mein Vorgesetzter hat mir selbständige Aufgaben, Entscheidungsbefugnisse und Verantwortung übertragen.	6,24	0,94	21	5,71	1,26	17	0,53	0,36	1,49	0,07	*
	Ich fühle mich von meinem direkten Vorgesetzen als Führungskraft akzeptiert.	6,10	1,18	21	5,47	1,18	17	0,62	0,38	1,62	0,06	*
	Mein direkter Vorgesetzter übergeht mich manchmal und wendet sich direkt an meine Mitarbeiter, auch wenn das eigentlich meine Aufgabe wäre. (umgepolt)	5,86	1,20	21	5,29	1,79	17	0,56	0,49	1,16	0,13	
Kenntnis	Ich weiß genau, was von meinem Bereich erwartet wird.	6,29	0,96	21	5,82	0,88	17	0,46	0,30	1,53	0,07	*
	Ich weiß genau, was in dieser Position von mir erwartet wird.	6,14	0,96	21	6,06	0,83	17	0,08	0,30	0,28	0,39	
Akzeptanz der eigenen Tätigkeit	Ich fühle mich wohl in meiner Position.	5,43	1,57	21	5,41	1,12	17	0,02	0,45	0,04	0,49	
	Meine Aufgaben passen zu mir.	5,57	0,98	21	5,47	1,01	17	0,10	0,32	0,31	0,38	
	Manchmal würde ich lieber an einer Maschine stehen als am Schreibtisch zu sitzen. (umgepolt)	4,52	1,94	21	5,59	1,54	17	-1,06	0,58	-1,84	0,04	**

Anmerkungen: Skala 1 (stimme überhaupt nicht zu) … 7 (stimme voll und ganz zu); umgepolte Items markiert; 1-seitiger t-Test; **** p < 0,001; *** p < 0,01; ** p < 0,05; * p < 0,10

Tabelle 12-4: *Unterschiede zwischen Teilnehmern und Nichtteilnehmern bezüglich ihrer Arbeitszufriedenheit*

Item	Teilnehmer			Nichtteilneh-mer			Differenz				
Wie zufrieden sind Sie insgesamt mit ...	**MW**	**SD**	**n**	**MW**	**SD**	**n**	**MW**	**SD**	**t**	**p**	
Ihrer Tätigkeit?	**4,10**	0,62	21	**4,00**	0,79	17	**0,10**	0,23	0,42	0,34	
der Zusammenarbeit mit Ihrem Vorgesetzten?	**3,86**	0,79	21	**3,76**	0,97	17	**0,09**	0,29	0,32	0,37	
der Zusammenarbeit mit Ihren Mitarbeitern?	**4,10**	0,54	21	**3,82**	0,73	17	**0,27**	0,21	1,32	0,10	*
dem Umgang mit Konflikten in der Zusammenarbeit in Ihrem Bereich?	**3,62**	0,74	21	**3,47**	0,87	17	**0,15**	0,26	0,57	0,29	
dem Betriebsklima in Ihrem Bereich?	**3,86**	0,65	21	**3,65**	1,00	17	**0,21**	0,27	0,78	0,22	
→ Aggregat	**3,90**	0,40	21	**3,74**	0,69	17	**0,16**	0,18	0,91	0,18	

Anmerkungen: Skala 1 (sehr unzufrieden) ... 5 (sehr zufrieden), umgepolte Items markiert; 1-seitiger t-Test; **** $p < 0{,}001$; *** $p < 0{,}01$; ** $p < 0{,}05$; * $p < 0{,}10$

Tabelle 12-5: *Unterschiede zwischen Teilnehmern und Nichtteilnehmern bezüglich der Einschätzung der Produktivität des Bereichs*

Item	Teilnehmer			Nichtteilneh-mer			Differenz				
	MW	**SD**	**n**	**MW**	**SD**	**n**	**MW**	**SD**	**t**	**p**	
Wie schätzen Sie die Produktivität Ihres Bereichs im Vergleich zu anderen Bereichen im Unternehmen ein?	**5,14**	2,87	21	**3,59**	2,53	17	**1,55**	0,89	1,75	0,04	**

Anmerkungen: Skala -10 (viel niedriger) ... +10 (viel höher); 1-seitiger t-Test; **** $p < 0{,}001$; *** $p < 0{,}01$; ** $p < 0{,}05$; * $p < 0{,}10$

Tabelle 12-6: *Bewertung des Coachings durch die Teilnehmer des Programms*

Kat.	Item	MW	SD	n
Grundbedingungen	Ich fühle mich bei meinem Coach gut aufgehoben.	5,76	1,22	21
	Ich fühle mich von meinem Coach voll akzeptiert.	6,10	0,94	21
	Ich kann mich hundertprozentig darauf verlassen, dass die in den Coaching-Gesprächen behandelten Inhalte nicht an Dritte weitergegeben werden.	5,81	1,25	21
Bewertung	Das Coaching hat mir geholfen, die Inhalte von Führungswerkstatt und Teamwerkstatt am Arbeitsplatz umzusetzen.	5,24	1,09	21
	Die Coaching-Gespräche sind effektiv.	5,24	1,22	21
Assoziationen	Coaching ist ein bisschen wie Therapie. (umgepolt)	3,57	1,78	21
	Die Coaching-Gespräche sind eine Art Leistungskontrolle. (umgepolt)	5,67	1,39	21
Implizite Bewertung	Wenn die Möglichkeit besteht, werde ich auch nach den verpflichtenden fünf Coaching-Terminen weitere in Anspruch nehmen.	5,00	1,79	21
	Wie viele Termine würden Sie im Laufe der nächsten 12 Monate am liebsten in Anspruch nehmen? *(genannte Anzahl)*	5,16	4,48	19

Anmerkungen: Skala 1 (stimme überhaupt nicht zu) … 7 (stimme voll und ganz zu); umgepolte Items markiert

Tabelle 12-7: *Bewertung des Gesamtprogramms durch die Teilnehmer*

Item	MW	SD	n
Das Programm war nützlich, um meine Aufgaben besser ausüben zu können.	5,33	1,24	21
Die meisten Themen im Programm waren relevant für die Bereiche, in denen ich mich weiterentwickeln möchte.	4,95	1,43	21
Die Zeit, die ich bei den Workshops/Coaching-Gesprächen verbracht habe, war sinnvoll investiert.	5,90	0,94	21
Ich konnte das, was ich in dem Programm gelernt habe, an meinem Arbeitsplatz anwenden.	5,14	1,15	21
Ich habe an meinem Arbeitsplatz Gelegenheiten, die im Programm gelernten Dinge zu üben.	4,67	1,11	21
Das Programm hat mir geholfen, effektiver mit meinen Mitarbeitern umzugehen.	5,29	0,90	21
Ich würde anderen Kollegen die Teilnahme an diesem Programm empfehlen.	6,10	1,09	21

Anmerkungen: Skala 1 (stimme überhaupt nicht zu) … 7 (stimme voll und ganz zu)

Eva-Maria Nagel und Werner Sauter

13 Blended Learning im Unternehmen

Die betriebliche Bildungslandschaft wurde im vergangenen Jahrzehnt durch Phasen weltweiter Euphorie, aber auch Ernüchterung geprägt. E-Learning-Unternehmen wurden gegründet – und verschwanden rasch wieder. Die Bildungsbudgets der Unternehmen sind auf breiter Front radikal zusammen gestrichen worden. Doch das E-Learning ist nicht tot. Wenn wir in der Lage sind, aus der Vergangenheit zu lernen, wird das E-Learning vielmehr die Zukunft, nicht nur, des betrieblichen Lernens prägen.

Die bisherige Entwicklung des E-Learning ist durch eine Reihe von typischen Missverständnissen geprägt. E-Learning

▓ ersetzt die bisherigen personalintensiven Seminare,

▓ erfordert eine einmalige Investition und reduziert die laufenden Kosten dramatisch,

▓ ist ohne größere Investitionen, insbesondere in personelle Ressourcen, skalierbar,

▓ kann im Rahmen der traditionellen Lernkultur umgesetzt werden,

▓ wird von allen Beteiligten akzeptiert,

▓ ist vor allem für planmäßiges, strukturiertes Lernen geeignet,

▓ hat die Aufgabe, fremdgesteuertes Lernen zu optimieren.

Diese Sichtweise wird den aktuellen und zukünftigen Anforderungen an Lernsysteme nicht mehr gerecht. Deshalb haben sich immer mehr Ansätze entwickelt, in denen Formen des E-Learnings mit Präsenzlernen und anderen Medien zielgruppengerecht kombiniert werden.

Die Festo AG & Co. KG hat bereits auf der Basis der 1999 geschaffenen intranetbasierten Lernplattform „Festo Virtual Academy" begonnen, zunächst E-Learning-Lösungen, zunehmend aber Blended Learning Lösungen zu entwickeln und erfolgreich in der Praxis umzusetzen.

13.1 Blended Learning – Lernen im Methodenmix

E-Learning-Ansätze sind insbesondere dann wirksam, wenn sie in das Konzept eines Lernarrangements eingebunden sind, welches neben computergestützten Elementen auch „klassische" Lernformen, wie bspw. Workshops, Fernlernen mit Studienbriefen oder Teamlernen, umfasst. Daher wird dieses System auch „blended" genannt, woraus sich der Begriff „**Blended Learning**" gebildet hat.

Abbildung 13-1:   Blended Learning Prozess

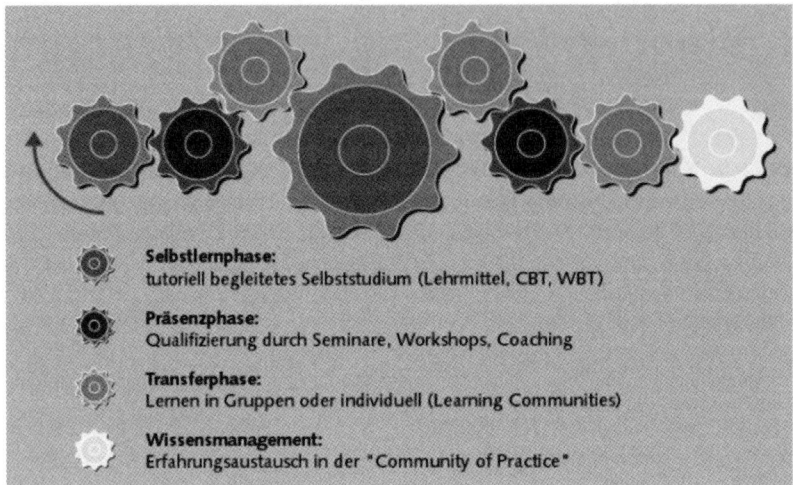

Der Begriff „Blended Learning", der vom englischen „Blender" (= Mixer) abgeleitet ist, be-schreibt bildhaft diese Komposition. E-Learning ersetzt damit nicht klassische Lernformen, sondern ergänzt und bereichert sie. Wird E-Learning in ein Arrangement aus diesen bedarfs-gerechten Lernformen eingebunden, entsteht ein Blended Learning Konzept.

Die Gesamtkomposition des Blended Learning umfasst damit die in Abb. 13-1 dargestellten Elemente.

13.1.1 Didaktik und Methodik des Blended Learning

Die wesentliche Anforderung an ein bedarfsgerechtes Qualifizierungssystem ist die Vermittlung der Kompetenz, Probleme im Arbeitsleben zu lösen. Dagegen verliert die reine Vermittlung von Inhalten auf Grund ihrer sinkenden Halbwertzeit sowie der zunehmenden Verfügbarkeit des Wissens an Bedeutung. Folglich sind die Ziele nicht inhalts- sondern *problemorientiert* zu be-stimmen.

E-Learning-Umgebungen haben gegenüber dem »klassischen« Seminarlernen den Vorteil, dass individuelle Lernwege über den Großteil der Lernzeit hinweg möglich werden. Über die Be-arbeitung der Trainingsaufgaben in den WBT – Web Based Trainings – kann selbst gesteuert gelernt werden. Es darf aber nicht übersehen werden, dass E-Learning-Lernumgebungen den Lernenden weitaus höhere Kompetenzen abverlangen, als dies in klassischen Lernumgebungen und auch in teilnehmerzentrierten Lernszenarien der Fall ist. Lernende sind es seit ihrer Kind-heit gewohnt, die Steuerung von Lernprozessen den Lehrenden zu überlassen. Kommen sie in eine E-Learning-Lernumgebung, so müssen viele Funktionen, die bisher die Lehrenden gesteu-ert und überwacht haben, selbst gesteuert und selbst überwacht werden. Wichtig sind hierbei

Abbildung 13-2: *Steuerung und Flankierung – die Grundlage erfolgreicher, selbstverantwortlicher Lernprozesse*

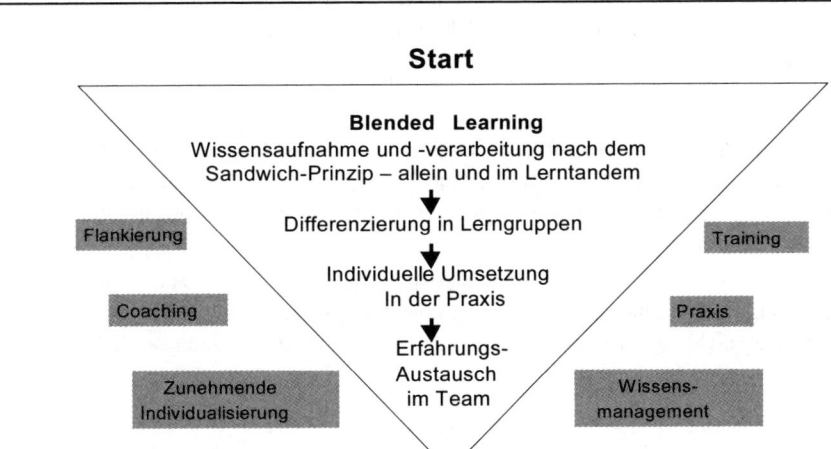

das Aufrechterhalten der Lernmotivation, die Aufmerksamkeitskontrolle während der aktiven Lernphasen, die Situationskontrolle am Lernplatz selbst, der Umgang mit den eigenen Gefühlen, das Planen und Überwachen des eigenen Lernprozesses oder die Entscheidung für passende Lernstrategien. Diese Fähigkeit kann aber in einem schrittweisen Prozess gelernt werden. Die Lernkonzeption ist deshalb bewusst so zu gestalten, dass einerseits möglichst viel Lernzeit individuell gestaltet werden kann, andererseits aber sehr viel getan wird, um die Lerner in ihrem einzigartigen Lernprozess möglichst umfassend zu unterstützen. Der besondere Wert dieser E-Learning-Konzeption liegt also in zahlreichen Formen der Lernwegflankierung und Lernwegsicherung. Diese garantieren nach Erfahrungen mit Fernstudien- bzw. Selbststudien-Arrangements eine wirksame Stützung der Lernprozesse mit sehr hohen Erfolgsquoten.

Effektive E-Learning- und Blended Learning Systeme werden somit durch folgende Elemente gekennzeichnet (vgl. Wahl 2001):

■ *Individuelles, selbst gesteuertes Lernen*

- Die Lerner bearbeiten die WBT im eigenen Lerntempo. Ort und Zeitpunkt der Bearbeitung sind nicht vorgeschrieben, sondern werden von jedem Lerner selbstverantwortlich festgelegt.

■ *Problemlösung statt Pauken von Wissen*

- Der Lernprozess wird durch Trainingsaufgaben gesteuert, die sich an Problemstellungen aus der Praxis orientieren. Das erforderliche systematische und aktuelle Wissen wird kontextsensitiv zur Verfügung gestellt. Jeder eignet sich das neue Wissen an, das er benötigt.

■ *Strukturierungshilfen für individuelles Lernen*

- Für jede Selbststudienphase werden aus den WBT oder aktuell vom jeweiligen Experten Arbeitsaufgaben gestellt. Diese enthalten nicht nur die problemorientierten Trainingsszenarien und Informationsmodule, sondern geben auch Hilfen für den Umgang mit den Texten.

■ *Rückmeldungs-Strukturen*

- Lernen ist dann besonders effizient, wenn die Lernenden laufend Rückmeldungen über ihren Lernprozess und Lernleistungen erhalten. Damit werden sie in die Lage versetzt, ihre Lernstrategien zu optimieren, Kompetenzdefizite zu erkennen und diese Lücken gezielt zu schließen.

- Neben Rückmeldungen aus standardisierten Aufgaben aus dem System spielen in offenen Aufgaben Feedbacks von Experten oder Lernpartnern eine große Rolle. Vergleichbare Rückmeldungsstrukturen gibt es auch zu den Partnerarbeiten und Kleingruppenarbeiten.

■ *Vergleichsmaßstäbe*

- Insbesondere beim Einzellernen fehlen die anderen Lernenden als Bezugsnorm. So kann die einzelne Person nur schwer die eigenen Leistungen mit jenen der anderen Teilnehmer vergleichen. Um hier Maßstäbe vorzugeben, können Arbeitsergebnisse anderer Personen netzbasiert zur Verfügung gestellt werden. Damit kann der Lerner sehen, wie weit er von den Leistungen anderer entfernt ist. In der Learning Community sowie in Workshops können Arbeitsergebnisse aus der Lerngruppe präsentiert werden. Vergleiche der Arbeitsergebnisse bieten sich daneben auch für Lerngruppen an.

■ *Lernwegflankierung durch Lerntandems*

- Soziale Flankierung ist eine wesentliche Voraussetzung für erfolgreiche Lernprozesse. Eine besonders bewährte Form ist der Zusammenschluss zweier Lernender zu einem Lerntandem. Hierbei unterstützen sich die Lernenden in der Tandemarbeit emotional, motivational und lernstrategisch.

- Es treffen sich jeweils zwei Lerner (in Ausnahmefällen auch drei) regelmäßig und selbstverantwortlich zum Erfahrungsaustausch und zum gemeinsamen Bearbeiten der WBT und spezieller Tandem-Aufgaben. Die Tandemtreffen können über Telefon, E-Mail oder auch über persönliche Treffen abgewickelt werden. Jedes Tandem bringt seine Arbeitsergebnisse in die jeweilige Lerngruppe sowie evtl. den Kurs ein. Zu den Ergebnissen gibt es wieder Rückmeldungen durch Experten und durch die Lerngruppe.

■ *Lernwegflankierung durch Kleingruppen*

- Untersuchungen haben gezeigt, dass Tandemarbeit alleine nicht ausreicht, um den Lernerfolg zu sichern. Wichtig ist eine weitere soziale Flankierung in der Kleingruppe, da Gruppen mehr Motivierungs- und Korrekturmöglichkeiten haben als Einzelpersonen.

- Etwa drei bis vier Tandems schließen sich jeweils zu einer Kleingruppe zusammen. Für die Kleingruppen gibt es Arbeitsaufgaben, deren Ergebnisse sie entweder in der Learning Community oder beim Blended Learning Ansatz im Workshop präsentieren oder bearbeiten. Zu den Ergebnissen gibt es wieder Rückmeldungen durch Experten und durch Lernpartner.

■ *Blended Learning: Verknüpfung von E-Learning mit Präsenzlernen*

– Die Erfahrungen zeigen, dass E-Learning-Lösungen vor allem bei handlungsorientier-ten Lernzielen eine besonders hohe Lerneffizienz aufweisen, wenn sie in eine kombi-nierte Lernkonzeption mit Tandem-, Partner- und Workshoplernen eingebunden wer-den. In den Präsenzphasen dieser Blended Learning Konzepte können die Lerner ihr Wissen reflektieren und anwenden sowie ihre Handlungen trainieren. Weiterhin gibt es viele Sachverhalte, die idealerweise in Anwesenheit aller Lernenden geklärt werden.

– Zu einer Einführungsveranstaltung gehören insbesondere die Einweisung in das Quali-fizierungssystem, das Vermitteln erster Lernstrategien, das Vertrautmachen mit der netzbasierten Lernwegflankierung, das persönliche Kennenlernen der Experten und der Lernenden untereinander sowie das Bilden von Lerntandems und Lerngruppen.

– In den laufenden Workshops bringen die Lernenden offene Fragen ein und präsentieren ihre Lösungen, die sie z. B. in Lerngruppen erarbeitet haben. Es wird bei Bedarf weiter-führendes Wissen vermittelt, vor allem zu aktuellen Inhalten oder in Bereichen, die sich über WBT nur schwer abbilden lassen. Darüber hinaus tauschen die Lernenden ihre Er-fahrungen über das Lernen in den Selbststudienphasen aus. Sie erhalten weiterhin Hil-fen für die Zeit des selbst gesteuerten Lernens. Schließlich kann auch die jeweils näch-ste Selbststudienphase organisiert werden.

Aus diesen Anforderungen leitet sich eine Konzeption des Blended Learning ab, die vielfältige Lern- und Sozialformen, aber auch Medien zielgruppengerecht miteinander kombiniert.

Methoden der *kooperativen Selbstqualifikation* der Mitarbeiter sind in Blended Learning Kon-zepten von zentraler Bedeutung. Dabei geht es vor allem um die Lernkompetenz als Fähigkeit zur Selbststeuerung von verantwortungsvollem und reflektiertem Handeln. Lernprozesse wer-den im Rahmen der Zielvereinbarungen, z. B. mit dem Tutor, primär über Trainingsmodule, die problemorientiert gestaltet werden und vielfältige Vernetzungen mit Informationsmodulen, Wissensbrokern, Experten und externen Quellen beinhalten, gesteuert. Dies hat den Vorteil, dass der Lernende somit nach seinen individuellen Lerngewohnheiten vorgehen kann. Das Sys-tem bietet ihm Hilfen und Hinweise, damit er die Problemstellungen selbstständig oder in Lern-partnerschaften bzw. -gruppen lösen kann. Die Lerninhalte sind in hohem Maße modularisiert und können über Suchsysteme bzw. über entsprechende Self-Assessments und Tests gezielt ge-nutzt werden. Während die Informationsaufnahme damit weitgehend in der Eigenverantwor-tung der Lernenden liegt, erfordert die Umsetzung von Information in Wissen kommunikative Prozesse.

Abbildung 13-3: *Beispiel einer methodischen Struktur des Blended Learning*

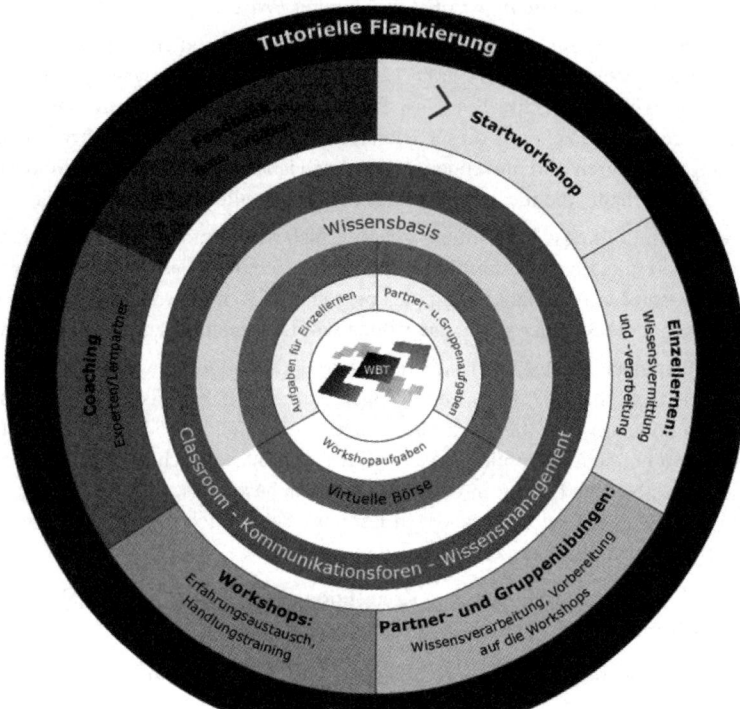

13.1.2 Blended Learning — eine handlungsorientierte Lernkonzeption

In der Lernkonzeption des Blended Learning steht das *handlungsorientierte Lernen* im Vordergrund.

■ Der *Lernprozess* findet in einem Wechsel zwischen *Informationsaufnahme, subjektiver Verarbeitung* (in Form von Trainings, Übungsaufgaben, Simulationen oder Tests) sowie *Praxistransfer* statt.

■ Dieser Lernprozess wird durch die Möglichkeit, Experten bzw. Tutoren zu befragen, sowie durch selbst gesteuerte *Lernpartnerschaften* und *Lerngruppen* flankiert. Damit werden

Lernprobleme in Eigenverantwortung der Lernenden gelöst; die Lernmotivation wird gesteigert.

■ Abgestufte *Tests* und regelmäßige *Erfolgskontrollen* (systemimmanent sowie tutoriell begleitet) geben dem Lernenden ein kontinuierliches Feedback zu seinem Lernerfolg. Die Überprüfung des Lernerfolges durch den *E-Coach* (Fachexperten) bzw. den *Tutor* schafft somit die Basis für das Zertifizierungssystem.

■ Das Blended Learning Konzept verknüpft *systematisches Lernen* (online-basiertes, kooperatives Lernen durch die Trainings-Module), *situatives Lernen* (Kommunikation, aktuelle Recherchen im Wissensbroker) und *simulatives Lernen* (risikoloses Handeln im Lernlabor).

Diese Konzeption zeichnet sich auf Grund des problemorientierten Ansatzes, der in den WBT und Trainingsworkshops realisiert wird, durch eine sehr hohe Praxisnähe aus. Die Kompetenz zum erfolgreichen Handeln wird während des gesamten Kurses, z. B. in Rollenspielen, systematisch gesteigert. Die Integration von fachlichen und handlungsorientierten Lernzielen ermöglicht eine sehr hohe Lerneffizienz.

13.1.3 Blended Learning – individuelle und zielorientierte Lernprozesse

Blended Learning Systeme ermöglichen es jedem Teilnehmer, im Rahmen der Zielvereinbarungen mit seinem Tutor oder seiner Führungskraft, entsprechend seinen Bedürfnissen, Vorkenntnissen und Lerngewohnheiten individuelle Lernpfade zu durchlaufen. Gleichzeitig bietet das System die Möglichkeiten, die Lernprozesse über Aufgabenstellungen im WBT oder in der Learning Community gezielt zu steuern und auf Grund der hohen Transparenz über den jeweiligen Lernstand lernbezogen zu flankieren. Daraus ergibt sich ein komplexes Lernsystem, das selbstverantwortliches und zielorientiertes Lernen ermöglicht.

Dieses internet- bzw. intranetgestützte Lernsystem verknüpft dabei Präsenzveranstaltungen in Form von praxisorientierten, eintägigen *Workshops* mit einer daran anschließenden dreiwöchigen Phase des selbst gesteuerten Lernens. Nachdem sich die Lerner, meist in Einzelarbeit zuhause oder am Arbeitsplatz, das für ein Kapitel erforderliche Wissen mit Hilfe der *WBT* – bestehend aus Trainingsmodulen, der Wissensbasis mit systematischem Wissen sowie einem Wissenbroker mit aktuellen Informationen und Erfahrungen (z. B. aktuellen Infos aus der Verlagsbranche, Links zu relevanten Datenbanken, Expertenmeinungen oder aktuelle Meldungen) – erarbeitet haben, lösen Sie gemeinsam mit einem Lernpartner komplexe Anwendungsaufgaben – online oder offline. Sie haben dabei die Möglichkeit, ihr Wissen in einer Simulation ohne Risiko unter realen Bedingungen anzuwenden. Eine Woche vor dem nächsten Workshop treffen sich Lerngruppen, die sich selbst steuern oder von Führungskräften moderiert werden, um Problemlösungen oder Analysen und deren Präsentation sowie Rollenspiele typischer Beratungssituationen für den Workshop mit einem Experten vorzubereiten. Beispielhaft kann die Verknüpfung von klassischen und webbasierten Lernformen an der Grafik in Abb. 13-4 verdeutlicht werden.

Abbildung 13-4:   *Beispiel eines Blended-Learning-Prozesses*

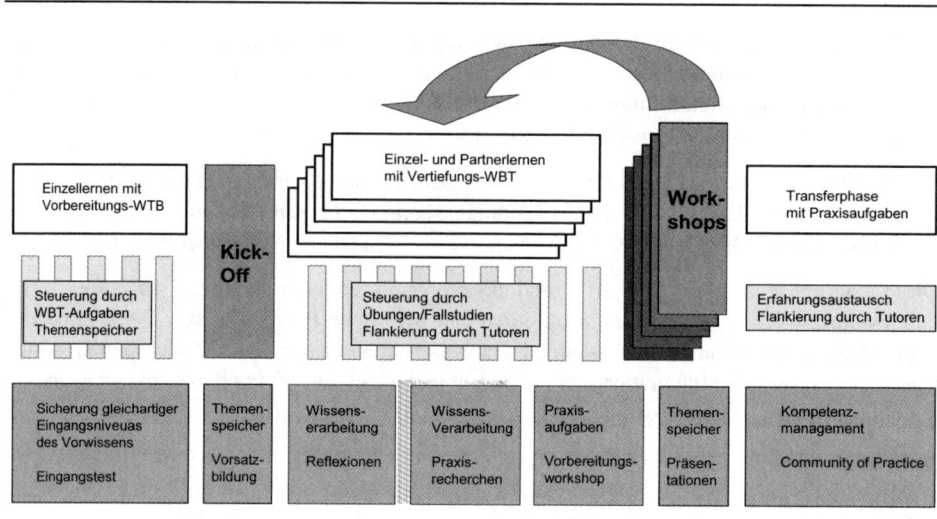

Die *Steuerung* erfolgt über ein Lernmanagementsystem mit Lernverwaltung, Lernprozesscontrolling, Evaluation und Zertifizierung von Lernangeboten. Die Pflege und Aktualisierung der Inhalte wird über Content-Managementsysteme ermöglicht. Die Lernprozesse können durch permanentes, systemgesteuertes Feedback unterstützt werden, das jeweils zum Abschluss eines Lernprozesses bzw. beim Abweichen von den Lerninhalten in Kraft tritt. Auf dieser Basis kann auch der Tutor flankierende und steuernde Gespräche mit den Lernenden führen.

Reine E-Learning-Lösungen können jedoch unter bestimmten Voraussetzungen eine sinnvolle Alternative zu klassischen Lernformen sein. Insbesondere dann, wenn die Vermittlung von Informationen, z. B. Produktmerkmalen oder Verkaufsargumenten, im Vordergrund steht und große Zahlen von Mitarbeitern oder Kunden zu qualifizieren sind, kann E-Learning unter den Aspekten Wirtschaftlichkeit und Lerneffizienz eine optimale Lösung sein.

Blended Learning Lösungen sind nicht auf die Kombination von Präsenzlernen und E-Learning beschränkt. Besonders bei Zielgruppen, die bisher gewohnt waren, z. B. im Bereich des Fernlernens überwiegend mit Studienbriefen und Einsendeaufgaben zu arbeiten, erfordert die Einführung von E-Learning ein behutsames Vorgehen. Hier bietet es sich an, die Lernprozesse über Fallstudien in Printform zu steuern, so dass die E-Learning-Module als Teilelemente in ein Gesamtkonzept integriert werden, das die Lerner bei ihrer gewohnten Lernform abholt. Es kann auch sinnvoll sein, den Lernern neben den WBT auch CD-Rom mit den Trainingsaufgaben und der Wissensbasis und eventuell auch noch die Wissensbasis in Printform zur Verfügung zu stellen. Damit kann jeder Lerner je nach Bedarf und Lernerfahrung »sein« Medium auswählen.

13.2 Blended-Learning-Qualifizierung „Projektmanagement" bei Festo

Die intranetbasierte Lernplattform „Festo Virtual Academy" wurde 1999 als ergänzendes Weiterbildungsinstrument im Rahmen der „Internationalen Qualifizierungsoffensive" ins Leben gerufen und hat sich mittlerweile als Standard im Aus- und Weiterbildungsprogramm der Festo AG & Co. KG etabliert. Heute haben ca. 10.000 Mitarbeiter in 52 Gesellschaften weltweit Zugriff auf die Lernangebote in der „Virtual Academy".

Je nach Komplexität der Lerninhalte werden verschiedene Arten von Lernmedien genutzt: Multimediale interaktive Lernprogramme, Readings, animierte Präsentationen oder Glossare. Derzeit werden ca. 300 verschiedene Lernprogramme in verschiedenen Sprachen angeboten, die durchweg modular aufgebaut sind. Damit können sich die Mitarbeiter eigenverantwortlich und gezielt die Lerneinheiten auswählen. Mit seinen E-Learning-Angeboten bietet Festo seinen Mitarbeitern die Chance, sich selbstständig und individuell weiterzubilden.

■ Didaktisch-methodische Leistungspalette

Festo verknüpft, abhängig von den jeweiligen Lernzielen, unterschiedliche didaktisch-methodische Konzeptionen (s. Abb. 13-5).

Die E-Learning-Angebote werden, in Abstimmung auf die Komplexität der Themen, mit und ohne Tutoring angeboten. Learning on the Job sowie das Projektlernen werden über die Learning Community unterstützt und begleitet.

Ein Blended Learning Konzept wird am Beispiel der Qualifizierung „Projektmanagement" beschrieben.

Abbildung 13-5: *Didaktisch-methodische Leistungspalette*

189

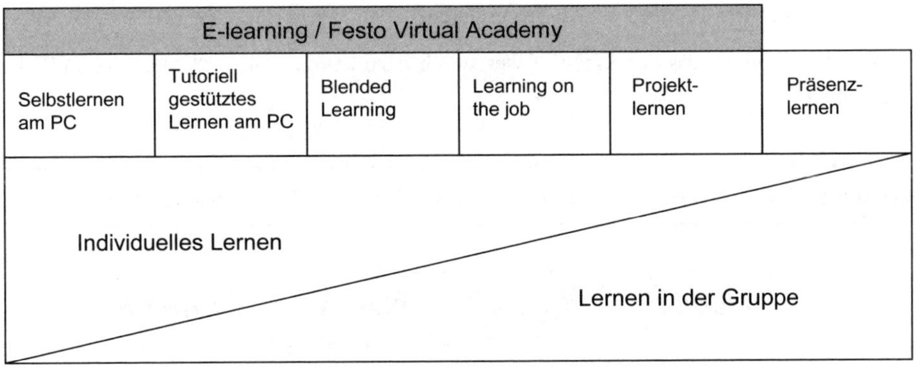

13.2.1 Blended Learning am Beispiel „Projektmanagement"

Immer komplexere Themenstellungen und Probleme erfordern zunehmend bereichsübergreifende Projektarbeit. Seit Jahren bietet deshalb Festo den Mitarbeitern traditionelle Inhouse Seminare zum Thema „Projektmanagement" an.

Gerade die Zielgruppe des Seminars, Fach- und Führungskräfte, können sich aber nur schwer die Zeit nehmen, ein Seminar zu diesem Thema zu besuchen. Aus diesem Grunde bietet die „Virtual Academy" die Qualifizierung „Projektmanagement" auch als Blended Learning an. Im Vordergrund steht dabei die Verbesserung der Lernergebnisse, die Steigerung der zeitlichen Flexibilität und Skalierbarkeit des Angebotes an den Bedarf im Unternehmen.

Der Trainer wurde eng in die Konzeptentwicklung und Realisierung mit einbezogen sowie mit der Auswahl des geeigneten Web Based Trainings beauftragt, so dass der Inhalt des Lernprogramms auf das bisherige Konzept des Präsenztrainings abgestimmt war.

■ Kick-Off-Meeting

Im Kick-Off-Meeting lernen sich Teilnehmer und Trainer persönlich kennen. Die Teilnehmer erhalten eine Einführung in den Umgang mit der Lernplattform und den Lernprogrammen. Einen Schwerpunkt bilden verbindliche Vereinbarungen für die Selbstlernphase, wie z. B. Definition von Schwerpunkten beim Bearbeiten des Web Based Trainings, Planung der Lernzeiten, Uhrzeiten und Termine für Chats, Nennung von Ansprechpartnern bei Problemen etc.

Der Trainer erörtert mit den Teilnehmern Fragen des selbst organisierten Lernens:

– Wie kann das Lernen am Arbeitsplatz organisiert werden? Welche Absprachen mit der Führungskraft und Kollegen sind notwendig?

– Wie sollte der Lernplatz gestaltet sein?

– Wie kann der Teilnehmer den Lernprozess planen und aktiv steuern?

– Wie kann der Teilnehmer den Erfolg des Lernens richtig kontrollieren?

– Wie kann sich der Teilnehmer selbst motivieren?

Die Erfahrung zeigt, dass der Kick-Off wesentlich dazu beiträgt, die Selbstlernphase effizient zu gestalten.

Abbildung 13-6: *Lernphasen im Blended-Learning-Prozess „Projektmanagement"*

■ Online-Lern-Phase

Sechs Wochen vor Beginn der Präsenzphase werden die Teilnehmer für ihr Web Based Training in der Virtual Academy freigeschaltet. Das Web Based Training besteht aus neun Lernmodulen:

- Projektmanagement (Allgemeines und Prinzipien des Projektmanagements)

- Projektziele

- Projekte strukturieren

- Projektverlauf planen

- Risiken in Projekten

- Projektteam/Zusammenarbeit

- Projekt-Besprechungen planen und durchführen

- Informationsfluss (Informieren und Dokumentieren in Projekten)

Das Lernprogramm ist modular aufgebaut und kann in einzelnen Teilschritten bearbeitet werden. Dabei ist vorteilhaft, dass durch Lesezeichen-Funktionen innerhalb des Web Based Trainings jeweils die letzten Bearbeitungsstände abgerufen werden können. Somit wird modulares Lernen ermöglicht. Weitere Funktionen innerhalb des Lernprogramms wie z. B. Checklisten und Aufgabenpools geben den Teilnehmern wichtige Zusatz- und Kontrollinstrumente an die Hand.

Abbildung 13-7:   *Übersicht des Kursraumes*

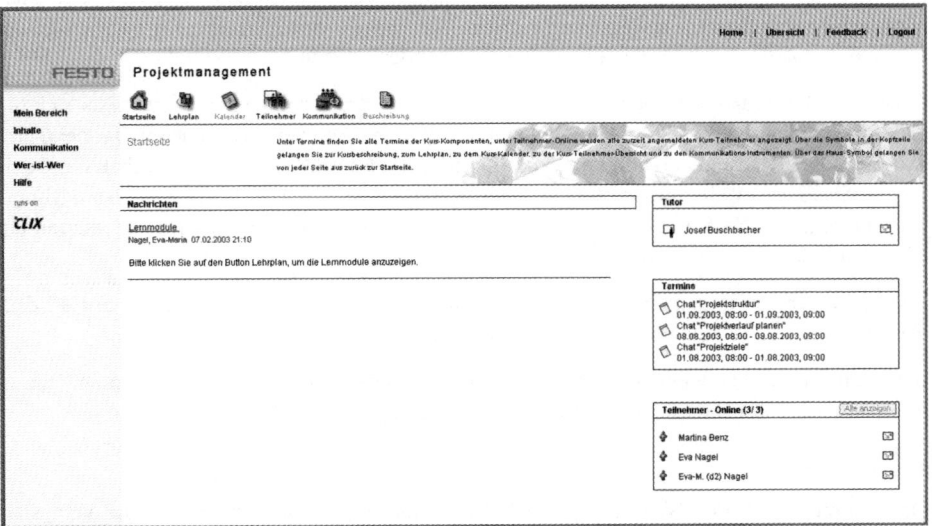

Abbildung 13-8:   *Kommunikationsseite im Kursraum*

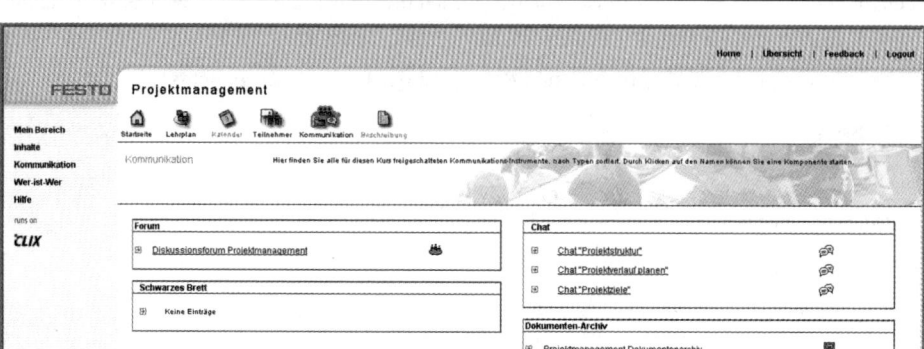

Das Web Based Training wird innerhalb der Virtual Academy in einen Kursraum (siehe Abbildung 13-7) eingebunden. In diesem Kursraum kann der Trainer Nachrichten veröffentlichen und verschiedene Kommunikationselemente zur Verfügung stellen. Gleichzeitig verfügt der Kursraum über eine Who-is-online Übersicht.

Während der Online-Phase haben die Teilnehmer über Diskussionsforen, Chats und E-Mail Gelegenheit zum Meinungs- und Erfahrungsaustausch (siehe Abbildung 13-8). Über eine Direkt-Mail-Funktion können auch direkte Fragen an den Trainer gerichtet werden. Diese Fragen werden vom Trainer innerhalb eines Zeitraums von max. 48 Stunden beantwortet.

Das Diskussionsforum im Kurs dient zur asynchronen Kommunikation der Teilnehmer. Hier können jederzeit Einträge geschrieben werden, die von anderen Teilnehmern auch zu einem späteren Zeitpunkt eingesehen oder kommentiert werden können.

In einem wöchentlich stattfindenden Chat, welcher vom Trainer moderiert wird, bietet sich die Gelegenheit der synchronen Kommunikation mit dem Trainer und anderen Teilnehmern. Schwerpunkt der Kommunikation im Chat sind Fragen und Erläuterungen zum Inhalt des Lernprogramms. Die jeweils im Chat behandelten Kapitel des Lernprogramms werden im Voraus bekannt gegeben. Nach Beendigung des Chats erhalten die Teilnehmer als Dokumentation ein Chatprotokoll.

Zur persönlichen Kommunikation zwischen dem Trainer und einzelnen Teilnehmern wird in der Regel die Kommunikation über E-Mail bevorzugt.

In Dokumentenarchiven innerhalb des Kursraums können die Teilnehmer untereinander Zusatzinformationen und Erfahrungswissen zum Thema austauschen.

■ Präsenzphase

Das theoretisch erlernte Wissen wird im Präsenzseminar praktisch umgesetzt. Die Veranstaltung erhält daher eher den Charakter eines Workshops. Alle Teilnehmer haben denselben Wissensstand zur Theorie und können sich somit aktiv in die Gestaltung der Präsenztage einbringen. Unter fachkundiger Leitung des Trainers bearbeiten die Teilnehmer in Fallstudien ein Projekt in seinen einzelnen Phasen. Die Rolle des Trainers wandelt sich zum Moderator.

■ Lerntransfer – Online Follow Up

Die Teilnehmer haben sich in der Präsenzphase kennen gelernt und können das Erlernte jetzt in ihren eigenen Projekten umsetzen.

Die Lernplattform Virtual Academy wandelt sich von der Lern- zur Kommunikationsplattform. Die Teilnehmer tauschen sich aus über ihre Erfahrungen im Umgang mit den erlernten Projektmanagement-Tools, über konkrete Projektprobleme und deren Lösungen. Somit findet ein aktiver Wissensaustausch über die Virtual Academy statt. Ebenso können immer noch direkte Fragen an den Trainer gerichtet werden, so dass ein „Virtual Coaching" entsteht.

Die Präsenzphase erhält durch die Vorbereitungen innerhalb der Virtual Academy einen höheren Stellenwert und bringt den Teilnehmern durch mehr praktische Übungen, die in traditionellen Seminaren häufig zu kurz kommen, einen größeren Nutzen. Die positiven Rückmeldungen der Teilnehmer bestätigen den Einsatz solcher Lernkonzepte bei Festo in der Zukunft.

13.3 Entwicklung des Blended Learning

Es zeichnet sich ab, dass die bisher meist getrennten Lernsysteme für individuelles Lernen und für organisationales Lernen im Rahmen des Knowledge Managements zusammen wachsen. Systematisches Lernen, z. B. mit WBT, und situatives Lernen in Projekten oder am Arbeitplatz, wachsen zusammen. Eindrücke, Erfahrungen und Informationen, die in Learning Communities gebündelt und weiter entwickelt werden, bereichern die Lernsysteme, umgekehrt werden Lernangebote immer mehr zum Lösen von Praxisproblemen genutzt.

Für diese Systeme ist ein evolutorischer Implementierungsprozess erforderlich, damit neue Lernangebote bedarfsgerecht konzipiert werden und eine hohe Akzeptanz finden. Deshalb sind neue E-Learning-Elemente in Abhängigkeit von der jeweiligen Lernkultur schrittweise in bereits vorhandene Qualifizierungsprozesse der Unternehmung einzufügen. Qualifizierungsmanagement wird damit zu einem Teil des Veränderungsmanagements.

Die Elemente des multimedialen Lernens und des lernbezogenen Wissensmanagements sind in eine didaktische Gesamtkonzeption zu integrieren. Die inhaltlichen Angebote werden in Form von WBT-Lösungen und Wissensbeiträgen der Teilnehmer mit Konzepten zur Lernplanung, Steuerung und Flankierung individueller und organisationaler Lernprozesse verknüpft. Festo wird aufbauend auf den ersten Erfahrungen diesen Weg konsequent weiter gehen.

Abbildung 13-9: *Die vierte Welle des E-Learning – Integration von Präsenzlernen, E-Learning und Knowledge Management*

zukünftig

vor 2 Jahren

Blended
Knowledge
Process

vor 5 Jahren

Blended Learning

vor 10 Jahren

Web Based
Trainings (WBT)

Computer Based
Trainings (CBT)

Integration von
Präsenzlernen,
eLearning und
Knowledge
Management
in einem
Lernarrangement

Online-Lernprogramme

Integration von
Präsenzlernen und
eLearning in einem
Lernarrangement

Offline-
Lernprogramme
hohe Grafikanimation
• starr
• ohne
Kommunikation

• aktuell
• mit Ansätzen der
Online-
Kommunikation

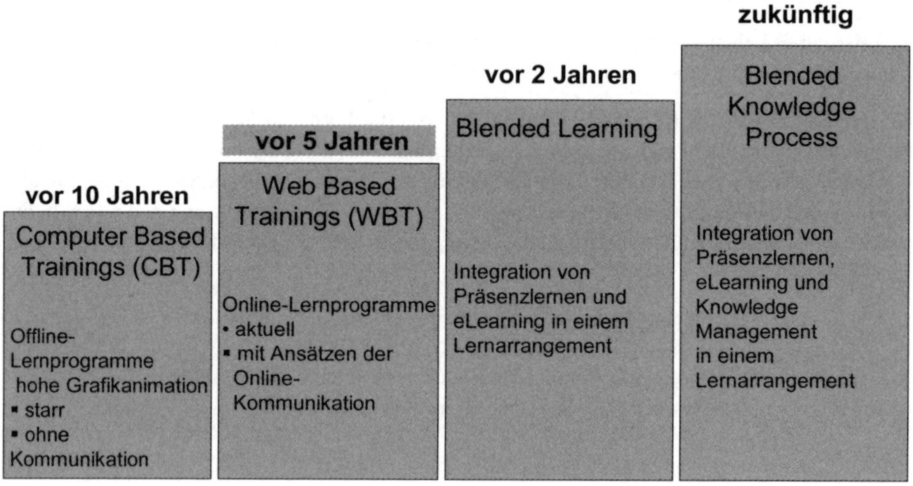

Literatur

Back, A.; Bendel, O.; Stoller-Schai D.(2001): E-Learning im Unternehmen – Grundlagen – Strategien – Methoden – Technologien, Zürich

Bruns, B.; Gajewski, P. (2001): Multimediales Lernen im Netz: Leitfaden für Entscheider und Planer, Berlin/ Heidelberg/ New York usw.

Hohenstein, A.;Wilbers, K. (Hrsg.) (2003): Handbuch E-Learning – Expertenwissen aus Wissenschaft und Praxis, Köln

Kerres, M.: Multimediale und telemediale Lernumgebung: Konzeption und Entwicklung, München/ Wien 2. Auflage 2001

Kraemer, W.; Müller M. (Hrsg.) (2001): Corporate Universities und E-Learning – Personalentwicklung und lebenslanges Lernen, Wiesbaden

Sauter A.; Sauter W. (2002): Blended Learning – Effiziente Integration von E-Learning und Präsenztraining, Kriftel

Wahl, D.(1991): Handeln unter Druck – der weite Weg vom Wissen zum Handeln, Weinheim

Joachim Niemeier

14 Balance of Competence

Anforderung an und Entwicklung von IT-Mitarbeitern am Beispiel der T-Systems Multimedia Solutions GmbH

In diesem Beitrag werden die Management-Konzepte der T-Systems Multimedia Solutions GmbH und ihre konkrete Umsetzung im Rahmen eines Business Exzellence Programms vorgestellt. Daraus ergeben sich vielfältige Anforderungen an die Führungskräfte und Projekt-Mitarbeiter des Unternehmens, an ihre Bereitschaft zu lernen, sich weiterzuentwickeln und vor allem aber als Team erfolgreich zu sein.

14.1 People Business in einem agilen Marktumfeld

Internet-Technologien sind erwachsen geworden. Nach dem Internet-Hype und der darauffolgenden Baisse steht die Internet- und Multimedia-Branche nun in einer Situation die nicht mehr allein von „New-Economy"-Schlagworten wie IPO (Initial Public Offering), AOP (Aktien-Options-Plan), Risiko und Dynamik gekennzeichnet ist. Vielmehr wird erwartet, dass die Unternehmen eine vernünftige Balance auch zu Themen aus dem Bereich Qualitäts-, Prozess- und Performance-Management gestalten.

Die Mitarbeiter eines Newmedia-Unternehmens sind – wie in vielen anderen Branchen auch – der wesentliche Faktor für den nachhaltigen Erfolg eines Unternehmens. Die Kompetenz der Mitarbeiter spielt dabei eine wesentliche Rolle. Nicht nur dass die Personalkosten der Unternehmen im Newmedia-Umfeld teilweise weit über 60 Prozent der Gesamtkosten ausmachen, der Unternehmenserfolg wird „am Kunden" entschieden. Gerade bei auf den Kunden zugeschnittenen Lösungen wird seine Zufriedenheit mit einem sehr großen Anteil durch die Zufriedenheit mit dem Team, d.h. seiner Wahrnehmung der Kompetenz und des Verhaltens der Mitarbeiter im Projekt, bestimmt werden. In der IT-Branche wurde dazu der Begriff „People Business" geprägt.

Das Internet hat sich als exzellente Technologie für den Informationsaustausch und Transaktionen bewährt. Der E-Channel ist für Unternehmen erfolgskritisch geworden. Er hat sich zu einem strategischen Bestandteil entwickelt, um Kunden zu gewinnen, Kunden zu binden und Kosten zu senken:

■ im B2C (Business to Consumer) Geschäft im Jahr 2002:

- 15 Mio. Deutsche haben online eingekauft (Steigerung um 15 Prozent).
- Online-Umsätze steigen um 50 Prozent.
- Der Anteil des E-Channels beträgt bei vielen Anbietern bereits zwischen 20 und 30 %.
- Für 2003 werden weitere zweistellige Zuwächse erwartet.

■ im B2B (Business to Business) Geschäft im Jahr 2002:

- B2B-Handelsvolumen steigt auf 195 Mrd. Euro (Steigerung um 300 Prozent).
- Einkaufsvolumen über das Internet in vielen Großunternehmen im Milliarden-Euro Bereich.

Die Kosten für Transaktionen lassen sich durch den Einsatz von Internet- und Multimedia-Technologien in Verbindung mit einem „Customer Self Service"-Konzepte teilweise um über 80 Prozent reduzieren.

14.2 Unternehmensprofil

Die T-Systems Multimedia Solutions GmbH (MMS)[1] realisiert Internet- und Multimedia-Projekte, die vom Web-Design bis zur softwaretechnischen Verknüpfung von Internet-Funktionen mit den bestehenden Softwarelösungen (z. B. eBusiness- und eCommerce-Anwendungen, Corporate und eGovernment Portale) eines Unternehmens oder einer Behörde reichen. Die Kompetenzen umfassen Marketing- und Multichannel-Portale, Web und eBusiness Operation Services und Internet-basierte Lösungen für Geschäftsprozesse. Branchen- oder themenorientierte Spezialisierungen im Portfolio (z. B. HR-Lösungen für Jobbörsen und Personal Service Agenturen, eLearning-Lösungen, Internet-Lotterie und Spiele-Lösungen) bedienen die Bedürfnisse spezifischer Kundengruppen.

Wir haben den Anspruch, unter Einsatz von Internet-Technologien IT-Lösungen flexibler zu gestalten und dabei gleichzeitig deren Komplexität einzuschränken und Kosten zu reduzieren.

Das Unternehmen wurde im Januar 1995 als Tochter der Deutschen Telekom AG gegründet und gehört heute zur Säule T-Systems im Konzern Deutsche Telekom. Nach dem Newmedia-Ranking 2003 und 2004 des Deutschen Multimedia Verbandes (dmmv) ist die MMS der führende Internet- und Multimedia-Dienstleister in Deutschland[2]. Die MMS beschäftigt Anfang 2004 über 320 Mitarbeiter (davon 260 fest angestellte Mitarbeiter) mit einem Durchschnittsalter von rund 33 Jahren und einem sehr hohen Qualifikationsniveau.

Um schnell und flexibel auf Änderungen am Markt, der Kundenwünsche und im Wettbewerb reagieren zu können, hat sich die MMS in aktiven Unternehmens-Einheiten (Business Units, Projektfelder) organisiert, die auf kompetenzorientierten und kundenorientierten Prozessen be-

---

[1] www.mms-dresden.de
[2] www.newmediaranking.de

Tabelle 14-1: *Pole-Position im Newmedia-Ranking*

Platz	VJ	Unternehmen	Ort	Honorarumsatz 2003 in Mio. EUR	Umsatzände- rung gegen- über 2002 in %	Fest Angestellte Beginn 2004
1	1	T-Systems Multimedia Solutions GmbH	Dresden	33,52	7,78	280
2	3	GFT Technologies AG	St. Georgen	24,82	3,42	1058
3	9	Tomorrow Focus Technologies GmbH	München	13,10	0,77	103
4	7	Sinner Schrader	Hamburg	12,33	−14,95	155
5	12	Syzygy Deutschland GmbH	Bad Homburg	11,90	1,02	90
6	13	M.I.T. newmedia	Friedrichsdorf	11,70	4,00	102
7	2	Pixelpark AG	Berlin	11,66	−53,30	150
8	14	Atkon	Frankfurt	11,32	1,07	88
9	n.m.	Elephant Seven AG	Unterhaching	11,09	n.m.	147
10	23	Framfab	Frechen (Köln)	10,02	54,63	129

ruhen. Die Unternehmens-Einheiten haben weit reichenden Entscheidungskompetenzen mit der entsprechenden Verantwortung für ihre Ergebnisse.

Die MMS ist mit einem häufig zweistelligen Umsatz- und Personalwachstum das am kontinu-ierlichsten gewachsene Internet- und Multimedia-Unternehmen der vergangenen Jahre und seit der Gründung des Unternehmen auch in der Zeit nach dem Internet-Hype entgegen dem Trend profitabel.

14.3 SPEED: Vernetzte Management-Prinzipien

Die MMS hat den Anspruch, nicht nur bei den Kundenprojekten auf innovative Technologien zu setzen, sondern auch bei den eigenen Management-Konzepten innovative Lösungen zu entwickeln, anzupassen und erfolgreich umzusetzen. Die Unternehmensführung der T-Systems Multimedia Solutions GmbH orientiert sich an fünf Management-Prinzipien, die als Claim den Begriff „SPEED" prägen:

1. Sustainable value management

2. People business by empowered employees

3. Extreme learning organization

4. Effective leadership measured by results

5. Decentral agile organization aligned by being strategy focused.

1) „Sustainable value management"

Unser Ziel ist es, den Kunden bei der Optimierung seines Geschäfts zu unterstützen und auf diesem Weg maßgeblich zu seinem Erfolg beizutragen. In unseren Beratungsteams setzen wir Berater mit Internet-Know-how und Erfahrungen in der Unternehmensberatung ein. Diese Teams werden projektbezogen durch Experten mit langjähriger Erfahrung in den jeweiligen Technologien und Branchen verstärkt. Die Beratung umfasst alle relevanten Themen – von Vorschlägen für ein Geschäftsmodell über den Businessplan bis hin zu schlüssigen Organisationsmodellen und multimediagerechtem Design der Benutzungsschnittstelle.

2) „People business by empowered employees"

Auf einem Markt, der sich nach dem Internet-Hype drastisch von einem Anbieter-Markt zu einem Käufer-Markt gewandelt hat, hängt der zukünftige Erfolg von einem exzellenten Technologie-Know-how, einem verlässlichen Projektmanagement, hoch kompetenten und engagierten Mitarbeitern, guten langfristigen Kundenbeziehungen sowie der Abdeckung der gesamten Wertschöpfungskette von der Beratung über attraktives Design und Technologie-Integration bis hin zu einem schlagkräftigen Support ab.

3) „Extreme learning organization"

Im Rahmen des „Continuous Process Improvement" (CPI) sind Selbstbewertungsansätze zur Ermittlung von Verbesserungspotenzialen, die Identifikation und Kommunikation von internen „Best Practices" sowie Benchmarking-Aktivitäten fester Bestandteil des organisatorischen Lernens. Auf individueller Ebene gehören Trainingsprogramme, selbst gesteuerte Lernansätze, die Zusammenarbeit in Projektteams, Kompetenzzentren und „Communities" sowie eine kontinuierliche professionelle Entwicklung zum Programm.

4) „Effective leadership measured by results"

Entsprechend dem Prozessmodell der MMS sind die Führungskräfte in die steuernde Prozesse eingebunden. Der Prozess „Strategie und Planung" stellt ein Management-System für die Führungskräfte der MMS bereit, das:

1. die Unternehmenspolitik und -strategie des Unternehmens sowie die entsprechenden Businesspläne (strategische Kernaussagen) liefert,

2. die Anforderungen der Stakeholder und die Entwicklung der Rahmenbedingungen berücksichtigt und integriert,

3. eine systematische, regelmäßige Anpassung von Politik und Strategie sicherstellt,

4. Inputs für die Entwicklung der Balanced Scorecard als dem zentralen Steuerungsinstrument des Unternehmens erzeugt und

5. die Weiterentwicklung des Unternehmens ermöglicht.

5) „Decentral agile organization aligned by being strategy focused"

Um schnell und flexibel auf Änderungen am Markt, der Kundenwünsche und im Wettbewerb reagieren zu können, hat sich die MMS in aktiven Unternehmens-Einheiten (Business Units, Projektfelder) organisiert, die auf kompetenzorientierten und kundenorientierten Prozessen be-

Abbildung 14-1:   *Prozessmodell des Unternehmens (Stand: 01/2004)*

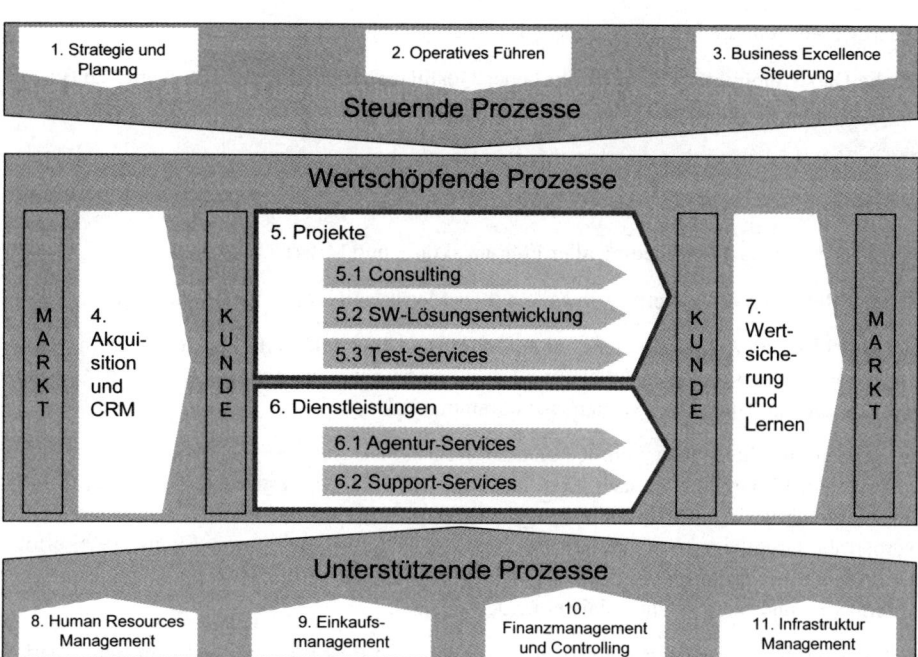

ruhen. Die Unternehmens-Einheiten haben weit reichende Entscheidungskompetenzen mit der entsprechenden Verantwortung für ihre Ergebnisse. Wesentlicher Bestandteil dieses Management-Konzeptes ist die Strategieformulierung und -durchsetzung im Unternehmen. Im Mittelpunkt steht dabei der Balanced Scorecard-Ansatz nach Kaplan und Norton[3], der für das Unternehmen, seine Bereiche und einzelne Kunden- und Partnerbeziehungen angewendet wird. Der Zielprozess für jeden einzelnen Mitarbeiter ist Bestandteil dieses Vorgehens.

Der Prozess „Operatives Führen" setzt die aus dem Prozess „Strategie und Planung" generierten Ergebnisse/Vorgaben in der täglichen Praxis um und sorgt für die Erreichung der Zielvorgaben. Er erfüllt aus Sicht der ISO 9001:2000 wichtige Anforderungen zum Ressourcenmanagement und zur Steuerung des Unternehmens.

---

[3] www.bscol.com

14.4 Das Business-Excellence-Programm

Die MMS versteht unter ihrem Business-Excellence-Programm

◼ die Darstellung ihrer Fähigkeit, ihr hohes Qualitätsniveau kontinuierlich weiter zu Business Excellence hin zu entwickeln,

◼ ihr Versprechen an ihre Kunden, ihre Partner und ihre Eigentümer,

◼ den Ausdruck ihrer Strategie, das Vertrauen bei ihren Kunden zu entwickeln,

◼ die persönliche Verpflichtung aller Führungskräfte und Mitarbeiter,

◼ eine Reflexion ihres Wertesystems und ihrer Metrik, mit diesen Werten umzugehen.

Die MMS hat den Anspruch, nicht nur auf innovative Technologien zu setzen sondern auch bei den Management-Konzepten innovative Lösungen zu entwickeln und umzusetzen. Dies spiegelt sich auch im Business-Excellence-Programm wieder.

Den ersten entscheidenden Schritt auf dem Weg zum Business-Excellence-Programm unternahm die MMS bereits kurz nach ihrer Gründung 1995. Mit der Entscheidung der für den Aufbau eines zertifizierten Qualitätsmanagementsystems im Rahmen des Unternehmensaufbau wurden die Grundlagen für eine Qualitätskultur geschaffen. Bereits im August 1996 erfolgte die erste Zertifizierung nach ISO 9001. Die MMS war damit der erste nach ISO zertifizierte Multimedia- und Internet-Dienstleister in Deutschland.

Selbstbewertungsansätze zur Identifikation von internen Best Practices und zum Benchmarking sowie Lernen sind fester Bestandteil des Business Excellenze Programms. Als Selbstbewertungs-Methode wird das BOOTSTRAP-[4] und das EFQM-Modell[5] verwendet. Seit 1997 werden BOOTSTRAP Assessments durchgeführt, um die jeweils optimale Prozessreife der Softwareentwicklungsprozesse zu ermitteln und zu erreichen. Die MMS war das erste deutsche Unternehmen, das BOOTSTRAP-Assessments nach BOOTSTRAP 3.0 durchgeführt hat. Im Jahr 1998 wurde das erste EFQM Self-Assessment durchgeführt. Aus den Ergebnissen der Self-Assessments werden die Leitlinien für die weitere Unternehmensentwicklung abgeleitet.

Die MMS war im Jahr 2000 eines von drei Unternehmen, das sich an der Pilotierung des neuen BEST-CPI-Verfahrens der TÜV Management Service GmbH beteiligt hat. BEST-CPI steht für „Business Excellence, Services and Trust – Continuous Process Improvement" und ist ein Verfahren zur „verbundenen Zertifizierung". Voraussetzungen dazu sind:

◼ Regelmäßige Selbstbewertungen auf Basis anerkannter Reifegrad-Modelle: Durch die externe Begleitung (Stichprobe) werden Wirksamkeit und Aussagefähigkeit der Assessments sichergestellt. Hierzu werden die Self-Assessments nach dem BOOTSTRAP- und dem EFQM-Modell genutzt.

◼ Eine validierte Unternehmenserklärung mit Zahlen, Daten und Fakten: Durch die Unternehmenserklärung stellt das Unternehmen ihren Kunden mit jedem Auftrag verbindlich und

---

4   www.bootstrap.org
5   www.efqm.org

verpflichtend ihre besonderen Leistungen hinsichtlich Qualität dar. Hierbei handelt es sich um vom externen Zertifizierer überprüfte und bestätigte Versprechen des Unternehmens an den Kunden in die Leistungsfähigkeit des Unternehmens.

■ Jährliche Management-Reviews: Schwerpunkt liegt dabei auf der Bedeutung der Managementverantwortung und die unabhängige Bewertung des kontinuierlichen Verbesserungsprozesses (KVP) durch Externe.

Als erstes Unternehmen in Deutschland hat die MMS mit der Zertifizierung gemäß dem BEST-CPI-Verfahren im Jahr 2000 den Nachweis erbracht, dass die Anforderungen an ein exzellentes Managementsystem erfüllt werden[6]. Als Grundlage für die Teilnahme am Best-CPI-Verfahren hat die MMS eine Unternehmenserklärung erarbeitet.

In 2001 wurde die MMS für die Ergebnisse ihres Business-Exellence-Programms in einem Benchmarking Wettbewerb mit dem International Best Service Award (IBSA) ausgezeichnet[7]. Neue Software Engineering Modelle wurden ebenfalls im Jahr 2001 pilotiert. Im Ergebnis wurde „Rational Unified Process" (RUP) [8] ausgewählt und als Unternehmensstandard bestimmt.

Im Sinne des Benchmarkings und der kontinuierlichen Verbesserung beteiligt sich die MMS regelmäßig sowohl beim Telekom-internen Qualitätswettbewerb „Top Team Award (TTA)" als auch beim „European Quality Award (EQA)" der EFQM.

Im Jahr 2002 wurde auf Basis der bisherigen Erfahrungen ein neues Prozessorientiertes Managementsystem entwickelt und eingeführt. Für jeden Prozess wurden „Process-Owner" und „Process-Manager" definiert, im Rahmen der wertschöpfenden Prozesse wurden für die Bereiche „Projekte" und „Dienstleistungen" zusätzlich „Process-Coordinators" implementiert. Im Mittelpunkt steht dabei sowohl die Steuerung dieser Prozesse als auch vor allem das „Continuous Process Improvement" (CPI).

Die Selbstbewertung nach dem BOOTSTRAP-Modell wurden im Jahr 2002 deutlich intensiviert und um die Qualität und den Erfahrungsgewinn auszubauen, wurde eine umfassende Zusammenarbeit mit einem externen Qualitätspartner, der Fa. SQS[9], eingegangen. Die Ausbildung und Zertifizierung eigener BOOTSTRAP-Assessoren wurde ebenfalls intensiviert und realisiert. Es wurde ein „BOOTSTRAP Board" eingerichtet. Dieses Board wertet unter Beteiligung der Geschäftsführung, von Leitern der Business Units, Projektmanagern, interessierten Mitarbeitern, den „Process-Ownern" bzw. „Process-Managern" und dem Qualitätsmanagementbeauftragten in regelmäßigen Meetings die Erfahrungen aus BOOTSTRAP-Audits und -Assessments aus und leitet daraus Handlungsfelder ab, deren Durchführung von diesem Board überwacht wird.

Die Selbstbewertung nach dem EFQM-Modell fand im Jahr 2002 zum ersten Mal mit einer Beteiligung eines externen Assessors nach dem „Peer-Modell" statt. Im Rahmen der Beteiligung beim European Quality Award erreicht die MMS in den vergangenen zwei Jahren die Auszeich-

6   www.competence-site.de/presse.nsf/cc/WEBR-5GKF5U
7   www.benchmarking.de
8   www-306.ibm.com/software/awdtools/rup/
9   www.sqs.de

nung „Recognized for Excellence"[10]. Eine neue Initiative, die im Jahr 2002 gestartet wurde, ist die Qualifizierung und Zertifizierung von Top-Projektleitern nach dem PMI-Standard. Damit soll das Projektgeschäft der MMS um eine neue Qualitätsstufe erweitert und insbesondere die erfolgreiche Realisierung von Groß-Projekten unterstützt werden. Im Jahr 2003 war die MMS unter den Gewinnern des Telekom-internen Qualitätswettbewerb „Top Team Award".

Das Business-Excellence-Programm ist in der MMS seit mehreren Jahren die gemeinsame Basis für das gesamte Management-Team zur systematischen Weiterentwicklung des Unternehmens in Richtung Business Excellenze und ist:

- Basis für die weitere Verbesserung der Wettbewerbssituation,

- Ansatzpunkt für die Festigung und Verbesserung des Images,

- Mittel zur Förderung und Erleichterung der Umsetzung und Durchsetzung der MMS-Kultur („MMS Way of Life"),

- Werkzeug zur Überzeugung potenzieller Kunden und zum Aufbau effektiver Kunden-Lieferanten-Beziehungen,

- Grundlage für die Integration neuer Mitarbeiter und Einheiten.

14.5 Anforderungen an die Führungskräfte

Die Führungskräfte sind Träger des Business Excellence-Programmes und haben ein starkes Commitment für die Vorbildfunktion:

- Im Rahmen des *Prozessorientierten Managementsystems* haben die Führungskräfte Aufgaben als Process-Coordinators, Process-Owner und Process-Manager übernommen. Damit arbeiten sie in zentraler Vorbildfunktion aktiv an der Entwicklung von Verbesserungsmaßnahmen und der Weiterentwicklung des Managementsystems mit. Die kontinuierliche Kommunikation über das Prozessorientierte Managementsystem und dessen Weiterentwicklung wird durch „Prozess-Seminare" sichergestellt. Diese Prozess-Seminare werden durch die Führungskräfte durchgeführt und dienen dazu, dass das Managementsystem verstanden, eingeführt und weiterentwickelt wird. Der Dialog mit den Mitarbeitern im Rahmen dieser „Prozess-Seminare" hat einen hohen Stellenwert für die Kultur der Excellenze in der MMS.

- Der Führungskreis führt gemeinsam jährlich ein *Self-Assessment nach dem EFQM-Modell* durch. Die Geschäftsleitung, alle Business-Unit-Leiter, der Leiter Unternehmenssteuerung und der Leiter Human Resources/Business Excellenze sind ausgebildete EFQM-Assessoren. Für alle Kriterien nach dem EFQM-Modell für Business Excellenze sind als Kriteriumsverantwortliche Führungskräfte des Unternehmens eingesetzt. Die Zuordnung der Verantwortlichkeiten erfolgte entsprechend der Einflussnahme der Führungskräfte auf das jeweilige Kriterium durch ihre inhaltliche Führungsaufgabe im Unternehmen. Die EFQM-

---

10 www.mav-online.de/O/121/Y/67152/VI/30076884/default.aspx

Assessoren wirken beim Telekom-internen Qualitätswettbewerb (Top-Team-Award) mit und werden zukünftig auch mit der Zielsetzung des externen Benchmarkings im Rahmen des European Quality Awards mitwirken. Sie beteiligen sich an den Schulungen der Projektleiter, des Projektleiter-Nachwuchsteams und der EFQM-Kriterienredakteure, für die sie auch eine Patenfunktion übernehmen.

■ Durch die *aktive Mitwirkung im BOOTSTRAP-Board* der MMS bekommen die Führungskräfte der MMS ein Feedback zu den Verbesserungspotenzialen in der MMS und können entsprechende Maßnahmen initiieren sowie ein Best-Practice-Sharing umsetzen.

■ Im *jährlichen Management-Review* nach dem BEST-CPI-Verfahren werden durch die Führungskräfte systematisch alle grundlegenden Vorgehensweisen und Ansätze in der MMS im Hinblick auf die Wirksamkeit und Leistungsfähigkeit untersucht und deren Weiterentwicklungsmöglichkeiten gemeinsam entwickelt und priorisiert.

■ Zur *strategischen und operativen Steuerung des Unternehmens* arbeiten die Führungskräfte in unterschiedlichen Führungskreisen zusammen. An den in der Regel vierteljährlich stattfindenden zweitägigen Offsite-Meetings stehen vor allem strategische Themen zur weiteren Entwicklung des Unternehmens, Politik und Strategie oder die Erarbeitung und Bewertung der Balanced Scorecard im Mittelpunkt. An diesen Meetings nehmen alle Führungskräfte des Unternehmens teil.

Alle Führungskräfte der MMS haben sich in ihren Zielvereinbarungen auch auf Business Excellenze Ziele verpflichtet. Die Prüfung und Verbesserung der Effektivität der eigenen Führung erfolgt auf mehreren Wegen:

■ *Mitarbeiterbefragung:* Durch die jährlich stattfindenden Mitarbeiterbefragungen erhalten die Führungskräfte ein Feedback zu ihrem Führungsverhalten im jeweiligen Verantwortungsbereich. Aus diesen Ergebnissen werden Verbesserungsmaßnahmen abgeleitet und umgesetzt.

■ *Mitarbeitergespräch:* In allen Bereichen des Unternehmens führen die Personalverantwortlichen jährlich Mitarbeitergespräche durch. Diese Gespräche geben nicht nur den Mitarbeitern wichtige Informationen über die Einschätzung ihrer Arbeit und die Gelegenheit, Verbesserungsmöglichkeiten aufzuzeigen, sondern geben den Führungskräften auch ein wertvolles Feedback, um ihr Führungsverhalten zu überprüfen.

■ *360°-Feedback:* Alle Führungskräfte haben die Möglichkeit, auf freiwilliger Basis ein 360°-Feedback zu absolvieren. In der MMS haben sich daran bereits die Geschäftsleitung, die Leiter der Business Units und Servicebereiche beteiligt.

■ *Führungs-Schulung der Projektmanager:* Seit Beginn des Jahres 2001 wurde den Projektmanagern vor dem Hintergrund der zunehmenden Unternehmensgröße die Personalverantwortung übertragen. Dazu haben die Projektmanager Schulungen zur Führung, zum Führungsverhalten und zum Prozess operatives Führen mit Zielen erhalten, um auf die Führungsverantwortung vorbereitet zu sein und richtig agieren zu können.

14.6 Anforderungen an die Projekt-Mitarbeiter

Individuallösungen zu erstellen erfordert flexible, anpassungsfähige und kompetente Mitarbeiter mit einer hohen Bereitschaft, unternehmerisch „mitzudenken" und Ergebnisverantwortung zu übernehmen. Zielemanagement, Teamarbeit und Vertrauenskultur sind wesentliche Elemente unseres Vorgehens:

■ *Arbeitszeit:* Damit Teams sehr flexibel und angepasst an Kundenbedürfnisse zusammenarbeiten können, verfügt unser Unternehmen über verschiedene Arbeitszeitmodelle (inklusive Teilzeit, alternierende Telearbeit) und eine flexible Arbeitszeitregelung nach dem Vertrauensarbeitszeitmodell. Es existiert keine Kernzeit, da es Aufgabe der Mitarbeiter des Teams ist, selbst zu entscheiden, wann eine Anwesenheit bzw. Erreichbarkeit aus Sicht der Kunden und der Kollegen erforderlich ist.

■ *Kooperation:* Aufgrund des projektorientierten Geschäftes ergibt sich die Anforderung, in häufig wechselnden Teams auf Basis von professionellen Standards zusammenzuarbeiten. Allen Mitarbeiter steht dazu eine Infrastruktur zur Verfügung, um über jede Entfernung hinweg zu jeder Zeit zusammenzuarbeiten, beispielsweise in virtuellen, über die ganze Welt verteilten Teams.

■ *Zielemanagement:* Die Balanced Scorecard des Unternehmens und seiner Units bilden die Basis für die Individualziele der Mitarbeiter. Unsere Mitarbeiter vereinbaren über das zielorientierte Management ihre Jahresziele, welche an eine variable Vergütung gekoppelt sind. Sie müssen selbstverantwortlich den Weg zur Erreichung der Ziele wählen. Die Ziele eines Mitarbeiters reflektieren die gesamte Palette unserer Unternehmensziele, angefangen von Umsatz über Kundenzufriedenheit bis hin zur Produktivität und Weiterentwicklung.

■ *Aktives Wissensmanagement über das Future Forum:* Das Future Forum der MMS wird für vielfältige marktrelevante, fachliche oder organisatorische Beiträge und bereichsübergreifende Diskussionen aller Mitarbeiter sowie dem Austausch von Wissen und Best Practices untereinander genutzt. Das Forum wird auch genutzt, um Anregungen und Verbesserungsvorschläge einzubringen.

■ *Förderung von Selbstbestimmung, Kreativität und Innovation:* Die MMS hat sich bewusst gegen ein formales Verbesserungsvorschlagswesen entschieden. Die Mitarbeiter werden von den Führungskräften ermutigt, Verbesserungsvorschläge unmittelbar mit ihnen zu besprechen und dann ggf. gemeinsam für eine zeitnahe Umsetzung zu sorgen. Um die Selbstverantwortung, Kreativität und Innovation anzuregen und zu fördern, werden Aktivitäten aus den Reihen der Mitarbeiter, wie der „Java-Kaffeeklatsch", der „Konzeptionisten-Stammtisch" oder die „Projektleiter-Runde" unterstützt. Um die Zusammenarbeit in den jeweiligen Business Units bzw. Bereichen zu fördern, führt jede Business Unit bzw. jeder Bereich jährlich mindestens ein Offsite-Meeting durch. Diese Meetings tragen zur Teambildung bei und werden weiterhin genutzt, um Verbesserungspotenziale in den jeweiligen Bereichen zu identifizieren. Werden durch Mitarbeiter tief greifende Verbesserungsvorschläge gemacht, erarbeitet dieser Mitarbeiter zusammen mit seiner Führungskraft eine Entscheidungsvorlage, welche dann durch den Mitarbeiter in einer Geschäftsführungs-Runde den Führungskräften vorgestellt wird. Die Führungskräfte diskutieren gemeinsam mit dem

Mitarbeiter seinen Verbesserungsvorschlag und treffen eine Entscheidung über die Umsetzung (z. B. Verbesserungsvorschlag zur Anlagenverwaltung, neues Controllingkonzept, Verbesserungsvorschläge aus dem Bereich Infrastruktur, webbasierte Leistungserfassung).

■ *Selbst gesteuerte Qualifizierung über das Weiterbildungsportal:* Um im Unternehmen die Eigenverantwortung bei der Qualifizierung zu stärken, wurde ein Weiterbildungsportal für die Mitarbeiter der MMS eingerichtet. Auf Grund der großen Bedeutung hat ein Geschäftsführer die Patenschaft für dieses Projekt übernommen. Über dieses Weiterbildungsportal werden z. B. Kurse zum Projektmanagement, dem Zielemanement und der Balanced Scorecard angeboten .

14.7 Mitarbeiterorientierung

Die Kompetenz unserer Mitarbeiter bildet das „Human Capital", welches den nachhaltigen Erfolg unseres Unternehmens sicherstellt und kontinuierlich gefördert, entwickelt werden muss. Der Grund dafür liegt im besonderen Geschäft der MMS: Wir produzieren keine Standardprodukte, sondern kundenindividuelle Internet- und Multimedia-Lösungen. In diesem „People Business" kommt es auf den Beitrag jedes einzelnen Mitarbeiters an, nicht nur in den Kundenprojekten die beste Lösung zu erstellen sondern durch sein Tun und Handeln auch zur erfolgreichen Weiterentwicklung des Unternehmens beizutragen. Mitarbeiterorientierung ist daher ebenfalls ein elementarer Qualitätsgrundsatz der MMS.

Besondere Schwerpunkte der Mitarbeiterorientierung sind:

■ Die *Personalplanung* erfolgt systematisch und strategieorientiert auf Basis der Unternehmensziele und Geschäftsgegebenheiten. Dabei werden technische und persönliche Qualifikationen berücksichtigt.

■ *Regelmäßige Mitarbeiterbefragungen* werden durchgeführt und ausgewertet, um die Wahrnehmung und Motivation zu ermitteln. Damit werden Maßnahmen initiiert, die von der Leitung und den Vorgesetzten angestoßen und in der Wirksamkeit validiert werden.

■ Neue Mitarbeiter werden gemäß einem spezifisch zugeschnittenen *Einarbeitungsplan* integriert (z. B. WelcomeDay) und geschult, wobei auch Qualitätsmanagement von Anfang an einen festen Platz einnimmt.

■ Für die Weiterentwicklung der Mitarbeiter sind *Positionsprofile* definiert und *Karrierewege* vorgezeichnet, die einerseits die nötigen Qualifikationsanforderungen spezifizieren (Transparenz) und andererseits Entwicklungschancen aufzeigen.

■ Für alle Mitarbeiter wird der *Qualifikationsbedarf* regelmäßig ermittelt und systematisch erfüllt, um die kontinuierliche Personalentwicklung sicherzustellen. Die Fortbildung wird aktiv unterstützt durch Methoden und Tools (z. B. Weiterbildungsportal MoveHR (interne eLearning-System), prozessorientiertes Intranet, Seminare, Workshops, Events, FutureForum (internes Wissensmanagementsystem).

■ Alle Mitarbeiter werden über gemeinsam erarbeitete *Zielvereinbarungen* geführt, was ihnen eigenverantwortliches Handeln ermöglicht und einen qualifikationsgemäßen Einsatz gewährleistet. Geplant, gesteuert und ausgewertet werden die Ziele durch regelmäßige Zielgespräche und optionalen Zwischengesprächen.

■ Im jährlichen *Mitarbeitergespräch* wird zwischen Mitarbeiter und Vorgesetztem gegenseitiges Feedback gegeben. Dabei spielen auch die Arbeitszufriedenheit und die Leistungsmotivation eine wichtige Rolle.

■ Durch eine *offene Kommunikations- und Informationspolitik* (regelmäßige Information zur Geschäftslage und zu aktuellen Ereignissen) mittels entsprechender Hilfsmittel (z. B. Emails, Intranet, Newsletter, Mitarbeiterveranstaltungen) sind die Mitarbeiter stets aktuell informiert und werden zu Verbesserungsvorschlägen angeregt, an deren Umsetzung sie auch beteiligt werden (z. B. Arbeitsgruppen).

Die explizit formulierten Werte des Unternehmens spiegeln die konkreten Anforderungen an die Mitarbeiter und die Führungskräfte für ein gemeinsames Handeln wider und orientieren sich an den aktuellen Werten des Telekom-Konzerns.

Abbildung 14-2:   *Werte der MMS*

■ *Steigerung des Konzernwertes*
Wir richten unsere Handlungen am Erfolg unseres Unternehmens aus und leisten durch nachhaltiges Wachstum unseren Beitrag zur Wertsteigerung des Konzerns.

■ *Partner für den Kunden*
Wir überzeugen unsere Kunden durch Lösungen und Services, die exakt auf ihre Bedürfnisse zugeschnitten sind und werden damit zum langfristigen Partner.

■ *Innovation*
Wir schaffen ein Klima, das innovative Leistungen hervorbringt und den Einsatz neuester Technologien ermöglicht. Dabei orientieren wir uns am konkreten Nutzen für unsere Kunden.

■ *Respekt*
Wir gehen respektvoll und aufrichtig miteinander um, Leistungen werden anerkannt.
Wir kommunizieren und informieren uns und andere aktiv.

■ *Integrität*
Wir arbeiten gemeinsam, eigenverantwortlich und zuverlässig.
Wir treffen Entscheidungen, machen diese transparent und übernehmen die Verantwortung dafür.

■ *Top-Exzellenz*
Wir stellen höchste Ansprüche an unsere Leistungen und messen uns dabei mit den Besten.
Wir kontrollieren unsere Ergebnisse regelmäßig und verbessern unser Handeln kontinuierlich.

14.8 Steuerung der Rekrutierung und der Karriereentwicklung

Der Wettbewerb um die besten Mitarbeiter zu gewinnen ist eine zentrale Zielsetzung der MMS und daher auch als Element in der „HR-Vision" des Unternehmens verankert. Die Art des New-media-Geschäftes in Kombination mit einem sich schnell verändernden Marktumfeld führt zu einem permanenten Bedarf nach hoch qualifizierten, entwicklungs- und anpassungsfähigen sowie flexiblen Mitarbeitern. Für die Rekrutierungsaufgabe wurde ein Netzwerk etabliert, das kontinuierlich gepflegt und weiterentwickelt wird (z. B. Fachvorträge, Veranstaltungen und Cocktails, Kontaktmessen). Für neueingestellte Mitarbeiter steht ein Einarbeitungskonzept bereit. Es beruht auf einem Patenkonzept, einem Integrationsplan, dem Welcome-Day sowie den Probezeitgesprächen. Der Erfolg der Rekrutierung und der Einarbeitung wird systematisch unter Einsatz von Metriken gemessen.

Für die MMS endet das Human Ressource Management nicht mit erfolgreicher Rekrutierung, vielmehr wird es verstanden als ein vernetztes System aus Unternehmenskultur, Personalentwicklung, wechselseitige Unterstützung und Mitarbeitermotivation. In Workshops von HR-Mitarbeitern und Offsite-Meetings der Geschäftsführung werden die HR-Politik und -Strategien unmittelbar aus der Politik, der Strategie und den Plänen der MMS abgeleitet. Sie richten sich sowohl nach den MMS-Strategieaussagen aus Mission, Vision, Werten und Strategie als auch direkt nach der Balanced Scorecard (BSC) des Unternehmens.

Eine eigenständige Human Capital Scorecard (HCSC) dient zu Steuerung der Themen „Führung", „Kompetenz", „Leistungskultur" und „Lernen". Durch die HCSC werden Themen, die in den Scorecards des Unternehmens und seiner Bereiche nur in geringem Umfang angesprochen werden deutlicher fokussiert und hervorgehoben.

Die HR-Planung folgt dem PDCA-Zyklus, umfasst alle Standorte und alle Organisationsebenen und orientiert sich streng an der Politik und Strategie der MMS und des HR-Bereichs. Sie beruht insbesondere auf den Finanz- und Kundenzielen, da die Personalstärke in der MMS unmittelbar proportional mit den Zielumsätzen verbunden ist und die Qualifikation des Personals mit den Zielen bei den angebotenen Dienstleistungen (Kunde) korreliert. So schließt die HR-Planung die Kunden, Gesellschafter und alle Mitarbeiter als Stakeholder mit ein.

Die HR-Planung wurde in der MMS durch folgenden Planungszyklus vollständig umgesetzt:

- ▪ PLAN: Sammeln der Stakeholder-Bedürfnisse aus MMS-Aufsichtsrat, Managementzielen, Bedürfnissen und Potenzialen der Mitarbeiter, HR-Politik und -Strategie sowie aktuelle Marktentwicklung für die erforderlichen Kompetenzen.

- ▪ DO: Der HR-Plan wird durch Herunterbrechen erstellt, indem alle Organisationsebenen und Standorte eingeschlossen werden. Der endgültige HR-Plan wird von der Geschäftsführung priorisiert und herausgegeben.

- ▪ CHECK: Review des HR-Plans findet auf zahlreichen Review-Meetings statt (MMS Führungskräfte-Meetings, vierteljährliche Reviews der Business-Units und Top-Accounts, vierzehntägige Geschäftsleitungssitzungen, monatlicher HR-Bericht)

■ ACT: Ändern und Anpassen der Erwartungen nach den Ergebnissen der CHECK-Phase, indem erneut der Mechanismus des Herunterbrechens aus der DO-Phase verwendet wird.

Das Management der Karriereentwicklung liegt gleichermaßen in der Verantwortung der zuständigen Führungskräfte, dem Human Ressource Management als auch dem Mitarbeiter selbst. Für die Karriereentwicklung gibt es zwei Grundlagen: definierte Aufgaben- und Rollenprofile mit Karrierepfaden und das strukturierte Mitarbeitergespräch.

Die Aufgaben- und Rollenprofile sowie Karrierepfade der MMS wurden nach der INSITE-Systematik von Towers Perrin entwickelt[11]. Alle Karrierepfade sind Optionen, die auch einen Wechsel von einem Pfad zu einem anderen ermöglichen. Die Überprüfung des Aufgaben- und Rollenprofils, die Zuordnung zu dem relevanten Karrierepfad sowie die Karriereplanung werden im Rahmen des jährlichen Mitarbeitergesprächs vorgenommen.

Die ständige Weiterbildung dieser Mitarbeiter führt zu einem sehr hohen projektbezogenen Qualifikationsniveau mit ausgeprägter Kundenorientierung und flexibel einsetzbaren Kompetenzen der Mitarbeiter. Dabei setzten wir auf international anerkannte Weiterbildungsprogramme und Zertifikate:

■ Etwa 80 Prozent aller Mitarbeiter der MMS weisen ihr Potenzial mittels eines Universitätsbzw. Hochschulabschlusses nach.

■ In unserem mehrstufigen Qualifikationsprogramm qualifizieren wir unsere Projektleiter zu zertifizierten „Project Manager Professionals" PMI (Projekt Management Institute)[12].

■ Application- und Servicemanager werden nach dem ITIL-(Information Technology Infrastructure Library)-Standard[13] ausgebildet.

■ Unsere Softwarespezialisten besitzen zertifiziertes Know-how auf den Gebieten .NET, Java, Lotus Notes, etc.

■ Die Tester des Test – und Integrationszentrums sind mit ASQF[14] Zertifikat geprüft, ein international anerkanntes Zeugnis für Qualität des Know-hows beim Softwaretesting.

Eine formale Zertifizierung ist eine typische „Win-Win-Situation" für den Mitarbeiter und das Unternehmen. Der Mitarbeiter steigert seinen Marktwert, das Unternehmen kann dieses Mitarbeiter zu höheren Tagessätzen anbieten und unterstützt gleichzeitig das Image als Qualitätslieferant.

Mittels „Blended Learning", einer Kombination von traditionellen Ausbildungsmethoden und modernen eLearning-Programmen ermöglichen wir die kosten- und erfolgsoptimierte Weiterentwicklung aller Kompetenzen auf dem jeweils effizientestem Weg: Seminare, Coaching, eLearning-Module, Transfer-Meetings etc.

In Zusammenarbeit mit Universitäten, Hochschulen, der Berufsakademien und dem Telekom Training Center fördern wir sowohl den wissenschaftlichen als auch den technischen Nachwuchs zum gegenseitigen Nutzen.

---

[11] www.towers.com
[12] www.pmi.org
[13] www.itil.co.uk
[14] www.asqf.de

Tabelle 14-2:   *Externe und interne Zielsetzungen einer formalen Zertifizierung*

Externe Zielsetzungen	Interne Zielsetzungen
Nachweis der Erfüllung der Qualitätsanforderungen	Optimierung der Unternehmensabläufe
Transparenz für den Kunden	Dokumentation der Geschäftsprozesse
Förderung und Erleichterung der Geschäftsprozesse	Steigerung der Produktivität
Aufbau effizienter Kunden-Lieferanten-Beziehungen	Motivation der Mitarbeiter
Festigung und Verbesserung des Images	Reduzierung der Kosten
Verbesserung der Wettbewerbssituation	Abbau von Schwachstellen
	Schnellere Einarbeitung neuer Mitarbeiter

14.9   Mitarbeiterorientierte Ergebnisse

Bleibt noch die Frage nach den ergebnisrelevanten Wirkungen unserer Vorgehensweisen offen. Hierzu haben wir uns ein Regelkreismodell zu eigen gemacht, das einen Zusammenhang zwischen dem Commitment der Mitarbeiter und dem Unternehmenserfolg herstellt.

Abbildung 14-3:   *Regelkreis Kundenbindung und Mitarbeiter-Commitment*

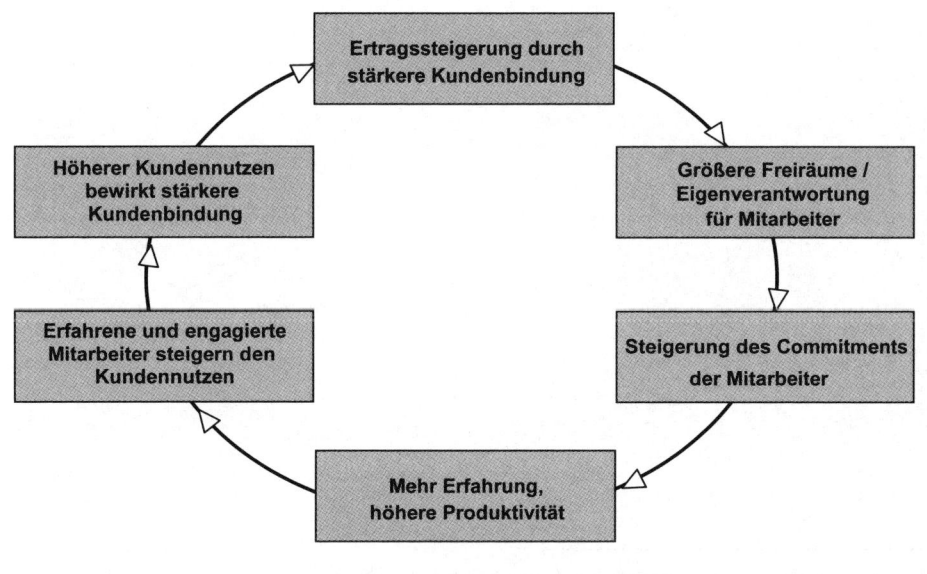

Das Commitment der Mitarbeiter wird jährlich im Rahmen der Mitarbeiterbefragung ermittelt. Der Messindex (TRI*M-Index) [15]des Commitments zeigt das Maß der Verbundenheit auf, das die Mitarbeiter dem Unternehmen gegenüber empfinden, wie loyal sie dem Unternehmen gegenüberstehen und wie sehr sie sich für das Unternehmen engagieren. Im Allgemeinen wird ein hohes Commitment als Voraussetzung für die Steigerung des Kundennutzens und der Kundenbindung betrachtet. Sowohl im Vergleich innerhalb des Konzerns Deutsche Telekom als auch im Vergleich zu europäischen IT-Unternehmen liegt unser Mitarbeiter-Commitment in der Spitzengruppe, ebenso beim Anteil engagierter Mitarbeiter. Dieses Commitment aller Mitarbeiter der MMS ist der wesentliche Grund für die überdurchschnittlich positive Bewertung unserer Leistungen durch den Kunden, eine hohe Kundenbindung und damit der Schlüssel zum langjährigen Unternehmenserfolg in einem agilen Marktumfeld.

---

[15] www.nfoinfratest.com.tr/MENU/ourupdates/trim/trim.html

Franz Bailom, Hans H. Hinterhuber und
Dieter Tschemernjak

15 Leadership
Und das Engagement der Mitarbeiter hängt doch von den obersten Führungskräften ab

15.1 Wertentstehung setzt im Kern Innovation und „kreative Zerstörung" voraus

Joseph Schumpeter, kam in seinen Forschungsarbeiten zur Erkenntnis, dass Wertentstehung im Kern Innovation und „kreative Zerstörung" voraussetzt. Diese Einsicht ist nicht ganz neu. Wohl aber das wachsende Bewusstsein, dass heute Systemveränderung wichtiger ist als bloße Systemverbesserung und dass es dazu in der Unternehmenswelt ganz bestimmter Führungseigenschaften bedarf.

Trotz oder entgegen dieser grundlegenden Erkenntnis konzentrieren sich heute viele Führungskräfte in ihrer Arbeit auf die bloße Verbesserung und nicht auf Veränderung im Sinne von Innovation und „kreativer Zerstörung". Es dominiert eine Logik des Erhaltens gegenüber dem Streben nach Veränderung.[1]

Theorie und Praxis müssen jedoch zur Kenntnis nehmen, dass zwischen (Verbesserungs-)Rezepten wie „Gesundschrumpfung", „Lean Management" oder „Outsourcing" und nachhaltigem Erfolg kaum ein Zusammenhang besteht:

Es hat sich gezeigt, dass Restrukturierung Unternehmen weder „zukunftsfähiger" werden lässt, noch macht sie die Unternehmen in den Augen ihrer Kunden, Mitarbeiter, Lieferanten, Kapitalgeber und der Gesellschaft wertvoller. Und wirklich erfolgreicher, gemessen z. B. am Shareholder-Value oder an Marktanteilen, sind diese Unternehmen dadurch auch nicht.

Denn diese oben skizzierten Restrukturierungsprozesse laufen nämlich häufig nach ähnlichen Logiken ab und lassen in der Folge Unternehmen immer ähnlicher werden. Die Folgen sieht man z. B. in einen immer härter werdender (Kosten-)Wettbewerb.

Letztlich reduzieren sich diese oben genannten Führungsansätze auf das bloße Anwenden von Rationalisierungs- und/oder Optimierungstechniken. Effizienzsteigerung wird zum obersten Maxime. Doch diese Orientierung, meist definiert im Sinne von Gewinnmaximierung gibt kaum eine Richtung an. Man will die Wirkung (und damit Wertsteigerung) ganz ohne ihre Ursachen – Innovationen und zukunftsprägende Veränderungen – erreichen. Daher kann man Re-

---

[1] Vgl. Hinterhuber / Friedrich, 1999

strukturieren in wirtschaftlich schwierigen Zeiten (auch) als ein Zeichen von Führungskrise und Ausdruck von Orientierungslosigkeit deuten.

Im Bewusstsein der Mängel dieses Führungsverhaltens erscheint es sinnvoll und notwendig, sich mit einer der zentralen Führungsfragen auseinander zu setzen: Wie werden Unternehmer und Führungskräfte zu Führenden, die im Stande sind, Unternehmen und deren Mitarbeiter unternehmerisch im Sinne von Schumpeter zu machen? Für eine Beantwortung dieser Frage muss zuerst einmal geklärt werden, auf welche Aufgaben sich Führungskräfte in ihrer täglichen Arbeit tatsächlich konzentrieren sollten.

Zweifellos begibt man sich damit auf ein viel diskutiertes und heftig umstrittenes Thema der Führungsforschung. Denn diese Fragestellung ist in der Führungsforschung heute deshalb so umstritten, weil die Forschungsarbeiten der letzten zwanzig Jahre darauf hindeuten, dass erfolgreiche Führungskräfte in ihrer Persönlichkeit und in ihrem Verhalten so verschieden sind, wie sie nur verschieden sein können.

In den folgenden Ausführungen werden die Erkenntnisse dieser Forschungsarbeiten in keiner Art und Weise ausgeblendet, es wird vielmehr eine andere Perspektive für die Auseinandersetzung mit dieser Fragestellung gewählt: Im Fokus der Überlegungen steht nicht mehr die Frage nach den „besonderen Begabungen" von erfolgreichen Führungskräften, die Fragestellung ist nun eine andere:

Was sind die Ansatzpunkte für Führungskräfte, damit sich Innovation und kreative Zerstörung in Anlehnung an Schumpeter nachhaltig implementieren lässt?

In der Konsequenz bedeutet dies, dass sich in der Führungsarbeit letztlich alles darum drehen muss, Ereignisse herbeizuführen, Marktsituationen zu verändern und neue Momente in das Geschehene einzubringen, die aus den gegebenen Prämissen nicht unbedingt abzuleiten waren und dem Ganzen womöglich eine vollkommen andere Richtung geben.

15.2 Welche konkreten Verpflichtungen lassen sich daraus für Führungskräfte ableiten?[2]

▪ Wenn Wertentstehung im Kern Innovation und kreative Zerstörung voraussetzt, dann müssen Führungskräfte für Innovationen sorgen. Sie dürfen sich nicht darauf beschränken, Bestehendes zu bewahren und zu verwalten.

▪ Wenn Führungskräfte für Innovationen sorgen sollen, dann müssen sie sich ständig darum bemüht, schöpferisch tätig zu sein. Führungskräfte dürfen sich nicht darauf beschränken, das zu kopieren bzw. nachzuahmen, was bei anderen erfolgversprechend ist oder scheint.

▪ Wenn Führungskräfte schöpferisch tätig sein sollen, dann muss dazu ständig der Status quo in Frage gestellt werden. Der Ist-Zustand ist zu keiner Zeit zu akzeptieren.

---

2   Bailom / Tschemernjak / Hinterhuber, 2003

- Wenn Führungskräfte täglich den Status quo in Frage stellen sollen, dann müssen sie sich mit den Menschen ihres Unternehmens beschäftigen, um diese für die Veränderung zu begeistern. Denn diese Menschen bestimmen schließlich den Status quo bzw. verfügen über das Wissen und die Kraft das Bestehende zu verändern. Die Konzentration auf Managementsysteme und Strukturen verschließt hier den Blick auf die Triebfeder der Veränderung, die Menschen.

- Wenn Führungskräfte die Menschen in ihrem Unternehmen für das Neue, die Veränderung begeistern sollen, dann müssen sie Vertrauen erwecken. Sie dürfen sich bei ihrer „Begeisterungsarbeit" nicht auf die Kontrolle verlassen.

Nur wenn eine Führungskraft – Unternehmer als auch Manager – diese Fragen positiv für sich beantworten kann, kann er seinen Führungsaufgaben gerecht werden.

Es stellt sich in der Folge die Frage, welche Aufgaben sich aus dem oben skizzierten Führungsverständnis ableiten lassen. Hinterhuber spricht in diesem Zusammenhang von den „nicht delegierbaren Aufgaben einer Führungskraft", die die wertsteigernde Entwicklung eines Unternehmens maßgeblich beeinflussen.[3] Dazu gehört die Entwicklung eines visionären Zukunftsbildes der Unternehmung, mit dem den Mitarbeitern die großen Ziele des Unternehmens näher gebracht werden können und diese in der Folge begeistert für die Zielerreichung kämpfen.

15.3 Das visionäre Zukunftsbild – eine notwendige Bedingung erfolgreicher Führung

Ausgehend von Schumpeter wollen wir uns in der Folge mit der Entwicklung eines visionären Zukunftsbildes beschäftigen. In diesem Kontext müssen sich Führungskräfte mit den folgenden Fragen intensiv beschäftigen:

- Was ist eine Vision und welche Kräfte können wirkungsvolle Visionen freisetzen?

- Warum brauchen wir eine Vision?

- Welche Komponenten muss unsere Vision unbedingt beinhalten?

- Wie gelingt es uns, die Vision in den Köpfen aller Mitarbeiter zu verankern und sie mit Leben zu erfüllen?

15.3.1 Was ist eine Vision und welche Kräfte können wirkungsvolle Visionen freisetzen?

Vision kommt vom lateinischen Wort „videre" und bedeutet sehen. „Movere" kommt ebenfalls aus dem Lateinischen und bedeutet „bewegen" – im Sinne von „in Bewegung setzen". Eine Vi-

---

[3] Vgl. Hinterhuber / Krauthammer, 2001

sion ist dementsprechend eine bildhafte Vorstellung der Zukunft, für Längle sind Visionen Sichtweisen, für Senge ist die Vision das „WAS?" - das Bild der Zukunft, die wir erschaffen wollen. Hinterhuber sieht das Wesen einer Vision in den Richtungen, die sie weist, nicht in den Grenzen, die sie setzt. Sie liegt in dem, was sie ins Leben ruft, nicht indem was sie abschließt, in den Fragen, die sie aufwirft, nicht in den Antworten, die sie findet. Er vergleicht die Vision mit dem Polarstern. Die Wege suchende Karawane in der Wüste, deren Landschaftsbild sich in den Sandstürmen dauernd ändert, richtet ihre Reise an den Leitbildern des Sternenhimmels aus. Die Sterne sind nicht das Ziel der Reise, sie sind aber eine sichere Orientierung für den Weg in die Oase, gleich, aus welcher Richtung die Karawane diese anstrebt, mit welcher Reiseausstattung sie versehen und wie unwegsam das Gelände ist.[4]

Ausgehend von diesem Verständnis, sollte man sich der Kraft wirkungsvoller Visionen bewusst werden. Peter Senge kann dabei mit seinen Ausführungen weiterhelfen:

„Wenn es je eine einzelne Führungsidee gab, die Organisationen seit ewigen Zeiten inspiriert hat, so ist es die Fähigkeit, eine gemeinsame Zukunftsvision zu schaffen und aufrechtzuerhalten. Man kann sich nur schwer vorstellen, dass irgendeine große Organisation auf Dauer ohne gemeinsame Ziele, Wertvorstellungen und Botschaften erfolgreich sein kann. Für IBM war dies der Service und für Polaroid die Instantkamera, für Ford war es das Transportmittel für die Massen und für Apple die Computermacht für jedermann. Trotz enormer Unterschiede in Bezug auf Wesen und Inhalt dieser Visionen ist es all diesen Organisationen gelungen, die Menschen durch eine gemeinsame Unternehmensphilosophie und ein Gefühl von gemeinsamer Bestimmung zusammenzubinden."[5]

Wenn eine echte Vision vorhanden ist, wachsen Menschen über sich hinaus: Sie lernen aus eigenem Antrieb und nicht, weil man es ihnen aufträgt. Aber viele Führungskräfte verfolgen nur persönliche Visionen, die nicht in solche „elektrisierenden" gemeinsamen Visionen umgesetzt werden. Zur Disziplin der gemeinsamen Vision gehört die Fähigkeit, gemeinsame Zukunftsbilder freizulegen, die nicht nur auf die Einwilligung stoßen, sondern echtes Engagement und wirkliche Teilnehmerschaft fördern.

15.3.2 Warum braucht man eine Vision?

In Ergänzung zu der lebendigen Beschreibung von Senge verdeutlichen wissenschaftliche Untersuchungen, dass die erfolgreichsten amerikanischen Unternehmen eine wichtige Gemeinsamkeit mit den erfolgreichsten japanischen Firmengruppen aufweisen: Sie verfügen alle über eine ganzheitliche Unternehmensvision, die den Zweck ihres wirtschaftlichen Handelns bestimmt. Auch Hendricks und Ludemann berichten, dass die meisten Firmenpleiten auf mangelnde Visionskraft zurückzuführen sind. Umgekehrt ist eine klare Vision oft erst der erste Schritt zum Erfolg.

---

4   Vgl. A.M. Pircher-Friedrich, 2001
5   Vgl. Senge, 2001

Diese wissenschaftlichen Erkenntnisse verdeutlichen uns, dass Visionen scheinbar langfristig wesentlich den Erfolg eines Unternehmens bestimmen. Sie geben uns aber noch keine Antwort auf die Frage, warum wir eine Vision brauchen.

Wenn Wertsteigerung im Kern Innovation und „kreative Zerstörung" voraussetzt, dann brauchen wir in unseren Unternehmen einen Geist und ein Umfeld, das Mitarbeiter begeistert, sich mit Neuem, mit Veränderung zu beschäftigen.

Wenn wir uns dann die Frage stellen, was die Basisvoraussetzung für diese Art von Begeisterung darstellt, dann müssen wir feststellen, dass diese Begeisterung nur dann entstehen und langfristig wirken kann, wenn sich die Mitarbeiter mit dem Unternehmen als solchem, mit dem Zweck des Unternehmens, seinen Zielvorstellungen und den Werten, für die das Unternehmen einsteht inhaltlich und emotional identifizieren können.

Unweigerlich stellt sich die Frage, was denn aber die Voraussetzungen dafür sind, dass sich Mitarbeiter mit „ihrem" Unternehmen inhaltlich und emotional identifizieren können.

Die Antwort darauf ist eindeutig und klar:[6]

Jeder gesunde Mensch strebt explizit oder implizit nach einem erfüllten Leben. Laut Frankl garantieren aber dem Menschen weder Bedürfnisbefriedigung noch Konzentration auf ausschließlich egoistische Ziele die anvisierte Erfüllung. Frankl stelle vielmehr fest, dass der Mensch immer wieder erfahren muss, dass sich jeder von uns nur in dem Maße verwirklichen kann, in dem er einen Sinn erfüllt, der über sich selbst hinausreicht. Auch für Handy ist es das alte Paradoxon, dass wir uns nur dann wirklich selber finden, wenn wir uns in etwas Sinnvollem verlieren, das über uns hinausgeht.

Doch auf welche Art und Weise können wir diese Erfüllung erreichen? Frankl geht davon aus, dass diese Erfüllung nur durch den Beitrag des Einzelnen zu einer sinnvollen Sache, einer sinnvollen Gemeinschaft, einem sinnvollen Werk oder in der Zuwendung zu anderen Menschen zu erreichen ist. Solche Dienstbereitschaft an sinnstiftendem impliziert das höchste Maß an Motivation und Engagement.

Einen Beitrag zu etwas Sinnvollem leisten zu können, löst laut Frankl jene Primärmotivation beim Menschen aus, die ungeahnte Kräfte freizusetzen im Stande ist. Die angepriesenen Motivationstechniken und -tricks werden dann beinahe zu lächerlich wirkenden Instrumenten.

Demgegenüber münden Sinnlosigkeit und Sinnleere in Interesselosigkeit und Gleichgültigkeit, in der täglichen Arbeit im Burn-out Syndrom.

Was bedeuten die Erkenntnisse von Frankl aber für ein Unternehmen?

Bezogen auf Leadership bedeutet Sinnorientierung die ständige Auseinandersetzung mit der Frage, welche Visionen, Ziele und Werte das Unternehmen für und mit seinen Stakeholdern (Mitarbeitern, Kunden ...) erreichen will und kann.

Gewinn und nachhaltige Wertsteigerung ist dann, wie Kobjoll es für sein Unternehmen nennt, nur Abfallprodukte. Im Sinne einer langfristigen und nachhaltigen Wertsteigerung ist Unterneh-

---

[6]   Vgl. A.M. Pircher-Friedrich, 2001

menserfolg demnach immer nur Folge von sinnvollem Handeln. Daher müssen sich die Führenden in Unternehmen unweigerlich mit Sinngebung und Sinnstiftung im und durch das Unternehmen beschäftigen.

Jeder von uns kann sich nämlich nur dann inhaltlich und emotional mit einer Sache, mit einer Idee, mit einem Unternehmen identifizieren, wenn er in der Sache, der Idee, dem Unternehmen einen Sinn erkennt.

- Je größer die Sinnhaftigkeit bzw. die Sinnstiftung ist, desto wertvoller wird das Ganze.

- Je wertvoller etwas für den Einzelnen ist, desto wichtiger wird es für ihn.

- Je wichtiger etwas für den Einzelnen ist, desto mehr beschäftigt er sich emotional und inhaltlich mit dem Anliegen.

- Je mehr sich der Einzelne emotional und inhaltlich mit etwas befasst, desto eher wächst er über sich hinaus und ist im Stande etwas Besonderes zu leisten.

Dieses Identifikationspotenzial ist laut Frankl ein wesentlicher Bestandteil jener Primärmotivation des Menschen, das ungeahnte Kräfte freizusetzen im Stande ist. Die häufig angepriesenen Motivationstechniken und Motivationstricks werden auf Basis der Erkenntnisse von Frankl zu nicht notwendigen „Manipulationsversuchen", die keine nachhaltige Wirkung erzeugen.

Wenn es uns dementsprechend nicht gelingt, möglichst viele Mitarbeiter für etwas großes und Sinnhaftes – etwas Visionäre – zu begeistern, dann wir es uns nur schwer gelingen, den Funken für Innovationen, Veränderungen und Einzigartigkeit zu zünden.

15.3.3 Welche Komponenten muss folglich eine kraftvolle Vision unbedingt beinhalten?

Visionen können Sinn und Perspektive stiften, sie haben aber, wenn sie nur zu starren Langfristbeschreibungen einer Strategie werden, durchaus auch problematische Nebenwirkungen. Sie mutieren dann leicht zu „fixen Ideen", welche sich bei Änderungen im Marktfeld, nicht mehr revidiert werden können. Es entsteht dann ein verzerrtes Bild der Wirklichkeit, indem keine Lernprozesse mehr möglich sind.

Macht man sich jedoch die Kraft einer wirklichen und nachhaltigen Vision zu Nutze, dann muss zunächst darüber Klarheit über die Bausteine/Elemente herrschen, die bei der Entwicklung einer Vision zu berücksichtigen sind.

James Collins und Jerry Porras kommen bei ihren Untersuchungen zum Schluss, dass sich alle wirkungsvollen Visionen durch zwei Kernkomponenten auszeichnen:[7]

- die Kernideologie – der Zweck des Unternehmens und

- die Kernwerte – das visionäre Zukunftsbild.

---

[7] Vgl. Collins / Porras, 1996

Collins und Porras sehen die Kernideologie und die Kernwerte als das Ying – das Unveränderbare/Konstante, das visionäre Zukunftsbild als das Yang der Vision, das für zukunftweisende und signifikante Veränderung verantwortlich ist.

15.3.3.1 Die Kernideologie

Die Kernideologie definiert letztlich die wahre Identität des Unternehmens und erzeugt den „Klebstoff", der ein Unternehmen über die Zeit emotional zusammenhält. Paul Galvin von Motorola beschrieb die Bedeutung der Kernideologie folgendermaßen: „Es ist wichtiger zu wissen, wer du bist, als zu wissen, wohin du gehst. Der Weg, den du gehen willst, wird sich nämlich verändern, gleich wie sich die Welt um dich verändern wird. Manager sterben, Produkte werden nicht mehr gebraucht, Märkte verändern sich, neue Technologien werden entwickelt, Mitarbeiter kommen und gehen aber die Kernideologie in erfolgreichen Unternehmen bleibt als Quelle für Ausrichtung und Inspiration bestehen."[8]

Damit mit dieser von Galvin angesprochenen Unternehmensidentität aber auch jene anzustrebende sinnstiftende Wirkung für die Mitarbeiter (vgl. Ausführung von Adler) erzielt werden kann, muss die Kernideologie zum einen eine klare, sinnerzeugende Antwort auf die Frage, warum (wofür) existiert das Unternehmen heute und in Zukunft – den Zweck des Unternehmens – geben, zum anderen muss sie sinnstiftende Werthaltungen definieren, denen man sich im Unternehmen tatsächlich langfristig verpflichtet fühlt.

A) Der Zweck des Unternehmens

Der Kernzweck des Unternehmens stellt den ersten Teil der Kernideologie dar. Er muss jene Ideale verkörpern, die die Primärmotivation der Mitarbeiter zur Erbringung von einzigartigen Leistungen anspricht und ausrichtet. Er stellt letztlich die „Seele" des Unternehmens dar.

Diese Art von sinnstiftendem Zweck darf niemals mit speziellen Zielen oder Unternehmensstrategien verwechselt werden. Ein Ziel kann man erreichen, eine Strategie beenden – der sinnstiftende Zweck eines Unternehmens wird davon unabhängig weiterhin Gültigkeit besitzen. Man kann ihn mit einem Stern vergleichen, den man immer sieht, aber nie erreicht. Obwohl der Zweck niemals zu erreichen ist, so ist der Zweck doch immer die Inspiration für eine permanente Weiterentwicklung.[9]

Fragen, die sich Führungskräfte stellen sollten:

■ Wie würden Sie ihren Mitarbeitern den sinnstiftenden Zweck, die „Seele ihres Unternehmens" beschreiben?

■ Wann haben Sie das letzte Mal mit ihren Führungskräften über dieses sinnstiftende Warum soll es uns überhaupt geben, diskutiert?

■ Kennen und verstehen die Mitarbeiter die Triebfeder, die hinter diesem Warum steckt?

■ Können sich die Mitarbeiter mit diesem, Warum emotional identifizieren?

---

[8] Vgl. Senge, 2001
[9] Hinterhuber, 2002, 2001

B) Die Kernwerte

In „Corporate Culture and Performance" zeigen Kotter und Heskett, dass Unternehmen mit einer ausgesprochen auspassungsfähigen Kultur auf der Basis gemeinsam getragener Werte anderen Unternehmen weit überlegen waren. Während eines Zeitraums von elf Jahren wuchsen Unternehmen, die ihre Strategie an allen Interessensgruppen ausrichteten und sich auf die Entwicklung von Führungsqualitäten konzentrierten, vier Mal schneller als Unternehmen, die darauf keinen Wert legten. Die Autoren wiesen auch nach, dass diese Unternehmen eine sieben Mal höhere Rate bei der Schaffung von Arbeitsplätzen aufwiesen, dass ihre Aktienkurse zwölf Mal schneller stiegen und die Gewinnentwicklung 750-mal höher war als bei Unternehmen ohne gemeinsame Wertebasis und ohne anpassungsfähige Kultur.[10]

Echte Kernwerte eines Unternehmens sind etwas sehr Essenzielles und Dauerhaftes einer Organisation. Sie sind ein kleines Set von zeitlosen wirkenden Prinzipien, denen sich möglichst alle Mitarbeiter emotional verpflichtet fühlen. Sie bedürfen keiner externen Rechtfertigung, sie sind vielmehr die interne „Richt-Schnur" für die Mitglieder des Unternehmens.

Collins und Porras konnten die Existenz und die Wirkungen von Kernwerten in ihren Untersuchungen nachweisen. Sie stellten fest, dass alle visionären Unternehmen zwischen drei und fünf solcher Kernwerte definiert haben und sich strengstens nach diesen ausrichten. Die Wirkung solcher Werte konnten Collins und Porras sogar bei globalen Unternehmen mit Mitarbeitern aus den unterschiedlichsten Kulturkreisen feststellen.[11]

Das Geheimnis für die Entwicklung solcher kraftvollen Kernwerte liegt in einem Prozess, der die Wertdefinition am Unternehmenszweck, den Unternehmenszielen und den einzelnen Individuen ansetzt.

Fragen, die sich Führungskräfte stellen sollten:

■ Was sind die Kernwerte und Verhaltensweisen, denen man sich in Ihrem Unternehmen verpflichtet fühlt?

■ Tragen die Kernwerte in der Ausrichtung der Mitarbeiter bei, den Unternehmenszweck zu erfüllen und die Erreichung der Unternehmensziele zu beschleunigen. Inwieweit haben diese Kernwerte die Kraft in den Augen der Mitarbeiter Sinn zu stiften?

■ Was denken die Führungskräfte und Mitarbeiter bezüglich dieser Kernwerte?

15.3.3.2 Das visionäre Zukunftsbild

Das visionäre Zukunftsbild ist, das was wir anstreben, das was wir erschaffen wollen, das was wir mit dem Unternehmen in den nächsten zehn Jahren erreichen wollen. Damit es jene Kraft entfalten kann, die in diesem visionären Zukunftsbild stecken kann, gilt es das große/kühne Ziel für das Unternehmen zu entwickeln.

---

[10] Barret, 2000
[11] Vgl. Collins / Porras, 1996

Das große/kühne Ziel

Selbstverständlich haben nahezu alle Unternehmen mehr oder weniger ausdefinierte Unternehmensziele. In vielen Fällen existieren auch schriftlich fixierte strategische Ziele.

Wirklich große, kühne, herausfordernde Ziele, denen jene emotionale Anziehungskraft anhaftet, die die ganze Organisation mitzureißen im Stande sind, findet man aber nur in sehr wenigen Unternehmen. Dies ist umso Verwunderlicher, als dass Untersuchungen belegen, dass gerade diese Art von Zielen – bei richtiger Entwicklung – unglaublichen Spirit und Tatendrang in der Organisation erzeugen.

Damit es letztlich aber auch gelingt, ein Ziel dieser Dimension für das eigene Unternehmen zu entwickeln, muss einem klar sein, dass es sich nicht um einen klassischen Zielfindungsprozess handeln kann. Vielmehr erfordert die Entwicklung des großen, kühnen Ziels ein Denken und Diskutieren, das weit über das Heute und Jetzt hinausreicht. Dieser Prozess erfordert weniger strategisches als vielmehr visionäres Denken.

Darüber hinaus müssen die „Kernwörter", die dieses große/kühne Ziel beschreiben exakt definiert und schriftlich fixiert werden. Nur dann erreichen wir nämlich den Punkt, an dem wirklich alle über das „Selbe" sprechen, nachdenken und letztlich sich in Richtung bewegen. Erfahrungen zeigen nämlich deutlich, dass jeder Interpretationsspielraum, der ohne exakte Definition des großen/kühnen Ziels entsteht, mehr Irritation denn Ausrichtung erzeugt.

Fragen, die Führungskräfte sich stellen sollten:

- Wie würden Sie dieses große/kühne Ziel für ihre Organisation beschreiben?
- Wann haben Sie mit ihrem Führungsteam das letzte Mal über dieses große/kühne Ziel gesprochen?
- Herrscht im Führungsteam wirkliche Einigkeit über das große/kühne Ziel.
- Kennen und verstehen die Mitarbeiter dieses große/kühne Ziel?
- Erfahren Sie in ihrer täglichen Arbeit, dass die Mitarbeiter von diesem großen/kühnen Ziel inspiriert werden?

15.4 Wie gelingt es, die Vision in den Köpfen aller Mitarbeiter zu verankern und sie mit Leben zu erfüllen?

Auf Grund der Erkenntnisse der Managementforschung und eigener Erfahrungen kann festgehalten werden, dass eine gelebte Vision eine der stärksten Triebfedern für nachhaltige Erfolge im Sinne Schumpeter darstellt. Die zentrale Fragestellung lautet also nicht, brauchen wir eine Vision, sondern vielmehr, wie sollte ein Visionsfindungsprozess angelegt sein, der uns in die Lage versetzt, unsere Mitarbeiter zielorientiert und engagiert in Bewegung zu setzen um langfristige Wettbewerbsvorteile aufbauen und sichern zu können.

Die systematische Entwicklung und Implementierung einer nachhaltig wirkenden und inspirierenden Vision erfordert eine vierstufige Vorgehensweise:

1. Entwicklung eines gemeinsamen Verständnisses über die Bedeutung und die Kraft einer Vision in der Geschäftsführung/im Managementteam.

2. Installierung eines Projektteams aus Top-Führungskräften, das für die Entwicklung der Grundkonzeption verantwortlich ist.

3. Entwicklung der Visions-Grundkonzeption durch das Projektteam. In dieser Phase müssen folgende Kernfragen beantwortet werden:

   ■ Welche wirklich großen, kühne, mitreißende Ziele wollen wir in den nächsten 10–15 Jahren gemeinsam anstreben?

   ■ Welche besondere Identität sollte dem Unternehmen von Mitarbeitern, Kunden, etc. zugeschrieben werden?

   ■ Welchen Werthaltungen und Verhaltensweisen sollten den Zusammenhalt der Organisation, den Teamspirit in der Organisation langfristig hochhalten?

   ■ Wo liegen die strategischen Hebel, um sich dieser Vision zu nähern?

4. Entwicklung eines außergewöhnlichen Kommunikationskonzeptes zur Transformation der Visonsidee

15.4.1 Die lebendige Erzählung – ein Instrument der besonderen Art[12]

„Cäsar eroberte Rom. Hatte er nicht mindestens einen Koch dabei?" (Bertold Brecht). Führungskräfte, die glauben, die Größten zu sein, vergessen häufig ihre wichtigste Ressource, ihre Mitarbeiter. Erst wenn Führungskräfte bereit sind, Zeit auch in die Entwicklung ihrer Mitarbeiter zu investieren, nehmen sie ihre unternehmerische Verantwortung ernst und wahr.

Peter Drucker formuliert es so: „Wissensarbeiter fühlen sich nicht als Angestellte, sondern als „Professionals". Die Wissensgesellschaft ist keine Gesellschaft von Bossen und Befehlsempfängern mehr, sondern von Juniors und Seniors. Wenn die entscheidende Frage der Zukunft darin besteht, wie wir Wissensarbeiter anziehen, halten und motivieren können, dann geht dies nicht mehr, indem wir versuchen, ihre Geldgier zu befriedigen – um sie uns in anderen Fragen vom Leib zu halten. Wir werden es tun müssen, indem wir ihre Werte respektieren – indem wir ihnen soziale Anerkennung und soziale Macht geben. Wir werden dies tun müssen, indem wir sie von Angestellten und Untergebenen zu echten Partnern machen und indem wir sie von Abhängigen zu echten Managern wachsen lassen."[13]

---

12 Vgl. Sadowsky / McLoughlin, 2003
13 Drucker, 2002

In einer visionären und werteorientierten Unternehmung geht es nicht um das produzieren von Leitbildern und Verhaltenskatalogen, welche schön umrahmt an den Wänden in Eingangshallen diverser Firmen zu finden und zu bestaunen sind.

Es geht vielmehr um die Entwicklung eines gemeinsamen Geistes, eines gemeinsamen Spirits für eine Gruppe, ein Team, eine Unternehmung. Wirkliche und nachhaltige Visionen koppeln daher immer auf tief empfundenen Werten und Geisteshaltungen an – und diese sind meist sehr einfach!

Ohne Zweifel ist dazu von Führungskräften ein sehr hohes Maß an Kommunikationskompetenz gefragt. Eines scheint dabei aber klar zu sein: Als Führungskraft wird man nicht einfach geboren.

Leider ist es bei vielen Unternehmen festzustellen, dass zwar die Führungsmannschaft die grundlegenden Ziele der Organisation kennt. Nur wenige Mitarbeiter jedoch kennen, verstehen und „committen" diese, weil eine gemeinsame und vor allem kommunizierte Vision, Identität und Wertebasis sowie prinzipielle Stoßrichtungen der Unternehmung fehlen. Engagement kann allerdings nur dann dauerhaft aufgebaut werden, wenn die Sinnhaftigkeit des Unternehmens auch den beteiligten (und nicht nur betroffenen) Mitarbeitern vermittelt wird bzw. vermittelt werden kann.

Die Kernfrage lautet:

Wie sollte sinnstiftende Kommunikation aussehen?

Wir brauchen die Übersetzung des großen, in Worte gefassten, Ziels in lebendige Erzählungen mit denen Führungskräfte in die Lage versetzt werden, ihre Mitarbeiter zu begeistern. Diesen Erzählungen kommt laut Forschungen zum Leadership eine ganz besondere Rolle zu, wenn es darum geht, Menschen emotional zu binden und zielgerichtet in Bewegung zu setzen.

Peg Neuhauser kommt z. B. in ihren Untersuchungen zum Ergebnis, dass es besonders Geschichten sind, mit denen man Menschen am besten erreichen und beeinflussen kann: *„Stories are the single most powerful form of Human communication. Anette Simmons, Autor von The Story Factory, bestätigt in ihren Arbeiten, dass Geschichten die effektivste Form der Kommunikation sind: „If you wish to influence an individual or a group to embrace a particular value in their daily lives, tell them a compelling story.*[14]

Für Karl Weick sind Geschichten/Erzählungen deshalb so mächtig, weil wir alle in Geschichten denken. In Sensemaking in Organizations schreibt er: *„ ... people think narratively rahter than argumentatively or paradigmatically. "*[15] Folglich kann man davon ausgehen, dass Geschichten intensiver wahrgenommen werden und besser/länger in Erinnerung bleiben als abstrakte Analysen oder rationale Argumente.

Noel Tichy, Autor von The Leadership Engine kommt zum Schluss, dass effektive Leader immer gut im Geschichten erzählen sind: *„Leaders make people want to follow by painting com-*

---

[14] Neuhauser, 1993
[15] Weick, 1995

pelling pictures of the future through their stories. Organizational change happens through the leaders stories. " [16]

Diesen Erkenntnissen folgend, müssen sich Führungskräfte mit folgenden Fragen beschäftigen:

■ Was zeichnen Geschichten aus, die im Stande sind, Mitarbeiter emotional zu fesseln und sie in Bewegung zu versetzen?

■ Mit welchen lebendigen Beschreibungen sind wir im Stande unsere Mitarbeiter zu begeistern?

■ Inwieweit nutzen wir in unserer täglichen Führungsarbeit diese Beschreibungen zur Ausrichtung unserer Mitarbeiter?

Leadership auf Basis einer sinnorientierten und sinnstiftenden Unternehmensführung ist letztendlich visionärer und damit innovativer, schneller und wandlungsfähiger. Sie ist „unschärfer" im Sinne organisatorischer Strukturen, aber „konkreter" im Sinne der inhaltlichen Firmenziele und der strategischen Stoßrichtungen.

Literatur

FRIEDRICH, S.; HINTERHUBER, H. (1999): Während Manger nachahmen, sind Führungskräfte schöpferisch, in: Frankfurter Allgemeine Zeitung, 22.02.1999.

BAILOM, F.; HINTERHUBER, H.; TSCHEMERNJAK, D. (2003): Mitarbeiterengagement ein zentraler Baustein für gesteigerten Unternehmenserfolg, in: [imp] management perspectives.

HINTERHUBER, H.; KRAUTHAMMER, E. (2001): Leadership – mehr als Management. Gabler.

PIRCHER-FRIEDRICH, A. (2001): Sinnorientierte Führung in Dienstleistungsunternehmen. Hochschulschriften.

SENGE , P. (2001): Die fünfte Disziplin. Klett-Cotta.

COLLINS, J.; PORRAS, J. (1995): Building your Company's Vision 1995.

KRAUTHAMMER, E.; HINTERHUBER, H (2001): Wettbewerbsvorteil Einzigartigkeit. Hanser

BARRET, R. (2000): Kulturelles Kapital erfassen, in: Konzepte Nr 6 2000.

SADOWSKY, J.; MCLOUGHLIN, I. (2003): The Power of Storytelling in Leadership: The Case of Tim Bilodeau and Medicines for Humanity. Paper Presentation Oxford's annual Leadership Conference.

DRUCKER, P. (2002): Was ist Management? Eccon.

NEUHAUSER, P. (1993): Corporate legends and lore: the power of storytelling as a management tool. McGraw-Hill.

TICHY, N.; COHEN, E. (1997): The leadership engine: how winning companies build leaders at every level. HarperBusiness.

WEICK, K. (1995): Sensemaking in organizations. Thousand Oaks. Sage Publications.

---

[16] Tichy / Cohen, 1997

Christian Scholz

16 Employability bei „fortgeschrittenen" Spielern ohne Stammplatzgarantie

16.1 Die Herausforderung: Employability als Konzept ohne Realisierungsanspruch?

Was haben Unternehmen ihren Mitarbeitern in der Vergangenheit nicht alles garantiert und versprochen: Als erstes die lebenslange Beschäftigung! Jobsicherheit stand hoch im Kurs und wurde zu einem zentralen Bestandteil von Beschäftigungsverhältnissen, die im Prinzip unbefristet waren. Zusätzlich wurden die Arbeitsverhältnisse durch eine wahre Flut von gesetzlichen beziehungsweise tarifvertraglichen Regelungen abgesichert, die Mitarbeitern eine weit reichende Arbeitsplatzsicherheit garantierten.

Konsequenzen aus diesen „Hochsicherheits-Beschäftigungskonzepten" ergaben sich letztlich auch für die Personalentwicklung: Denn geht ein Unternehmen davon aus, dass es über einen sehr langen Zeitraum mit einem Mitarbeiter zusammen arbeiten wird, so resultiert daraus zwangsläufig die Notwendigkeit zu einer breiten und aktualisierenden Personalentwicklung, die permanent darauf abstellt, die Qualifizierung des Mitarbeiters zu verbessern und auf den notwendigen Stand zu bringen. Dazu gehört eine ausgefeilte und auf die langfristigen Ziele des Unternehmens ausgerichtete Entwicklungsplanung mit einem umfassend institutionalisierten System von Bildungsträgern.

Mit dem Anspruch auf Beschäftigungssicherheit wurde schließlich auch die personalwirtschaftliche Gretchenfrage „Make or Buy" eindeutig mit „Make" beantwortet. Weniger der „Einkauf" hoch qualifizierter Mitarbeiter stand also im Mittelpunkt, vielmehr konzentrierte sich die Personalarbeit auf eine laufende Weiterentwicklung der Mitarbeiterfähigkeiten im Interesse des Unternehmens und – auf Grund des Beschäftigungssicherungspostulats – auch im Interesse der Mitarbeiter.

Doch dann begann vor einigen Jahren das Versprechen der Beschäftigungssicherheit sukzessive zu zerplatzen. Die Weltwirtschaft, die Binnenwirtschaft, der Zusammenbruch des „Neuen Marktes", die Suche nach dem Shareholder-Value und vieles andere wurden als Begründungen angeführt. Ergebnis: Die Unternehmen schwenkten um und sahen die langfristige Sicherung von Arbeitsplätzen jetzt auch ganz offiziell nicht mehr als ihre Aufgabe an. Mitarbeiter, die nicht mehr „ins Programm" passten, wurden aus dem Unternehmen entfernt und – natürlich sozialverträglich (also weitgehend auf Kosten der Allgemeinheit) – auf die Straße beziehungsweise vor das Arbeitsamt oder ins Rentnerheim gesetzt.

Zumindest die Verabschiedung in die Arbeitslosigkeit passte aber nicht mehr ganz ins Bild der sozialen Personalwirtschaft und deshalb kam das nächste Versprechen: Beschäftigungsfähigkeit war das neue Schlagwort und die Idee der Employability war geboren! Der Einzelne weiß zwar, dass er auf einem Schleudersitz sitzt, soll aber Perspektiven für den Rauswurf bekommen: Statt Beschäftigungssicherheit wollte man die Mitarbeiter „generell" für den Arbeitsmarkt fit machen. Die Weiterqualifizierung zielte also nicht mehr ausschließlich darauf ab, den individuellen Bedarf des eigenen Unternehmens an Wissen und neuen Fähigkeiten zu decken, sondern auch darauf, solche Qualifikationen zu fördern, die von der Breite der Unternehmenslandschaft gewünscht waren.

Auch wenn das Konzept der Employability etwas fundamental Anderes darstellt als das ursprüngliche der Beschäftigungssicherheit, so klingt Beschäftigungsfähigkeit zumindest verbal gut, lässt sich beeindruckend auf Kongressen vortragen und sorgt für etwas Beruhigung.

Eine funktionierende Employability basiert allerdings auf der Erfüllung von drei Prämissen:

1. Der Arbeitsmarkt muss überhaupt in hohem Umfang bereit sein, Mitarbeiter aufzunehmen. Diese Prämisse ist beim gegenwärtigen Stand und bei rund fünf Millionen (ausgewiesenen und nicht verschleierten) Arbeitslosen mehr als unrealistisch, also kaum zu erfüllen.

2. Das Unternehmen muss in der Lage sein, die zur Sicherstellung der Employability notwendigen Qualifikationen zu identifizieren und entsprechende Maßnahmen zu ihrer Erlangung durchzuführen. Auch hier sind Zweifel angebracht: Wenn sich schon in der Vergangenheit viele Unternehmen als absolut unfähig erwiesen haben, den eigenen Bildungsbedarf zu bestimmen und daraufhin adäquate Maßnahmen zu ergreifen, wie soll dies dann für etwas so Unbestimmtes wie den „externen Arbeitsmarkt" funktionieren?

3. Auch wenn dies ketzerisch erscheinen mag, ist auch die betriebswirtschaftlich relevante Frage zu beantworten, warum Unternehmen überhaupt Energie in eine Employability ihrer Mitarbeiter investieren sollen: Schließlich erhöht eine am breiten Arbeitsmarkt ausgerichtete Personalentwicklung nicht nur die Wahrscheinlichkeit, dass Mitarbeiter bei einer Kündigung durch das Unternehmen eine neue Stelle finden (was für alle gut ist), sondern auch dafür, dass Mitarbeiter abgeworben werden und gegen den Willen des Unternehmens selber kündigen (was für das Unternehmen schlecht ist). Weshalb also Investitionen in Employability? Sicherlich kann man Argumente konstruieren. Nur: Wer glaubt in der gegenwärtigen Unternehmenslandschaft an Bekenntnisse zur sozialen Verantwortung? Noch eher (ansatzweise) nachvollziehbar sind Aussagen wie die Sicherstellung eines angemessenen Betriebsklimas und die Hoffnung, durch eine „positive" Trennung langfristig das Arbeitgeberimage fördernde Impulse auf den Arbeitsmarkt auszustrahlen.

Vor diesem Hintergrund überrascht es überhaupt nicht, wenn Unternehmen immer weniger bereit und in der Lage sind, in Employability zu investieren. Sie stimmen allenfalls zu, Teile der Abfindung in Maßnahmen zur Verbesserung der Employability umzuleiten.

Ist damit auch die zweite Seifenblase zerplatzt?

Die Antwort läuft gegenwärtig auf ein „Ja!" hinaus, wenn man sich gleichzeitig die generellen Verschiebungen bei der Personalentwicklung betrachtet:

■ Vor zehn Jahren erhielt ein bekannter Referent auf einem großen Personalkongress noch tobenden Applaus für den Satz „Für die individuelle Personalentwicklung ist die Personalabteilung zuständig! Niemand sonst!".

■ Irgendwann wurde dann aber der Personalabteilung die Kompetenz (im Sinne von Befähigung sowie Befugnis) zur Personalentwicklung abgesprochen und die Verantwortung auf die jeweilige unmittelbare Führungskraft verlagert. Auf einmal war diese dafür verantwortlich, sich um die Personalentwicklung ihrer Mitarbeiter zu kümmern, zu verstehen als individuelle Weiterentwicklung im Interesse des Mitarbeiters, aber auch im Sinne einer langfristigen Karriereplanung im Interesse des Unternehmens.

■ Schnell stellte man aber fest, dass Führungskräfte nur ein eingeschränktes Interesse an der Ausübung dieser Aufgabe aufbringen können. Sie haben allenfalls Interesse an einer Qualifizierung, die kurzfristig wirksam wird. Wesentlich geringer fällt das Interesse an Investitionen in langfristige und dadurch in der Gegenwartsbetrachtung fast altruistisch wirkende Bemühungen zur Personalentwicklung aus. Damit lag es nahe, dass am Ende Personalstrategen die Verantwortung des jeweiligen Mitarbeiters für seine eigene Personalentwicklung entdeckten und diesen zum „Unternehmer in eigener Sache" erklärten.

Dies alles löste jedoch weder das ursprüngliche Zuständigkeitsproblem noch sicherte es die Employability des Mitarbeiters.

Wie aber ist das Thema der Employability überhaupt sinnvoll aus Sicht des Unternehmens und aus Sicht der potenziell betroffenen Mitarbeiter anzugehen? Sicherlich kein Weg besteht darin, weiterhin blauäugige Konzepte zu propagieren, die teilweise sogar noch den Blick auf die Realität verstellen, eine Scheinsicherheit suggerieren und damit mehr Schaden anrichten als Nutzen stiften. Nötig ist vielmehr eine substanzielle Auseinandersetzung mit der aktuellen Ausgangssituation und ein daraus abgeleitet Aktionsprogramm – und zwar genau auf die jeweils anzusprechende Zielgruppe zugeschnitten.

16.2 Die Ausgangslage: Mitarbeiter als Spieler ohne Stammplatzgarantie!

Betrachtet man die gegenwärtige Arbeitswelt, so stößt man an verschiedensten Ecken auf gefährliche Paradoxien: So werden die Planungen umso oberflächlicher, je schwieriger die Situation (weil man sich mental nicht mehr darauf glaubt einstellen zu können). Je weniger liquide Mittel, umso mehr verschulden sich Unternehmen, weil sie auf Bluffs hereinfallen und Scharlatane Hochkonjunktur haben: Dies gilt in gleicher Weise oft (aber natürlich nicht immer) für Motivationsseminare, Kommunikationspakete, Effizienzanalysen oder die vielen lustigen Prinzipien, die sich auf den Bestsellerlisten tummeln. Der platte, aber nichtsdestoweniger aussagekräftige Spruch „Je näher wir dem Ziel kamen, umso mehr haben wir es aus den Augen verloren" charakterisiert diese Situation. Widersprüchlichkeit auch bei der Personalarbeit. Manche Unternehmen entlassen massenhaft ihre Mitarbeiter, andere (und manchmal sogar die gleichen) suchen händeringend nach den „richtigen" Arbeitskräften. Doch dahinter gibt es vielleicht eine

Logik, denn im Idealfall scheint zu gelten: Bei uns arbeiten für viel Geld nur die gerade Besten vom Markt, der Rest soll woanders unterkommen oder von der Allgemeinheit finanziert werden. Die Schlagzeilen, die täglich in den Zeitungen die derzeitige Wirtschaftslage und Situation auf dem Arbeitsmarkt dokumentieren, belegen es: Gegenwärtig finden in der Arbeitswelt tief greifende Veränderungen statt! Transformationen betreffen das Denken und Handeln auf gesellschaftlicher wie auf unternehmerischer Ebene. Sie betreffen jeden und der Wandel vollzieht sich immer schneller mit immer weitreichenderen Ergebnissen. Verblüffung und Erstaunen kombinieren sich bei dem Einen mit Angst, bei dem Anderen mit Faszination.

Was aber treibt diese Entwicklungen voran? Im Kern sind es zwei Bewegungen, die uns in eine vollkommen neue Arbeitswelt führen:

- Die eine Tendenz lässt sich – zwar nicht angenehm – mit Darwinismus umschreiben. Es geht darum, Gewinner und Verlierer zu bestimmen und solche Unternehmen beziehungsweise Mitarbeiter zu lokalisieren, die nicht zu den Erfolgreichen gehören. Dieser Darwinismus bedeutet zwar grundsätzlich nicht das Eliminieren von Mitarbeitern, mindestens aber Evaluation und permanentes Durchlaufen des aus der Natur bekannten Prinzips, das zur Sicherung des „Survival of the fittest" dient und die Phasen Variation – Selektion – Retention umfasst. Symptomatisch ist die hohe Anzahl von Firmenpleiten, sogar das Sterben von großen und traditionsreichen Unternehmen. Überall gilt die Devise: Es gibt keine Stammplatzgarantie mehr. Viele trifft diese Entwicklung hart. Mitarbeiter, die sich jahrelang loyal gegenüber ihrem Unternehmen verhalten haben, werden plötzlich vor die Tür gesetzt, weil ihre Wertschöpfung zu gering erscheint.

- Die andere Tendenz ist der immer stärker werdende individuelle Opportunismus. Er führt dazu, dass Einzelne ihre Interessen nur noch in Bezug auf sich selbst und ohne Rücksicht auf die Gemeinschaft verfolgen. Mitarbeiter, die gerade für viel Geld eine Weiterbildung erhalten haben, verlassen plötzlich das Unternehmen, um woanders ein aus ihrer Sicht attraktiveres Angebot wahrzunehmen. Das verlassene Unternehmen muss akzeptieren, dass Andere von ihrem erhofften „Return on Investment" profitieren. Dieser Opportunismus hat aber auch eine durchaus positive Konnotation, wenn man ihn mit „individuellen Chancen" verbindet. Dies alles erfordert weit reichendes Umdenken, denn es muss eben auch von Mitarbeitern und Führungskräften (und Top-Managern) ausgegangen werden, die ihren (natürlichen) Opportunismus in grenzenlosem Egoismus ausleben.

Treffen Darwinismus als kollektiver Mechanismus zum Optimieren von Unternehmen, Bereichen oder Mitarbeitern, und Opportunismus als individueller Antrieb, eigene Chancen ohne Rücksicht auf Andere zu nutzen, zusammen, kommt es zum Darwiportunismus: Unternehmen sind also darwinistisch und Mitarbeiter opportunistisch – wogegen zunächst vielleicht auch wenig spricht.

In der Konsequenz heißt das: Weder haben Mitarbeiter einen Stammplatz im Unternehmen, noch haben Unternehmen Stammplätze auf dem Weltmarkt oder in der Gunst der (potenziellen) Mitarbeiter! Es muss also gehandelt und umgedacht werden – gerade auch in Richtung auf Beschäftigungssicherheit.

16.3 Die Verdrängung: Warum Employability kein Thema wird!

Fast schon als natürlicher Reflex kommt an dieser Stelle der Aufschrei von sozialromantisch verklärten Praktikern, populistischen Politikern und realitätsferner Journalisten: „Nur keine Panik" und auf keinen Fall vom Kurs der „guten alten Zeit" abbringen lassen – so die simple und eingängige Formel.

Und genau hier aber beginnt das Problem wirklich zum Problem zu werden, denn die wirkliche Notwendigkeit, sich mit diesem Thema auseinander zu setzen, wird negiert!

Wenn betriebliche Seminare primär dem Glücksgefühl der Teilnehmer dienen, wird sich kein Gefühl bei Teilnehmern für Veränderungsnotwendigkeiten breit machen. Noch immer gibt es genug Referenten (vor allem aus dem Kreis der höchstbezahlten Personalexperten), die ausschließlich auf folgende plumpe Mechanik abstellen: Sie holen die Teilnehmer langsam „dort ab", wo sie sich selber sehen, machen ausreichend Pausen und verletzen grundsätzlich nicht das Weltbild der Teilnehmer. Und wenn dieses eben auf „eigentlich muss das Unternehmen Sicherheit garantieren" ausgerichtet ist, findet es sich im Vortrag wieder. Zudem propagieren derartige Referenten zwar Verhaltensänderungen, aber nie solche, die durch die Anwesenden zu erbringen sind. Den Zuhörern erklärt man lieber, dass die vielen neumodischen Systeme (wie zur Motivation, zur Vorgesetztenbeurteilung oder zur Leistungsmessung) völliger Unsinn und deshalb zurecht von allen abzulehnen sind. Die Teilnehmer attestieren nachher dem Referenten zufrieden, „er hat mir direkt aus der Seele gesprochen", nur leider waren „die Leute nicht da, an die sich die Aussagen gerichtet haben". Das Gleiche gilt für die Wirtschaftspresse, die verblüffender Weise genau in das gleiche Horn stößt: „Nur glückliche Arbeit ist gute Arbeit" lautet hier die Devise. Das wird gerne gelesen und hier findet sich der Leser ebenfalls beruhigt wieder.

Das Ergebnis: Ein Gefühl der allenfalls kurzfristig gestörten „guten, alten Zeit" kommt auf und die Hoffnung, durch Insistieren auf Konstrukten wie Vertrauen, Offenheit, Glück und Loyalität diesen alten Zustand wieder herbeiführen zu können.

Natürlich will im Prinzip jedes Unternehmen loyale Mitarbeiter und umgekehrt wollen im Prinzip Mitarbeiter auch loyale Unternehmen. Stellt man jedoch die Frage, ob es gegenwärtig loyale Mitarbeiter und loyale Unternehmen gibt, so müsste streng genommen die Antwort eindeutig „Nein" lauten. Denn Loyalität aus Sicht des Unternehmens würde bedeuten, einen Mitarbeiter weiter zu beschäftigen, nur weil er in der Vergangenheit eine gute Leistung erbracht hat, und diese Weiterbeschäftigung beizubehalten, auch wenn in der Zukunft absolute Minderleistungen zu erwarten sind. Andererseits würde Loyalität aus Sicht des Mitarbeiters bedeuten, dass dieser auf Grund der vergangenen Erfahrungen bei einem Unternehmen bleibt, auch wenn ihm die Zukunft dort eindeutig soziale und wirtschaftliche Nachteile bringt. Betrachtet man also Loyalität im Hinblick auf die tatsächlichen Vor- und Nachteile, die durch sie für Mitarbeiter und Unternehmen entstehen, so kommt bei einer Prognose unter rationalen Gesichtspunkten nur eindeutig eine Absage an die Loyalität in Frage!

Also: Gerade was Beschäftigungssicherheit und alle dazugehörigen Aspekte betrifft, kommt man eigentlich um eine klare Auseinandersetzung mit den veränderten Ausgangsparametern nicht herum! Aus ihr lässt sich dann eine realistische Vision für die Zukunft ableiten.

16.4 Die Vision: „Sauberer" Darwiportunismus als Wettbewerbsvorteil

Was passiert, wenn sich die Unternehmen dem Darwinismus verschreiben und gleichzeitig die Mitarbeiter den opportunistischen Weg in die Selbstoptimierung suchen? Sicherlich kann man sich auf eine „sozialromantische Insel" zurückziehen – sofern sie existiert. Man kann aber auch versuchen, sinnvoll mit der darwiportunistischen Arbeitswelt ohne Stammplatzgarantie umzugehen.

Dies würde bedeuten, dass man versucht, weit gehende Transparenz und „Regelsicherheit" herzustellen. So spricht im Prinzip nichts gegen darwinistische Evaluation in einem wettbewerbsintensiven Umfeld – sofern die Mitarbeiter die Spielregeln kennen und diese entsprechend eingehalten werden. Durch einen solchen „sauberen" Darwiportunismus wird zwar keine Stammplatzgarantie eingeführt, wohl aber ein leistungsorientiertes Umfeld mit einem zumindest tendenziellen Sicherheitskorridor für Mitarbeiter.

Um diesen Wettbewerbsvorteil aber tatsächlich zu realisieren, müssen die Mitarbeiter die Logik der fehlenden Stammplatzgarantie verstehen und die personalwirtschaftlichen Systeme voll auf diese Logik abgestimmt werden: Dies verbessert die „Überlebenswahrscheinlichkeit" der Arbeitsplätze, fördert aber auch Beschäftigungssicherheit und Beschäftigungsfähigkeit der Mitarbeiter.

Wie die Umsetzung eines solchen Postulates konkret aussehen kann, soll nachfolgend an einer spezifischen Zielgruppe für Employability erläutert werden.

16.5 Die Zielgruppe: MiPros als Hoffnungsträger?

Die Logik der Spieler ohne Stammplatzgarantie zieht unabhängig von ihrer generellen Aussagekraft Umsetzungserfordernisse nach sich, die je nach Beschäftigtengruppe (Young Professionals, MiPros und „Senioren") besondere Spezifika aufweisen.

Nimmt man die Gruppe der Young Professionals, von denen einige noch immer auf ihren ersten wirklichen Job warten, so ergibt sich für sie die Herausforderung, die Spielregeln der Arbeitswelt beziehungsweise ihres Unternehmens zu verstehen, trotz fehlender (oder nur geringer) eigener beruflicher Erfahrung. Gerade Young Professionals – auch wenn ihnen arbeitgebernahe Karrieremagazine im Interesse der Anzeigenkunden gerne das Gegenteil vorgaukeln – müssen erkennen, dass das Wirtschaftsleben gekennzeichnet ist durch hochgradig darwinistische Systeme auf der einen Seite und auf der anderen Seite durch Personen, die sich zwangsläufig opportunistisch verhalten (müssen). Hier blauäugig den Unternehmen zu glauben, die „den Mitarbeiter im Mittelpunkt sehen" oder die ein „offenes und faires Betriebsklima" propagieren, ist gefährlich. Nur wer in der Lage ist, tatsächlich die wirklichen darwiportunistischen Spielregeln zu verstehen, kann seine Bewerbung und letztlich auch den Berufseinstieg erfolgreich gestalten. Hier bedeutet Employability also im Wesentlichen mitarbeiterseitiges Verstehen der unsichtbaren Spielregeln der aktuellen Wirtschaftssituation und des jeweiligen Wunschunternehmens.

Der Beitrag des Arbeitgebers zu einer solchen Employability kann dann im Schaffen von mehr Transparenz bestehen, indem er diese impliziten Spielregeln aufdeckt und offen kommuniziert.

Betrachtet man hingegen die Gruppe der „Seniors", die schon auf ein jahrzehntelanges Arbeitsleben zurückblicken können und die bereits kurz vor dem Ruhestand stehen, so ist Employability für diese – wenn überhaupt – wohl nur noch von sehr begrenztem Interesse: Weder unternehmens- noch mitarbeiterseitig werden hier allzu große Anstrengungen bezüglich einer langfristigen Sicherstellung der Beschäftigungsfähigkeit unternommen. Diese Situation ist als ein mehr oder wenig deutlich kommunizierter, auf alle Fälle aber als ein gegenseitig respektierter „Nichtangriffspakt" charakterisierbar.

Eine völlig andere Facette gerät in den Mittelpunkt der Betrachtung, wenn man sich mit den „fortgeschrittenen" Mitarbeitern befasst, die in diesem Aufsatz als MiPros („Mittlere Professionals") bezeichnet werden sollen. MiPros sind schon längere Zeit im Berufsleben und haben entsprechende Erfahrungen gemacht. MiPros haben erlebt, wie Unternehmen in der Vergangenheit bei Zusammenschlüssen mit Mitarbeitern umgegangen sind, haben die teilweise scheinheilige Argumentation vieler Unternehmen mitbekommen, bei denen das „wunderbare Wir-Gefühl" fast nahtlos überging in Massenentlassung und in das neue „Wir-Gefühl der Arbeitslosigkeit". Auch wenn es manche Personalverantwortliche nicht wahrnehmen wollen: Besonders MiPros – egal, ob es sich um Facharbeiter oder Führungskräfte in Managementpositionen handelt – haben ihr „Urvertrauen" in das Unternehmen weitestgehend verloren.

Trotz der Relevanz dieser Probleme wird aber wegen der Schwierigkeit, diese Probleme zu lösen, gerade der Beschäftigtengruppe der MiPros relativ geringe Aufmerksamkeit geschenkt. So findet man überall Karriereratgeber, die sich auf die Young Professionals als Zielgruppe ausrichten, ihnen also vielfältigste Ratschläge und Verständnishilfen liefern. Die MiPros hingegen werden weitgehend allein gelassen! Hier gibt man sich dem Trugschluss hin, dass auf diesem Niveau allenfalls im Extremfall fachliche Qualifizierung erforderlich sei, ansonsten aber in der Vergangenheit bereits ausreichend Personalentwicklung stattgefunden habe.

Dies ist aber insofern ein gravierender Fehler, als Employability auch in diesem Fall Verständnis, kognitive Rationalisierung der aktuellen Situation und systematische Unterstützung sowie Vorbereitung voraussetzt.

16.6 Die Entwicklungsidee: Rahmenprogramm mit Eigeninitiative

Erforderlich ist eine kategorische Umorientierung. Dies bedeutet aus Sicht der MiPros Wahrnehmung der Funktion „Unternehmer in eigener Sache", aus Sicht des Unternehmens eine langfristige Sicherung des Wissens der betreffenden Mitarbeiter: Denn gerade die Gruppe der MiPros ist es, die für Unternehmen auf Grund ihrer Erfahrungen und Kenntnisse überlebenskritische Potenziale bereitstellt. Gesucht ist also ein unternehmensseitig realisiertes „Rahmenprogramm" und eine mitarbeiterseitige Eigeninitiative. An diese Entwicklungsidee sind folgende Anforderungen zu stellen:

1. In der Personalpolitik und in der Personalstrategie müssen die Logik der Spieler ohne Stammplatzgarantien sowie das Prinzip der Employability explizit verankert werden!

Dies bedeutet radikales „Entmüllen" der Unternehmen von überholten „Gute-Laune-Phrasen" und die Besinnung auf eine neue Ehrlichkeit. Ein solches „Entmüllen" setzt aber kritisches Durchforsten lieb gewonnener Mythen voraus und bedarf daher im Regelfall eines strategischen Anstoßes: Nur wenn klar ist, dass es sich hierbei nicht um eine der üblichen Beschäftigungstherapien und Metaplankarten-Sortierorgien handelt, kann tatsächlich etwas bewegt werden.

2. Alle personalwirtschaftlichen Systeme sind auf die Kombination aus Employability und „Spieler ohne Stammplatzgarantie" abzustimmen!

Dies beginnt mit regulären Mitarbeitergesprächen und reicht bis hin zu leistungsbezogenen Vergütungssystemen sowie Cafeteriamodellen. Die vornehmliche Aufgabe dieser Systemgestaltung besteht darin, Mechanismen zu etablieren, die beim Aufbau eines „sauberen" Darwiportunismus helfen. So müssen Führungskräfte für die Durchführung eines sinnvollen Mitarbeitergespräches lernen, darwiportunistische Spielregeln offensiv und fair zu vertreten, wollen sie nicht die Vertrauensbasis zu ihren Mitarbeitern noch mehr gefährden.

3. Speziell die Gruppe der MiPros muss die Prinzipien des Darwinismus und des Opportunismus verstehen!

Dies bedeutet beispielsweise die Entwicklung eines speziellen Zwei-Tages-Seminars, in dem MiPros lernen, Mechanismen zu dechiffrieren, um über die Verstehen-und-Gestalten-Logik individuelle Problemlösungen zu entwickeln. Bei dieser Diskussion geht es dann nicht darum, durch das Erlernen von konkreten Fertigkeiten die Employability zu vergrößern. Vielmehr geht es darum, das Verständnis für die Ursachen zu wecken, die überhaupt zum Zwang zur Employability führen. Nur mit diesem generellen Hintergrundwissen können die aktuellen konkreten Umsetzungsherausforderungen effizient angegangen werden. Dazu gehört vor allem das Verstehen der darwiportunistischen Logik der „Spieler ohne Stammplatzgarantie" einschließlich ihrer Konsequenzen für Unternehmen und Mitarbeiter. Im Ergebnis geht es um eine klare Aussage: Für seine Employability ist der Mitarbeiter ganz alleine verantwortlich! Dies gilt vor allem für MiPros und ist vor allem an die MiPros adressiert, die sich fälschlicherweise (noch) nicht als Spieler ohne Stammplatzgarantie sehen, sich ihrer (neuen) Rolle also (noch) nicht bewusst sind.

4. MiPros müssen sich selbst mit ihrer eigenen Berufsperspektive auseinander setzen, also Karriere-Aktien und Sinn-Aktien optimal mischen.

Dies klingt einfacher als es ist, verlangt es doch von den MiPros, sich überhaupt mit der eigenen (unsicheren!) Zukunft entsprechend auseinander zu setzen, und gleichzeitig noch diese beiden Denkwelten zu berücksichtigen:

■ Bei den Karriere-Aktien steht primär die materielle Komponente im Vordergrund. Hier dreht es sich – vereinfacht ausgedrückt – um Arbeiten, Geldverdienen, noch mehr Arbeiten und noch mehr Geldverdienen, und man braucht dazu individuelle Kernkompetenzen, für die es im Unternehmen oder auch außerhalb davon einen Markt gibt. Interessant und wichtig für MiPros ist dabei die Tatsache, dass „Schlüsselqualifikation heute" nicht unbedingt

„Schlüsselqualifikation morgen" bedeutet, letztlich also eine individuelle Optimierung auf der Zeitachse nötig ist. Je mehr man sich also auf das „Heute" fokussiert, umso mehr verliert man das „Morgen" aus dem Blick. In jedem Fall aber gilt: Man will Karriere machen, zumindest aber überleben!

■ Bei der Sinn-Aktie wird die individuelle Chance weniger in der Nutzung des Arbeitsmarktes oder in der Vorbereitung darauf gesehen. Vielmehr geht es um Sinnschaffung als individuelle, konstruktivistische Aktivität: Auch wenn Schlagworte wie „Selbstverwirklichung" oder „seinen Sehnsüchten nachgehen" illusionär wirken mögen, ändert es nichts daran, dass MiPros den Sinn des Lebens auf keinen Fall ausschließlich in der Freizeit suchen, sondern auch ihre berufliche Sphäre entsprechend umstrukturieren werden.

5. Unternehmensspezifisch ist ein neuer „psychologischer Kontrakt" zu thematisieren!

Gerade die anzustrebende Mischung aus Karriere- und Sinn-Aktien verlangt, dass sich MiPros nicht nur daran orientieren, ob mittel- bis langfristig mit der entsprechenden Kernkompetenz ein ausreichendes Auskommen gesichert ist. Sie verlangt vielmehr, dass sich die MiPros gezielt mit Überlegungen beschäftigen, wie sie ihre Karriere vorantreiben können, und dabei Sinn sowie Zweck ihrer Arbeit finden. Doch dies hat fatale Folgen: Je mehr sich MiPros um ihre Employability kümmern, desto mehr reduziert sich ihre rationale und emotionale Bindung an das Unternehmen. Der Mitarbeiter wird tatsächlich zum Unternehmer in eigener Sache und beginnt, seine Handlungen nach dem Prinzip der Eigenmaximierung auszurichten. „Spielen ohne Stammplatzgarantie" bedeutet danach nicht den Verzicht auf ethische und moralische Grundsätze! Vielmehr geht es um das Finden des richtigen Gleichgewichts zwischen unternehmerischem Darwinismus und mitarbeiterseitigem Opportunismus. „Sauberer" Darwiportunismus wird damit zu einem positiven Szenario, wenn er auf die wechselseitige Abstimmung und den wechselseitigen Ausgleich zwischen der Gruppe und dem Einzelnen abstellt. Dieses Szenario der neuen Arbeitswelt ermöglicht den Akteuren, ihre eigenen Interessen offen in die Gestaltung der gemeinsamen Arbeit mit einzubringen und im Vorfeld Grenzen der Zumutung abzustecken. Hierdurch steigt die Chance, einvernehmlich die Basis für eine langfristige Kooperation zu legen, in der nicht erste Konflikte bereits auf Grund verschwiegener Interessen von vornherein vorprogrammiert sind.

Vergleicht man diese fünf Vorschläge mit der aktuellen Personalarbeit vieler Unternehmen, so werden die Diskrepanz offenkundig und die gegenwärtige Problematik der MiPros verständlich. Gerade aber deshalb sollten sich Unternehmen einer zielgerichteten und systematischen Auseinandersetzung mit dieser Thematik verschreiben, um auf diese Weise Wettbewerbsvorteile zu erringen.

So gesehen erscheint die oben aufgeworfene Frage nach der Existenzberechtigung und Funktionsfähigkeit der Employability-Idee in einem ganz anderen Licht: Führt ein emotionales Verharren in der sozialromantischen Wunschwelt der „guten, alten Zeit" zur Unmöglichkeit des ursprünglichen Employability-Konzeptes, so schärft die bewusste Durchdringung der neuen darwiportunistischen Spielregeln von Arbeits- und Berufswelt den Blick für die Realisierbarkeit einer neuen, nämlich mitarbeitergetriebenen – und nur deshalb möglichen – Employability. Treibende Kraft derartiger Employability-Bemühungen ist der Mitarbeiter, der auf diese Weise seinen zukünftigen Marktwert selbst mitgestalten kann, indem er eigenverantwortlich und selbstbestimmt sein persönliches Fähigkeitsportfolio optimiert.

16.7 Die Umsetzung: Entwicklungskonzept mit Ausstrahlungskraft als Chance

Unternehmen müssen sich mit den opportunistischen Neigungen ihrer Mitarbeiter auseinander setzen und MiPros müssen den Darwinismus in ihrem Umfeld verstehen. Ziel soll es sein, diejenigen individuellen Chancen und Möglichkeiten zu nutzen, die sowohl die Interessen des Unternehmens an Wirtschaftlichkeit, Innovation und Flexibilität als auch die Interessen der Mitarbeiter an Karriere und am Sinn ihrer Tätigkeit berücksichtigen.

Im Idealfall kann sich so für ein Unternehmen eine faszinierende Chance bieten, sich mit seinen „MiPros ohne Stammplatzgarantie" auf eine sinnvolle Form der Employability zu verständigen. Dies hätte dann Ausstrahlungseffekte in verschiedenste Richtungen: Zum einen in die Richtung auf die Young Professionals, die von ihren Vorbildern lernen, zum anderen aber auch im Hinblick auf die älteren Mitarbeiter, die hier in eine neue Umgebung eingebunden werden.

Wenn Unternehmen die Gruppe der MiPros für eine solche Kooperation gewinnen, kann gerade dies dazu führen, dass letztlich eine glaubhafte Kommunikationsbasis aufgebaut werden kann, der auch alle anderen Mitarbeitergruppen vertrauen!

Literatur

SCHOLZ, C. (2003): Spieler ohne Stammplatzgarantie. Darwiportunismus in der neuen Arbeitswelt, Weinheim (Wiley-VCH)

Hanspeter Georgi

17 Leistungseliten durch Wettbewerb

Abstract

Für die repräsentative Demokratie und die Soziale Marktwirtschaft ist Elitebildung geradezu konstitutiv. Daraus ergeben sich Schlussfolgerungen für das Bildungssystem; denn Eliten kristallisieren sich durch Wettbewerb heraus. Reformbedarf besteht somit auf allen Ebenen – in der beruflichen Bildung genauso wie an den Hochschulen und den allgemein bildenden Schulen sowie in der Weiterbildung. Ziel ist ein offener Bildungsmarkt, der jedem die Möglichkeit gibt, in eigener Verantwortung seine Talente zu entfalten.

Der wirtschaftliche, kulturelle und soziale Erfolg eines Landes hängt sehr stark von der Qualität ab, mit der in den Unternehmen, in Politik und Verwaltung oder in der Forschung gearbeitet wird. Die Leistungsfähigkeit der Akteure zu fördern, aber auch Spitzenleistungen herauszufordern, liegt daher ganz selbstverständlich im Interesse eines Staates. Für die repräsentative Demokratie und die Soziale Marktwirtschaft ist Elitebildung geradezu konstitutiv. Auch die aktive Bürgergesellschaft braucht Eliten. Aber diese fallen nicht vom Himmel. Begabungen bleiben unentdeckt oder verkümmern, wenn ihnen nicht Raum gegeben wird, sich zu entfalten. Daraus ergeben sich eine Reihe von Schlussfolgerungen für das Bildungssystem. Bildung ist ein Schicksalsthema. Aber die Botschaft ist noch nicht überall angekommen. Sonst würde sich nicht nur jeder dritte Befragte für die Qualität von Schulangeboten interessieren, wie kürzlich die FAZ darlegte.

17.1 Bildung als Erfolgsfaktor

Der Reichtum Deutschlands liegt nicht unter der Erde, sondern in den Köpfen der Menschen. Unternehmergeist, Innovationsbereitschaft und Kreativität sind Faktoren, die Wohlstand und Lebensqualität sehr direkt beeinflussen. Während aber in Sport und Kultur Spitzenkräfte hohe gesellschaftliche Anerkennung genießen, sind in der Bevölkerung Vorbehalte gegenüber den Funktionseliten der Wirtschaft stark verbreitet. Ein Umdenken und eine Entkrampfung des Diskurses sind da sicher notwendig; denn Wissen ist zum wichtigsten Standortfaktor geworden.

Die Bedeutung von Bildung und Qualifizierung nimmt für jeden Betrieb, für jeden einzelnen Arbeitnehmer und für die Volkswirtschaft also insgesamt zu. Dabei geht es nicht immer um Spitzenleistungen, sondern allgemeiner um die Fähigkeit, sich etwa mit technischen Neuerungen offensiv auseinander zu setzen, sie zu verstehen und zu nutzen. „Elite" muss begrifflich weiter gefasst werden. Es geht ebenso wenig um Oberspezialistentum wie um materielle Privilegien; es geht um herausragende Generalisten mit einem klaren Blick auf das Ganze und der

Bereitschaft zur Veränderung. In der Wahrnehmung der Investoren wird das Image eines Standorts bereits in einem hohem Maß dadurch geprägt, wie dieser mit dem Faktor Bildung umgeht. Die Entscheidung für eine Investition wird unmittelbar davon abhängig gemacht, ob geeignete, qualifizierte Arbeitskräfte zur Verfügung stehen. Im Saarland haben das eine Reihe von Ansiedlungen und Betriebserweiterungen in jüngster Vergangenheit klar gezeigt. Je besser das Bildungssystem, umso größer die regionalen Entwicklungschancen.

Vor diesem Hintergrund ist es fatal, dass der Bildungsstandort Deutschland international an Wettbewerbsfähigkeit eingebüßt hat. Dies hat nicht zuletzt die internationale Leistungsstudie PISA der OECD gezeigt, indem sie fehlende Grundlagenkompetenz der deutschen Schüler aufgedeckt hat. Die Klagen der Wirtschaft über mangelnde Ausbildungsreife wurden damit bestätigt. Defizite beim Lesen, Schreiben, Rechnen, aber auch in der Allgemeinbildung sind an der Tagesordnung. Die mangelnde Ausbildungsreife hängt eng damit zusammen, was man früher einfach „Charakter" genannt hatte und heute mit „Sozialkompetenz" gemeint ist. Bildung minus Wissen ergibt Erziehung; Erziehung zu Werten, ohne die eine Gesellschaft nicht kompetitiv bleibt.

Hinsichtlich der Sachkompetenz sollten wir endlich wieder zu einem verbindlichen Fächerkanon für alle Schüler zurückkehren.

17.2 Reformbedarf auf allen Ebenen

Welche Reformen sind darüber hinaus notwendig, um das deutsche Bildungssystem wieder international konkurrenzfähig zu machen?

Der Bildungsstandort Deutschland leidet an strukturellen Defiziten und starren Rahmenbedingungen. Die Anpassung des Bildungssystems an die veränderten Anforderungen der Berufswelt gelingt oftmals nicht schnell genug. Neue Berufsbilder entstehen teilweise rascher, als die Ausbildungsordnungen definiert werden können. Die Arbeitnehmer müssen steigende Anforderungen an Fachwissen, Handlungskompetenz und Mobilität bewältigen. Globalisierung, neue informationstechnische Möglichkeiten und der Strukturwandel hin zur Dienstleistungsgesellschaft bilden neue Herausforderungen. Aber jede dieser Entwicklungen kann man auch als Chance für gesellschaftliche und wirtschaftliche Innovation begreifen, als Chance für den Fortschritt. Vom Weiterbildungsmarkt kann das Bildungssystem eine Menge lernen.

In einer wissensbasierten Arbeitswelt, die sich rasch verändert, brauchen wir flexible und individuelle Lösungen. Flexibilität ist ihrerseits das Ergebnis von mehr Eigenverantwortung und Wettbewerb. Dies gilt auch für das Bildungssystem. Die Autonomie der Schulen und Hochschulen muss daher gestärkt werden, z. B. durch die Zuweisung von Personal- und Budgetkompetenz. Eine stärkere Eigenverantwortung und Selbständigkeit erfordert die Anwendung effektiver Managementmethoden sowie einheitliche Qualitätsstandards und wirksame Instrumente der Qualitätssicherung. Leistungsvergleiche zwischen Bildungseinrichtungen, die Evaluation des Unterrichts und des Bildungsergebnisses sowie die Akkreditierung von Hochschulen stehen für diese Aufgabe zur Verfügung.

Mit solchen Maßnahmen kann das deutsche Bildungssystem seine internationale Wettbewerbs-fähigkeit zurückgewinnen. Dann können die Bildungseinrichtungen ihre Funktion als Motor der wirtschaftlichen Entwicklung und als Standortfaktor wieder wirksam wahrnehmen.

Schule und Hochschule müssen sich von der Bildungsanstalt zu öffentlichen Bildungsunter-nehmen entwickeln. Dass diese Maxime bei den Kultusministern der deutschen Bundesländer noch nicht mehrheitsfähig ist, deutet darauf hin, dass noch viel Überzeugungsarbeit notwendig ist. Das Prädikat „beste Schule oder Hochschule" kann man nicht verordnen, sondern es kristal-lisiert sich im Wettbewerb heraus. Gehen wir diesen Schritt nicht, leidet die Employability weiter.

17.3 Wissensintensive Dienstleistungen im Aufwind

Der Bildungsstandort Deutschland muss gestärkt werden, denn Bildung ist der beste Schutz vor Arbeitslosigkeit. Im Jahr 2002 waren 42,8 % aller Arbeitslosen (West) ohne abgeschlossene Berufsausbildung, aber nur 2,1 % bzw. 4,2 % aller Arbeitslosen hatten einen Fachhochschul-bzw. Universitätsabschluss. Zugleich nimmt die Anzahl der offenen Stellen für Akademiker seit Jahren zu. Während im Jahr 1996 noch 5,0 % aller gemeldeten Stellen auf Fachhochschul- bzw. Universitätsabsolventen entfielen, waren es 2002 bereits 7,0 %.

Als einziger Wirtschaftssektor hat der Dienstleistungssektor in den letzten Jahren im nennens-werten Umfang Beschäftigung aufgebaut. Der Strukturwandel in Richtung Tertiarisierung wird auch in Zukunft weitergehen. Insbesondere wissensintensive Dienstleistungen werden stark ex-pandieren und das Wirtschaftswachstum beschleunigen. Damit ändern sich aber auch die An-forderungen an die Arbeitskräfte. Der Bedarf an akademisch ausgebildeten Fachkräften wird zunehmen.

Empirische Untersuchungen haben einen klar positiven Zusammenhang zwischen dem Umfang des Dienstleistungssektors und dem Ausbildungsstand der Bevölkerung festgestellt. Klar ist aber auch: Bildung bedeutet nicht nur Studium, sondern bedeutet auch berufliches Lernen.

Auf Grund der demografischen Entwicklung wird die Erwerbsbevölkerung in Deutschland bis zum Jahre 2015 um 1,8 Millionen Erwerbspersonen zurückgehen. Es wird ein spürbarer Man-gel an Arbeitskräften prognostiziert. Wir müssen uns deshalb darauf einstellen, in Zukunft län-ger zu arbeiten. Um das vorhandene Arbeitskräftepotenzial besser auszuschöpfen, sollte die Be-schäftigung von Frauen, älteren Arbeitnehmern sowie Beschäftigungslosen ausgeweitet wer-den. Hier liegt ein beachtliches Beschäftigungspotenzial brach, welches wir stärker nutzen sollten.

Dies erfordert beispielsweise den Ausbau von Kinderbetreuungseinrichtungen, den Abbau von Vorurteilen bezüglich älterer Arbeitnehmer und die Erhöhung der Mobilität der Beschäftigungs-losen. Anderen Ländern ist es zudem mit der Flexibilisierung des Renteneintrittalters und der Verkürzung von Studienzeiten gelungen, die Erwerbsdauer der Arbeitnehmer zu verlängern.

17.4 Lernen für den Beruf

Zurzeit wird in Deutschland etwa jeder fünfte Ausbildungsvertrag vorzeitig gelöst. Viele junge Menschen tun sich schwer mit dem Übergang von der Schule in den Beruf. Sie haben unklare Vorstellungen von der Arbeits- und Berufswelt. Umgekehrt beklagen viele Unternehmen die mangelnde Ausbildungs- und Studierfähigkeit der Schüler. Die Schule muss deshalb durch die Vermittlung ökonomischen und betrieblichen Grundlagenwissens besser auf das Arbeits- und Berufsleben vorbereiten. Dazu gehören eine stärkere Gewichtung wirtschaftsbezogener Lerninhalte im Unterricht und obligatorische Betriebspraktika. Dies setzt auch eine praxisorientierte Aus- und Weiterbildung von Lehrern voraus.

In den vergangenen Jahren hat das Saarland dank der Kooperation von Wirtschaft, Sozialpartnern und Verwaltung eine Spitzenposition beim Angebot an Ausbildungsplätzen erreicht. Unser Ziel ist es, dass jeder Jugendliche, der einen Ausbildungsplatz sucht und ausbildungsfähig ist, auch eine Ausbildung erhält. Betriebe, Gewerkschaften und Jugendliche sind aufgerufen, gemeinsam für dieses Ziel zu kämpfen.

Auf Grund der demografischen Entwicklung werden schon in wenigen Jahren Fachkräfte knapp. Um ihren künftigen Bedarf zu sichern, müssen die Unternehmen heute über den eigenen Bedarf hinaus ausbilden. Die Bereitstellung zusätzlicher Ausbildungsplätze hat dabei Vorrang vor einer Übernahmegarantie. Dies ist im Saarland Konsens der regionalen Partner.

Auf der Seite der Jugendlichen ist aber auch Flexibilität gefordert. Es muss nicht immer einer der Top-Ten-Lehrstellen sein, auch im Bereich des klassischen Handwerks oder auch der Gastronomie gibt es attraktive Ausbildungschancen. Und dass vorhandene Plätze etwa in der Versicherungswirtschaft mangels Bewerber nicht besetzt werden können – das verstehe, wer will!

Menschen mit einer praktischen Begabung müssen genau so gefördert werden wie Hochqualifizierte. Für praktisch veranlagte Jugendliche brauchen wir zweijährige Ausbildungsberufe. Gerade im manuellen Bereich gibt es genug Arbeit. Trotz hoher Arbeitslosigkeit sind derzeit in Handwerk, Gastgewerbe und Landwirtschaft viele Stellen für solche Tätigkeiten unbesetzt.

17.5 Kontinuierliche Weiterbildung

In einer dynamischen Wirtschaft, in der Wissen schnell veraltet, ist neben einer soliden Erstausbildung kontinuierliche Weiterbildung dringend erforderlich. Ohne eine ständige Weiterentwicklung der beruflichen Qualifikationen und Kompetenzen sind Innovation und Wettbewerbsfähigkeit nicht zu sichern. Es kommt darauf an, die Menschen fit zu machen, damit sie den strukturellen Wandel aktiv mitgestalten können. Eine Berufsausbildung reicht heute nicht mehr aus, um ein ganzes Arbeitsleben zu bestreiten. Auch angesichts der alternden Bevölkerung gewinnt das Thema lebenslanges Lernen an Bedeutung. Ältere Arbeitnehmer dürfen von Weiterbildungsangeboten nicht ausgeschlossen werden. Aber, wie schon der frühere Bundespräsident Roman Herzog anmerkte: „Lebenslanges Lernen ja, aber bitte nicht als Beruf!"

Da lebenslanges Lernen über formelle Weiterbildung hinausgeht, nimmt die Verantwortung jedes Einzelnen für seine Bildungsbiografie zu.

17.6 Die Hochschulen

Das deutsche Bildungssystem hat industrielle Wurzeln. Im Bereich der dualen Berufsausbildung und der mittleren Qualifikation schneidet Deutschland überdurchschnittlich ab. Bei der akademischen Bildung, die für die Wissensgesellschaft der Zukunft von grundlegender Bedeutung ist, besteht allerdings Nachholbedarf.

Um für den Wandel in Richtung Dienstleistungswirtschaft gerüstet zu sein, braucht Deutschland mehr Akademiker. In Deutschland liegt aber der Anteil derjenigen eines Altersjahrgangs, die ein Studium aufnehmen, deutlich unter dem OECD-Durchschnitt. Während im Jahr 1999 28,5 % aller Deutschen eines Jahrgangs ein universitäres Studium begannen, waren es im OECD-Durchschnitt 46 % und in Neuseeland sogar 70 %. Ein praxisnäheres Fachhochschulstudium nahmen in Deutschland 13,3 % auf, gegenüber 16,4 % im Mittel der Vergleichsländer.

Neben der unterdurchschnittlichen staatlichen Förderung von Studierenden hat die geringe Studienneigung auch damit zu tun, dass es in Deutschland mit der dualen Berufsausbildung, Techniker- und Berufsfachschulen attraktive Alternativen zum Hochschulstudium gibt.

Ein weiterer Grund für den geringen Anteil an Akademikern liegt in der demographischen Entwicklung. In Deutschland sinkt seit Jahren die Geburtenrate, und der Anteil der Jugendlichen wie auch der Studenten an der Bevölkerung geht entsprechend zurück.

Die Ausgaben für Hochschulen belaufen sich in Deutschland auf rund 1 % des Bruttoinlandsprodukts und sind weit vom OECD-Durchschnitt in Höhe von 1,6 % des BIP entfernt. Dabei ist allerdings herauszustellen, dass in anderen Ländern im Durchschnitt rund 0,6 % des BIP durch private Mittel wie Studienentgelte oder von Stiftungen abgedeckt werden. Deutschland muss sich von dem Prinzip verabschieden, dass Bildung zum Nulltarif zu haben ist.

17.7 Mehr Autonomie notwendig

Die Universitäten und Fachhochschulen in Deutschland stehen vor großen Herausforderungen. Der internationale Wettbewerb um die besten Köpfe gewinnt an Fahrt und die Anforderungen der Studierenden, der Wirtschaft und der Wissenschaft steigen. Um mehr Freiräume zur Entwicklung eines eigenständigen Profils zu erhalten, benötigen die deutschen Hochschulen mehr Autonomie in Budget- und Personalfragen. Sie müssen in die Lage versetzt werden, ihre Ausgaben, aber auch ihre Einnahmen selbst zu beeinflussen. Das wird in Nachbarländern wie Dänemark mit Erfolg vorexerziert.

Die Universitäten und Fachhochschulen sollen ferner ihre Studierenden selbst auswählen können. Dies ist ein wichtiger Ansatzpunkt für Profilbildung und Qualitätssicherung. Die Auswahl der Studienbewerber nach hochschulspezifischen Kriterien trägt zudem dazu bei, die Anzahl der Studienabbrecher zu reduzieren. Positive Folge: Auch die Employability nimmt zu.

Einen weiteren Reformschritt bilden zweigeteilte Studiengänge mit Bachelor- und Master-Abschluss. Derartige modularisierte Studiengänge entsprechen dem internationalen Standard. Sie sollten daher verstärkt angeboten werden.

Über den Ausbau der privaten Finanzierung, sei es mittels Spenden, Sponsoren oder Studiengebühren, darf nicht nur nachgedacht werden, sie muss auch umgesetzt werden. Zur Deckung ihres Finanzbedarfs benötigen die Hochschulen neue Einnahmequellen. Gerade soziale Aspekte sprechen für Studiengebühren. Die Frage muss erlaubt sein, weshalb Krankengymnasten, Handwerksmeister oder Piloten ihre Ausbildung selbst finanzieren müssen, während Akademiker ihr Universitätsstudium vom Steuerzahler bezahlt bekommen.

Bildung ist nicht nur eine öffentliche Ressource, von der die Volkswirtschaft profitiert, sondern auch ein privates Gut. Eine Kostenbeteiligung des Einzelnen kann in diesem Sinn nicht „sozial ungerecht" sein. Und dass Studiengebühren sozial Schwächere von einem Studium abschrecken, ist ein nicht gerechtfertigtes Vorurteil. Das zeigt das Beispiel USA. Dort sind trotz Studiengebühren proportional mehr Kinder aus Arbeiterhaushalten immatrikuliert als in Deutschland. Der deutsche Arbeitnehmer ahnt: Was nichts kostet, ist auch nichts wert!

17.8 Offener Bildungsmarkt

Eine offene Gesellschaft braucht ein offenes Bildungssystem. Jeder soll die gleichen Chancen haben, seine Talente zu entwickeln. Einen privilegierten Zugang und soziale Barrieren darf es nicht geben. Auf dem Bildungsmarkt sollen die Lernenden Wahlfreiheit haben. Staatliche Rationierung wie im Fall der zentralen Vergabe von Studienplätzen behindert den Wettbewerb der Bildungsunternehmen, der andererseits die Herausbildung der Eliten möglich macht. Auch hier ist der Wettbewerb das einzige taugliche „Entdeckungsverfahren" im Sinne Hayeks. Wettbewerb hat eine freiheitsfördernde Wirkung. Eine Bildungslandschaft, die von Vielfalt geprägt ist, schafft Freiräume für Innovationen und ermöglicht kritische Vergleiche.

Die Employability in Deutschland wird zunehmen, wenn das staatliche Bildungswesen in ein Wettbewerbssystem überführt ist.

Wer auf dem offenen Bildungsmarkt die richtige Wahl treffen will, braucht auch mehr Transparenz der Systeme, Angebote und Profile. Auf diesem Gebiet besteht erheblicher Handlungsbedarf – auf allen Ebenen, nicht nur an den Hochschulen.

17.9 Förderung der technischen Kompetenz

Deutschland braucht qualifizierte Arbeitskräfte, berufliche Eliten. 50.000 Stellen für Ingenieure sollen unbesetzt sein. Dieser Mangel ist in vielen Bereichen des verarbeitenden Gewerbes eine Wachstums- und Innovationsbremse. Die technologische Leistungsfähigkeit ist jedoch von entscheidender Bedeutung für den Erfolg der deutschen Wirtschaft und den Abbau der Arbeitslosigkeit. Vom Fachkräftemangel sind insbesondere junge, innovative Unternehmen betroffen.

Dies führt dazu, dass der Strukturwandel verzögert wird und dass Wachstum und Beschäftigung unter den Möglichkeiten bleiben.

Im Jahr 1999 kamen auf 100.000 Erwerbspersonen zwischen 25 und 34 Jahren in Deutschland nur 834 Hochschulabsolventen mit einem naturwissenschaftlich-technischem Abschluss. In Frankreich waren es dagegen 2.063 und in Irland gar 2.788.

Um mehr Schülerinnen und Schüler für ein Ingenieurstudium zu begeistern, brauchen wir attraktive ingenieurwissenschaftliche Studiengänge mit kurzer Studiendauer und hohem Praxisbezug.

Das Saarland hat auf diesem Gebiet gehandelt. So gibt es an der Hochschule für Technik und Wirtschaft seit dem letzten Wintersemester einen Studiengang Kommunikationsinformatik mit einem Abschluss als Bachelor. An der Akademie der Saarwirtschaft wurde ein Studiengang Maschinenbau neu eingerichtet. Das Studium an der von der Wirtschaft getragenen Akademie der Saarwirtschaft erfolgt im dualen System, also im Wechsel zwischen Ausbildungsbetrieb und Hochschule.

17.10 Ein Wechsel auf die Zukunft

Begabtenförderung ist eine gesellschaftliche Aufgabe. Sie bringt Individuen und damit die Gesellschaft voran. Im Sinn der aktiven Bürgergesellschaft gibt es auch eine Pflicht des Einzelnen, seine Talente und Erfahrungen in den Dienst der Gemeinschaft zu stellen.

Das Design unserer Studien- und Ausbildungsgänge muss so angelegt sein, dass der Begabte seinen Weg gezielt wählen und gehen kann. In diesem Zusammenhang gehört auch die Einführung des „Gymnasiums in 8 Jahren" im Saarland.

Wer interdisziplinäre Lösungen sucht, sich dem Neuen nicht verweigert und in großzügigen Perspektiven denkt, wird Elite im besten Sinn des Wortes. Wir müssen dafür sorgen, dass diesen Leistungsträgern nicht durch unbedachte Ressentiments der Spaß am Lernen und Handeln genommen wird. Wer an deutschen Schulen als „Streber" verunglimpft wird, erfährt an ausländischen Schulen Zustimmung.

Wahrscheinlich gibt es sehr viel mehr Begabte, als wir immer angenommen haben. Mehr Wettbewerb wird dies erkennbar werden lassen. Im Sinn des Förderns durch Fordern werden Veranstaltungen wie „Jugend forscht" ihren Teil dazu beitragen, diesen Prozess zu beschleunigen. Und die elf Begabtenförderungswerke im Bereich der Hochschulen wirken an dieser Aufgabe ebenfalls mit. Sie haben in Deutschland eine wichtige Rolle, können mit ihrem Engagement aber nicht die vorhandenen Systemschwächen des gesamten Bildungsbereichs verdecken. Dass sie bei ihrer Arbeit den gesellschaftlichen Bezug in den Vordergrund stellen und nicht die zweckfreie Selbstentfaltung fördern, ist richtig und unbestritten.

Bildung und Wirtschaft – das sind zwei Seiten einer Medaille. Wie Wirtschaft wettbewerbsfähig bleibt, wissen wir. Die deutsche Bildungspolitik, die sich ja heute wieder zu Leistungseliten bekennt, sollte aus diesem Wissen lernen. Entsprechende Lernerfolge würden die Employability sichern.

18 Auswirkungen der Employability auf den Arbeitsmarkt

18.1 Beschäftigungsfähigkeit statt Beschäftigung um jeden Preis

Nach Ansicht des niederländischen IBM-Managers Misja Bakx „bietet man mit Employability den Mitarbeitern die Chance, sich zu entwickeln. Das Wechselgeld für die Unternehmen besteht darin, dass man Mitarbeiter dadurch verstärkt an das Unternehmen bindet."[1]

Die Beschäftigungsfähigkeit von Frauen und Männern in einer Gesellschaft ist eine entscheidende Wettbewerbsfunktion für das Land und die Unternehmen. Sie zu erhalten und weiterzuentwickeln ist Aufgabe der Akteure am Arbeitsmarkt. Ziel ist es, Qualifikationsdefizite auszugleichen, neue Standards festzulegen und Weiterbildungsmöglichkeiten zu schaffen. In der sich verändernden Arbeitswelt geht es nicht nur darum, die Beschäftigung der Menschen – das Employment – sondern vielmehr ihre Beschäftigungsfähigkeit zu fördern. Das Konzept der Employability muss daher stärker denn je unter dem Aspekt der Aufnahme auf dem Arbeitsmarkt und dem Phänomen der hohen Arbeitslosigkeit betrachtet werden.

Ein Unternehmen, dass über gut ausgebildete Mitarbeiterinnen und Mitarbeiter verfügt, kann sich schnell an Veränderungen im Arbeitsprozess anpassen. Unter dem Gesichtspunkt des Wettbewerbs müssen immer wieder die Fragen der Qualifizierung der Personen, die mitten im Berufsleben stehen, gestellt werden. Dies trifft alle, von Angelernten und Facharbeitern über Fach- und Führungskräften bis zu „High Potentials". Daneben steht die Eigenverantwortung der Beschäftigten als Beitrag, einen ihrer Qualifikation entsprechenden Arbeitsplatz zu erhalten oder dauerhaft zu sichern. Sie müssen ihre Fähigkeiten zu schätzen wissen und eine Selbstständigkeit in Hinblick auf ein „lebenslanges Lernen" entwickeln.

Immer dann, wenn eine Vermittlung einer Arbeitskraft auf eine Stelle nicht unmittelbar gelingt, fördern die Arbeitsagenturen Arbeitnehmerinnen und Arbeitnehmer mit dem Ziel der Integration in Erwerbstätigkeit. Ein wesentliches Standbein ist die Weiterbildung im Betrieb. Damit die Bundesagentur für Arbeit einen optimalen Beitrag leisten kann, müssen einerseits die Aufnahmemöglichkeiten seitens der Wirtschaft vorhanden und andererseits die Qualifizierungsbedarfe bekannt sein. Die Leistungen der Arbeitsförderung sollen insbesondere die individuelle Beschäftigungsfähigkeit durch Erhalt und Ausbau von Kenntnissen, Fertigkeiten sowie Fähigkeiten fördern.[2]

---

[1]   Den Arbeitsmarkt im Blick behalten. Aus www.4managers.de
[2]   vgl. SBG III §1, Satz 2

Dieses gesetzlich verankerte Ziel der Arbeitsförderung steht im Einklang mit dem Aktions-schwerpunkt der Beschäftigungspolitischen Leitlinien „Verbesserung der Beschäftigungsfähig-keit", das vor dem Hintergrund hoher Arbeitslosigkeit auf dem Luxemburger Beschäftigungs-gipfel im November 1997 erstmals von der Europäischen Kommission als Zielvorgabe für die nationale Politik der Mitgliedstaaten formuliert wurde. [3]

Zu den Teilzielen gehören zum Beispiel die Bekämpfung der Jugendarbeitslosigkeit und Verhü-tung von Langzeitarbeitslosigkeit. Daneben wurde die Qualifizierung für den neuen Arbeits-markt im Kontext des lebensbegleitenden Lernens sowie die aktive Arbeitsmarktpolitik zur besseren Abstimmung zwischen Angebot und Nachfrage als weitere Zielvorgabe formuliert.

Als politisches Konzept hat – im Sinne einer angebotsorientierten Politik – die Förderung der Beschäftigungsfähigkeit, die Anpassung an die nachfrageseitigen Anforderungen zum Ziel. Be-dingt durch den Strukturwandel führen diese Anpassungen zu einem positiven Beschäftigungs-effekt. Sicherung von Beschäftigungsfähigkeit statt Beschäftigung steht dabei im Vordergrund des wirtschaftlichen und sozialen Wandels. Ungewiss bleibt die Einlösung der „Fähigkeit" in tatsächliche, nach Möglichkeit ungeförderte Beschäftigung. Dabei geht es aber nicht um eine Beschäftigung um jeden Preis, sondern um eine qualitativ nachhaltige Beschäftigung, die der geförderten Qualifikation entspricht. [4]

18.2 Nicht die Alimentierung von Arbeitslosigkeit, sondern die Integration in Arbeit und Beruf ist das Ziel

Die Arbeitslosigkeit ist eine große Herausforderung für die Gesellschaft. Um sie nachhaltig senken zu können, brauchen wir eine Projektkoalition aller Beteiligten am Arbeitsmarkt. Jede und jeder ist gefordert, sich auf sein spezifisches Können und auf seine Stärken zu konzentrie-ren und mit anzupacken, wo immer es geht. Es sind alle Profis der Nation mit unterschiedlichen Beiträgen gefordert. Die gemeinsame Leistung der Profis trägt dazu bei, Problemlösungen zu finden und die Arbeitslosigkeit nachhaltig abzubauen.[5]

Die Arbeitslosigkeit in Deutschland hat sowohl strukturelle wie konjunkturelle Ursachen. Wenn die Wachstums- und Beschäftigungsschwäche behoben werden soll, ist ein ganzes Bündel an Maßnahmen erforderlich, das auf der Angebots- wie auf der Nachfrageseite gleichermaßen ansetzt. In einer sich ständig wandelnden Arbeitswelt ist unter marktwirtschaftlichen Bedingun-gen und bei offenen Grenzen die Anpassungsfähigkeit der Wirtschaft entscheidend. Nur eine innovative Wirtschaft wird am Standort Deutschland für neue Arbeitsplätze sorgen. Zugleich sind aber auch strukturelle Reformen der Sozialversicherungssysteme notwendig, um Anreize für mehr Beschäftigung zu schaffen.

---

3   vgl. IAB Werkstattbericht Nr. 1/2003
4   vgl. IAB Werkstattbericht Nr. 1/2003
5   Modul 13 Beitrag der „Profis der Nation" im Bericht der Kommission „Moderne Dienstleistungen am Arbeitsmarkt", S. 284 ff

Die Perspektiven für den Arbeitsmarkt sind in Deutschland nach zwei Jahren wirtschaftlicher Stagnation nicht besser geworden. Im Jahresdurchschnitt 2003 ist in Deutschland mit 4,4 Mio. Arbeitslosen zu rechnen, da eine schnelle und kräftige Belebung des Wirtschaftswachstums nicht in Sicht ist. Die Erwerbstätigkeit wird tendenziell weiter sinken und die Unterbeschäftigung erneut steigen. Erst spät im zweiten Halbjahr könnte die Beschäftigungsschwelle überschritten werden, wenn die Konjunktur wieder anspringt. Die Reformen und der Einsatz neuer Instrumente kommen derzeit zwar in Gang, doch werden sich spürbare Effekte auf dem Arbeitsmarkt erst mit einer allgemeinen Belebung der Arbeitsnachfrage einstellen.

Die Bundesagentur für Arbeit wandelt sich zu einem modernen Dienstleister am Arbeitsmarkt. Sie versteht sich dabei als Agentur für Arbeit, die am Markt agiert, indem sie vermittelt, berät und qualifiziert. Wir bringen Menschen und Arbeit zusammen. Um diesen „Matching-Prozess" leisten zu können, wird neben einem zügigen Ausgleich zwischen Angebot und Nachfrage, ein besonderer Fokus auf die Vermeidung eines „Mismatch" gelegt. Hierzu müssen die Stellen- und Bewerberprofile im Betrieb aufeinander abgestimmt werden.

Allein der Einsatz von arbeitsmarktpolitischen Instrumenten und auch eine schnellere Arbeitsvermittlung schaffen für sich gesehen noch keine Arbeitsplätze. Unternehmen schaffen Arbeitsplätze. Die Arbeitsmarktpolitik kann aber eine auf Wachstum orientierte Beschäftigungspolitik flankieren, indem sie den Ausgleich von Angebot und Nachfrage von Arbeitskräften aktiv unterstützt und beschleunigt. Die Instrumente setzen daher auf der Angebotsseite des Marktes an. Eine optimierte Administration der Arbeitsmarktpolitik durch die Bundesagentur für Arbeit wird zur Entlastung des Arbeitsmarktes beitragen. Die direkte Entlastung durch die Maßnahmen der Arbeitsmarktpolitik kann aber nicht mehr das Ziel der Aktivierung sein. Die zeitnahe und nachhaltige Integration in ein Beschäftigungsverhältnis muss in den Vordergrund treten. Hierauf wird noch an späterer Stelle eingegangen. Zuvor erfolgt eine kurze Analyse und Projektion der Qualifizierungsanforderungen im Beschäftigungssystem.

18.3 Steigende Nachfrage nach gut ausgebildeten Arbeitskräften bei sinkendem Bedarf an Arbeitskräften ohne Berufsabschluss

Bereits seit einigen Jahren ist zu beobachten, dass sich Deutschland, wie andere hoch entwickelte Industrienationen auch, zu einer Wissens- und Dienstleistungsgesellschaft wandelt. Der wissenschaftlich-technische Fortschritt und die zunehmende Globalisierung rücken den Wissensstand der Bevölkerung für die Konkurrenz- und Leistungsfähigkeit der Wirtschaft in den Vordergrund. Deutschland ist ein Hochtechnologie- und Hochlohnstandort, der vor allem gut qualifizierte Arbeitskräfte für immer anspruchsvollere Arbeitsplätze benötigt. Im Gegenzug fallen einfache Jobs vermehrt weg.

Nach der IAB/Prognos-Studie[6] werden anspruchsvolle Tätigkeiten – hierzu zählen Führungsaufgaben, Organisation und Management, qualifizierte Forschung und Entwicklung, Betreuung, Beratung, Lehren u.a. bis 2010 einen deutlich höheren Stellenwert einnehmen. Der Anteil der Arbeitskräfte, die diese Tätigkeiten mit überwiegend hohen Anforderungen leisten, dürfte auf gut 40 Prozent steigen. Die Zahl der Arbeitskräfte, die Tätigkeiten mit mittlerem Anforderungsprofil ausüben, bleibt nahezu unverändert. Einfache Tätigkeiten werden immer seltener nachgefragt.

Der Bedarf an Hoch- und Fachhochschulabsolventen wird in Deutschland weiter wachsen. Menschen ohne Berufsabschluss müssen mit massiven Beschäftigungseinbußen rechnen. Personen mit Lehr- oder Fachschulabschluss werden zwar noch leichte Beschäftigungsgewinne erzielen, aber deutlich stärker auf der Fachschulebene.

Innerhalb dieser Gruppe werden die Ansprüche an die Allgemeinbildung deutlich ansteigen. Die klassische Kombination „Hauptschule plus Lehre" bei den Erwerbstätigen weicht der am stärksten besetzten Qualifikationsgruppe „mittlere Reife plus Lehre". Der strukturelle Anstieg der Qualifikationsanforderungen im Beschäftigungssystem wird sich fortsetzen. Die Nachfrage nach gutausgebildeten und hoch qualifizierten Arbeitskräften wird – bei einem weiterhin sinkenden Bedarf an Arbeitskräften ohne Berufsabschluss – zumindest bis zum Jahre 2015 steigen.[7]

Betrachtet man die Innovationsleistungen der Betriebe, so werden sachkapitalintensive Prozessinnovationen, die mit einer zunehmenden Automatisierung verbunden sind, zu Gunsten kapitalungebundener Innovationen, wie etwa organisatorische Veränderungen innerhalb von Unternehmen, vermindert. Folglich nimmt die Bedeutung des Wissensstandes der Beschäftigten im Vergleich zum Sachkapitalbestand immer mehr zu. Hohe Investitionen in Informations- und Kommunikationstechnologien haben moderne Organisationsformen innerhalb der Unternehmen ermöglicht. Als Beispiel sind Gruppenarbeitsplätze, flachere Hierarchiestufen und eine höhere Eigenverantwortung zu nennen. Diese Veränderungen setzen neue Maßstäbe an die Beschäftigten. Ausschlaggebend ist ein breiteres Qualifikationsprofil und eine hohe Kompetenz bei Schlüsselqualifikationen, wie etwa Team- und Kommunikationsfähigkeit. [8]

---

[6] Reinberg, Hummel: Zur langfristigen Entwicklung des qualifikationsspezifischen Arbeitskräfteangebotes und –bedarfs in Deutschland. In: Mitteilungen aus der Arbeitsmarkt- und Berufsforschung (MittAB) Heft 4/2002, S.583 ff

[7] Reinberg, Hummel: Zur langfristigen Entwicklung des qualifikationsspezifischen Arbeitskräfteangebotes und –bedarfs in Deutschland. In: MittAB Heft 4/2002, S. 580-600

[8] Hujer, Radic: Zur Interdependenz von Innovation und Qualifikation: Eine Einführung. In: Mitteilungen aus der Arbeitsmarkt- und Berufsforschung Heft 4/2002, S. 489-491

18.4 Der Demografische Wandel erfordert verstärkte betriebliche Weiterbildung — auch der älteren Beschäftigten

Das Saarland steht – wie in der Bundesrepublik Deutschland insgesamt – in den kommenden Jahrzehnten vor einem durchgreifenden demografischen Wandel. Bis zum Jahr 2050 wird die Einwohnerzahl nach den Berechnungen des statistischen Landesamtes auf ca. 780.000 Saarländerinnen und Saarländer zurückgehen. Bereits ab dem Jahre 2015 wird sie die Millionengrenze unterschreiten. Ursächlich für die Bevölkerungsabnahme ist die sinkende Geburtenrate.

In der weiteren Folge wird die Gesellschaft langsam aber sicher immer älter, denn der Anteil der Älteren steigt, während zu wenige Junge nachfolgen. Zusätzlich steigt wegen der verbesserten Lebensumstände und auf Grund des medizinischen Fortschritts die Lebenserwartung weiter an, so dass die Menschen im Jahr 2050 im Durchschnitt vier Jahre älter werden als heute. Bereits heute leben in Deutschland mehr ältere Menschen über 65 Jahre als jüngere unter 15 Jahren. Entsprach der Altersaufbau der Bevölkerung vor 100 Jahren noch einer Pyramide mit einer breiten Basis an jungen Menschen, so gleicht das Profil heute einer Tanne mit einem breiten Stamm. In 50 Jahren wird das Altersprofil zylinderförmig sein, wobei jeder Jahrgang unterhalb der 60 kleiner sein wird als der nächstältere.

Obwohl in den kommenden Jahrzehnten mehr Frauen und Zuwanderer arbeiten werden, wird das Arbeitskräfteangebot sinken, so dass weniger Menschen für die wirtschaftliche Leistungsfähigkeit einer Region aufkommen werden. Außerdem entwickelt sich der Altersaufbau des Arbeitskräfteangebotes parallel zum Altersaufbau der Bevölkerung, so dass der Altersdurchschnitt der Erwerbspersonen steigen wird.

Im Jahre 2050 wird noch nicht einmal die Hälfte der Bevölkerung zu diesem Zeitpunkt im Alter zwischen 20 und 60 Jahren sein, eine Altersgruppe mit einer wichtigen Leistungsfunktion am Arbeitsmarkt.

Schon in fünf Jahren werden deutlich weniger junge Leute für betriebliche Ausbildungsplätze zur Verfügung stehen. Die Zahl der Personen im erwerbsfähigen Alter (15-65 Jahre) wird bis 2010 um fast 32 000 Personen zurückgehen. Die Altersgruppe der 20- bis 35-Jährigen nimmt bis 2010 um 10 Prozent, bis 2050 sogar um 36 Prozent ab. Während der Nachwuchs knapp wird, wächst die Gruppe der älteren Arbeitnehmer, die vor allem Träger von betrieblichem Erfahrungswissen sind.

Die Zahl der Erwerbstätigen nimmt ab, weniger Junge rücken nach, und die Belegschaften der Betriebe werden älter. Die Auswirkungen der demografischen Entwicklung werden schon in wenigen Jahren merklich die Arbeit und die Zusammenarbeit in den Unternehmen prägen. Auf Betriebe und Beschäftigte kommen dabei große Veränderungen zu. Je schneller und je besser sich Arbeitgeber und Arbeitnehmer den gewandelten Bedingungen anpassen, desto besser werden sie die kommenden Herausforderungen meistern.

Fachkräfte, vor allem junge Fachkräfte werden ein hohes Gut. Die Unternehmen müssen die bislang ungenutzten Leistungs- und Flexibilitätsreserven ausschöpfen. Eine verstärkte betriebliche Weiterbildung der Mitarbeiter – auch und gerade der älteren – wird unentbehrlich.

18.5 Mehr Betriebe für Ausbildung gewinnen

Eine Berufsausbildung ist der Schlüssel für den qualifizierten Eintritt in das Erwerbsleben und erweitert maßgeblich die Chancen auf eine Integration in Beschäftigung. Auf der anderen Seite bietet sie den Betrieben ein gutes Fachkräftepotenzial für die Zukunft.

Die Arbeitsagenturen wollen mehr Jugendliche in Ausbildung bringen, denn knapp die Hälfte der arbeitslosen Jugendlichen haben keine Berufsausbildung. Bei steigender Nachfrage nach betrieblicher Ausbildung ist das Angebot an Ausbildungsplätzen zurzeit rückläufig. Um ein auswahlfähiges Angebot an Ausbildungsstellen aus der Wirtschaft heraus sicher zu stellen, müssen mehr Betriebe ausbilden. Im Saarland bilden 36 % der Betriebe laut IAB-Betriebspanel[9] aus; in Westdeutschland sind es nur 30 %. Ein nicht genutztes Ausbildungspotenzial liegt bei 28 % der saarländischen Betriebe, da diese trotz Ausbildungsberechtigung tatsächlich nicht ausbilden. Die demografische Entwicklung zeigt, dass zukünftig Fachkräfte fehlen werden, die jetzt ausgebildet und beschäftigt werden müssen. Schon ab 2006 sinken die Schulentlasszahlen.

Dabei bietet gerade die betriebliche Ausbildung die Möglichkeit, qualifizierte Mitarbeiterinnen und Mitarbeiter auf längere Sicht zu gewinnen. Die spezifischen Anforderungen der Betriebe können direkt in der Praxis vermittelt werden. Grundlagen für spätere Qualifizierungsbausteine werden dabei gelegt.

Der Bedarf an ausgebildeten Fachkräften wird zunehmen. Dagegen wird das Angebot an Arbeitskräften ohne Berufsabschluss den Bedarf auch weiterhin übersteigen.

Eine Stagnation in den Bildungsanstrengungen der jungen Generation hätte – gerade unter Berücksichtigung des demografischen Wandels – den Verlust an Wissen zur Folge. Bildung und Ausbildung müssen offensiv betrieben werden.

Die Arbeitsagenturen unterstützen diese Offensive mit zahlreichen Aktivitäten. Neben einer Intensivierung der Ausbildungsvermittlung, versuchen sie, z. B. durch Ausbildungsstellen-Akquisiteure oder Ausbildungsstellenförderer, mehr Betriebe zur Ausbildung zu ermutigen. Dabei werden auch Existenzgründer und neue Betriebe, „Start-Ups" und Betriebe mit ausländischen Inhabern gezielt angesprochen. Ein wichtiges Thema ist die Verstärkung der Verbund-Ausbildung und die Einrichtung modularer Ausbildungsgänge. Gerade durch den Erwerb von Teilqualifikationen können lernschwächere Jugendliche den Einstieg in einen Beruf erhalten, der ihnen die Möglichkeit für weitere Qualifizierung eröffnet.

Denn dieser Einstieg ins Erwerbsleben ermöglicht gesellschaftliche Teilhabe. Daher werden die Arbeitsagenturen allen Jugendlichen ein aktivierendes Angebot geben, und zwar innerhalb eines halben Jahres in Form einer Ausbildung, Arbeitsstelle oder Maßnahme. Im Gegenzug haben aber auch die Jugendlichen die Pflicht, sich einzubringen.

Das Sonderprogramm für Jugendliche „Jump Plus" unterstützt mit zusätzlich eingestellten Fallmanagern den Einstieg erwerbsfähiger Jugendlicher in Beschäftigung und Qualifizierung.

---

[9] IAB Betriebspanel: Beschäftigungstrends im Saarland – Bericht zur Arbeitgeberbefragung 2001 INFO Institut Saarbrücken, September 2001

Diese Fallmanager betreuen die jungendlichen Empfänger von Sozialhilfe und Arbeitslosenhilfe während des gesamten Eingliederungsprozesses.[10]

Es wird trotz aller Bemühungen immer Jugendliche geben, die einer intensiven Betreuung bedürfen. Wenn das Ziel einer Ausbildungs- oder Arbeitsstelle nicht direkt erreicht werden kann, wird ein besonderes Angebot erforderlich, wie z. B. eine berufsvorbereitende Bildungsmaßnahme oder Maßnahmen für behinderte Jugendliche.

18.6 Berufliche Weiterbildung steht im Wettbewerb und ist auf Integration orientiert

Durch einen optimierten Einsatz arbeitsmarktpolitischer Instrumente sollen mehr Arbeitslose aktiviert und mit höherem Erfolg in Arbeit integriert werden.

Die Neuausrichtung in der Arbeitsmarktpolitik erfordert eine schnellere Aktivierung und höhere Integration. Mit einem geringeren Mittelansatz werden genauso viele Arbeitslose wie im vergangenen Jahr aktiviert. Es gibt nicht weniger, sondern andere Maßnahmen, die mehr Wirksamkeit bei der Integration in Beschäftigung aufweisen.

Es findet eine Umorientierung von den traditionellen Arbeitsbeschaffungs- und Fortbildungsmaßnahmen hin zu kürzeren und integrationswirksameren Trainingsmaßnahmen und Eingliederungszuschüssen statt. In den Vordergrund treten Maßnahmen zur direkten Eingliederung in den ersten Arbeitsmarkt, die präventiv ansetzen und kostengünstiger sind. Auch setzen die Maßnahmen früher als bisher ein. Die Teilnahme an einer beruflichen Weiterbildung ist eng an den Erfolg geknüpft, d.h. nicht nur die Maßnahme muss erfolgreich absolviert, sondern auch eine gute Aussicht auf eine Beschäftigung prognostiziert werden.

Die Förderung beruflicher Weiterbildung bleibt ein wichtiges Standbein der Arbeitsmarktpolitik. Der neu eingeführte Bildungsgutschein ist ein wichtiges Instrument zur Stärkung der Eigenaktivität von Bewerberinnen und Bewerbern, das sich nah an den Bedürfnissen des Arbeitsmarktes orientiert. Statt einer generellen Zuweisung in Maßnahmen wie bisher stellen die Arbeitsagenturen den Arbeitslosen mit einem konkreten Bildungsbedarf einen Bildungsgutschein aus. Dieser kann innerhalb von drei Monaten bei einem zugelassenen Bildungsträger eigener Wahl eingelöst werden. Bis Ende Mai 2003 wurden im Saarland bisher 1.450 Bildungsgutscheine ausgehändigt, von denen 645 eingelöst wurden. Durch das neue Verfahren wird die Eigeninitiative der Arbeitslosen und der Wettbewerb unter den Bildungsträgern gefördert. Beides spricht für mehr Qualität, Wirtschaftlichkeit und Erfolg am Arbeitsmarkt.

---

10 Das Sonderprogramm ist seit 1. Juli 2003 in Kraft getreten und wird bis 2004 gelten. Im Saarland werden für ca. 1000 Jugendliche Maßnahmen zur Beschäftigung und Qualifizierung basierend auf dem Bundessozialhilfegesetz eingerichtet. Vier Fallmanager sorgen für eine intensive Betreuung der Jugendlichen. Siehe auch www.arbeit-fuer-junge.de.

Der Paradigmenwechsel in der Arbeitsmarktpolitik betrifft auch die Zusammenarbeit zwischen Bundesagentur und Bildungsträger. Es werden sich insbesondere die Träger mit Konzepten durchsetzen, die den Anforderungen am Markt gerecht werden. Träger, die sich schnell und flexibel auf die Neuorientierung einstellen, werden ihre Marktposition behaupten. Mit innovativen und auf eine zeitnahe Integration ausgerichteten Maßnahmen werden sie ihre Marktanteile sichern können.

Zertifizierungsagenturen werden zukünftig Bildungsträger und Bildungsmaßnahmen nach Erfolgskriterien zulassen. In diesem Sinne werden die Träger auch ein neues System zur Qualitätssicherung anwenden und nachweisen. Die Trägerlandschaft wird nicht mehr in dem Maße wie bisher von den Arbeitsabläufen in den Arbeitsagenturen beeinflusst. Entscheidend sind nunmehr die Erfordernisse der Betriebe und die Profile der Arbeitnehmerinnen und Arbeitnehmer. Dabei werden die Träger auf die kooperative Zusammenarbeit miteinander und mit den Arbeitsagenturen zurückgreifen.

18.7 Neben Mobilisierung von Qualifikationspotenzialen brauchen wir einen für jeden offenen Beschäftigungssektor

Die Nachqualifizierung von Arbeitskräften ohne abgeschlossene Ausbildung ist eine wichtige Aufgabe. Im Jahre 2000 waren in Deutschland fast zwei Drittel aller Erwerbspersonen ohne Berufsabschluss jünger als 45 Jahre, gut ein Drittel sogar jünger als 35 Jahre. Einem Großteil steht also noch ein langes Erwerbsleben bevor. Ohne zusätzliche Qualifizierung steigt das Risiko aus dem Erwerbsleben in die Arbeitslosigkeit gedrängt und nur schwer wieder integriert zu werden.

Für den qualifikatorischen Strukturwandel und der damit einhergehenden Verschlechterung der Arbeitsmarktchancen für Menschen ohne Berufsabschluss gibt es verschiedene Gründe. Zum einen ist der Hochlohnstandort Deutschland mit Blick auf eher einfache handelbare Güter und Dienstleistungen nicht konkurrenzfähig. Der Fortschritt brachte Rationalisierungen mit sich, die nicht nur in der Produktion, sondern auch immer stärker im Dienstleistungsbereich einzogen. Die Wertschöpfung wurde zu Lasten der einfachen Tätigkeiten verschoben. Des Weiteren stellt sich die Frage der Entlohnung. Wegen hoher Arbeits- und Lohnnebenkosten besteht für viele personen- und haushaltsbezogene Dienste kein offizieller Markt. Fehlanreize im Transfersystem und zu hohe Lohnnebenkosten können der Arbeitsaufnahme von Arbeitskräften ohne Berufsabschluss entgegenstehen.

Einer wachsenden Zahl Arbeitsloser ohne Berufsausbildung steht eine Zunahme qualifizierter Arbeitsplätze und Abnahme einfacherer Tätigkeiten gegenüber.

Neben der Mobilisierung brachliegender Qualifikationsreserven benötigen wir auch bei steigenden Qualifikationsanforderungen einen für jeden offenen Beschäftigungssektor.

Es wird immer Menschen geben, die nur für einfache Tätigkeiten dem Arbeitsmarkt zur Verfügung stehen. Deren Arbeit muss bezahlbar sein, damit eine legale Beschäftigung ermöglicht wird. Der Niedriglohnbereich muss einerseits Lohnanreize zur Arbeitsaufnahme und andererseits Anreize zur Legalisierung einfacher und haushaltsnaher Beschäftigungen bieten. Die bisherigen Modelle zur Erprobung der Kombi-Löhne haben regional und zielgruppenspezifisch Erfolge gezeigt. So war das Mainzer Modell ein wichtiges Instrument für Alleinerziehende, Teilzeitinteressierte und Arbeitnehmer mit mehreren Kindern. Abgelöst wurde das Modell jetzt durch die Neuregelungen so genannter Mini- und Midi-Jobs. Die Anhebung und Flexibilisierung der Geringfügigkeitsschwelle fördert die Beschäftigung im Niedriglohnbereich und wird die Schwarzarbeit eindämmen.

18.8 Statt Vorruhestand und Arbeitslosigkeit: betriebliche Weiterbildung von älteren Beschäftigten

Das Qualifikationsniveau einer Generation hängt ganz entscheidend von den Ausbildungsentscheidungen der Jugendlichen und den Ausbildungschancen, die ihnen in jungen Jahren geboten werden, ab. Gerade die geburtenstarken Jahrgänge zwischen 1950 und 1970, deren Ausbildungszeit in die Bildungsexpansion fiel, haben von den reichhaltigen Qualifizierungsangeboten Gebrauch gemacht. Sie stellen heutzutage einen Großteil der qualifizierten Bevölkerung. Doch auch die Bevölkerung der heute 50- bis 64-Jährigen ist im Gegensatz zu früher kaum schlechter ausgebildet. Da es keine dauerhaft anhaltende Bildungsexpansion gibt, ist die Annahme, dass besser ausgebildete jüngere Generationen an die Stelle der schlechter qualifizierten älteren treten werden, heute nicht mehr haltbar.

Der demografische Wandel verläuft nicht qualifikationsneutral. Es sind gerade die gut Ausgebildeten in den mittleren und höheren Altersgruppen, die in absehbarer Zukunft immer größere Anteile stellen werden. Diese rücken aber auch immer näher an das Rentenalter heran. In den nächsten Jahrzehnten wird deshalb das hohe Qualifikationsniveau der Älteren weiter ansteigen. Deren Kompetenz und Wissen gilt es in den nächsten Jahren noch zu nutzen. Denn sind diese stark besetzten und gut qualifizierten Jahrgänge erst einmal aus dem Erwerbsleben ausgeschieden, rückt eine geburtenschwache Generation nach. Dieser Prozess wird sich nach dem Jahre 2010/2015 rasant beschleunigen.[11]

Daher ist ein Beschäftigungsmix aus Jung und Alt in den Betrieben unerlässlich. Doch wurden im Rahmen der Beschäftigungskrise zwischen 1990 und 2000 gerade ältere Arbeitnehmer aus den Betrieben herausgenommen. Eine Wiederbeschäftigung wurde immer schwieriger, so dass sich das Problem mit immer längeren Zeiten der Arbeitslosigkeit verschärfte. Teilweise wurde es selbst für Fachkräfte schon ab 40 Jahren schwer, einen Arbeitsplatz zu finden. Mittlerweile häufen sich die Klagen über fehlende Fachkräfte. Da aber die qualifizierten Erwerbspersonen

---

11 Siehe auch die aktuellen Studien des IAB zur Bildungsoffensive, Reinberg, Hummel: IAB-Kurzbericht Nr. 9 vom 7.7.2003 Steuert Deutschland langfristig auf einen Fachkräftemangel zu?

nicht nur weniger, sondern auch immer älter werden, ist ein Paradigmenwechsel in der betrieblichen Personalpolitik erforderlich. In den letzten Jahren wurde die Weiterentwicklung des betrieblichen Know-hows vor allem über die Einstellung junger, gut ausgebildeter Berufsanfänger gedeckt. Für ältere Mitarbeiter hingegen führte der Weg vermehrt in den Vorruhestand oder die Arbeitslosigkeit. Da das Potenzial an jungen Fachkräften immer kleiner wird, muss die Erhaltung und Weiterentwicklung der beruflichen Kompetenz älterer Beschäftigter wieder mehr an Bedeutung gewinnen.

Gerade den älteren Arbeitnehmerinnen und Arbeitnehmern müssen die Möglichkeiten der beruflichen Weiterbildung und Anpassung an die betrieblichen Erfordernisse geboten werden. Speziell für diesen Personenkreis gibt es z. B. eine arbeitsmarktpolitische Maßnahme, die auf die Sicherung des Bildungsstandes der Arbeitskräfte abzielt. So können ältere Beschäftigte in Betrieben bis zu 100 Beschäftigten bei Teilnahme an einer Weiterbildungsmaßnahme durch die Übernahme von Weiterbildungskosten gefördert werden, wenn sie das 50. Lebensjahr vollendet haben und sie während der Teilnahme an der Maßnahme weiterhin Anspruch auf Arbeitsentgelt besitzen.

Arbeitgebern werden Leistungen angeboten, die es ihnen erleichtern ältere Arbeitnehmerinnen und Arbeitnehmer einzustellen. Neben den klassischen Eingliederungszuschüssen für Ältere, können Arbeitgeber den so genannten Beitragsbonus in Anspruch nehmen. Stellt ein Arbeitgeber einen über 55-Jährigen Arbeitslosen ein, wird er von seinem Beitrag zur Arbeitslosenversicherung befreit.

Zudem wurden die Möglichkeiten, ältere Arbeitnehmerinnen und Arbeitnehmer befristet zu beschäftigen, ausgeweitet. Die im Teilzeit- und Befristungsgesetz festgelegte Altersgrenze wurde zunächst für vier Jahre vom 58. Lebensjahr auf das 52. Lebensjahr gesenkt. Ab dieser Altersgrenze können befristete Arbeitsverträge ohne sachlichen Grund und ohne zeitliche Höchstgrenze abgeschlossen werden. Ausgeschlossen bleiben Verträge die in engem Zusammenhang zu einer vorherigen Beschäftigung stehen.

Auf der anderen Seite werden arbeitslosen und von Arbeitslosigkeit bedrohten Arbeitnehmern ab dem 50. Lebensjahr Anreize zur Arbeitsaufnahme geboten. Dies geschieht in Form der Entgeltsicherung, die als Zuschuss zum Arbeitsentgelt (50 % der monatlichen Nettoentgeltdifferenz) und als zusätzlicher Betrag zur gesetzlichen Rentenversicherung gewährt wird[12].

Zu begrüßen ist in diesem Zusammenhang die Weiterentwicklung der Altersteilzeit, wie das neue Hartz-III-Gesetzespaket vorsieht. Ziel ist es, die Beschäftigungssicherung Älterer auszubauen und gleichzeitig Beschäftigungspotenziale für Jüngere zu erschließen. Mit der Gesetzesänderung zur Förderung der Altersteilzeit sollen die Bestimmungen im Altersteilzeitgesetz vereinfacht und das Instrument auch für kleinere Unternehmen attraktiver gemacht werden[13].

---

[12] Die Regelungen zu Entgeltsicherung, Beitragsbonus und Ausweitung der Möglichkeiten der befristeten Beschäftigung Älterer gelten seit 01.01.03 und wurde mit dem Ersten und Zweiten Gesetz für moderne Dienstleistungen am Arbeitsmarkt eingeführt.
[13] Eckpunktepapier für ein Drittes und Viertes Gesetz für moderne Dienstleistungen am Arbeitsmarkt, Berlin 26.06.03

18.9 Frauen nutzen Bildungsangebote besser als Männer

Noch nie gab es so viele gut ausgebildete Frauen, die eine hohe Bereitschaft zur Weiterbildung hatten. Das verbesserte Qualifikationsniveau der deutschen Bevölkerung basiert auf den verstärkten Bildungsanstrengungen der Frauen. Sowohl was die allgemeinen als auch die beruflichen Bildungsverläufe betrifft, haben Frauen die Bildungsdefizite gegenüber den Männern aufgeholt. Gerade junge Frauen haben mittlerweile eine deutlich bessere Allgemeinbildung, was ihnen den Zugang zu anspruchsvolleren Ausbildungs- und Studiengängen erleichtern wird. Im Bereich der Hochschulausbildung besteht für die Frauen aber noch nach wie vor Nachholbedarf.

Zwar steigerte sich der Anteil der Hoch- und Fachhochschulabsolventinnen im erwerbsfähigen Alter von 3 % im Jahr 1976 auf 10 % im Jahr 2000, dennoch lag der Akademisierungsgrad der Männer im Jahr 2000 deutlich höher, nämlich bei 15 %.[14]

Frauen haben die Chancen der Bildungsexpansion verstärkt genutzt und sich besser qualifiziert. Sie sind bereits heute dabei, die Männer im Bereich der Weiterbildung zu überholen. Aus diesen Gründen werden sie langfristig zu einer immer wichtigeren Säule des qualifizierten Erwerbspersonenpotenzials.

Die Erwerbstätigkeit der Frauen wird – nicht nur aus demografischen Erfordernissen heraus – steigen. Denn je höher das Qualifikationsniveau, desto stärker ist auch die Erwerbsneigung.

Die Ausgangspositionen der Frauen am Arbeitsmarkt werden durch den hohen Bildungsstand zwar potenziell besser, doch hängen sie stark von den Rahmenbedingungen ab, wie z. B. frauengerechte Arbeitsplätze und bessere Möglichkeiten zur Vereinbarkeit von Familie und Beruf.

Die hohen Potenziale der Frauen müssen stärker als bisher in den Fokus der Unternehmen gerückt werden. Die Beschäftigung von Frauen im Betrieb gewinnt gerade unter dem Aspekt, geeignete Fachkräfte zu finden, immer mehr an Bedeutung. Im Saarland wird eine wichtige Ressource vernachlässigt, denn die Erwerbsquote der Frauen im Jahr 2001 lag bei nur rund 56 % (Männer fast 67 %). Im gesamten Bundesgebiet betrug die Erwerbsquote der Frauen fast 65 %, die der Männer rund 73 %.

Dabei haben Frauen nicht nur ein fundiertes Wissen, sondern sie haben auch außerhalb des Erwerbslebens Fähigkeiten und Techniken erworben, die sie als Schlüsselqualifikationen in den Betrieb einbringen. Hohe soziale Kompetenz und vernetztes Denken sind gerade bei Frauen allgemein anerkannt. Wer die besonderen Stärken der Mitarbeiterinnen und das hohe Fach- und Führungspotenzial anerkennt, lernt die Vorteile schnell zu schätzen. Gerade kundenorientierte, innovative und kommunikative Kompetenzen – ganz typisch Frau – haben in der Berufswelt einen hohen Stellenwert. Neben der Loyalität und Zuverlässigkeit, beweisen Frauen auch heute schon ihre Flexibilität hinsichtlich der Arbeitszeiten und Arbeitsformen. Frauen sind es gewohnt, sich schnell auf Fortschritt und Wandel einzustellen.

---

14 Datenauswertung Quelle IAB/BGR gültig für alte Bundesländer, Berlin-West in MittAB 4/2002 S. 593

Gerade Betriebe, die über familien- und frauenfreundliche Arbeitsbedingungen und Fortbildungskonzepte verfügen, haben einen hohen Anteil an weiblichen Beschäftigten – auch in Führungspositionen. Wer die Ressource an Fachfrauen erkennt, wird dem Mangel an Fachkräften gelassener entgegensehen.

18.10 Berufsbegleitendes Lernen sichert nachhaltig die Beschäftigungsfähigkeit

Berufliche Weiterbildung, im Sinne eines lebenslangen Lernens, muss in der betrieblichen Personalpolitik mehr an Bedeutung gewinnen und rechtzeitig begonnen oder verstärkt werden. Wir brauchen einen höheren Stellenwert der Bildung in allen gesellschaftlichen Bereichen. Das erfordert auch stärkere Bildungsanstrengungen und –investitionen in den Schulen, bei der betrieblichen und überbetrieblichen Ausbildung und Weiterbildung. Der Ausgleich von Defiziten in der Allgemeinbildung, die Vermittlung eines fundierten Basiswissens und der Erwerb von Schlüsselkompetenzen ist die eine Seite. Daneben ermöglichen kurze, modulare Arbeitsplatzqualifizierungen eine flexible Anpassung an technische und organisatorische Neuerungen in den Unternehmen.

Ein hoher Bildungs- und Wissensstand der Bevölkerung dient dem gesellschaftlichen Wohlstand – gerade vor dem Hintergrund der demografischen Entwicklung. Der Staat kann über die öffentlich-rechtliche Förderung Anreize für die Qualifizierung setzen. Ihr Wert steigt dann, wenn sie in den Betrieben und mit den Beschäftigten stattfindet. Neben der Verantwortung der Betriebe, die Rahmenbedingungen für den Aufbau und Erhalt des Wissens zu schaffen, haben die Beschäftigten eine Selbstverpflichtung zur Förderung der Beschäftigungsfähigkeit.

Eine besonders interessante Möglichkeit, die betriebliche Weiterbildung von Beschäftigten zu unterstützen, ist das Instrument Job-Rotation. Das Prinzip ist im Grunde genommen simpel: Arbeitgeber, die einem Mitarbeiter eine berufliche Weiterbildung ermöglichen, können Zuschüsse von der Arbeitsagentur erhalten, wenn sie einen Arbeitslosen für diese Zeit als Ersatz einstellen. Gerade im kaufmännischen Bereich besteht hierfür ein breites Einsatzfeld. Zum einen existiert in unserer Region ein vielfältiges Bildungsangebot, das die beschäftigten Mitarbeiterinnen und Mitarbeiter nutzen können. Zum anderen verfügen die Arbeitsagenturen über ein großes Potenzial an hoch qualifizierten Bürofachkräften mit ausgezeichneten EDV-Kenntnissen, die als so genannte Stellvertreterinnen oder Stellvertreter in Frage kommen. Alle Beteiligten profitieren davon: Der qualifizierte Mitarbeiter hält sein Wissen auf dem Laufenden und bekommt vielleicht eine neue Karrierechance. Der Betrieb kann die Kenntnisse und Fähigkeiten der neuen Mitarbeiter direkt kennen lernen. Und schon manch eine Stellvertreterin ist so unverzichtbar geworden, dass der Betrieb sie auf Dauer behalten hat.

Ein Beispiel die Bildungsbemühungen der Beschäftigten zu unterstützen, ist der Bildungsurlaub. In insgesamt zwölf Bundesländern gibt es gesetzliche Regelungen hierzu. Im Saarland können die Beschäftigten nach dem Saarländischen Weiterbildungs- und Bildungsfreistellungsgesetz (SWBG) Sonderurlaub für selbstgewählte Bildungsmaßnahmen, sei es allgemeiner, politischer oder beruflicher Art, wählen. Es stehen derzeit noch fünf Tage in einem Jahr zur Verfügung, die mit Zustimmung des Arbeitgebers aus vier Jahren heraus gesammelt und zu einer Freistellung zusammengefasst werden. Dieses Gesetz macht für den Wirtschaftsstandort nur dann Sinn, wenn die Bildungsangebote die Employability positiv beeinflussen. Der eigenverantwortliche Umgang der Beschäftigten ist hier maßgebend.

Trotz aller staatlichen Anreize kommt es auf jede Einzelne und jeden Einzelnen an. So setzt die Bundesagentur die Impulse, aber jede und jeder muss sich selbst einbringen. Davon hängt die Machbarkeit der Beschäftigungsfähigkeit entscheidend ab.

Literatur

Den Arbeitsmarkt im Blick behalten. aus www.4managers.de

SBG III §1, Satz 2

IAB Werkstattbericht Nr. 1/2003

Modul 13 Beitrag der „Profis der Nation" im Bericht der Kommission „Moderne Dienstleistungen am Arbeitsmarkt", S. 284 ff.

REINBERG, HUMMEL: Zur langfristigen Entwicklung des qualifikationsspezifischen Arbeitskräfteangebotes und –bedarfs in Deutschland. in: Mitteilungen aus der Arbeitsmarkt- und Berufsforschung (MittAB) Heft 4/2002, S.583 ff.

REINBERG, HUMMEL: Zur langfristigen Entwicklung des qualifikationsspezifischen Arbeitskräfteangebotes und –bedarfs in Deutschland. in: MittAB Heft 4/2002, S. 580-600

HUJER, RADIC: Zur Interdependenz von Innovation und Qualifikation: Eine Einführung. in: Mitteilungen aus der Arbeitsmarkt- und Berufsforschung Heft 4/2002, S. 489-491

IAB Betriebspanel: Beschäftigungstrends im Saarland – Bericht zur Arbeitgeberbefragung 2001 INFO Institut Saarbrücken, September 2001

REINBERG, HUMMEL: die aktuellen Studien des IAB zur Bildungsoffensive, IAB-Kurzbericht Nr. 9 vom 7.7.2003 Steuert Deutschland langfristig auf einen Fachkräftemangel zu?

Eckpunktepapier für ein Drittes und Viertes Gesetz für moderne Dienstleistungen am Arbeitsmarkt, Berlin 26.06.03

Datenauswertung Quelle IAB/BGR gültig für alte Bundesländer, Berlin-West in MittAB 4/2002, S. 593

Teil III

Experienced ... the way ahead

Heinz Uepping

19 Kompetenzen als Asset
Personalmanagement im demografischen Wandel

19.1 Trends und Handlungsbedarf

Wirtschaftlicher Erfolg und langfristige Erfolgssicherung von Unternehmen basieren vor allem auf der Fähigkeit Unternehmensstrategien vorausschauend an relevante Umfeldveränderungen und die daraus resultierenden Anforderungen entsprechend flexibel anzupassen. Dazu wird von den Entscheidungsträgern, die Fähigkeit zu Antizipation, kritisch-reflexivem Denken und Handeln gefordert, das eine Reihe von Einflussfaktoren mitberücksichtigt, die untereinander in einer transaktionalen Beziehung stehen.

Zu diesen Faktoren zählen nach Einschätzung führender Personalmanager in den nächsten Jahren insbesondere die Bereiche „Gesellschaftliche Werte", „Demografie", „Wirtschaft", „Technologie" sowie „Politik/Gesetzgebung". Dabei werden nach Einschätzung der unternehmensinternen Experten die Entwicklungen in den Bereichen Wirtschaft, Technologie und Demografie bis 2010 den stärksten Einfluss auf das Personalmanagement nehmen. Der demografische Wandel ist somit zwar einerseits „nur" eine Einflussgröße neben anderen, andererseits kommt diesem Aspekt jedoch eine zentrale Bedeutung zu, insofern er sich auf die „Human Ressourcen" bezieht, deren Aufgabe es ist, die für die Wettbewerbsfähigkeit notwendigen Maßnahmen zu planen, zu initiieren und zu steuern.

Dabei sind es zwei wesentliche Entwicklungen, die mit dem demografischen Wandel verbunden sind. Einerseits stehen dem Arbeitsmarkt auf Grund des Geburtenrückgangs zukünftig immer weniger junge Arbeitskräfte aus der Gruppe der Generation X bzw. der Nexters zur Verfügung. Andererseits ist damit eine Entwicklung hin zu alternden Belegschaften verbunden, die durch Einstellungsstopps und Personalabbauprozesse der vergangenen Jahre noch verstärkt wird. Konkret wird sich verschiedenen Projektionen zufolge die Zusammensetzung der Erwerbstätigen etwa ab dem Jahr 2010 stark verändern: Die 15- bis 34-Jährigen werden von etwa zwei Fünftel auf ein Fünftel abnehmen, die Gruppe der 35 bis 44-Jährigen werden von einem Fünftel auf etwa ein Drittel zunehmen und die über 45-Jährigen – die sog. „älteren Arbeitnehmer" werden von einem Drittel bis etwa auf die Hälfte anwachsen. Es werden deshalb im Durchschnitt ältere Belegschaften sein, die den Betrieben für die Planung, Entwicklung und Umsetzung innovativer Unternehmensziele zur Verfügung stehen. Darüber hinaus gilt es zu bedenken, dass auch die Gruppe der potenziellen Kunden und Nutzer von Dienstleistungen altern: von heute etwa 25% über 60-Jähriger in den westlichen Industrieländern wird deren Anteil in wenigen Jahren auf etwa 1/3 der Gesamtbevölkerung ansteigen.

Abbildung 19-1: *Herausforderungen an Unternehmen*

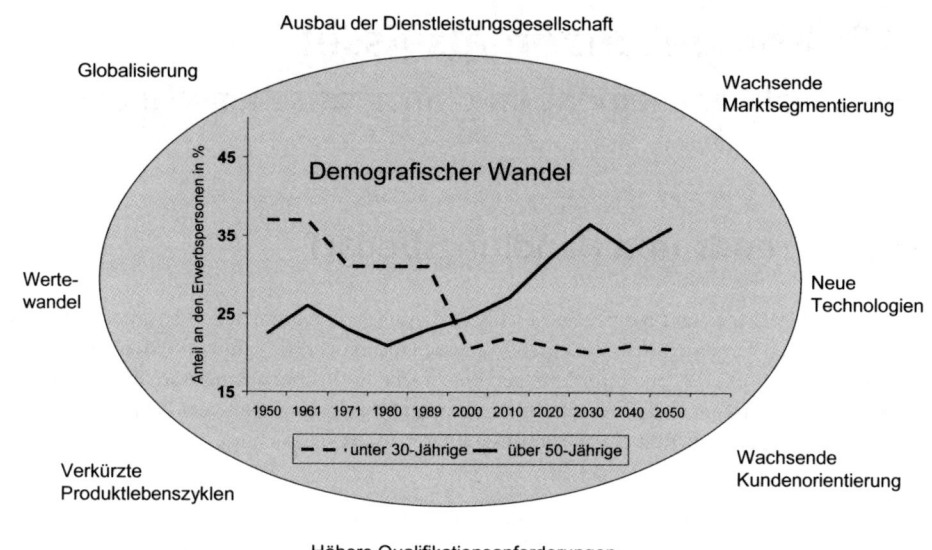

Abbildung 19-2: *Entwicklung des Erwerbspotenzials*

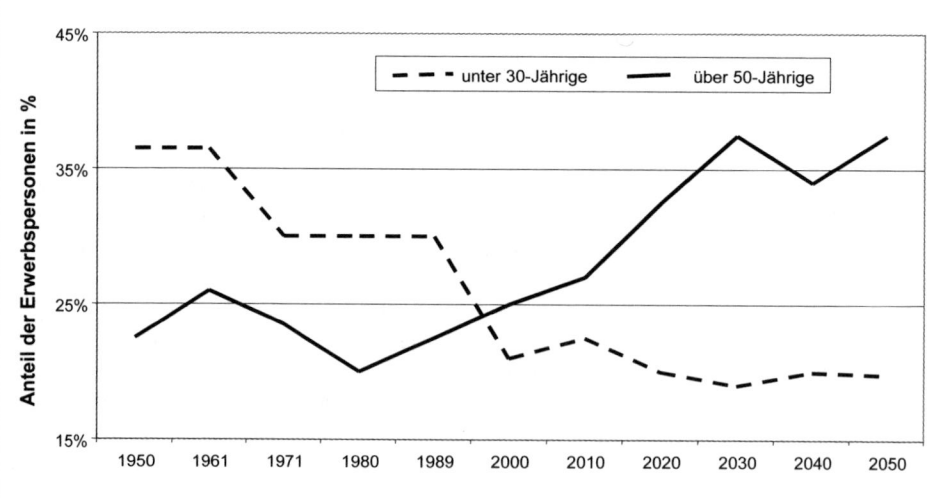

Angesichts der Tatsache, dass „ältere Arbeitnehmer" somit künftig in quantitativer Hinsicht zunehmend an Bedeutung gewinnen, greift die Strategie vieler Unternehmen, sich im so genannten „War for Talents" einseitig auf die Rekrutierung, Entwicklung und Bindung jüngerer Mitarbeiter zu konzentrieren zu kurz. Ferner weisen Studien aus den USA in diesem Zusammenhang darauf hin, dass „Diversity Management" entscheidende Wettbewerbsvorteile bringt: Vor dem Hintergrund der skizzierten demografischen Entwicklung in den Unternehmen ist deshalb nicht nur relevant, verschiedene Geschlechter und Kulturen gleichberechtigt zu entwickeln, in ihrer Vielfalt einzubeziehen und an Entscheidungsprozessen zu beteiligen; es ist darüber hinaus notwendig, alle Altersgruppen mit ihren jeweils spezifischen Kompetenzen und ihrem Erfahrungswissen für die Wertschöpfung einzubeziehen und deren Beschäftigungsfähigkeit über die gesamte berufliche Lebensspanne zu fördern. Dieser gezielten Förderung „intergenerationeller Human Resources" wird in deutschen Unternehmen bislang erst ansatzweise Beachtung geschenkt.

19.2 Zukunftsfähigkeit durch altersintegratives Personalmanagement

In Bezug auf die (Re)Integration langjähriger erfahrener Mitarbeiter muss ein zukunftsfähiges und nachhaltiges Personalmanagement zwei Strategien verfolgen: Einerseits müssen die Stärken erfahrener Mitarbeiter, Spezialisten und Führungskräfte gezielter erfasst und bei der Bewältigung unternehmensbezogener Herausforderungen expliziter eingesetzt und damit zur Wirkung gebracht werden. Andererseits muss eine serviceorientierte Personalentwicklung, passende Angebote entwickeln, vermarkten und begleiten, die es Mitarbeitern aller Altersgruppen ermöglicht, mitverantwortlich in die Aufrecherhaltung ihrer „employability" zu investieren. Dabei kommt klassischen Personalentwicklungsinstrumenten zur systematischen Beurteilung genauso wie innovativen Ansätzen zu lebenslanger Kompetenzentwicklung *aller* Mitarbeiter bis zum Ausscheiden aus dem Erwerbsleben eine zentrale Bedeutung zu.

Zur Förderung und dem wirksamen Einsatz vorhandener Mitarbeiterpotenziale in der Spanne der letzten zehn bis fünfzehn Jahre vor dem Ausscheiden aus dem Erwerbsleben bedarf es somit eines Personalmanagements, das

- sich ganzheitlich auf die gesamte Spanne des Erwerbslebens bezieht,

- die Kompetenzen (auch) ältere Arbeitnehmer als wertvolle Ressource des Unternehmens begreift,

- zugleich mögliche Problempotenziale dieser Gruppe wahrnimmt (vgl. Abbildung 19-3)

- die Motivation und Qualifikation dieser Zielgruppe kontinuierlich erhält und verbessert,

- den Wissenstransfer und die Kooperation zwischen den Generationen mittels intergenerativer Lernprozesse initiiert und fördert,

und insofern

- über proaktive Strategien zur Vermeidung alterssensibler Kompetenzrisiken verfügt.

Abbildung 19-3: *Erfahrungsbezogene Kompetenzgewinne – Alterssensible Kompetenzrisiken*

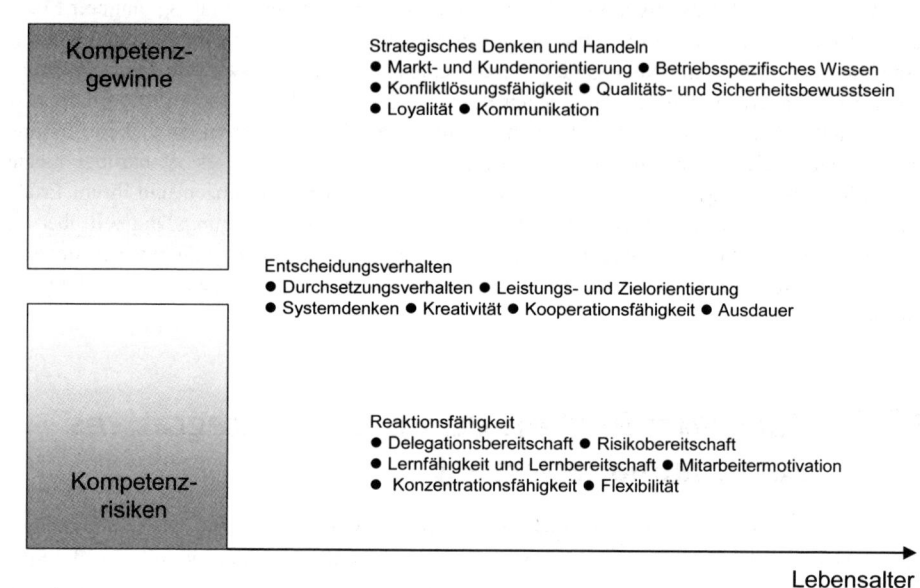

Für die Ausrichtung eines entsprechenden Personalmanagements ergeben sich daraus wesentliche konzeptionelle nicht primär auf ein bestimmtes Lebensalter, sondern auf alle Generationen im Unternehmen gerichtete Anforderungen.

19.2.1 Systematisches Demografie-Monitoring

Strategisches Personalmanagement für den demografischen Wandel beginnt bei der regelmäßigen, sorgfältigen Analyse und Prüfung personaldemografischer Daten in Bezug auf Stärken und Risiken der „Human Resources" zur Identifikation unternehmensspezifischer Handlungsbedarfe. Dabei ist nicht nur eine umfassende Darstellung der Altersstruktur des Unternehmens insgesamt, sondern zudem eine Differenzierung nach Bereichen und Funktionen notwendig. Die Differenzierung nach Bereichen, gibt beispielsweise einen ersten Aufschluss bezüglich des Risikos einer altershomogenen (überwiegend junge bzw. überwiegend ältere) Mitarbeiterstruktur: So kann ein hoher Anteil an erfahrenen Managern möglicherweise die Innovationskraft und Risikobereitschaft eines Bereiches schwächen, während es bei einem überwiegenden Anteil jüngerer Mitarbeiter dagegen an Übersicht, Ausdauer in der Umsetzung oder strategischen Kompetenzen mangeln kann.

Die funktionsbezogene Analyse der Personaldemografie liefert beispielsweise wichtige Informationen über die zu erwartenden Entwicklungsperspektiven für Nachwuchskräfte. Sind deren

Karrieremöglichkeiten verstellt, weil die Führungsebenen überwiegend mit Mitte-Vierzig-Jährigen besetzt sind, die noch weitere 15 Jahre im Unternehmen verbleiben werden, wird bei jüngeren Altersgruppen Demotivation bzw. die Neigung, sich Alternativen auf dem Arbeitsmarkt zu suchen, begünstigt.

Des Weiteren umfasst Demografie-Monitoring eine Bewertung personalpolitischer Maßnahmen, um zu ermitteln, welche Anreize im Unternehmen die Bereitschaft zu beruflicher Entwicklung, Wissensweitergabe und/oder Flexibilität fördern bzw. welche Barrieren diese behindern. Dabei gilt es beispielsweise zu prüfen, ob es neben der traditionellen Führungslaufbahn, andere gleichwertige Karriere-Modelle wie Experten- bzw. Projektlaufbahnen mit entsprechender Durchlässigkeit gibt, die je nach Kompetenzen aber auch unternehmensbezogenen bzw. persönlichen Präferenzen einen unkomplizierten Wechsel in andere Aufgabenfelder zulassen. Ebenfalls zu fragen ist, ob vorliegende Arbeitszeitmodelle das personalpolitische Ziel größerer Flexibilität *auch* am Ende des Erwerbslebens fördern. Entsprechende Lebensarbeitszeitmodelle fordern Arbeitnehmer jeden Alters dazu auf, die eigene Lebensplanung im beruflichen und außerberuflichen Bereich selbstverantwortlicher mit zu steuern, in dem sie im mittleren Lebensalter Möglichkeiten bieten, in Arbeitszeitkonten zu investieren und/oder „sabbaticals" gezielt für die eigene Weiterbildung oder für persönliche Projekte zu nutzen. Insofern unterstützen diese biografischen Erfahrungen im Sinne einer frühzeitigen beruflichen Sozialisation die Bereitschaft zu größerer Variabilität sowohl in Bezug auf die Gestaltung der Arbeitstätigkeit nach dem 50sten Lebensjahr als auch hinsichtlich des Zeitpunkts des Ausstiegs aus dem Erwerbsleben. Schließlich behalten traditionelle Modelle des vorzeitigen Berufsausstiegs weiterhin ihre Bedeutung. Sie sollten jedoch primär als soziales Auffangbecken dienen insbesondere für jene Arbeitnehmer mit hohem – insbesondere physischem – Beanspruchungsgrad, geringem Entwicklungs- und Leistungspotenzial sowie niedriger Arbeitsmarktfähigkeit.

Eine Bewertung der Maßnahmen und Instrumente der Personalentwicklung runden die Analyse von Stärken und Risikofaktoren ab. Dabei ist es u.a. relevant zu identifizieren, ob im Sinne lebenslangen Lernens alle Altersgruppen von den Dienstleistungen der Personalentwicklung erreicht werden, ob diese altersselektiv ausgerichtet sind und ob die Angebote didaktisch entsprechend den Lernbedürfnissen und -gewohnheiten alternder Belegschaften angemessen konzipiert sind.

19.2.2 Kompetenz-Management

Zur strategischen Steuerung des Personalmanagements und der Personalentwicklung aller Altersgruppen benötigen Unternehmen ferner Wissen darüber, welche Kompetenzen bzw. Kompetenzprofile in der Organisation vorhanden sind und welche zukünftig benötigt werden. Kompetenzmanagement als integriertes, dynamisches System führt eine kontinuierliche Anpassung von Aufgaben durch und berücksichtigt strategische und organisatorische Veränderungen.

Basis dafür ist ein unternehmensspezifisches Kompetenzmodell in dem Aussagen darüber getroffen werden, welches Wissen und welche Fähigkeiten ein Mitarbeiter benötigt, um eine bestimmte Funktion im Unternehmen zu erfüllen. Erst darauf aufbauend kann mittels einer bislang keinesfalls selbstverständlichen systematischen Beurteilung (durch entsprechende Potenzialanalysen) nicht nur für Führungskräfte, sondern möglichst viele Mitarbeiter, Entwicklung erst eingeleitet und im Sinne der ,employability' kontinuierlich angepasst werden. Die Diagnose vorhandener Kompetenzen und Potenziale sollte idealerweise auch sowohl die vor dem Eintritt in das Unternehmen als auch im außerberuflichen Lebensbereich erworbenen Fähigkeiten und Fertigkeiten miterfassen.

Schließlich muss der Stellenwert der mitverantwortlichen Steuerung der beruflichen Entwicklung in der Unternehmenskultur deutlich sichtbar und kommuniziert werden. Entsprechende Instrumente wie beispielsweise die Vergabe von Lernbudgets sowie deren Verankerung in Zielvereinbarungssystemen für Mitarbeiter aller Altersgruppen stellen diese Anforderung sicher.

19.3 Implizites Wissen und Erfahrungen: Kompetenzen als strategischer Erfolgsfaktor

Die traditionelle Strategie, insbesondere bei Personalabbau- und -anpassungsprozessen den vorzeitigen Berufsausstieg mittels Frühverrentung bzw. Altersteilzeit als sozialverträgliches Mittel zum Zweck einzusetzen, haben viele Unternehmen bereits schmerzhaft spüren lassen, dass mit dem Ausscheiden von erfahrenen Mitarbeitern auch deren Know-how unwiederbringlich verloren ging. Vor allem der Verlust des kaum systematisierten und formalisierten „impliziten Wissens" – das sich beispielsweise auf die Gestaltung erfolgreicher Kundenbeziehungen bezieht – wirkte sich nachhaltig negativ aus. Dieses hoch individualisierte und spezifische auf akkumulierter Erfahrung basierende Wissen kann selbst von exzellent qualifizierten jüngeren Mitarbeitern nicht kompensiert werden. Versuche, Experten mittels eines Beratervertrages nachträglich wieder zurück zu gewinnen, konnten nur in Einzelfällen als erfolgreich angesehen werden zumal diese Anstrengungen in der Regel mit hohen Kosten verbunden sind. Hier wird es zukünftig verstärkt darauf ankommen „Erfahrungswissen" zu identifizieren und als Vermögenswert (engl. asset) des Unternehmens wahrzunehmen, den es zu identifizieren, aktiv zu nutzen und zu entwickeln gilt.

Die explizite Nutzung der Expertise erfahrener Manager bietet Vorteile sowohl für die Unternehmen als auch die „Experienced-Professionals". Unternehmen sichern sich die langjährig gewachsene Erfahrungskompetenz zur Steigerung der Unternehmenswerte und ersparen sich hohe Kosten durch teure Abfindungsmodelle. Den Führungskräften bietet sich die Möglichkeit, sich von oftmals „unterfordernden" Routinen zu befreien und sich in neuen bzw. erweiterten anspruchsvollen Aufgaben wieder gefordert zu fühlen.

Das im Folgenden skizzierte „Experience-Asset-Modell" bietet drei Optionen zum Management von Erfahrungswissen, die je nach unternehmensspezifischen Bedarfen unabhängig voneinander eingesetzt oder integriert werden können (vgl. Tabelle 19-1).

Tabelle 19-1: *Experience-Asset-Modell*

Experience Input	Experience-Exchange	Experience-Legacy
Wissen einbringen	Voneinander lernen	Wissen hinterlassen
Im Rahmen einer Consulting-Tätigkeit bringen erfahrene Manager und Führungskräfte ihre Expertise und Stärken insbesondere im strategischen Denken und Handeln ein.	Bereichsspezifisch oder –übergreifend erweitern ältere und jüngere Mitarbeiter an konkreten Zielstellungen ihre Kompetenzprofile und steigern ihre Performance.	Im Vorfeld des Ausstiegs aus dem Erwerbsleben sichert der ausscheidende Mitarbeiter den Know-how-Transfer an seinen Nachfolger.

19.4 Experience-Input

Angesichts veränderter Marktbedingungen immer rascher aufeinander folgenden Anpassungs-, Entwicklungs- bzw. Neuausrichtungsprozesse von Unternehmen oder Geschäftsbereichen steht das Personalmanagement vor die Herausforderung entsprechend flexible Personal- und Organisationsstrukturen bereit zu stellen. Dabei bieten sich prinzipiell eine Fülle von zeitbezogenen Managementaufgaben für deren erfolgreiche Bewältigung Expertenwissen eine zwingend notwendige Voraussetzung darstellt. Ältere und erfahrene Spezialisten und Führungskräfte können dabei zu attraktiven Partnern werden: Durch ihre langjährige Unternehmenszugehörigkeit, verbunden mit Expertenwissen, Erfahrungen in der Steuerung von Prozessen, intensiven Kenntnissen interner Strukturen sowie der Unternehmenskultur verfügen sie über die benötigten Kompetenzprofile. Mit der Einrichtung eines entsprechenden Experienced-Consulting-Pool können beispielsweise ehemalige Führungskräfte und Spezialisten als Projektleiter oder Interims-Manager, entsprechende Supportleistungen erbringen und als Coaches bei Projekt-, Innovations- oder Sanierungsaufgaben mit ihrem Experience-Input unterstützen. Im Sinne von selbständigen Unternehmern im Unternehmen steuern sie dabei eigenverantwortlich ihre Consulting-Aktivitäten und richten ihre Tätigkeit an den Bedürfnissen ihrer jeweiligen Kunden aus. Daneben bietet das Modell die Möglichkeit, diese Interimstätigkeiten mit einem gleitenden Berufsausstieg zu verbinden. Wie die Erfahrungen aus entsprechenden Praxisprojekten zeigen ist die Akzeptanz und Bereitschaft, in der Spätphase der Erwerbsbiografie aus der Linie auszuscheiden und sich für eine derartige Aufgabe zur Verfügung zu stellen hoch, wenn entsprechende Voraussetzungen gegeben sind:

- es muss sich bei den Consulting-Aufgaben um anspruchsvolle, strategische und businessrelevante Aufgaben handeln,

- sowohl durch ein zu entwickelndes Kompetenzprofil aus auch ein entsprechendes Auswahlverfahren (bspw. mittels Einzel-Assessments) muss deutlich werden, dass von den Bewerbern für ein solches Aufgabenfeld hohe Fach-, Führungs- und Sozialkompetenz gefordert wird und es sich bei dem internen Consulting-Pool nicht um ein Abstellgleis oder einen so genannten Elefantenfriedhof handelt,

■ über individuelle und gruppenbezogene Maßnahmen (bspw. Erwerb von Beratungskompetenz, eigenes Coaching) sollte schließlich eine optimale Vorbereitung auf die neue Aufgabe sichergestellt werden

■ schließlich bedarf es einer akzeptablen Regelung in Bezug auf Vergütung und Alterssicherung, um einen gleitenden Übergang in die nachberufliche Lebensphase zu unterstützen.

19.5 Experience-Exchange

Erfahrungen im Bereich des Wissensmanagements haben in den vergangenen Jahre immer deutlicher werden lassen, dass Strukturen von Datenbanken oder technische Vernetzung zwar wesentlich sind, wichtigste Voraussetzung bleibt jedoch eine Kultur der Kommunikation und des offenen Umgangs mit Wissensbeständen. Kompetenter Wissensaustausch und Wissenserweiterung hängen also vielmehr von den Wissensträgern, deren Motiven, Einstellungen Ängsten und Vorbehalten ab. Insbesondere der Transfer impliziten Wissens um Strukturen, Prozesse und Kunden kann nicht allein auf technischem Wege ohne einen (zumindest vorausgehenden) personenbezogenen Kommunikationsprozess realisiert werden.

Das Modell des „Wissens-Tandems" ist darauf ausgerichtet, einen Wissens- bzw. Kompetenztransfer zwischen jüngeren und älteren Partnern – z. B. zur Nutzung bei Produktneuentwicklungen, bei Neukundengewinnung oder Kundenüberleitungsprozessen – sicherzustellen. Primäres Ziel ist es, das nur schwer zugängliche „implizites Wissen" in einem intensiven Kommunikationsprozess bewusst und transparent zu machen, mit neuen Wissensstrukturen zu verbinden und es in einem abschließenden Schritt so zu formalisieren, dass es als „explizites Wissen" potenziell dem gesamten Unternehmen zur Verfügung steht. Der erfahrene und der neue Mitarbeiter definieren dabei gemeinsam in Abstimmung mit ihrer Führungskraft, welche Ziele sie in einer zeitlich befristeten Zusammenarbeit erreichen wollen und werden in diesem personenbezoge-

Tabelle 19-2: *Explizites und Implizites Unternehmerwissen*

Explizites Unternehmerwissen	Implizites Unternehmerwissen
■ Ist systematisch und formalisiert	■ Ist individualisiertes Wissen
■ Lässt sich einfach kommunizieren	■ Drückt sich im individuellen Handeln und Urteilen des Einzelnen aus
■ Lässt sich in Schriftform, mathematischen Formeln, Produkt- und Prozessbeschreibungen sowie in PC-gestützten Programmen weiterverarbeiten	■ Ist umfassende individuelle Problemlösungskompetenz, die auf erfolgreich gemeisterten schwierigen Situationen aufbaut
■ Ist überwiegend dokumentiert und somit prinzipiell für jeden Mitarbeiter zugänglich	■ Die zur Problemlösung relevanten Faktoren werden vom Handelnden als selbstverständlich erachtet und deshalb nicht ausdrücklich kommuniziert

nen, dialogorientierten, strukturierten Exchange-Prozess methodisch von einem Moderator/ Coach begleitet. In der Auseinandersetzung mit einer konkreten businessrelevanten Aufgabenstellung oder eines definierten „Lernziels" werden so die Stärken und Wissensstrukturen der Generationen miteinander verbunden, die beruflichen Kompetenzprofile erweitert und die Performance beider Partner gefördert. Wie in einem Versicherungsunternehmen können zum Beispielsweise in Tandems zwischen erfahrenen und neu in das Unternehmen eingetretenen Mitarbeitern die Stärken der Letztgenannten (wie neues Fachwissen, Erfahrungen bei Wettbewerbern sowie die Bereitschaft routinierte Handlungsweisen zu hinterfragen) mit den Stärken Erfahrener (beispielsweise hohes spartenbezogenes Fachwissen, implizites Wissen über Makler, Kunden und interne Beziehungssysteme) verbunden und so die Leistung gegenüber dem Kunden gesteigert werden.

Im Gegensatz zu klassischen Trainings profitieren erfahrene Mitarbeiter in hohem Maße von dieser Form der Aufnahme neuen Wissens im Rahmen eines personen- und aufgabenorientierten Lernprozesses, denn damit wird

▪ den interindividuell sehr unterschiedlichen Lernstilen älterer Mitarbeiter besser entsprochen

▪ das Bedürfnis nach Anwendungsbezug und Konkretheit neuer Informationen erfüllt

▪ systematisches Lernen durch die reflexive und begleitete Vorgehensweise sichergestellt

▪ die Leistungsmotivation durch erlebte Wertschätzung gefördert

Jüngere Mitarbeiter profitieren vor allem dadurch, dass

▪ sie rascher und effektiver ihr theoretisches Wissen mit strategischem Know-how und in der unternehmerischen Praxis erfolgreich erprobten Handlungsmodellen verbinden können

▪ sie schneller Zugang zu unternehmensspezifischen Prozessen und Methoden finden und sich ihnen die Möglichkeit bietet ihr persönliches Netzwerk zu erweitern, was sich zusätzlich positiv auf die Integration und Bindung an das Unternehmen auswirkt

Erfahrungen mit diesem Modell insbesondere aus den Bereichen Vertrieb (Banken, Versicherungen, Pharma) zeigen, dass auf diesem Wege persönliche Zielvereinbarungen übertroffen und somit der Erfolg des Unternehmens gesteigert werden kann.

19.6 Experience-Legacy

Legacy bedeutet wörtlich übersetzt Vermächtnis. Mit dem Ansatz „Experience-Legacy" soll als abschließender Ansatzpunkt die Sicherung von unternehmens- und erfolgsrelevantem Wissen beim Übergang in die nachberufliche Lebensphase angesprochen werden. Obwohl der Zeitpunkt, wann ein Mitarbeiter die Altersgrenze erreicht hat bzw. mittels Altersteilzeit aus dem Arbeitsprozess ausscheiden wird, bekannt, absehbar und somit planbar ist, wird die sich dadurch bietende Chance, das Know-how von Experten für das Unternehmen zu erhalten, kaum realisiert. So profitierten beispielsweise Kunden eines aus dem Außendienst ausscheidenden Pharmaberaters nicht nur von dessen kompetenter produktbezogener Dienstleistung, sondern von dessen implizitem Wissen über Strukturen des regionalen Pharmamarktes, seinen Netzwerken im Gesundheitswesen sowie seinen Beziehungen zu Meinungsbildnern und deren Einfluss auf den regionalen Markt. Von diesen wesentlichen Aspekten für die Kundenbindung profitiert selbstverständlich auch das Unternehmen. Ein Profit, der beim Ausscheiden dieses Mitarbeiters der Konkurrenz, Ansatzpunkte gibt, Marktanteile neu zu verteilen.

Im Gegensatz zum plötzlichen Austritt aus dem Unternehmen bspw. bei Eigenkündigungen hat ein Unternehmen somit Spielräume in der Gestaltung des Prozesses, Erfahrungswissen auf den Nachfolger – oder im Falle des Wegfalls einer Position – auf andere relevante Personen(gruppen) zu übertragen. In diesem Prozess kommt es zunächst darauf an, die für eine erfolgreiche Aufgabenausführung von dem Mitarbeiter herangezogenen impliziten Wissensbestände überhaupt explizit zu machen, d.h. gemeinsam mit dem scheidenden Mitarbeiter erst einmal zu identifizieren, welches aus seiner Sicht erfolgsrelevante Wissens- bzw. Erfahrungskompetenzen sind, bevor diese dann überhaupt an den Nachfolger zugänglich gemacht werden können.

Im Rahmen eines solchen Prozesses sind die folgenden fünf Schritte relevant:

1. Reflexion der Aufgabenbereiche mit der Führungskraft

2. Identifikation des zur erfolgreichen Aufgabenbewältigung notwendigen Erfahrungswissens

3. Vorbereitung eines Curriculums zur Übertragung dieses Wissens an den Nachfolger

4. Festlegung der Rahmenbedingungen (Zeitaufwand, Form) für den Transferprozess

5. Integration dieses Transferprozesses in den Einarbeitungsprozess des neuen Mitarbeiters

Aus dieser Strategie ergibt sich insgesamt eine Win-Win-Situation für alle Beteiligten. Das Unternehmen profitiert, indem ein größtmögliches Maß an qualitativ hochwertiger Dienstleistung gegenüber internen und/oder externen Kunden sichergestellt werden kann. Damit kann auch von einer Amortisierung zumindest eines Teils jener Kosten ausgegangen werden, die im Rahmen von Frühverrentungsmodellen investiert werden, denn der scheidende Mitarbeiter sorgt im Sinne von Mit-Unternehmertum für eine optimale Ausgangsbasis seines Nachfolgers. Der scheidende Mitarbeiter erlebt auf diese Weise bis zum Ausscheiden aus dem Erwerbsleben eine Wertschätzung seiner Kompetenzen. Der nachfolgende Mitarbeiter hat schließlich eine weitaus bessere Voraussetzung an den Erfolgen seines Vorgängers anknüpfen zu können.

Das im Folgenden skizzierte Beispiel aus der Vertriebssparte eines internationalen Pharmaunternehmens veranschaulicht, wie die skizzierten Ansätze des „Experience-Asset-Modells" integriert werden können.

19.7 Integriertes Experience-Asset-Management

Angesichts eines hohe Altersdurchschnitts von Vertriebsspezialisten (die Mehrzahl der Mitarbeiter war älter als 57 Jahre) in einer Sparte und einer gleichzeitig anstehenden Neuordnung der Vertriebsstruktur entschlossen sich die Geschäftsführung und Personalleitung gemeinsam mit den Mitarbeitern einen Prozess zu initiieren, in dessen Verlauf folgende Ziele erreicht werden sollen:

■ Gezielte Nutzung des Erfahrungswissens langjähriger Vertriebsspezialisten für den Aufbau und die erfolgreiche Implementierung einer neuen Vertriebsstruktur

■ Für Unternehmen und Vertriebsspezialisten planbares, vorzeitiges Berufsende spätestens mit dem 64sten Lebensjahr

■ Geplanter und integrierter Transfer der Erfahrungskompetenzen in den Prozess der Nachfolge vor dem Ausscheiden der Vetriebsspezialisten aus dem Erwerbsleben zur Realisierung eines möglichst störungsfreien Generationswechsel an der Schnittstelle zum Kunden und somit der Sicherung der Kundenbeziehung und -bindung für das Unternehmen.

Im Mittelpunkt des Projektes stand dabei die Zielsetzung, eine Win-Win Situation für alle Beteiligten zu schaffen. Die Interessen des Unternehmens sollten mit den persönlichen Interessen der Vertriebsspezialisten in Einklang gebracht und in eine konsensfähige Lösung überführt werden.

Der Prozess zur „Sicherung und dem Transfer von Erfahrungskompetenz" vollzog sich in fünf Schritten:

1. Dialog   Kommunikation der Projektziele und Vorgehensweisen, Aufnahme der persönlichen Situation der Vertriebsspezialisten, ihrer Kompetenzen, Erfahrungen, Erwartungen, Bedürfnisse, Perspektiven und Rahmenbedingungen.

2. Entwicklung Ermittlung der Anforderungen an die neue Vertriebsstruktur und den Bedarf an Erfahrungskompetenzen zur erfolgreichen Implementierung. Entwicklung von möglichen Varianten zur Nutzung der Erfahrungskompetenz und dem Ausstieg aus dem Erwerbsleben unter Berücksichtigung persönlicher Umfeldbedingungen (wirtschaftliche und persönliche Lebenssituation).

3. Commitment Konzeptionelle Entwicklung von Rahmenbedingungen und Regelungen für die Gestaltung der persönlichen, beruflichen Perspektiven bis zum Berufsende und Überführung in ein Commitment zwischen Unternehmen und Mitarbeitern.

4. Neue Rolle Bereitstellung von Know-how und Unterstützung durch Begleitung zur erfolgreichen Wahrnehmung der neuen Aufgaben.

5. Perspektive Integration der Vertriebsspezialisten in den Nachfolgeprozess und Übergang in die nachberufliche Lebensphase.

Der gesamte Prozess ist somit langfristig angelegt (zwischen den Ende 2001/Anfang 2002 entwickelten Commitments und dem Austritt aus dem Erwerbsleben liegen zwei bis vier Jahre) und gemäß der Zielsetzung sowohl auf die unternehmerischen Ziele in der betroffenen Sparte als auch auf die individuellen Kompetenzen, Bedürfnisse der Vertriebsspezialisten zugeschnitten:

Die Phase „Dialog" wurde mit einem „Kick-off-Meeting" gestartet, in dem die Vertriebsspezialisten über die Ziele, den Ablauf und die Vorgehensweisen des Prozesses informiert wurden. Die Aufnahme der persönlichen Situation erfolgte in Einzelgesprächen zwischen externen Beratern und Vertriebsspezialisten. Ebenso wurde die Kommunikation der Ergebnisse an die Geschäftsführung/Personalleitung durch die externen Berater geleistet. Die Prüfung möglicher Varianten hinsichtlich der Form und Gestaltung der weiteren Aufgaben bis hin zum Ausstieg aus dem Unternehmen erfolgte in einem Steuerkreis, der sich aus Vertretern der Unternehmensleitung, Personalleitung und externen Beratern zusammensetzte. Mit dieser Form des Vorgehens konnte ein hohes Maß an Neutralität sowie eine in hohem Maße konstruktive Kommunikation sichergestellt werden.

Für die Schritte „Dialog" und „Entwicklung" waren pro Vertriebsspezialist etwa vier Einzelgespräche (Dauer 1,5 bis 2 Stunden) erforderlich. In ein bis zwei weiteren Einzelgesprächen wurde ebenfalls mit dem externen Berater das individuelle „Commitment" entwickelt in dem die folgenden Aspekte geregelt wurden:

■ Zukünftige Aufgabe des Vertriebsspezialisten in der neuen Vertriebsstruktur

■ Zeitpunkt des Ausscheidens aus dem Unternehmen

■ Form des beruflichen Ausstiegs (abrupt oder stufenweise gleitend)

■ Bereitschaft des erfahrenen Mitarbeiters zur Unterstützung des Unternehmens in der nachberuflichen Lebensphase als Senior-Consultant (mögliche Aufgabenfelder, zeitlicher Umfang und finanzielle Regelung)

■ Konkrete Gestaltung des unmittelbaren Prozesses zum „Transfer von Erfahrungswissen" an den zukünftigen Nachfolger

■ Finanzielle Rahmenbedingungen (Regelungen in Bezug auf staatliche und betriebliche Alterssicherung, Abfindungsleistungen, Zielvereinbarung für die erfolgreiche Kundenüberleitung im Rahmen des Nachfolgeprozesses)

Das „Commitment" wurde anschließend durch die Personalabteilung des Unternehmens in eine arbeitsvertraglich gültige Form überführt.

Es war die Aufgabe der externen Berater den Gesamtprozess gemeinsam mit der Personalleitung zu konzipieren und die Schritte 1 bis 3 im Prozess zu begleiten und die Personalentwicklung im Rahmen eines Know-how-Transfers für die selbständige Durchführung der folgenden Schritte vorzubereiten. Damit wurde eine wirksame Grundlage für die weiteren Prozess-Schritte gelegt, die nun von Seiten der Personalleitung sowie der Vertriebsleitung der betroffenen Sparte selbst gesteuert und umgesetzt werden. Dabei variieren die Zeitpunkte des in den „Commitments" geregelten Ausscheidens aus dem Unternehmen erheblich: Der früheste Ausstieg erfolgte Anfang 2003, der späteste ist für 2006 geplant.

In Bezug auf den Erfolg des Projektes wurden aus Sicht des Unternehmens und der beteiligten Mitarbeiter die folgenden Aspekte besonders hervorgehoben:

■ Der Berufsausstieg wird für Unternehmen und Mitarbeiter planbar.

■ Das Erfahrungswissen (in diesem Fall u.a. hochspezialisiertes Wissen in Bezug auf Markt, Produkte und Kunden sowie langjährige Kundenbindung) bleibt dem Unternehmen erhalten.

▪ Den Vertriebsspezialisten bietet sich am Ende der Erwerbstätigkeit eine herausfordernde, motivierende Aufgabe (die erfolgreiche Überleitung „ihrer" Kunden an den Nachfolger).

▪ Die Nachfolger erhalten einen optimalen Einstieg in ihre neue Aufgabe (Reduzierter „Erfolgsdruck" durch intensive und informative Vorbereitung im Bereich des personengebundenen Wissens).

Darüber hinaus wird die Form der Nachfolgegestaltung mittels Expierence-Legacy auch von den Kunden positiv bewertet: Aus der Perspektive von leitenden Ärzten, Klinikapothekern und Fachpersonal in der Pflege wird nicht nur eine Kontinuität in der Qualität der Betreuung hervorgehoben, sondern ebenfalls positiv bewertet, dass das Unternehmen „ihren" Beratern in einer bislang keinesfalls branchenüblichen wertschätzenden Haltung begegnet.

19.8 Erfolgreiche Implementierung von Modellen in der Praxis

Der Erfolg bei der Entwicklung und Implementierung entsprechender Personalentwicklungsstrategien am Ende des Erwerbslebens ist nach vorliegenden Erfahrungen keinesfalls selbstverständlich. Nach einer langjährigen Phase der Diskriminierung von Erfahrung und Lebensalter durch die Ausgliederung älterer Leistungsträger sind es vielmehr eine Reihe von Grundsätzen, deren Berücksichtigung zum Aufbau einer Age-Awareness und der Akzeptanzsicherung von Projekten beitragen und eine nachhaltige Wirkung begünstigen. Dazu gehören:

1. Offenheit als Element der Unternehmenskultur, das bedeutet die Bereitschaft, seitens der Unternehmensleitung, des Personalmanagements sowie aller weiteren Entscheider und Beteiligten, neue Wege zu beschreiten

2. Prozessorientierung und Transparenz im Prozess, d. h. größtmögliche Einbeziehung der Zielgruppen von der Planung bis zur Umsetzung und Auswertung von Modellen.

3. Identifikation strategisch bedeutsamer Aufgabenbereiche für die Nutzung von Erfahrungskompetenz innerhalb und außerhalb des Unternehmens (zur Vermeidung von Statusverlust und sog. „Elefantenfriedhöfen").

4. Entwicklung klarer Anforderungsprofile für die neuen Aufgabenfelder und damit Definition des Kompetenzprofils der Zielgruppe(n).

5. Bereitstellung von Qualifizierungsangeboten beim Wechsel in neue Aufgabenfelder sowie Begleitung der Beteiligten durch Coaching.

6. Evaluation der Wirtschaftlichkeit der Modelle unter Berücksichtigung von harten (Kosten) und weichen (Motivation, Mitarbeiterzufriedenheit, Wirkung bei nachfolgenden Generationen und Kunden) Gesichtspunkten.

Internationale Vergleich belegen es: Höhere wirtschaftliche Dynamik und die Integration aller Generationen in den Arbeitsmarkt stehen in einem engen Zusammenhang. Dennoch mangelt es in Deutschland mehr denn je an mutigen Entscheidern, die in wirtschaftlich nicht einfachen

Zeiten, bereit sind, vom Mainstream abzuweichen, indem sie „ältere", erfahrene Mitarbeiter nicht nur als „Innovationshemmnis" oder potenzielle Kandidaten für ein vorzeitiges Berufsende wahrnehmen, sondern als kompetente Mitarbeiter, deren Erfahrung und implizites Wissen man aus Unternehmenssicht nicht nur „en passant" sondern zielgerichtet als strategischen Wettbewerbsfaktor nutzen sollte. Eine „neue Kultur des Alters" ist also noch längst keine Vision nach der Unternehmen ihr strategisches Handeln ausrichten. Nach dem Motto „Der Worte sind genug gewechselt", muss es nun gelingen, den Rubikon von der Erkenntnis zum Handeln zu überschreiten und das Personalmanagement strategisch auf die Konsequenzen des demografischen Wandels auszurichten.

Literatur

KAYSER F. UND UEPPING H. (Hrsg.). (1997): Kompetenz der Erfahrung. Luchterhand, Neuwied

MAIER, G. (2001): Aspekte der Leistungsfähigkeit älterer Arbeitnehmer. in: FUCHS, G. UND RENZ, CH. (Hrsg.) Altern und Erwerbsarbeit. Akademie für Technikfolgenabschätzung, Stuttgart

MAIER, G. UND BARTHELME, D. (2003): Ein Geben und nehmen – Erfahrungskompetenz und Integration neuer Mitarbeiter. Management und Training, 7, S. 26-29

ROTHKIRCH, CH. VON (Hg.). (2000): Altern und Arbeit: Herausforderung für Wirtschaft und Gesellschaft. Ed. Sigma, Berlin

WUNDERER, R. UND DICK, P. (2000): Personalmanagement – Quo vadis? Analysen und Prognosen bis 2010. Luchterhand, Neuwied

Klaus-M. Baldin

20 Employability für ältere Mitarbeiter
Eine neue Anforderung in der Personal- und Organisationsentwicklung

20.1 Das Szenario der AGE-Trends

20.1.1 Die Rückkehr der Silberhaare

Im Spannungsfeld der veränderten staatlichen Förderungsmöglichkeiten entwickeln Unternehmen mit enormer Kreativität immer neue Konzepte und leiten Maßnahmen ein, die so früh wie möglich den Ruhestand im Blickpunkt haben. Sie setzen auf die jungen Dynamiker. Die WDR Sendung Hart aber fair greift das Thema auf: Im Reizthema „Jugendwahn" wird deutlich, dass auch die Werbung und Life Style-Industrie das Bild der umworbenen Jungen und uninteressanten Alten fördert[1]. Buchautoren sprechen von der „Vergreisung der Republik", Journalisten von einer „Ausbeutung der Jungen durch die Alten" und Wissenschaftler von der „Lustlosigkeit der Alten zu arbeiten". In diesem Meinungskonsens gibt es bereits für 45-Jährige keine Lernpfade zur breiteren Entfaltung in den jetzigen Aufgaben oder gar für das Hineinwachsen in neue Herausforderungen. Projekte werden an Jüngere übergeben, Ältere werden aus Veränderungsprozessen ausgeblendet und dann konfliktträchtig mit den Ergebnissen konfrontiert. Aus dieser Altenpolarisierung „Entlastung durch Aufbau eines Schonraums" versus „Ausgeschlossenheit aus der Prozessgestaltung" ergeben sich Demotivationskräfte mit einer Negativspirale zur sich selbst erfüllenden Prophezeiung: „ich gehöre auch zu den Ausstiegskandidaten im Mitarbeiterportfolio". Diese mangelnde Wertschätzung der älteren Mitarbeiter mit der gefährlichen Ignoranz, dass marktübergreifende Kenntnisse über Geschäftsprozesse, langjährige Beziehungspflege zu Meinungsmachern der Branche, die Lebenserfahrung aus vielfältigen Projektgeschäften, sowie Reife mit dem Prinzip der Langsamkeit der Alten nichts wert sind, macht diesen zu schaffen. Jede Innovationskraft wird so im Keim erstickt. Es ist ein gesellschaftspolitisches Phänomen, das viele Jahre kultiviert wurde.

Matthias Horx, der Herausgeber des Zukunftsletters, zeigt allerdings auf, dass drei Trends diese Tendenz nun umkehren:

---

[1]   vgl. WDR-Fernsehen: Hart aber fair, Reizthema Jugendwahn, 06.03.02,
      http://www.wdr.de /online/hartaberfair/themen/20020306/index.phtml

„Kriselnde Start-Ups suchen nach erfahrenen Managern. Im kommenden „War for Talents" entdecken die Unternehmen die Älteren als Talentreserve. Und der Wertewandel erzeugt Lebensentwürfe, in denen „Arbeit" nicht mehr als Fron, sondern als Selbstverwirklichung begriffen wird. „Menschen, die länger und gesünder leben, werden wahrscheinlich drei oder vier Berufskarrieren mit Ruhestandszeiten dazwischen haben", meint Sam Mercer, Campaign Director des „Employers Forum on Age". Das einstige Pensionsalter, das man heute „zweiter Lebensabschnitt" oder „drittes" bzw. „viertes Lebensalter" nennt, birgt die Möglichkeit eines neuen Anfangs, einer neuen Karriere, ja in manchen Fällen sogar einer neuen Familie." [2]

Das macht Mut für neues Denken; denn – so die Prognosen – ab 2010 werden bereits 42 % der Erwerbstätigen über 45 Jahre alt sein. Trends in den USA und Großbritannien weisen darauf hin, dass sich der 100 Jahre anhaltende Prozess der immer kürzeren Lebens-Arbeitszeit (1970: 63 Jahre, jetzt in manchen europäischen Ländern im Schnitt 57 Jahre) durch die Deregulierung umkehrt. Die Alten kehren in die Arbeitswelt zurück. Sie empfinden Arbeit zunehmend als Selbstverwirklichung und nicht als Zwang. Dafür sorgen zum einen die fortschreitende Alterung unserer Gesellschaft, zum anderen der wachsende Stellenwert, den die Gesundheit im Bewusstsein des Einzelnen einnimmt. Die Lausitzer Rundschau Online zeigt aktuell auf, dass die Zahl der Arbeitnehmer im fortgeschrittenen Alter in den USA ständig wächst. Nach offiziellen Zahlen arbeiten in der US-Wirtschaft 21 Millionen Menschen über 55 Jahre. Das US-Außenministerium schätzt, dass bereits im Jahr 2015 ein Fünftel der US-Tätigen älter als 55 sein werden. Auf dem Arbeitsmarkt haben die „Alten" also durchaus eine Chance – zumindest was niedrig bezahlte Jobs angeht. Supermärkte, Drogerien oder Schnellimbissketten schätzen sie als zuverlässige Mitarbeiter[3].

Die Schriftenreihe „Eine Gesellschaft für alle Lebensalter" des Bundesministeriums zeigt auf, dass im letzten Drittel des 19. Jahrhunderts die Aussicht auf ein durchschnittliches Alter von 37 Jahren bestand. Heute liegt die durchschnittliche Lebenserwartung bei mehr als 73 Jahren. Bei der Frage wie alt wird der Mensch im 21. Jahrhundert, sagt der Altersforscher Jay Olshansky von der University of Chicago: „130 Jahre sind kein Problem". Sein Kollege von der University of Idaho glaubt sogar an 150 Jahre. Beide Prognosen scheinen realistisch. James Vaupel vom Max-Planck-Institut für demografische Forschung bestätigt auch: „Eine Grenze ist nicht in Sicht, die Zahl der 100-Jährigen verdoppelt sich alle zehn Jahre."[4] Menschen werden doppelt so alt wie vor 100 Jahren. Auf einen Senior (65 Jahre und älter) kommen heute vier Jüngere (15 bis 64 Jahre). In den nächsten 20 Jahren steigt dieser Altersquotient auf 1:3, in den nächsten 40 Jahren gar auf 1:1[5]. Damit erlebt der Standort Deutschland gravierende Veränderungen. Er muss sich wachsenden quantitativen und qualitativen Anforderungen stellen und Produkte attraktiver, kundenorientierter, wirksamer und kostengünstiger anbieten und das bei sinkenden Geburtenzahlen.

---

2   vgl. Horx, Matthias: Der Zukunftsletter für das 21.Jahrhundert (Januar 2001). Weitere Info: www.65plus.nl oder www.srstaff.com

3   vgl. Moser, Patrick: Wenn es für ein Leben im Ruhestand nicht reicht, Lausitzer Rundschau online, 29.08.03

4   vgl. Heier, Magnus, u.a.: Medizin Dossier: Heilen ohne Grenzen, in Capital 15/2001, S. 110

5   vgl. Müller, Henrik: Planet der Alten, in: managermagazin 12/00, S. 267 ff.

Horx ist sich auch sicher, dass die große Transformation, der Übergang vom Informations-
zeitalter zum „Human-Touch-Zeitalter", bevorsteht. Er begründet diese These mit der bereits
häufig zitierten Ablösung des „fünften Kontratieff, Informationstechnologie" durch den sechsten Kontratieff, in dem sich alles um die „psycho-soziale Gesundheit", wie Emotionen, Human-
Touch-Dienstleistungen und um das Wissensmanagement dreht. Horx's Fazit:

„Der kommende Wirtschaftsaufschwung wird kein primär technologiebetriebener sein, sondern
sich aus einer Vielzahl von „Humantechnologien" zusammensetzen. Dienstleistungen erweitern
und entwickeln sich zu komplexen „Assistance-Services". Körper, Geist und Seele rücken in
den Mittelpunkt der Ökonomie. Der „Faktor Mensch" in den Unternehmen wird zum alles
entscheidenden Produktivitätsfaktor"[6].

Und so ist es nicht verwunderlich, wie die Meinungsmacher aus Wissenschaft, Politik, Unternehmen und Kultur mit gebetsmühlenartiger Prognosekraft und nie da gewesener Übereinstimmung unermüdlich das Risikoszenario des demografischen Wandels mit sinkenden Geburtenraten und kontinuierlich steigender Lebensdauer in das Bewusstsein der Bevölkerung tragen.
Die Angst geht um, dass der Arbeitsmarkt austrocknet. Führt das zu mangelnder Leistungs- und
Innovationskraft der Unternehmen bei noch größerer Last die „unnützen Alten" durchzufüt-
tern?

Nein, alle sind sich sehr einig, die Potenziale der Alternden sind gar nicht so schlecht. Ihr Erfahrungswissen sei sogar zentral bedeutungsvoll für das qualitative Überleben im globalen
Wettbewerb. Folglich sollen nun Programme des Staates und kreative Konzepte der Betriebe
diese Zielgruppe aus dem Jammertal der Tränen, der mangelnden Wertschätzung und Diskriminierung, der Angst auf Freisetzung mit damit verbundener Langzeitarbeitslosigkeit, sowie der
Frühverrentung mit staatlicher Hilfe oder Beschäftigung in Auffanggesellschaften, herausbrin-
gen. Die viele Jahre entwerteten Austrittskandidaten werden nun zu einer stabilen Säule motivierter und begeisterter Leistungsträger, die sich mit ihren Potenzialen und mit Leistungs- und
Schaffensfreude zum Wohle des Unternehmens voll einbringen. Hoch motiviert pflegen sie den
Dialog mit den Jüngeren, geben eifrig ihre Lebenserfahrung weiter und lassen sich mit Rat-
schlägen der Jüngeren um aktuelleres Wissen (z. B. im Umgang mit Informationstechnologien)
handlungskompetent runderneuern. Das heißt, traditionelle Rollen des Generationskonfliktes
mit den damit verbundenen beiderseitigen Ängsten und dem Wettbewerb im Konkurrenzdenken
besserer Lösungen, weichen einer produktiven und vertrauensvollen win-win-Lernbeziehung,
in der auch implizites Wissen bereichs- und altersübergreifend ausgetauscht wird. Diese Vision
einer humanistischen Lernkultur mit einem Wissensmanagement, das den „barrierefreien,
grenzüberschreitenden" Zugriff aller Organisationsmitglieder auf das Unternehmens-Know-
how mit dem Netzwerkgedanken „wir sind ein Team" verbindet, erfordert als Paradigmawech-
sel auch eine Erneuerung der beruflichen Bildung.

Nach dem Verfall der New Economy erinnern sich immer mehr Traditionsunternehmen mit
neuem Selbstbewusstsein und Stolz an den klassischen Altersmix der Belegschaft. Nun zeigt
sich (wieder?), dass die ungestümen Kräfte der gut ausgebildeten, hoch motivierten jungen
Nachwuchskräfte mit dem (Erfahrungs-)Wissen und der Reife der älteren Kollegen ergänzt, für
ein dynamisches Gleichgewicht im Team sorgen und so den nachhaltigen Erfolg am Markt

---

6   vgl. Horx, Matthias, Der Zukunftsletter, Ausgabe 5/2001, S. 2

sichern und damit zum Garant für Mehrwert im Wettbewerb führen. Einmalige Persönlichkeiten mit ihren individuellen Potenzialen, mit ihren unterschiedlichen Handlungsmustern und ihren Unterschieden hinsichtlich Nationalität, Geschlecht, Religion, Querdenkertum und auch Alter machen Arbeitsgruppen zu Hochleistungsteams, die um das Beste ringen. Diversity heißt das neue Schlüsselwort moderner Personaler, die nun vor der Herausforderung stehen, kulturelle Rahmenbedingungen zu schaffen, die all diese Verschiedenartigkeiten so vernetzen, dass es allen Spaß macht zur Arbeit zu kommen, dass alle Freiraum haben, Ideen umzusetzen, dass sich Jung und Alt in wechselseitiger Wertschätzung gegenseitig anspornen etwas Neues zu schaffen, also eine lebendige Unternehmenskultur pflegen.

Ein professionelles Personalentwicklungskonzept respektiert und ermöglicht natürlich älteren Mitarbeitern flexible Modelle für ihre individuelle Lebensplanung über z. B. Cafeteriasysteme, Sabbatzeiten, Altersteilzeit oder Lebensarbeitszeitkonten und altersdidaktische Lernformen. Es ist allerdings kein leichtes Unterfangen entsprechende Konzepte erfolgreich zu implementieren und umzusetzen. Nach all den Jahren der Diskriminierung von Erfahrungswissen wirkt das Herunterbeten der neuen Wichtigkeit der Älteren unter den von ihnen kritisch beobachteten Wertschätzungskampagnen eher kontraproduktiv. Hier muss unter Einbeziehung der Zielgruppe, mit Offenheit der Beteiligten und unter Schirmherrschaft der Geschäftsleitung um Vertrauen geworben werden, damit neue Wege unter Vermeidung von Statusverlusten zur Akzeptanz führen.

Der Zukunftsforscher und Philosoph Giger fordert dann auch auf dem GRP-Symposium „Zukunft der Generationen" ein neues Leitbild für den Generationenvertrag und malt dazu die Vision des reifen Landes in zehn Szenarien über Gelassenheit, Weisheit, Erfahrung bis zur Evolution aus; denn nach seiner Devise steht Lernen hoch im Kurs: nur wer sich wandelt, kann sich treu bleiben[7].

20.1.2 Seniorenkompetenz

Die Gerontologie als interdisziplinäre Wissenschaft versucht aus den unterschiedlichsten Forschungsdisziplinen Erkenntnisse zu Themen der Alterskunde aufzuarbeiten. Ein umfangreiches Unterfangen. Am Beispiel des Huberverlages wird der Stellenwert deutlich. Allein die Serie angewandte Alterskunde soll 20 Bände umfassen, mit jeweils Themen wie, Altersbildung, Lebenstraining, Soziales Ehrenamt, Sport und Bewegung im Alter, Reisen im Alter[8]. Die quantitativ wachsende Gruppe der Senioren erobert sich zunehmend gesellschaftliche Anerkennung durch Gewahrwerden und aktivieren der eigenen Bedürfnisse.

Viele empirische Untersuchungen bestätigen, dass Sport und Bewegung die Alterungsprozesse beeinflussen (vgl. z.B. Hübscher[9]). Mit Hilfe von zielgruppengerechten und fachlich fundierten Bewegungsangeboten werden gesundheitsfördernde Effekte und soziale Kontakte erzielt, die

---

7   vgl. Giger, Andreas: Die Zukunft wird geprägt von Reife, GRP-Symposium Zukunft der Generationen, Lebenslang lernen in Bad Tölz, 16.05.2003
8   vgl. Karl, Fred; Tokarski, Walter: Band 5 Bildung und Freizeit im Alter, Huber 1992
9   Hübscher, J.: Bedeutung des Sports im Leistungsalter für Prävention und Rehabilitation, in Gesundheitswesen 61 (1999) 518-521,Thieme Verlag, S. 518

die Lebensqualität erheblich steigern. Auch Sport als Feld sozialer Begegnung und freundschaftlicher Beziehungen unterstützt das seelische Wohlbefinden, das Selbstvertrauen und vor allem das Selbstwertgefühl. Es scheint kein Zweifel daran zu bestehen, dass Sport und Bewegung im Alter überwiegend positive Auswirkungen auf den physischen, psychischen und sozialen Bereich haben[10]. Muskeln wachsen auch noch mit 70, so Fitness Coach Ulrich Strunz, der als Bestseller-Autor (forever young) das regelmäßige Laufen zur Wunderpille einer maximalen körperlichen und geistigen Leistungsfähigkeit erklärt[11]. Als Beilage zu regionalen Tageszeitungen kommt jetzt das neue TZ-Gesundheitsm@gazin mit einer Rekordauflage von fünf Millionen Exemplaren auf den Markt, das die „reifere" Zielgruppe über Gesundheit und Wohlbefinden, Medizinpolitik und Forschung informieren soll.

In Unternehmen wird das Leistungspotenzial älterer Mitarbeiter allerdings vielfach falsch eingeschätzt. In dem Jahrzehnte geprägten Vorurteil werden stereotyp Abbauprozesse unterstellt, wobei tatsächlich innerhalb einer Altersgruppe ein deutlich höheres Maß an Leistungsdifferenzen als zwischen verschiedenen Altersgruppen besteht[12]. Gegenüber diesem Defizitmodell hat die gerontologische Forschung inzwischen auch für den Bereich der Arbeitswelt das Kompetenzmodell des Alters wissenschaftlich belegen können. Bedeutungsvoll ist der Begriff des so genannten Erfahrungswissens älterer Mitarbeiter. Behrend zeigt auf, dass dieser Begriff verschiedene Kategorien von Kompetenzen, wie die der fachlich-methodischen im Sinne von Routine, die Problemlösungskompetenz auch für die Lösung neuer Arbeitsaufgaben oder Kompetenz, die auf der Lebenserfahrung beruht, beinhaltet. Im Mittelpunkt steht aber die Kategorie der sozialen Kompetenz, die auf betriebliche Interaktions- und Kommunikationsprozesse gerichtet ist und soziale Fähigkeiten wie Einfühlungsvermögen und Menschenkenntnis gerichtet ist (ebda.). Kruse zieht drei Folgerungen aus der Stufenleiter der Natur (scala naturae), nach der bereits die römisch-lateinische Philosophie die natürlichen biologischen und psychologischen Prozesse über den gesamten Lebenslauf als kontinuierliche Veränderungsreihe versteht:

1. Die körperliche Leistungsfähigkeit und Anpassungsfähigkeit nimmt nicht ab einem bestimmten Lebensalter plötzlich ab, sondern sie geht allmählich zurück.

2. Bei gesunder Lebensführung und ausreichender körperlicher Aktivität in früheren Lebensjahren bleiben körperliche Leistungsfähigkeit und Anpassungsfähigkeit im hohen Alter länger erhalten.

3. Im seelisch-geistigen Bereich kann das höhere Lebensalter sogar mit einem Zuwachs an Wissen, Erfahrungen und Handlungskompetenz einhergehen.

Als Voraussetzung sieht er allerdings, dass Menschen in früheren Lebensjahren Wissenssysteme und effektive Handlungsstrategien entwickelt haben[13].

---

10 Schöttler, Bärbel: Sport und Bewegung im Alter, in Band 5 Bildung und Freizeit im Alter, Hrsg. Karl, F.; Tokarski, W.: Huber 1992, S. 111 ff.

11 Strunz, Ulrich: Laufend in das zweite Leben, in prisma 8, forever young. Das Erfolgsprogramm, Gräfe und Unzer

12 vgl. Behrend, Christoph: Demografischer Wandel – eine Chance für ältere Arbeitnehmer? Neue Aufgaben für das HR-Management vor dem Hintergrund der Trends und Entwicklungslinien im Altersaufbau der Gesellschaft, in: Personalführung 6/2002, S. 36

13 vgl. Kruse, Andreas: Individuelle und gesellschaftliche Ressourcen im Alter; http://www.grp.hwz.uni-muenchen.de/web-it/symp2003/kruse-manuskript.pdf

20.1.3   Vorteile älterer Mitarbeiter

Untersuchungen haben ergeben, dass ältere Arbeitskräfte nicht weniger, sondern andere Fähigkeiten haben als jüngere, und das gilt besonders für die Altersgruppe der 55- bis 65-Jährigen. Eine 6.500 Topmanager erfassende Studie der Cranfield School of Management kommt etwa zu dem Schluss, dass über 45-Jährige

- besser mit komplexen Situationen und Aufregungen umgehen können;

- teamorientiert sind und den Dialog fördern;

- nicht nur Kollegen und den Betrieb, sondern auch ihre eigenen Fähigkeiten realistisch beurteilen.

Deshalb ist das Alter von Arbeitnehmern an sich kein Faktum, das eine Berufsausübung erschwert, stellt Buck vom Fraunhofer-Institut für Arbeitswirtschaft und Organisation fest. Vielmehr sei der Gesundheitszustand von älteren Menschen nicht das Ergebnis des kalendarischen Alters, sondern der Arbeitsbedingungen der Vergangenheit. Beispielhaft können rückenkranke Speditionsarbeiter keine Fracht mehr abfertigen, wären jedoch bei der Dokumentation der Fracht im Büro voll leistungsfähig. Generell, so seine Ergebnisse, kommen Senioren im Beruf nicht so gut mit Zeit- und Leistungsdruck klar, dafür können sie aber Aufgaben besser lösen, die autonom zu bearbeiten sind und die soziale Kompetenzen und Erfahrung erfordern[14]. Junge Beschäftigte gelten pauschal als belastbarer, lernfähiger und motivierter.

Die durch die tayloristische Arbeitszergliederung dogmatisierte Abgrenzung zwischen Arbeit und Freizeit, zwischen Jung und Alt, zwischen bezahlter und unbezahlter Arbeit und die damit verbundene Sozialisierungskultur unserer derzeitigen Gesellschaft erfährt nicht zuletzt durch die bisher nicht gekannte Geschwindigkeit des Wandels neue Impulse. Eine zentrale Rolle spielen hier die neuen Informations- und Kommunikationsmöglichkeiten, die die Grenzen zwischen Arbeit und Freizeit verflüssigen. Beispiele im neuen Markt zeigen die neue Art mit Arbeit und Freizeit umzugehen. Hier entwickeln Menschen mit ihren grenzenlosen individuellen Potenzialen, in ihrer evolutionsbedingten Neugier und Lust auf Leistung über die vier Urformen der Veränderung „Arbeit, Spiel, Gespräch und Feier" ihre ganzheitlichen Persönlichkeiten. Es ist somit nichts ungewöhnliches, dass Menschen auf Entdeckungen gehen, dass sie wahrnehmen, erkennen, denken und dass sie im Anschluss daran das Entdeckte und Erkannte verarbeiten, dass sie verknüpfen, bewerten, selektieren, und schließlich ihr Wissen auch noch nutzen. Aktivitäten dieser Art sind genau das, was man heute mit dem so modern klingenden Begriff Wissensmanagement bezeichnet[15]. Eine alte Aufgabe also, die durch Bilden und Erziehen die Energie für Leistung bietet. Gerken und Konitzer fordern in ihrem 11. Merksatz der Trends 2015 „Zukunft braucht Energie"[16] und sehen als natürlichste Energiequelle die Neugier, also die Fähigkeit, sich auf Neues einzulassen, zu staunen und sich zu begeistern.

---

14   vgl. Holtz, Torsten: Das Ende des Jugendwahns, in Frankfurter Neue Presse vom 29.08.03
15   vgl. Mandl, H., Reinmann, G.: Leuchtturm im Meer der ungeahnten Möglichkeiten, in Wissensmanagement, eine Serie der Süddeutschen Zeitung, München 1997, S. 5
16   vgl. Gerken, Gerd, Konitzer, Michael: Trends 2015, Ideen, Fakten, Perspektiven, DTV, München 1996, S. 16

Folglich entwickeln individuelle Persönlichkeiten über Ich/Du und Ich/Wir-Beziehungen die positive Energie, die die dynamische Balance für eine Gemeinschaftskultur prägen. Die Entfaltung positiver Energieströme für Lust auf Leistung bedingen allerdings einen gesunden Körper, einen gesunden Geist und eine gesunde Seele. Das bedeutet, dass Gesundheit von zentraler Bedeutung, ja geradezu als eine Basisinnovation die Gesellschaft als Ganzes erfasst und zu tief greifenden Veränderungsprozessen im Beziehungsnetz globaler Lebenswelt führt.

Der Zukunftsforscher Nefiodow stellt auch im sechsten Kondratieffzyklus heraus; dass die so genannten psychosozialen Faktoren wie Zusammenarbeit, Motivation, Kreativität, Angstfreiheit, die entscheidenden Wettbewerbsvorteile verschaffen, die allerdings nur körperlich, seelisch und sozial gesunde Menschen als gemeinschaftsfördernde Beziehung und produktive Leistung erbringen können. Auch Opaschowski sieht im 21. Jahrhundert die große Chance, die Lebensarbeit zum Wohle der ganzen Gesellschaft neu zu definieren. Er ist davon überzeugt, dass der Mensch auf Dauer Arbeit ohne Lust und Freizeit ohne Leistung nicht ertragen kann. Die künftige Leistungsgesellschaft lebt in neuer Leistungslust, deren eigentliche Antriebskraft für bezahlte und unbezahlte Arbeitsleistungen gleichwertig über Schaffensfreude, hohe Motivation und die Hoffnung auf Erfolg definiert wird. Deutlich arbeitet er jedoch heraus, dass beim Wandel von der Industrie- zur Leistungsgesellschaft offen bleibt, ob die Leistung in der Arbeit, im Sport, in der Freizeit oder im freiwilligen sozialen Engagement zum Ausdruck gebracht wird. Für Opaschowski[17] gehören zur neuen Leistungsgesellschaft deshalb vier Arbeitswelten:

- Erwerbsarbeit mit multiplen Beschäftigungsverhältnissen

- Gemeinschaftsarbeit mit Freiwilligenleistungen für Familie und Gesellschaft

- Lernarbeit mit lebenszeitbegleitender Fort- und Weiterbildung

- Eigenarbeit mit Eigenleistungen für sich und mit „Arbeiten an sich selbst" zur Erhaltung von Gesundheit und Lebenszufriedenheit.

Unternehmen wollen natürlich, dass die Kräfte in die Erwerbsarbeit fließen. Innerlich gekündigte Alternde, die außerhalb der Arbeitszeit ihrer eigentlichen Wertschöpfung in Vereinen, mit Nachbarschaftshilfe oder im eigenen Garten nachgehen, senken die Produktivität im Unternehmen. Wenn es gelingt, sie für mehr Einsatz im Unternehmen zu mobilisieren, führt das zur Effizienz- und Effektivitätssteigerungen.

Andererseits werden die Zeitgenossen der fortgeschrittenen Postmoderne keine Zeit mehr für systematische Aneignung traditioneller Bildungsgrundlagen haben. Weit mehr als heute werden sich Menschen in der rastlosen Lernarbeit auf den Versen immer neuer Hochtechnologie-Entwicklungen ausgelaugt und leer fühlen. Das Wie des Denkens, Lernens und der Entwicklung schöpferischer Begabungen wird dabei – in Reaktion auf sich beschleunigende technologische Entwicklungen – mehr Bedeutung gewinnen, als traditionelle Bildungsinhalte. Bildungsreformen werden nicht mehr (nur) von Regierungen ausgehen, sondern von Betrieben in Kooperation mit lokalen Bildungsbehörden. Gerade innovative Unternehmen werden sich im eigenen Interesse an der Gestaltung neuer Lernformen und -inhalte beteiligen. Ihre Motivation dafür wird nicht in erster Linie eigenes Interesse am Wissen möglicher Nachwuchskräfte sein. Son-

---

17 vgl. Opaschowski, Horst: Die neue Lust auf Leistung, in bild der wissenschaft 1/2000, S. 14

dern vielmehr ihr Interesse an motivierten, lernfähigen und kreativen zukünftigen Mitarbeitern, Partnern und Kunden, die den Herausforderungen ihrer Umwelt gewachsen sind. So werden sich gerade Verantwortliche in innovativen Unternehmen zum Beispiel dafür einsetzen, dass ältere Arbeitnehmer ein Arbeitsumfeld und Arbeitsinhalte erhalten, die ihren Bedürfnissen angemessen Rechnung tragen. Lebenslanges Lernen zur Gesundheitserhaltung von Körper, Geist und Seele schafft positive Energie, die durch einmalige Persönlichkeiten die dynamische Balance zur Bildung von Gemeinschaften bei Arbeit und Freizeit ausprägen. Dazu benötigen wir ein Leitbild mit Visionen für eine Lern- und Gesundheitskultur, das dem 21. Jahrhundert als ganzheitliche Quelle für Lebensqualität und Lebenssinn zum Wohl der ganzen Gesellschaft aufzeigt.

20.1.4 Lernkultur für lebenslanges Lernen

Behavioristische Ansätze des Lernens als Stiftung von Reiz-Reaktions-Verbindungen „*wurden*"? mit vorurteilbelegten Alltagsweisheiten, wie „Was Hänschen nicht lernt, lernt Hans nimmermehr" verknüpft und mündeten in der Adoleszenz-Maximum-Hypothese, nach der mit 20 Jahren optimal gelernt wird und spätestens im Erwachsenenalter die Fähigkeit dazu massiv abnimmt. Faulstich interveniert mit dem Argument der Erfahrung aus einem ständig zunehmenden Angebot an Erwachsenenbildung, sowie der Notwendigkeit des lebenslangen Lernens und des auch schon für das Lernen sinnloser Silben empirisch nicht haltbaren Ansatzes der Hypothese. Dagegen ist er sich sicher, dass trotz aller Lernwiderstände bei Erwachsenen empirisch stützbar ist, dass es keine physisch festgelegten Abbauprozesse mit zunehmendem Alter gibt[18].

Seit Jahren wurde Weiterbildung nur noch unter Weltmarktgesichtspunkten geplant, weil die Qualifikation der Arbeit als einzig vermehrbare Ressource der rohstoffarmen Republik galt. Planmäßig sollten Bildungsreserven ausgeschöpft und als qualifiziertes Arbeitskräfte-Potenzial der Industrie zur Verfügung gestellt werden. Damit stand vor allem der Jugendliche mit Kraft im Focus des Interesses.

So betrachtet scheint viel dafür zu sprechen, dass ein neuer „Bildungsfrühling" ins Haus steht. Konkurrenzfähige technische Innovationen erfordern eine Neuorientierung des gesamten Bildungswesens vom Kindergarten bis zu den weiterbildenden Kontaktstudiengängen. Am Horizont erscheint ein Bildungssystem, in dem Wahrnehmungs-, Denk- und Kommunikationsfähigkeit im Medium digitalisierter Informationsprogramme und im Modus des life-long-learning[19] gelernt wird. Das Schlagwort des lebenslangen Lernens greift um sich. Allerdings macht Baltes bewusst, dass, wie mit dem Begriff der Entwicklung schon seit Jahrhunderten im Allgemeinen, heute mit der Idee vom lebenslangen Lernen eine neue Utopie definiert wird. „Sie verspricht uns bis ins hohe Alter Entwicklungschancen und Lebenselixier. Dieses Versprechen steht allerdings nicht auf starken Füßen"[20]. Zumindest, was das betriebliche Lernen angeht, ist bei der

---

18 vgl. Faulstich, Peter, u.a.: aus dem Vorwort: Lernfälle Erwachsener, Ziel Verlag, Augsburg 2002
19 vgl. Dewe, Bernd: Bildung in der Lerngesellschaft – Grenzen und Möglichkeiten (Festrede anlässlich der WSB-Zertifikatsfeier, 25.03.2000)
20 vgl. Baltes, Paul B.: Das Zeitalter des permanent unfertigen Menschen, Lebenslanges Lernen verlangt einen Wechsel von sequenzierten zu parallelisierten Bildungsverläufen, in Personalführung 6/2002, S. 25

Beteiligung der über 50-Jährigen an Weiterbildungsmaßnahmen ein regelrechter Einbruch zu beobachten. Während im Jahr 1988 von den 19 – unter 35-Jährigen immerhin 43 % an einer Weiterbildungsmaßnahme teilgenommen haben, waren es bei den 50- bis unter 65-Jährigen lediglich 20 %. Für Weiß spiegelt sich darin auch eine Zurückhaltung wider, Bildungsinvestitionen für ältere und in wenigen Jahren aus dem Erwerbsleben ausscheidende Mitarbeiter zu tätigen[21].

Was den Modus derartigen Lernens Erwachsener anbelangt, ist zu betonen, dass Erwachsene erst erfolgreich und sinnverstehend lernen, wenn sie nicht Element für Element eines gleichsam enzyklopädisch angehäuften und in mannigfache Lernziele zerlegbaren oder bereits zerlegten Wissensbestandes adaptieren (müssen), sondern die Möglichkeit wahrnehmen bzw. ausbilden, beispielsweise die „Ernstsituation" ihres zukünftigen alltagspraktischen und/oder beruflichen Handelns etwa in Hinblick auf technologische Veränderungen/Herausforderungen zu antizipieren, indem derartige Situationen in moratoriumsähnlichen Formen einer Erwachsenenbildung gleichsam gedankenexperimentell simuliert werden. Folglich steht nicht die Vermittlung „relevanten" Wissens in systematisierter und explizierter Form im Vordergrund eines derartigen Bildungsprozesses, sondern der Erwerb einer Kenntnis der Regeln „kompetenten" Handelns (Dewe, ebda).

Wenn wir Opaschowskis These der gesellschaftlichen Entwicklung zur Leistungsgesellschaft folgen, bleibt offen, wo Hochleistung der Mitarbeiter gezeigt wird: in der Arbeitswelt, im Sport oder im sozialem Engagement? Wenn Unternehmen sicherstellen wollen, dass die grenzenlosen Potenziale ihrer Belegschaft eher in betriebliche Leistung münden, müssen sie deren positive Energie als Kraftquelle für Innovationen über kreative Rahmenbedingungen einer Lern- und Gesundheitskultur entdecken, messen und für ihr Wissensmanagement nutzbar machen. Wer mit der Ressource Mensch gut und sinnvoll, vernünftig und effizient umgehen kann, der setzt sich im Wettbewerb durch. Nach Nefiodow kann die Innovationsbereitschaft auf der vitalen Ebene durch die Reduktion von Statussymbolen und durch die Gesundheitsförderung gesteigert werden[22].

Auf dem Weg zu einem anspruchsvollen Human-Ressourcen-Management stellt die reifere Sozialisationsstufe Erwachsener mit einem relativ ausgeprägten Selbst- und Weltbild ihre eigenen Ansprüche an die Bildungsarbeit in Betrieben. Nach Aristoteles verwirklicht der Mensch seine Potentiale durch Akte. Dies kann sich nur in der Begegnung mit Objekten (betriebspädagogisch: in der Begegnung mit anderen Menschen im Betrieb) vollziehen. Pädagogische Situationen lassen sich als „Partitur" verschiedener Lernsituationen mit den Urformen des Lernens: Gespräch, Spiel, Arbeit und Feier gestalten. Dafür müssen innovative Personalentwickler als change agents, Bildungsberater und Organisatoren der unternehmenskulturellen Perspektive „Lernen" Rahmenbedingungen dafür schaffen, dass Gemeinschaft – nun auch zwischen den Generationen – entstehen kann. Damit planen sie das Unplanbare.

Zunehmend verstehen innovative betriebliche Personal- und Organisationsentwickler die Weiterentwicklung der Mitarbeiter nicht ausschließlich als Qualifizierungstraining für die Abwehr

---

21 vgl. Weiß, Reinhold: Die Altersstruktur, in: Die 26-Mrd.-Investition – Kosten und Strukturen betrieblicher Weiterbildung, Deutscher Instituts-Verlag Köln, S. 133 ff.

22 vgl. Nefiodow, L.: Wettbewerbsvorteil Wohlbefinden, manager-Seminare, Heft 34, Januar 99, S. 37

vorhandener Defizite sondern auch als Sozialisierungsprozess mit einem damit verbundenen „Identitätslernen"[23]. Das bedeutet eine drastische Umorientierung auf der Werte- und Einstellungsebene mit neuen Entwürfen der Selbsteinschätzung gegenüber der sozialen Umwelt. Oftmals ist dieser zu durchlebende Identitätswandel durch krisenhafte Prozesse mit nicht unerheblichen Verschiebungen im Lebensmilieu und im sozialen Status (Berufswechsel, Erlebnis von Arbeitslosigkeit, jüngere Chefs usw.) gekennzeichnet. Die „alten Hasen" wurden in den Lean-Management-, Fusions- und Personalabbauprozessen aus eigenem Erleben oder aus Beobachtung des lebensweltnahen Umfeldes massiv geprägt. Viele der gleichaltrigen 50-Jährigen werden oft unter vergoldeten Bedingungen in die „Freizeit" entlassen. Selbst der Staat handelt nach gleichem Muster: mit Hilfe zweier Abfindungsserien wurden ältere Offiziere der Bundeswehr weggelobt. Nach Statistiken des DGB beschäftigen jetzt mehr als die Hälfte aller Betriebe in Deutschland keine Arbeitnehmer über 50 Jahre. Zurzeit sind nur ein Drittel aller Männer zwischen 60 und 65 noch erwerbstätig, bei den Frauen beträgt der Anteil sogar nur 20 %[24]. Viele fragen sich unter diesen Einflussbedingungen, weshalb und wofür soll ich mich engagieren? Kein Wunder, dass „Dienst nach Vorschrift", Passivität, Integrantentum, Mobbing oder gar die innere Kündigung auf der Tagesordnung stehen. Dieses Bewahrungsmanagement muss durch ein als normal empfundenes Veränderungsmanagement abgelöst werden: Wir brauchen eine Innovationskultur, die die Kräfte mobilisiert, die Lust auf Leistung entfacht und Begeisterung für Veränderungen schürt.

Das „Patentrezept" heißt Verlängerung der Lebensarbeitszeit: früherer Start der Jungen, Arbeit der Frauen und Arbeit für immer mehr Ältere[25]. Wie steht es aber mit dem Rüstzeug für aktives Altern? Bisher hielten die Bildungscontroller Weiterbildungsmaßnahmen für ältere Mitarbeiter für Ausgaben ohne Return on Investment. Ältere galten als wenig leistungs- und innovationsfähig, inaktiv, unproduktiv, passiv und starsinnig. Dabei, so die OECD in einer Studie, gibt es keinen biologischen Grund, nach dem 60. Lebensjahr mit der Arbeit aufzuhören. Wird sich dieses Vorurteil, das sich quer durch unsere Gesellschaft zieht, auflösen? Weitsichtige Unternehmen werden bereits aktiv: Sie entwickeln Konzepte zur Gesundheitserhaltung, zum Erhalt der Produktivität, zur Wissenstransformation der Generationen, zur Vertrauensförderung der „diversity-Gemeinschaft". Sie investieren also in Fortbildung, Fitness und Unternehmenskultur. Und die Forschung der Altersmedizin leistet Ihnen Beistand: Die Investition lohnt, denn die Hirnzellen bleiben fit, Fitness im Alter lässt sich gezielt trainieren[26].

Wobei die Bereitstellung von geeigneten Arbeitsplätzen von Graf als wichtigster Punkt benannt wird: Tätigkeiten, die ein feines Unterscheidungsvermögen erfordern, kontinuierliche schwere Arbeit in heißer Umgebung, komplizierte Anzeigevorrichtungen, die in einem vom Mitarbeiter bestimmten Tempo abgelesen werden müssen, gilt es zu vermeiden. Eine gleich bleibende gemäßigte Dauerbelastung ist günstiger als die zeitweilige Höchstbelastung im Wechsel mit weit gehender Entlastung. Auch die Arbeit unter Zeitdruck kann für ältere Mitarbeiter eine große

---

[23] vgl. Dewe, B.: Erwachsenenbildung und Arbeitsmarkt: Von der Qualifizierung zur Sozialisation, in: News der CCC AG, Raesfeld: http://sub1.ccc-ag.dns2go.com/home/index.htm

[24] vgl. Holtz, Torsten: Das Ende des Jugendwahn, in: Frankfurter Neue Presse vom 29.08.03

[25] vgl. Müller, Henrik: Planet der Alten, in: managermagazin 12/00, S. 273 ff.

[26] vgl. Kempkens, Wolfgang: Altersmedizin, Hirnzellen bleiben fit, in: Wirtschaftswoche Nr. 23 v. 29.05.03

Belastung darstellen[27]. Sie macht im Folgenden auch deutlich, dass ältere Menschen über ein hohes Maß an Reservekapazitäten, welche häufig nicht genutzt werden, verfügen und empfiehlt die Gestaltung eines fordernden und anregenden Umfeldes zur Abrufung dieser Reservekapazitäten, so dass die Leistungsfähigkeit gefördert wird. Durch einen hohen, oftmals durch die Konkurrenzsituation mit Jüngeren verstärkten Leistungsdruck werden Ängstlichkeit und Unsicherheit gefördert, die sich dann in Unter- oder Überforderung zeigen (ebda). Hier ist im Zusammenspiel der Organisations- und Personalentwicklung das herausfordernde Handlungsfeld für die Implementierung von Rahmenbedingungen, die zur optimalen Herausforderung der älteren Menschen führt. Allerdings kann in jedem Alter ein Leistungswandel auftreten. Folglich müssen Maßnahmen zur Erhaltung der Leistungsfähigkeit und -bereitschaft nicht erst beim älteren Mitarbeiter ansetzen. Die lebenszyklusorientierte Beratung unter Einbeziehung des betrieblichen Gesundheitsmanagements führt damit zur Vorbeugung des so genannten „Altersabbaus" (Graf). Frühzeitige Erholungsaufenthalte, sportliche Veranstaltungen, Fortbildungskurse ohne Altersbegrenzung, Qualifizierungsmaßnahmen auch für ältere Arbeitnehmer und vor allem die Motivation zur Teilnahme sind für sie wesentliche Voraussetzungen dafür (Graf ebda.).

20.2 Innovationen für ein altengerechtes Miteinander im Unternehmen

20.2.1 Erste Hoffnungsschimmer

Das Goethe-Institut sieht unter den „Alarmglocken der Demografen", dass im derzeitigen Jugendwahn am Arbeitsmarkt ein Umdenken in ein gesellschaftliches Klima für den Arbeitsmarkt für Menschen ab 50 erforderlich ist[28].

■ Der Automobilzulieferer Brose sucht in einer Kehrtwende seiner Personalpolitik: Nicht jung, dynamisch und flexibel – wie sonst in Stellenanzeigen zu lesen – sollen die 100 neuen Mitarbeiter der Firma sein; gesucht werden erfahrene Akademiker ab 45.

■ Vom Ingenieurbüro Fahrion wurden sogar Ingenieure, Meister und Techniker bis 65 zur Bewerbung aufgerufen.

Die Bundesvereinigung der Deutschen Arbeitgeberverbände (BDA) hat einen 60-seitigen Leitfaden „Ältere Mitarbeiter im Betrieb" vorgelegt, in dem es in neuer Einsicht heißt: „Ältere sind nicht weniger, sondern anders leistungsfähig als jüngere" [29].

Die Bundesanstalt für Arbeit zieht bei der im Jahr 2000 gestarteten Aktion „50plus – die können das" mit kleinen Erfolgen des Zieles, die Entwicklung zu bremsen, dass viele Unternehmen ihre älteren Mitarbeiter in den Vorruhestand schicken, eine Zwischenbilanz. Im Rahmen der mit

---

[27]   vgl. Graf, Anita: Lebenszyklusorientierte Personalentwicklung, Abschnitt c) Einsatz älterer Arbeitnehmer im Betrieb, Hauptverlag, Bern, Stuttgart, Wien, S. 137 ff.

[28]   vgl. Goethe-Institut: http://www.goethe.de/kug/ges/soz/thm/de47639.htm

[29]   vgl. BDA: Ältere Mitarbeiter im Betrieb, ein Leitfaden für Unternehmer, Stand März 2002
       http://www.mesaar.de/admin/Uploaded_Documents/Veroeffentlichungen/BDA_Aeltere_MA_Teil_1.pdf

einer Werbekampagne vernetzten Aktion wurden die Arbeitsämter aufgefordert, mehr Weiterbildungsveranstaltungen für Ältere anzubieten. Dazu haben die Arbeitsämter bestehende Kontakte bei Betriebsbesuchen genutzt, um für die „jungen Alten" und deren Einsatz in altersgemischten Teams zu werben. Die angebotenen Trainingsmaßnahmen wurden auch vermehrt genutzt und der statistische Rückgang der Arbeitslosen war bei den Älteren wesentlich stärker als bei den Arbeitslosen insgesamt (bei über 49-Jährigen im Jahr 2001 lag der Rückgang gegenüber dem Vorjahr bei 7,6 %)[30].

Das aus Mitteln des Landes Baden-Württemberg und der Europäischen Union geförderte gemeinsame *Projekt QWAI* von IG Metall, Südwestmetall, VDI und VDMA zur Qualifizierung und Wiedereingliederung älterer arbeitsuchender Ingenieure hat die Aufgabe, älteren Ingenieuren beim Schritt zurück ins Berufsleben zu helfen und interessierten Unternehmen das vorhandene Erfahrungspotenzial zu erschließen[31].

Im Zeichen des demografischen Wandels entstand das *Projekt „Senioren ans Netz"*, das generationsverbindendes Lernen in der Informationsgesellschaft aktiviert. Jungendliche – hauptsächlich Schülerinnen und Schüler der Klassenstufen 9–12 schlüpften praktisch in die „Lehrerrolle" und gaben ihr Wissen um Computer und Internet an Ältere weiter, um gleichermaßen auch von deren Wissen und Erfahrungen zu partizipieren. Bis heute arbeiten über 70 Schulen im Projekt mit und in den nunmehr über fünf Projektjahren haben mehr als 4500 Ältere teilgenommen[32].

20.2.2 Das weltweit größte Alten(bildungs)programm Eldenhostel in den USA

Da ist das weltweit größte und erfolgreichste Alten(bildungs)programm Eldenhostel mit mehr als 1000 beteiligten Bildungsinstitutionen. In der Mischung zwischen Bildung, Reisen und Abenteuer liegt der Reiz einer ungewöhnlichen Form von Bildungsurlaub, in der in einer sozialen Gemeinschaft älterer Menschen lebenslanges Lernen praktiziert wird. Seit 1992 waren es jährlich mehr als 170.000 ältere Amerikaner, die in die Universitäten des Landes strömen, die Plätze der jungen Studenten einnehmen und beim Kennenlernen neuer Menschen, Orte und neuer Bildungsinhalte Anerkennung und Wertschätzung finden[33].

---

[30] vgl. http://aeltere.arbeitsamt.de/ Chancen für qualifizierte Ältere, Zwischenbilanz zur „Aktion 50 plus", in: Personalführung 6/2003

[31] weitere Informationen: http://www.qwai.de/home1.htm

[32] vgl. Salamon, Jürgen: Im Zeichen des demografischen Wandels, Generationsverbindendes Lernen in der Informationsgesellschaft, in: QUEM-Bulletin, Jg. 2003, Heft 4, Hrsg. Arbeitsgemeinschaft Betrieblicher Weiterbildungsforschung e.V. Berlin, S. 8 ff.

[33] vgl. Donicht-Fluck, Brigitte: Altersbildung und Altenbildung, Erfahrungen aus den USA, Hrsg. Karl, F. u. Tokarski, W.: Band 5 Bildung und Freizeit im Alter, Huber 1992, S. 15 ff.

20.2.3 Das Menschenprogramm Workout-Lebenstraining

Selbstbestimmung bis ins hohe Alter ist für die Mehrheit der Pensionäre von zentraler Bedeutung. 73 % sind mit ihrer Freizeit zufrieden und lehnen Hilfsangebote ab (Opaschowski 1984). Mit dem Menschenprogramm (nicht Altenprogramm) Workout-Lebenstraining, bestehend aus zehn Bausteinen, soll die persönliche Seinsweise zusammen mit den Sinnteilen des Lebens erfasst und ein selbstbestimmtes und sinnvolles Leben bis ins hohe Alter ermöglicht werden.[34] Die Bausteine Zeit-Inventur, Zweite Karriere, Mentorentätigkeit, Freizeit-Interessen-Test, Fitness-Training, Kommunikations-Training, Kreativ-Training, Mental-Training, Weltanschauung und Persönliche Datenbank bieten den ganzheitlichen Ansatz der angestrebten Eigenverantwortlichkeit.

20.2.4 Ehrenämter

Ehrenämter als nicht professionelle, nicht entlohnte und nicht sozial abgesicherte Form der Arbeit, bieten nach einer Hochrechnung des Allenbacher Instituts für Demoskopie (1985) mehr als 2,5 Millionen Menschen mit einem Durchschnittsalter von 53 Jahren sinnvolle Handlungsperspektiven. In einer Zusammenfassung der Vor- und Nachteile des sozialen Ehrenamtes – gerade für Frauen – macht Backes deutlich: „alles zusammen kann Zuwachs an Selbstbestätigung, Selbstvertrauen, Zufriedenheit und Gesundheit bedeuten; es kann ermutigen, sich auch anderen Aufgaben zu stellen und Altern nicht nur als Verlust und Rückzug, sondern mit ‚Perspektiven' zu (er)leben"[35].

20.2.5 Die Deutsche Bank-Initiative

Eine strategische Personalentwicklung, die nicht nur junge Leistungsträger im Blick hat, sondern ebenfalls innovative Konzepte zur Weiterentwicklung Älterer bereithält, wird von der Deutschen Bank umgesetzt. Durch die Verknüpfung traditioneller und innovativer Personalentwicklungskonzepte werden alle Mitarbeitergruppen bei ihrer beruflichen Entfaltung unterstützt und bei Veränderungsprozessen begleitet. Die „Aging Workforce-Gesamtinitiative" zielt in die Richtung, dass die einzelnen Geschäftsbereiche aus ihrer Sicht heraus strategische Maßnahmen ergreifen, die die „aging workforce" als Entwicklungsprozess produktiv halten. In Workshops mit ca. 20 Mitarbeitern der Altersgruppe wird gewissermaßen in offener Feldforschung herausgefiltert, wo die subjektiven Bedürfnisse liegen. Damit wird nicht von oben herab bestimmt, sich mit Laptops oder mit abstrakten Change-Management-Konzepten auseinander zu setzen. Diese Selbstanalysephase führt zur Akzeptanz an Defiziten zu arbeiten. Dafür werden Investitionsmittel des Weiterbildungsbudgets zu Lasten der Jüngeren umverteilt, damit

---

[34] vgl. Oberste-Lehn, Herbert: Lebenstraining, Hrsg. Karl, F. u. Tokarski, W.: Band 5 Bildung und Freizeit im Alter, Huber 1992, S. 39 ff. Mehr Informationen sind beim Landessportbund NRW; Friedrich-Alfred-Str. 25, Duisburg 1 erhältlich.

[35] vgl. Backes, Gertrud: Soziales Ehrenamt Altersbildung und Altenbildung, Erfahrungen aus den USA, Hrsg. Karl, F.; Tokarski, W.: Band 5 Bildung und Freizeit im Alter, Huber 1992

auch die ältere workeforce angemessen weitertrainiert wird[36]. Vor dem Hintergrund einschneidender struktureller Veränderungen im Konzern wurde das Deutsche Bank Mosaik für Beschäftigung stetig ausgebaut. Unter Verfolgung von drei Zieldimensionen „Aufzeigen von beruflichen Alternativen und Perspektiven (insbesondere für von Strukturmaßnahmen oder Arbeitsplatzverlust betroffene Mitarbeiter)", „Flexibilisierung des internen Arbeitsmarktes" und „Schaffen eines „Employability"-Bewusstseins bei allen Mitarbeitern" werden Mosaikbausteine, die teilweise auch speziell älteren Mitarbeitern, attraktive Entwicklungschancen bieten, eingesetzt:

Bankforce. Organisiert wie ein konzerninternes Zeitarbeitsunternehmen ist die Bankforce eine breit einsatzfähige und geschätzte Personalentwicklungsgruppe, die in Projekt-, Unterstützungs- und Vertretungseinsätzen für die gesamte Unternehmensgruppe für die Dauer von vier Wochen bis zu sechs Monaten tätig wird. Dadurch eröffnen sich Chancen, den Berufsweg in ganz anderen Bereichen oder auch an anderen Orten fortzusetzen. Neben der Möglichkeit die letzten Berufsjahre durch die Arbeit in der Bankforce noch einmal spannend und herausfordernd zu machen, werden viele innerhalb von zwei Jahren durch ihre Einsatzabteilungen abgeworben.

Die *DB Management Support GmbH* bietet als auf Coaching, Consulting und Interims-Management spezialisierte Tochter Fach- und Führungskräften des Konzerns die Möglichkeit als Partner der GmbH den Übergang in den Ruhestand zeitlich flexibel und nach individuellen Vorstellungen zu gestalten. Zu den Kunden zählen neben den eigenen Konzernbereichen auch Drittunternehmen und sogar internationale Institutionen, die Projekte unterschiedlichster Art und Dauer an die GmbH vergeben. So wird für langjährig Erfahrene ein gleitender Übergang in den Ruhestand und auf Wunsch auch eine Tätigkeit über das 65. Lebensjahr hinaus ermöglicht.

Kompass. Mitarbeiter um die 40 werden durch den halbjährigen Kompass-Prozess professionell durch intensive Analyse- und Feedbackphasen und Entwicklung sowie Umsetzung eines persönlichen Projektes in Richtung einer Initialzündung für Selbstmotivation und Eigeninitiative gecoacht. So sollen die Gestaltungsspielräume am bisherigen Arbeitsplatz klar erkannt und genutzt oder Schwung für den Aufbruch zu neuen Ufern im selben Tätigkeitsgebiet oder auch in anderen Arbeitsbereichen gefunden werden.

Intergenerative Angebote. In Kompetenz-Tandems als eine Form von Mentoring-Programmen arbeiten junge und erfahrene Mitarbeiter gemeinsam an einem bankbezogenen Projekt, so dass von dem direkten Wissens- und Erfahrungsaustausch sowohl das Projekt als auch die Zusammenarbeit profitieren. Dadurch, dass die älteren und jüngeren Kollegen die jeweiligen Kompetenzen der „anderen Generation" aktiv und bewusst erleben, lernen sie diese auch besser schätzen und reflektieren fast nebenbei auch ihre eigenen Fähigkeiten und Kenntnisse. Das bietet Lernanreize und motiviert zu Leistung.

In der Großveranstaltung „Generation Bridge" treffen sich gestandene Banker und junge Nachwuchskräfte aus der ganzen Welt um in Workshops und Gesprächsrunden Anregungen auszutauschen und bereichsübergreifende Netzwerke zu knüpfen.

---

[36] vgl. http://www.bwhw.de/trojaner11.htm

In Mentoring-Programmen, die geradezu klassisch Altersunterschiede voraussetzen, profitieren auch beide Seiten: der Mentee von der Erfahrung und den Netzwerken des Mentors und der Mentor von den „frischen" Ansichten des Mentees.

Ralf Brümmer, Leiter Personal/Beschäftigungsmodelle der Deutschen Bank, sieht somit auch in dem festen Willen der „Senioren" für ihr Unternehmen beschäftigungsfähig zu bleiben, den Motor, der in der Kombination von aktuellem Wissen und reichhaltiger Erfahrung eine gleichberechtigte Partnerschaft mit den Jüngeren und letztlich einen selbst gesteuerten und flexiblen Ausstieg aus dem Berufsleben ermöglicht. Das Lebensalter des Mitarbeiters wird dann kein besonderes – und schon gar kein negatives – Merkmal mehr sein (ebda.).

20.2.6 Umschulung älterer Mitarbeiter[37]

Wollen Betriebe ältere Mitarbeiter behalten und umschulen, besteht eines der Hauptprobleme darin, ob die Beschäftigten in der Lage sind, sich mit neuen Technologien vertraut zu machen. Eine Studie von Intel in den Vereinigten Staaten belegt allerdings, dass zusehends mehr Angehörige der Altersgruppe der 55- bis 75-Jährigen Computer verwenden. Die amerikanische Firma „Manpower" gibt an, dass mehr als 125.000 über 50-Jährige ihre Computerkurse besucht haben. Die deutschen Volkshochschulen sind voll von „Silver Surfers", die sich in Internetkurse stürzen.

20.2.7 Agenturen für ältere „Performer"

Infolge der demografischen Veränderungen und des Arbeitsmarktwandels gibt es weltweit zusehends mehr Agenturen, die sich auf ältere Arbeitskräfte spezialisieren:

- Ein Viertel der Belegschaft des Textilunternehmers Werner Brandenbusch ist über 60 Jahre alt. Als querdenkender „Alter Hase im Kampfanzug" predigt er „Es ist doch Wahnsinn, was auf unserem Arbeitsmarkt passiert. Wir schicken die fähigsten Leute in die Wüste. Das sind wandelnde Lexika". Er vermittelt in seiner Agentur „Silverline Dienstleistungen GmbH" – einprägsam genannt „Das Bellheim-Netzwerk" – Führungskräfte über 50, denen andere schon lange keine Chance geben[38].

- Die amerikanische Firma „SeniorStaff" begann als Non-Profit-Unternehmen, das sich damit beschäftigte, das Jahr-2000-Problem zu lösen, indem es nach Experten suchte, die mit bereits veralteten Computern umgehen konnten. Die Firma war so erfolgreich, dass sie sich inzwischen auf Jobs für Pensionisten im Bereich der Informationstechnologie spezialisiert hat.

- In den Niederlanden widmet sich das Uiztendbureau ausschließlich Menschen über 65.

- Die britische Headhunter-Firma „Forties People" vermittelt ältere Bürokräfte in der City von London (ebda).

---

37 vgl. Horx, Matthias: Der Zukunftsletter für das 21.Jahrhundert (Januar 2001). Weitere Info: www.65plus.nl oder www.srstaff.com
38 vgl. www.bellheim-netzwerk.de http://www.wdr.de/online/hartaberfair/themen/20020306/index.phtml

20.2.8 Senior Coach des Jahres

Bereits vor drei Jahren ergriffen renommierte Unternehmen, wie BASF Coatings AG, die WestLB, VEBA Oel, gemeinsam mit der IHK die Initiative und gewannen einige ihrer Vorruheständler für ein Mentorenprojekt, in dem die Seniorexperten aus NRW jungen Unternehmen mit wertvollem Erfahrungswissen aus jahrzehntelanger Praxiserfahrung ehrenamtlich mit Rat und Tat zur Seite stehen. Inzwischen wurden/werden mehr als 75 Firmen bereits durch jeweils passende Mentoren, wie Finanz-, Vertriebs- oder Technikexperten, betreut. Juristische Verantwortung übernehmen die Mentoren, Senior Experten, Senior Coaches, Paten oder Business Angels nicht, wohl aber eine moralische indem sie sich mit den Unternehmen identifizieren, ihnen in unaufdringlicher und kompetenter Art Feedback geben und auch mal im Nacken sitzen, wenn die Kundenakquise nicht mit Priorität erfolgt. Junge Unternehmer aus ganz Nordrhein-Westfalen benoteten die gut 350 Seniorexperten des Landes, die in 13 Vereinen und Institutionen aktiv sind und kürten den Senior-Coach des Jahres. Vielleicht könnten die Experten auch in den Schulen aus dem Wirtschaftsleben berichten?[39]

20.2.9 Gewinn bringendes Lernen zwischen Jung und Alt

Mit Hilfe der Methode „Zukunftskonferenz" entwickeln Teilnehmer im heterogenen Alter zwischen 20 bis 70 Jahren eine gemeinsam getragene Vision, wie Jung und Alt Gewinn bringend voneinander und miteinander lernen können und vereinbaren konkrete Umsetzungsideen, die dann in die beteiligten Organisationen transferiert werden. Über acht zentrale Trends werden konkrete Maßnahmen umgesetzt, wie z. B.:

- regelmäßige Gesprächsrunden mit Auszubildenden und Mitarbeitern zu etablieren

- eine Zukunftskonferenz zu dem Thema durchzuführen

- in Fachkursen Auszubildende und Ältere zu mischen, um wechselseitige Lernprozesse zu ermöglichen

- Fortbildungsangebote auf die Beteiligung Älterer zu überprüfen

- bei der Besetzung von Projekten stärker auf eine ausgewogene Altersstruktur zu achten

- neuen Mitarbeitern Paten zur Seite zu stellen

- ältere Mitarbeiter beim Bau und der Planung neuer Anlagen kontinuierlich einzubinden.

Lau-Villinger sieht den Erfolg der Konferenz in der Veränderung der Einstellung der Teilnehmer und in der gewonnenen Bereitschaft, das Thema „Ältere" im Unternehmen anzusprechen, sich Verbündete zu suchen und Ideen zur Verbesserung zu entwickeln[40].

---

[39] vgl. Hertel, Tobias: Ulrich Fink „Senior Coach des Jahres" Sofort zur Stelle „wenn es brennt", in: wirtschaftsspiegel 8/2003
[40] vgl. Lau-Villinger, Doris: Bühne frei für Alt und Jung: eine Zukunftskonferenz, in: Trojaner, Hrsg.: Bildungswerk der Hessischen Wirtschaft e.V., Frankfurt Nr. 11, 12-2001, S. 10 ff.

20.2.10 Intergeneratives Wissensmanagement

Die vielschichtigen Aspekte eines unternehmerischen Wissensmanagements sind in unzähligen Veröffentlichungen dargestellt worden. Um das „wie" wird allerdings noch häufig gerungen. Kein Wunder, denn Jutta Rump zeigt auf, dass die Unternehmenskultur maßgeblich über das Denken und Handeln im Umgang mit Wissen sowie über das Miteinander zwischen Jung und Alt entscheidet: „Das Interesse und die Bereitschaft, voneinander zu lernen und Wissen zu teilen, hat erst mal wenig mit Werkzeugen zu tun. Selbst innovative Instrumente bewegen keinen Beschäftigten dazu, sich am Wissensaustausch zwischen Jung und Alt zu beteiligen, wenn er nicht dazu bereit ist[41]". Sie setzt auf die intergenerative (Ver-)teilung von Wissen über:

■ *Kommunikationsforen*, die einen Rahmen bilden, in dem sich Beschäftigte außerhalb des operativen Tagesgeschäftes austauschen können. In bewusst altersheterogen zusammengestellten Zirkeln, innerbetrieblichen oder unternehmensübergreifenden Arbeitskreisen, Erfahrungsaustauschkreisen oder in informellen Foren, wie bei gemeinschaftlichen Freizeitaktivitäten werden Rahmenbedingungen für einen dialogfördernden Designprozess gesetzt, der der Schaffung einer intergenerativen Wissenskultur dienen.

■ *Mentoring*, in dem ein älterer erfahrener Mitarbeiter einen jüngeren, unerfahreneren Kollegen unterstützt. Der Ältere kann in dem interaktiven Prozess sein Wissen und seine Denkmuster hinterfragen und erweitern (Lehren und Lernen gleichzeitig). Perfektioniert im japanischen Prinzip des sempai-kohai hat der ältere unterweisende Mitarbeiter (sempai) die Aufgabe, dem jüngeren, anzuleitenden kohai alles Wissenswerte, alle Tricks und Tipps zu vermitteln. Durch gemeinsame Freizeitaktivitäten wird die gemeinsame Vertrauensbasis für den Austausch von Informationen geschaffen.

■ *die zeitliche Überlappung der „Amtsdauer"*. Bevor ein älterer Mitarbeiter das Unternehmen verlässt, arbeitet er seinen jüngeren Nachfolger ein.

■ *die Vernetzung von Arbeitsplätzen.* Zur Lösung komplexer Aufgabenstellungen werden Arbeitsplätze zu intergenerativen Teamstrukturen vernetzt. So wird das Wissen der älteren Mitarbeiter über unkonventionelle Lösungen und betriebliche Zusammenhänge mit dem top-aktuellen Wissen und innovationsbereiten Bestrebungen der Jüngeren verknüpft. So werden wechselseitige Lernprozesse aktiviert, Wissenssynergien aufgedeckt, die individuelle wie die organisationale Wissensbasis erhöht und soziale Kontakte zum Abbau von Konflikten intensiviert.

---

[41] vgl. Rump, Jutta: Intergeneratives Wissensmanagement, in: Trojaner, Hrsg.: Bildungswerk der Hessischen Wirtschaft e.V., Frankfurt Nr. 11, 12-2001, S. 24 ff.

20.3 Das Fazit: Sieben Tipps zum Halten älterer Mitarbeiter

Für Unternehmen, die wirklich neue Chancen durch und neue Chancen für ältere Mitarbeiter aktivieren wollen, sind die oben aufgezeigten Ideen hilfreich. Allerdings muss bedingt durch die eigene Unternehmenskultur eine Personalentwicklungskonzeption maßgeschneidert werden, die mit den unternehmerischen Möglichkeiten harmoniert und dann aber konsequent angemessene Maßnahmen einleitet, begleitet und evaluiert. Die folgenden Punkte bündeln sieben Tipps für die konstruktive, wertschätzende Zusammenarbeit zwischen Jung und Alt, eines altersübergreifenden Wissensmanagements sowie zur besseren Nutzung der Potenziale älterer Mitarbeiter.

Ein Generationsleitbild für Unternehmenskultur schaffen

Eine Unternehmenskultur zwischen den Generationen aufbauen und vorleben, die Vorurteile abbaut, Hilfe anbietet und übergreifende Dialoge fördert, damit über gemeinsame Werte, wie Offenheit wieder Vertrauen und gegenseitige Wertschätzung kultiviert wird.

Eine altersgerechte Personalplanung forcieren

Personalplanung (kurz-, mittel- und langfristig) unter Aufrechterhaltung eines Wissens- und Erfahrungstransfers zwischen den Generationen in die Unternehmensplanung integrieren, um so mit neuer Bewusstheit die richtigen Dinge richtig zu tun, damit situationsgerechte Personalentwicklungskonzepte und daraus abgeleitete Maßnahmen zur Sicherstellung des richtigen Menschen am richtigen Platz zur richtigen Zeit mit den richtigen Rahmenbedingungen sorgen.

Altersgerechte Organisationsentwicklung in der Aufbau- und Ablauforganisation praktizieren

Bei der Gestaltung der Arbeitsplätze die Stärken, wie z. B. mehr Überblick, älterer Mitarbeiter nutzen und zugleich Arbeitsabläufe so optimieren, dass Bereiche in denen sie Schwächen zeigen, wie z. B. Rückgang der Geschwindigkeit bei IT-Anwendungen) bedacht werden.

Nutzung der Kraft des Alters

Ideenreich die Andersartigkeit der Leistungsfähigkeit akzeptieren und Erfahrungen und Handlungsstrategien älterer Menschen für das betriebliche Wissenssystem aktiv nutzen, um eine hierarchie- und funktionsübergreifende Wissensaustauschkultur zu fördern. Dafür z. B. Modelle des Mentorings, des Paten, des Seniorcoachs, des internen Changemanagers oder des Betriebsscouts aktivieren.

Lebenslanges Lehren und Lernen für alle Zielgruppen altersdidaktisch konzipieren

Maßnahmen zur Qualifizierung, Gesundheitsförderung und der sozialen Anerkennung so positionieren, dass die Leistungspotenziale über den gesamten Arbeitsprozess erhalten und ausgebaut werden. Das heißt auch – ganz konkret – Weiterbildungsbudgets für Ältere aufstocken oder umleiten.

Best practice in gemischten Teams sichern

In altersgemischten Teams Weisheit, reife Lebenserfahrung und junge Dynamiker zusammenbringen, um in einer möglichst „natürlichen" Belegschaftsstruktur normal miteinander umzugehen und gleichermaßen in dieser Kombination neue Synergie und Hochleistung zum unternehmerischen Wohle zu erzeugen.

Rahmenbedingungen zur intrinsischen Motivation der „jungen Alten" schaffen

Mit einem auf die Zielgruppe erweiterten Spektrum optionaler Zusatzleistungen (Cafeteriasystem) den individuellen, altersgerechten Bedürfnissen flexibel Rechnung tragen.

Literatur

Bildungswerk der Hessischen Wirtschaft e.V.: Alt und Jung im Unternehmen, Trojaner 11, 12/2001, Frankfurt

DEWE, B.: Bildung in der Lerngesellschaft — Grenzen und Möglichkeiten (Festrede anlässlich der WSB-Zertifikatsfeier, 25.03.2000)

DEWE, B.: Erwachsenenbildung und Arbeitsmarkt: Von der Qualifizierung zur Sozialisation, in News der CCC AG, Raesfeld: http://sub1.ccc-ag.dns2go.com/home/ index.htm

GRAF, A. (2002): Lebenszyklusorientierte Personalentwicklung, ein Ansatz für die Erhaltung und Förderung von Leistungsfähigkeit und -bereitschaft während des gesamten betrieblichen Lebenszyklus, Verlag Paul Haupt, Bern, Stuttgart, Wien

KARL, F.; TOKARSKI, W. (1992): Bildung und Freizeit im Alter, Huberverlag, Bern

MÜLLER, H.: Planet der Alten, in: managermagazin 12/00, S. 266 ff.

PACK, J.; u.a. (2000): Zukunftsreport demographischer Wandel, Innovationsfähigkeit in einer alternden Gesellschaft, Bonn

Personalführung 6/2002: Themenschwerpunkt: Neue Chancen im Alter, S. 24 - 58

SCHEMME, D., u.a. (2001): Qualifizierung, Personal- und Organisationsentwicklung mit älteren Mitarbeiterinnen und Mitarbeitern, Probleme und Lösungsansätze, Hrsg.: Bundesinstitut für Berufsbildung, Berichte zur beruflichen Bildung: H. 247, Bertelsmann, Bielefeld

WEIß, R. (1990): Die 26-Mrd.-Investition – Kosten und Strukturen betrieblicher Weiterbildung, Deutscher Instituts-Verlag

Alexander Böhne und Dieter Wagner

21 Neue Aufgabenfelder für ältere Mitarbeiter

Einsatz als Mentor

Eine antike Sage erzählt von Odysseus, der seinen Freund und Vertrauten Mentor bittet, sich während seiner Abwesenheit seines Sohnes Telemachos anzunehmen. Mentor wird daraufhin Telemachos Berater, Lehrer, Vertrauter, ja sogar zur Vaterfigur. Mentor jedoch ist eine Frau in Männergestalt, die Göttin Pallas Athene ...

Diese alte Geschichte vermittelt uns die Vorteilhaftigkeit einer generationenübergreifenden Partnerschaft, von der letztendlich alle Beteiligten profitieren (sollten). Sie zeigt aber auch, wie wenig wir heutzutage die Potenziale nutzen, die uns die immer größer werdende Zahl älterer Mitarbeiter bietet. Stattdessen setzen Organisationen, von wenigen Ausnahmen abgesehen, noch immer auf altersselektive Personalentscheidungen. Ältere Mitarbeiter stellen für Unternehmen ein Problem, weniger aber eine Chance dar. Die Personalpolitik ist darauf ausgerichtet, sich von älteren Mitarbeitern zu trennen, sei es durch Aufhebungs- und Abwicklungsverträge oder Frühverrentungen, sie durch jüngere und vermeintlich bessere Arbeitnehmer zu ersetzen. Die Unternehmen berauben sich und somit den Nachwuchskräften der Möglichkeit, von den Älteren und deren Erfahrungen zu profitieren. Ein Blick auf die demografische Entwicklung Deutschlands zeigt auch, das eine alterselektive Personalpolitik in der Zukunft kaum noch durchzusetzen ist. Bereits im Jahr 2010 sind 42% der erwerbstätigen Bevölkerung über 45 Jahre alt. Eine stetige Verjüngung ist auf Grund des demografischen Wandels kaum mehr möglich: immer mehr ältere Arbeitnehmer stehen immer weniger Berufseinsteigern und jüngeren Arbeitnehmern gegenüber. Nachwuchskräfte werden knapp und die Personalpolitik ist gezwungen, sich mit der wachsenden Zahl der älteren Arbeitnehmer aktiv zu beschäftigen. Diejenigen Unternehmen, die das wandelnde Generationenverhältnis für sich zu nutzen wissen, indem sie vorhandene Potenziale der Jüngeren als auch der Älteren optimal generieren, werden letztendlich erfolgreich sein.

Wie nun ist das Jahrtausende alte Konzept des „Mentoring", das in seiner institutionalisierten oder spontanen Form längst Eingang in die Personalentwicklung und andere Bereiche gefunden hat, zu gestalten, um älteren Mitarbeitern ein neues Aufgabenfeld zu eröffnen mit dem Ziel, eine altersintegrative Personalpolitik in Organisationen zu implementieren? Dabei sollte auch die Frage eine Rolle spielen, ob der Mentor immer ein erfahrener, in der Regel älterer Mitarbeiter sein muss, der den jüngeren Mentee unterstützt. Ist es nicht auch sinnvoll, einen jüngeren Mitarbeiter zum Mentor für einen älteren Schützling zu machen, um neue Impulse weiterzugeben? Mentoring sollte sich dabei für alle Beteiligten auszahlen, den Mentor, den Mentee, aber auch für die Organisation als Ganzes.

Bevor wir ein Konzept für ein altersübergreifendes Mentoring skizzieren, gilt es jedoch wesentliche Begriffe zu bestimmen. In einem ersten Schritt wird daher der Begriff des Mentoring näher erläutert.

In Anlehnung an Hilb (1997, S. 22), der eine Definition von Shea (1994) zu Grunde legt, ist Mentoring „a developmental , caring, sharing, and helping relationship where one person invests time, know-how, and effort in enhancing another person's growth, knowledge, and skills, and responds to critical needs in the life of that person in ways that prepare the individuals for greater productivity or achievement in the future".

Hilb (1997, S. 22 f.) unterscheidet dabei mehrere Arten von Mentoring:

Zum einen gibt es das spontane Mentoring (in der Regel auf einer informellen Basis), als Beispiel sei hier der Lehrer genannt, der die besondere musikalische Begabung seines Schülers erkennt und ihn dahingehend besonders fördert.

Dem gegenüber steht das institutionalisierte Mentoring (auch häufig strukturiertes oder gestütztes Mentoring genannt) – in der Regel in der Form von Programmen. Als eines von vielen Beispielen (Deutsche Bank, Deutsche Telekom, Lufthansa, Siemens, um nur einige große Namen zu nennen) sei hier die LB Kiel mit ihrem Mentoring-Programm genannt, die Mentoring als Instrument zur individuellen Personal- und Organisationsentwicklung einsetzt, um den hauseigenen Nachwuchs und junge Führungskräfte umfassend auf deren Aufgaben vorzubereiten (Grabbe/Möller, 2003, S. 26). Der Förderung der Chancengleichheit der Geschlechter wird dabei ein besonderer Stellenwert eingeräumt (vgl. ebenda). Kurz erwähnt sei an dieser Stelle, dass eine starke Formalisierung des Mentoring-Prozesses auch eine kontraproduktive Wirkung haben kann. Schon in den frühen achtziger Jahren wurde Kritik laut und eine Studie (Fury, 1980) diagnostizierte: „Mentoring (...) seems to work best, when it is simply allowed to happen". Fraglich ist dennoch, ob die Gefahr einer Überformalisierung überhaupt gegeben ist. Wunderer (2000, S. 427) weist in diesem Zusammenhang auf die Schwierigkeit hin, persönliche Mentorenbeziehungen überhaupt zu institutionalisieren. Dennoch sollten Bemühungen in diese Richtung unternommen werden, denn die fehlende Integration eines Mentorensystems in den organisatorischen Kontext kann zu Neid, Demotivation und zu einer Mikropolitik derjenigen Mitarbeiter führen, die nicht selbst von Mentoren profitieren (vgl. ebenda).

In „The Seasons of a Man's Life" (D.J. Levinson, 1978), stehen die Karriereverläufe von über 40 erfolgreichen Männern im Mittelpunkt. Viele der Befragten berichteten davon, dass ihre Vorgesetzten, ältere Topmanager, mit ihrem Rat und mit ihrer Unterstützung vielfältige Impulse für die berufliche Laufbahn gegeben hätten. Dieses noch spontane, interne Mentoring hat den Karriereverlauf offensichtlich durchaus positiv beeinflusst. Eine andere Befragung von 1250 Topmanagern in den USA ergab, das 64% von Mentoren geleitet wurden. Bei 48% der Befragten war es dessen direkter Vorgesetzter, 54% gaben an, dass z.T. auch höhere Vorgesetzte eine Mentorenfunktion übernommen haben. Für 68% der Topmanager begannen derartige Mentorenbeziehungen innerhalb der ersten fünf Berufsjahre (Wunderer, 2000, S. 427). Auch in diesen Fällen handelt es sich offenbar um internes (spontanes oder institutionalisiertes) Mentoring.

In Abhängigkeit vom Standort des Mentors, bekommen also das institutionalisierte und das spontane Mentoring noch eine interne bzw. eine externe Komponente. Abbildung 21-1 bietet eine Übersicht über mögliche Arten des Mentoring.

Abbildung 21-1: *Arten des Mentoring*
Quelle: In Anlehnung an Hilb, 1997, S. 22

Arten des Mentoring		Spontan	Institutionalisiert
Standort des Mentors	intern		
	extern		

Neben den individuellen Zielsetzungen der Mentoren und insbesondere der Mentees (individuelle Karriereziele) im Zielsystem eines Mentorenprogramms dient Mentoring einer Organisation in vielerlei Hinsicht. Erwiesen ist die positive Wirkung des Mentoring auf die Zufriedenheit am Arbeitsplatz (job satisfaction). Appelbaum/Ritchie und Shapiro (1994, S. 6) stellen nach der Analyse verschiedener Untersuchungen zu den Effekten von Mentoring fest: „A relationship appears to exist between mentoring and job satisfaction in two distinct ways. First a positive correlation between mentoring and career commitment. Second, a negative correlation exists between mentoring and dissatisfaction manifested in absenteeism, turnover and plateauing. In other words, mentoring fosters less absenteeism, turnover and plateauing.“

Um die positiven Effekte des Mentoring tatsächlich generieren zu können, bedarf es vierer Kernkompetenzen, ohne die es kein erfolgreiches Mentoring geben kann. Hilb (1997, S. 38 f.) skizziert auf der Basis von Überlegungen von Bell (1996, S. 11 f.) eine SAGE – Formel:

	Mentoring	=
		Surrendering
X	Accepting	
X	Gifting	
X	Extending	

Die einzelnen Variablen stehen dabei für:

Surrendering – unbedingte Unterstützung des Lernprozesses beim Begleiten durch den Mentor

Accepting = unbedingte Wertschätzung des Mentees durch den Mentor

Gifting = Großzügigkeit des Mentors – zu geben, ohne eine Gegenleistung vom Mentee zu fordern

Extending = die Beziehung zwischen Mentee und Mentor sollte derart gestaltet sein, dass sie ungeahnte Entwicklungsmöglichkeiten bietet.

(vgl. Hilb, 1997, S. 38).

Ist Mentoring noch recht einfach zu definieren und abzugrenzen (z. B. von anderen Begriffen der Personalentwicklung wie Coaching oder Counselling) ist die Suche nach einer passenden Definition für den älteren Mitarbeiter ungleich schwieriger. Ein Blick auf die Literatur zeigt, dass keineswegs Einigkeit darüber besteht, ab welchem Lebensjahr ein Mitarbeiter als ein älterer Mitarbeiter zu bezeichnen ist. Einigkeit besteht aber darüber, dass eine alleinige Beschränkung auf das kalendarische bzw. chronologische Alter als Auswahlkriterium wesentlich zu kurz greift. Andere Bestimmungsmerkmale wie Geschlecht, Familienstand, schulische und berufliche Ausbildung, Leistungsfähigkeit und -bereitschaft, Veränderungsbereitschaft, jedoch auch der berufliche Status oder die Branchenzugehörigkeit – man denke nur an die IT-Branche, dort gelten Mitarbeiter schon diesseits der 40 als „ältere Mitarbeiter" , dies trifft für andere Bereiche erst wesentlich später zu – sind Indizien für die starke Heterogenität der von außen als homogene Einheit wahrgenommene Gruppe der älteren Mitarbeiter. Weitere Variablen sind die ausgeübte Tätigkeit und die damit verbundenen Tätigkeitsanforderungen (vgl. Naegele, 1981, S. 1)

Da an dieser Stelle aber keine wissenschaftliche Diskussion über Sinn und Unsinn dieser oder jener Altersgrenzen geführt werden soll oder kann, beschränken wir uns auf die offiziellen Definitionen der OECD sowie der Bundesanstalt für Arbeit.

Ein Mitarbeiter, individuell betrachtet, ist laut OECD dann ein älterer Mitarbeiter, wenn er sich in der zweiten Hälfte seines Berufslebens befindet, gesund bzw. arbeitsfähig ist und noch nicht pensioniert wurde. Die OECD unterschiedet weiterhin zwischen alternden Arbeitnehmern, die zwischen 40 und 55 Jahre alt sind, und den älteren Arbeitnehmern, deren Alter zwischen dem 55 Lebensjahr und dem Zeitpunkt der Pensionierung liegt. Die Bundesanstalt für Arbeit hingegen bezeichnet einen Mitarbeiter dann als älter, wenn dieser das Alter von 45 Jahren erreicht hat. Die Bundesagentur für Arbeit legt genau diese Grenze fest, da es einen starken Zusammenhang zwischen eben jenem chronologischen Alter und Problemen bei der Platzierung von Arbeitnehmern auf dem Arbeitsmarkt gibt, die diese kritische Altersgrenze erreicht haben. Im folgenden wollen wir uns dieser Definition anschließen und bezeichnen die Person als älteren Mitarbeiter, die 45 Jahre und älter und noch nicht in den Ruhestand getreten ist. Wohlwissend, dass eine Beschränkung der Klassifizierung auf das Alter (s.o.) häufig nicht ausreichend ist.

Was aber macht den älteren Mitarbeiter so problematisch für diejenigen Organisationen, die eine alterselektive Personalpolitik befürworten, die den älteren Mitarbeitern Personalentwicklungsmaßnahmen verwehren (mit großen Dequalifizierungsrisiken letztendlich für das gesamte Unternehmen) für die , die ihre „Alten", von diesen gewollt oder nicht gewollt, in den Ruhestand schicken. Dies noch immer subventioniert vom Staat. Und was macht ältere Mitarbeiter so wertvoll für die Organisationen, die eine altersintegrative Personalpolitik gestalten, genannt seien beispielhaft die Deutsche Bank oder ABB?

Hinweise auf oben genanntes Verhalten gegenüber älteren Mitarbeitern gibt eine Analyse des Bildes, das die Verantwortlichen in den Unternehmen von älteren Mitarbeitern, und damit spiegelbildlich von jüngeren Mitarbeitern entwerfen. Älter zu werden, so die gängige Meinung, bedeutet Leistungsdefizite zu haben, sich gegenüber Neuem zu verschließen, unflexibel zu sein. Jung hingegen steht für Innovation und Leistungsfähigkeit. Vieles von dem basiert auf der so genannten Defizittheorie, die obwohl wissenschaftlich widerlegt, noch in vielen Köpfen durchaus präsent und Ursache für viele altsselektive Personalentscheidungen ist.

Die Defizittheorie geht u.a. davon aus, dass Leistung, Lernfähigkeit und Interesse an modernen Entwicklungen mit dem Alter abnehmen (Haeberl, 1999, S. 589). Zunehmen würden hingegen der Wunsch nach Rückzug und Alleinsein, eine allgemeine Anfälligkeit für Krankheiten und die Unfallgefährdung mit steigendem Lebensalter (vgl. ebenda). Die Altersstereotype führen dazu, dass ältere Mitarbeiter bei Personalentwicklungs- und Weiterbildungsmaßnahmen kaum oder keine Rolle mehr spielen. Folge ist aber, dass es für ältere Mitarbeiter zunehmend schwerer wird, sich den stetig wandelnden Umweltbedingungen anzupassen. Ohne ihr Zutun haben sie Nachteile gegenüber jüngeren Mitarbeitern, mit denen sie auch konkurrieren. Ihr Ansehen und ihr Status im Unternehmen sinken, sie werden an den Rand gedrängt. Diese Desintegration bewirkt einen Demotivierungsprozess bei den älteren Mitarbeitern und möglicherweise tritt das ein (innere Emigration, Desinteresse etc.), was vorher älteren Mitarbeitern als Etikett angeheftet wurde. Und somit bestätigen sich letztendlich die Vorurteile gegenüber älteren Mitarbeitern, dennoch sind die Variablen der Defizittheorie gleichwohl Folge und nichtgerechtfertigter Beweggrund einer desintegrativen Personalpolitik.

Wie verändert sich aber ein Arbeitnehmer mit steigendem Lebensalter wirklich. Ist er genauso kompetent wie ein Jüngerer, weniger kompetent oder gar kompetenter? Tatsächlich findet im Alter ein Kompetenzwechsel statt. Kompetenzen können mit steigendem Lebensalter noch ansteigen, sie bleiben nahezu erhalten oder sie verringern sich. Abbildung 21-2 stellt eine Übersicht über den Kompetenzwechsel im Alter dar.

Ausgehend vom Wissen um Kompetenzveränderungen mit steigendem Lebensalter sind nun Ansatzpunkte herauszuarbeiten, um Mentoring für ältere Mitarbeiter als neuem Aufgabenfeld erfolgreich zu implementieren.

Das mit dem Älterwerden einhergehende Abnehmen physischer und psychischer Eigenschaften und Fähigkeiten legt allerdings nahe, Überlegungen dahingehend zu treffen, ob Mentoring einseitig als ein Fluss von Alt zu Jung zu gestalten ist, oder ob ein modern verstandenes Mentoring doch eher einen zirkulierenden Charakter haben sollte. Ohnehin profitiert nicht nur der Mentee von einem Mentorensystem, sondern ebenfalls der Mentor. Durch Mentoring wird der Kontakt zwischen älteren und jüngeren Mitarbeitern gestärkt, ein Einblick in z. T. unterschiedliche Lebens- und Arbeitswelten erweitert den Horizont beider Gruppen.

Erinnern wir uns daran was modernes Mentoring beabsichtigt: der (in der Regel) Vorgesetzte unterstützt den Mitarbeiter bei dessen beruflicher und persönlicher Entwicklung (vgl. Wunderer, 2000, S. 427). Betrachtet man nun die Kompetenzen, die einen älteren Mitarbeiter auszeichnen, zuallererst die Erfahrung, aber auch dessen Urteilvermögen, seine Toleranz, seine soziale Kompetenz als auch die Kooperation, so ist der Ältere mehr als geeignet, diese Tugenden an seinen Protege weiterzugeben.

In diesem Zusammenhang muss aber ebenfalls der Wert des Gutes „Erfahrung" kritisch hinterfragt werden. Die Halbwertzeit des Wissens, das ist lange bekannt, verringert sich immer mehr. Aktuelles Fachwissen ist mehr denn je gefragt. Das Beispiel der Informations- und Kommunikationstechnologien mit ihrer rasanten Veränderungsgeschwindigkeit macht deutlich, das Erfahrung in diesem Bereich kaum oder überhaupt nicht relevant ist. Die Fähigkeit, neueste Technologie zu kennen und sie anzuwenden, ist von strategischer Bedeutung für die Unternehmen geworden. Hier spricht die abnehmende Kompetenz älterer Mitarbeiter insbesondere bei der

Abbildung 21-2: *Kompetenzwechsel im Alter*
Quelle: Haeberle, 1999, S. 593

Kompetenzwechsel im Alter		
Mit steigendem Lebensalter		
erhöhen sich in der Regel folgende menschliche Eigenschaften bis zum individuellen Maximum	**bleiben** folgende menschliche Fähigkeiten **weitgehend erhalten**	**Verringern** sich folgende menschliche Eigenschaften
Körperliche (physische) Eigenschaften und Fähigkeiten		
Geübtheit (in Abhängigkeit von Art und Dauer der Tätigkeit)	Widerstandsfähigkeit gegen physische Dauerbelastung unterhalb der Belastungsgrenze	Muskelkraft, Beweglichkeit, Widerstandsfähigkeit gegen kurzzeitige Belastungen, Seh- und Hörvermögen, Tastsinn
Geistige (psychische) Eigenschaften und Fähigkeiten		
Erfahrung, Geübtheit in Abhängigkeit von Art und Dauer der Tätigkeit, Urteilsvermögen, Ausdrucksvermögen, sprachliche Gewandtheit, Selbständigkeit, Verantwortungsbewusstsein, Zuverlässigkeit, Sicherheitsbewusstsein, Ausgeglichenheit und Beständigkeit, Einschätzung eigener Fähigkeiten, Toleranz, soziale Kompetenz, Entscheidungs- u. Handlungsökonomie, dispositives Denken	Allgemeinwissen, Fähigkeit zur Informationsaufnahme und -verarbeitung, Aufmerksamkeit, Konzentrationsfähigkeit, Merkfähigkeit (Langzeitgedächnis), Widerstandsfähigkeit gegen eine im Arbeitsprozess übliche Belastung	Geistige Beweglichkeit und Umstellungsfähigkeit, Geschwindigkeit der Informationsaufnahme u. -verarbeitung (Reaktionsvermögen) bei komplexer Aufgabenstellung, Widerstandsfähigkeit bei hoher psychischer Dauerbelastung, Abstraktionsvemögen, Kurzzeitgedächtnis, Risikobereitschaft, Erleben von Eigenbetroffenheit in potentiell belastenden Situation

geistigen Beweglichkeit und Umstellungsfähigkeit eher für eine jugendzentrierte Personalpolitik.

Greift man aber den Gedanken auf, dass intergenerative Lernprozesse einen beidseitigen Charakter haben sollten, so lässt sich die Innovationsfähigkeit eines Unternehmens „trotz" älterer Mitarbeiter durchaus erhalten. Am Beispiel der Lufthansa AG zeigt sich, dass der Mentor auch ein Mitarbeiter sein kann und der Mentee die Führungskraft. Die Lufthansa AG hat E-Business als bedeutend für sich diagnostiziert und hat begonnen, dahingehend nicht nur Strukturen zu verändern, sondern auch die Kompetenzen der Manager hinsichtlich ihres IT-Wissens zu verbessern. Das Potenzial jüngerer Mitarbeiter wird dahingehend genutzt, dass man so genannte Web-Mentoren einsetzt, die die Führungskräfte (Web-Mentees) bei dem Kompetenzaufbau im Bereich IT unterstützten (Spieker/Selnick, 2002, S. 24).

Greifen wir nochmals die oben stehenden, in ihrer Gänze zu erfüllenden Kriterien für ein erfolgreiches Mentoring auf. Insbesondere die Variablen Surrendering, Accepting und Gifting sind durch ihre Unbedingtheit gekennzeichnet, von Seiten des Mentors als auch des Mentees. Riekhoff (1991, S. 699 f.) hingegen fordert eine besondere Belohnung für die Mentoren, da diese, besonders eingebunden in die Führungsaufgabe, im Vergleich zu anderen Mitgliedern des

Managements, gleichzeitig innovative Prozesse (bei Riekhoff sind die Proteges kreative Köpfe, deren innovativste Ideen durch die Mentoren gesammelt, bewertet nach ihrer wirtschaftlichen und technologischen Verwertbarkeit und auch dahingehend ausgewählt werden) und operative Prozesse zu leiten haben, und somit auch mehr Verantwortung bürden müssen (vgl. ebenda, S. 699). Vorgeschlagen wird in diesem Zusammenhang eine Belohnung für den Mentor in Form von Boni im Falle der Übernahme einer Innovation in den alltäglichen Geschäftsprozess (vgl. ebenda). Insgesamt erscheint uns diese Form der extrinsischen Motivation der Mentoren, neben der intrinsischen Motivation durch die Mentorentätigkeit selbst, durchaus geeignet, um ein Mentorenprogramm zu optimieren.

Besonders wichtig aber ist nach Meinung der Autoren die Variable Accepting, die die unbedingte Wertschätzung des Mentees durch den Mentor verlangt. Gerade in der Zusammenarbeit in altersheterogenen Konstellationen (und das ist die Beziehung Mentor – Mentee in der Regel immer) sehen sich jüngere gleichwohl wie ältere Mitarbeiter mit vielen Stereotypen konfrontiert. Wir sprachen dies bereits an anderer Stelle an. Neben der schon erwähnten Defizittheorie, die älteren Mitarbeitern ein sinkendes Leistungsniveau zuschreibt, sind jüngere Mitarbeiter durchaus an einer altersdesintegrativen Personalpolitik interessiert, da sie durch eine Weiterbeschäftigung älterer Mitarbeiter die eigenen Aufstiegschancen blockiert oder zumindest die Weiterbeschäftigung gefährdet sehen (vgl. Menges, 2000, S. 212). Das Aufstiegs-, Macht- und Prestigestreben jüngerer Mitarbeiter (vgl. ebenda) kann somit das Accepting im Mentorenprozess gefährden. Spiegelbildlich gilt dies sicherlich auch für ältere Mitarbeiter, die sich durch die jüngere Konkurrenz in ihrem eigenen Status bedroht fühlen. Älteren Mitarbeitern fällt es oft auch schwer zu akzeptieren, dass der Jüngere in bestimmten Bereichen (z. B. IT) über aktuelleres Fachwissen verfügt (vgl. Lau-Villinger/Seitz, 2002, S. 5). Deren Rat anzunehmen wird natürlich erschwert (vgl. ebenda). Lau-Villinger/Seitz erweitern schlussfolgernd die altersübergreifende Zusammenarbeit in Form einer Mentoren-Mentee-Beziehung zu so genannten Tandems, in der intergenerative Partnerschaften entstehen, die das gemeinsame Lernen Älterer und Jüngerer zum Ziel hat (vgl. Lau-Villinger/Seitz, 2002, S. 65). Somit werden altersheterogene Lern- und Arbeitsstrukturen geschaffen (vgl. ebenda).

Seien es nun Tandems oder klassische Mentorenprogramme, der Einsatz als Mentor als neues Aufgabenfeld scheint durchaus geeignet, das betriebliche Erfolgspotenzial der älteren Mitarbeiter (aber auch der Nachwuchskräfte) zu generieren. Eine Umstrukturierung der betrieblichen Aufgaben älterer Mitarbeiter von eher operativen Aufgaben zu Aufgaben mit mehr strategischem Charakter, und auch das sollte das Mentoring sein, kommt dem erwähnten Kompetenzwechsel im Alter entgegen. Gleichzeitig sind Effekte, die dem Accepting im Mentoring entgegenstehen, entscheidend gemindert. Dem Extending, der Gestaltung der Mentor-Mentee-Beziehung mit dem Ziel der Erreichung ungeahnter Entwicklungsmöglichkeiten, wird somit ebenfalls Rechnung getragen, da die Unterschiedlichkeit der Generationen nicht als Risiko, sondern als Chance begriffen wird. Die Unterschiedlichkeit des Alters ist Wettbewerbsvorteil, nicht -nachteil für die Unternehmen, die sich aktiv-integrativ mit ihrer alternden Belegschaft auseinander setzen.

Literatur

APPELBAUM, ST. H.; RITCHIE, ST.; SHAPIRO, B. T.: Mentoring Revisited – An Organisational Behaviour Construct, in: The International Journal of Career Management, Vol. 6 No. 3, 1994, pp. 3-10

BELL, C. R. (1996): Managers as Mentors – Building Partnership for Learning, San Francisco

FURY, K. (1980): Mentor Mania

GRABBE H.-W.; MÖLLER, CH.: Mentoring bei der LB Kiel, in: Personal, 04/2003, S. 26–28

HAEBERLE, F. (1999): Ältere Mitarbeiter im Betrieb, in: von Rosenstiel; Domsch; Regnet

HILB, M. (1997): Management by Mentoring – Ein wiederentdecktes Konzept zur Personalentwicklung, Neuwied, Kriftel, Berlin

NAEGELE, G. (1981): Arbeitnehmer in der Spätphase ihrer Erwerbstätigkeit – Literaturexpertise, Köln

RIEKHOFF, H.-C. (1991): Anreize im Innovationsprozess, in: Schanz, G.: Anreizsysteme in Wirtschaft und Verwaltung, Stuttgart

SHEA, G. F. (1994): Mentoring – Helping Employees , Reach their full Potential, New York

Nikolaus Mauerer und Silke Wickel-Kirsch

22 Employability älterer Mitarbeiter vor dem Hintergrund der gesellschaftlichen Entwicklungen am Praxisbeispiel einer Bank

22.1 Aktuelle Situation älterer Mitarbeiter

„Brose korrigiert Altersbilanz" war die Überschrift eines Artikels in „Personalführung" Heft 7/ 2003. Der Inhalt beschäftigte sich damit, dass ein Unternehmen ein spezielles Programm zur Erhöhung des Durchschnittsalters der Belegschaft aufsetzt, um Kompetenzen und Erfahrungen gerade älterer Mitarbeiter zu nutzen, und jüngeren Mitarbeitern die Möglichkeit zu geben, am Wissen der „alten Hasen" teilzunehmen.

Mit diesem Bekenntnis zu älteren Arbeitnehmern wird die Meinung widerlegt, dass ältere Mitarbeiter zum alten Eisen gehören und möglichst schnell auf Grund mangelnder geistiger Flexibilität, geringer Belastbarkeit und rudimentärer Kenntnisse beispielsweise in neuen Informationstechnologien in den Vorruhestand oder die beliebte Altersteilzeit geschickt werden müssen.

Im Folgenden beschäftigen wir uns mit der Frage, wie ältere Mitarbeiter erfolgreich sowohl aus Sicht des Unternehmens als auch aus Sicht der älteren Mitarbeiter eingesetzt werden können. Diskutiert wird diese Problematik in Literatur und Praxis unter anderem unter dem Stichwort „Steigerung bzw. Erhalt der Employability". Wobei unter Employability grundsätzlich der Wert eines Mitarbeiters auf dem Arbeitsmarkt verstanden wird. Dieser Arbeitsmarkt-Wert wird primär durch die objektiven Fähigkeiten der Mitarbeiter bestimmt, aber er wird bei älteren Arbeitnehmern auch maßgeblich beeinflusst durch die Einstellung zur Arbeit.

Um die Employability-Problematik besser verdeutlichen zu können, soll der Einsatz älterer Mitarbeiter am Praxisbeispiel einer deutschen Bank vorgestellt werden, die zahlreiche Maßnahmen zum Erhalt der Employability auf den Weg gebracht hat. Zuvor wird aufgezeigt, warum die Integration älterer Mitarbeiter in das Arbeitsleben zunehmend wichtig wird und sich kein Unternehmen diesem Thema mittelfristig entziehen kann.

22.2 Notwendigkeit der Integration von älteren Arbeitnehmern

Die Integration älterer Arbeitnehmer (unter „älter" sollen Mitarbeiter mit 50 Jahren und darüber verstanden werden) wird in Deutschland aus verschiedenen Gründen eine Notwendigkeit werden. Die hierfür relevanten Entwicklungen werden kurz aufgezeigt.

22.2.1 Demografische Entwicklung

In rund zehn Jahren wird ein Drittel der Erwerbspersonen zwischen 50 und 64 Jahren alt sein[1]. Das heißt, dass Arbeitgeber immer stärker darauf angewiesen sein werden, auch ältere Mitarbeiter in die sich ständig wandelnden Arbeitsprozesse in Form einer ständigen Weiterbildung zu integrieren. Damit werden Modelle, wie Vorruhestand, Altersteilzeit und teilweise sogar die Entlassung in die (vorübergehende) Arbeitslosigkeit, die heute praktiziert werden, aus Sicht der Unternehmen nicht mehr sinnvoll sein. Das derzeitige Verhalten wird für viele Unternehmen in eine Sackgasse führen, denn die heute in den Ruhestand „beförderten" Mitarbeiter müssen entweder für viel Geld und höhere Gehälter wieder ins Berufsleben zurück geholt werden, oder aber es müssen junge Mitarbeiter gefunden werden, die die Arbeit übernehmen können. Da im Gegensatz zu heute mit einer extremen Knappheit junger Arbeitnehmer auf dem Arbeitsmarkt zu rechnen ist, bleibt unklar, woher diese Arbeitnehmer kommen sollen. Auf Grund dieser Knappheit ist darüber hinaus mit einer deutlichen Angleichung zwischen den Gehältern junger und älterer Arbeitnehmer zu rechnen. Die Bezahlung wird sich mehr an dem Arbeitsinhalt und der erbrachten Leistung orientieren müssen und weniger an der derzeit oft anzutreffenden Denkhaltung, dass das Gehalt mit der Anzahl an Dienstjahren zunehmen muss.

Ein weiterer Grund, weshalb die Arbeitnehmer zukünftig nicht mehr wie bisher mit 55 Jahren in den Vorruhestand bzw. die Altersteilzeit gehen können, ist die Frage der Altersversorgung. Prognosen geben an, dass jedes zweite Mädchen, das nach 2000 geboren wird, über 100 Jahre alt werden wird.[2] Immer weniger Junge sollen also bei steigender Lebenserwartung immer mehr noch körperlich und geistig fitte Rentner ernähren. Die Rentensysteme auf Basis eines Generationenvertrags werden dies auf Dauer nicht tragen können, so dass entweder eine Erhöhung der Lebensarbeitszeit und damit eine Verlängerung der Einzahlungszeiten erreicht werden muss oder ein starker Abfall der Leistungen der gesetzlichen Rentenversicherungen in Kauf genommen werden muss. Hinzu kommt, dass durch eine Veränderung von einer Industriegesellschaft mit körperlich schwerer Arbeit zu einer Wissensgesellschaft mit Kopfarbeit, auch ältere Mitarbeiter eher in den Erwerbsprozess einbezogen werden können.

---

[1]   vgl. Reinberg/ Hummel, 2003, S. 48 ff
[2]   vgl. Freyermuth, 2002, S. 40-50

22.2.2 Allgemeine Personalrisiken

In den letzten Monaten tritt das Thema Personalrisiken immer stärker in den Vordergrund der Diskussion, die zunächst durch Basel II ausgelöst wurde. Im Zuge dieser Diskussion fingen zunächst Banken und mittlerweile immer häufiger auch Unternehmen anderer Branchen an, sich über die im eigenen Unternehmen schlummernden Personalrisiken Gedanken zu machen.

Kobi[3] teilt die im Unternehmen relevanten Personalrisiken unter Einbezug aller Mitarbeitergruppen eines Unternehmens in vier Kategorien ein:

1. Er spricht vom *Engpassrisiko*, wenn ein Unternehmen zu wenige Leistungsträger in den eigenen Reihen hat. Allerdings bietet sich zur Reduktion dieses Risikos die Möglichkeit, interne Mitarbeiter mit Potenzial zu qualifizieren oder extern die benötigten Leistungsträger zu rekrutieren.

2. Das *Austrittsrisiko* kennzeichnet die Kategorie von Risiko, das sich auf das Abwandern wichtiger Köpfe und Führungskräfte richtet. Wenn die Leistungsträger zur Konkurrenz abwandern, können erhebliche Schäden für das Unternehmen entstehen. Hier gilt es für das Unternehmen, die gefährdeten Gruppen und Personen zu identifizieren und gezielte Anreizgestaltung zum Verbleib im Unternehmen zu betreiben.

Abbildung 22-1: *Risikokategorien und Risikomanagementprozess nach Kobi [4]*

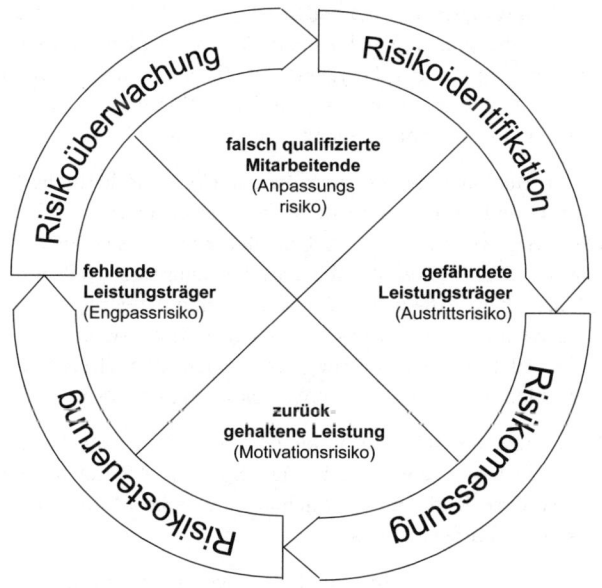

---

[3] vgl. Kobi, 2002, S. 13 ff
[4] In Anlehnung an Kobi, 2001, S. 15 ff.

3. Das *Anpassungsrisiko* bezieht sich auf die Problematik, dass im Unternehmen zwar mengenmäßig ausreichend Mitarbeiter vorhanden sind, die auch nicht abwandern wollen, diese Mitarbeiter allerdings nicht (mehr) die erforderliche Qualifikation aufweisen. Hier müssen Unternehmen mit Umqualifizierungen reagieren, im Idealfall sollte aber bereits eine laufend durchgeführte, aktive und strukturierte Weiterbildung geleistet werden.

4. Das *Motivationsrisiko* schließlich beschäftigt sich mit dem Problem der durch die Mitarbeiter zurückgehaltenen Leistung. Das heißt, dass Mitarbeiter weniger leisten als sie könnten. So haben diverse Studien immer wieder ergeben, dass Mitarbeiter im Regelfall nur 80 % der möglichen Leistung (für 100 % des Gehalts) erbringen. Hier gilt es aus Sicht des Unternehmens, die innerlich gekündigten und die ausgebrannten Mitarbeiter zu mehr Leistung zu motivieren.

Für jede kritische Zielgruppe eines Unternehmens erfolgt eine Risikoabschätzung anhand der Kriterien strategische Bedeutung/Anzahl der Mitarbeiter innerhalb dieser Zielgruppe gewichtet mit der Eintrittswahrscheinlichkeit.

22.2.3 Personalrisiken bezogen auf ältere Mitarbeiter

Betrachtet man nun speziell die Gruppe älterer Mitarbeiter eines Unternehmens rückt Kobi in der derzeitigen wirtschaftlichen Situation die Risikokategorie „zurückgehaltene Leistung" in den Vordergrund (vgl. Tabelle 22-1), da ältere Arbeitnehmer häufig nicht mehr voll motiviert sind und bewusst auf den Ruhestand „hinarbeiten". Denn in der Unternehmenspraxis zeigt sich immer wieder, dass nur diejenigen Arbeitnehmer den vorzeitigen Ruhestand „erhalten", die nicht mehr die volle Leistung bringen. Diejenigen, die bis zum „letzten Tag" voll arbeiten, will das Unternehmen behalten und nicht vorzeitig verlieren. Damit ist es aus Sicht des einzelnen älteren Arbeitnehmers unklug, die volle Leistung und den vollen Einsatz im Beruf zu erbringen.

Weiterhin lässt sich in Anlehnung an Kobi für die aktuelle wirtschaftliche Lage ableiten, dass das Austrittsrisiko auf Grund der derzeit nicht guten Chancen älterer Arbeitnehmer auf dem externen Arbeitsmarkt gering ist. Viele ältere Arbeitnehmer ziehen sich als Ausweichmöglichkeit in den geistigen Vorruhestand zurück. Als fehlende Leistungsträger im Sinne des Personalrisikomanagements können ältere Arbeitnehmer bislang noch nicht gesehen werden, da der Markt heute in den meisten Berufen noch ausreichend junge Leistungsträger bereithält. Schon eher kommt das Risiko der falschen Qualifizierung zum tragen, da viele Ältere den Anschluss an technologische Entwicklungen bewusst oder unbewusst verpasst haben.

Die Risikobetrachtung sollte allerdings nicht nur aus heutiger Sicht angestellt werden. Vielmehr ist relevant, wie sich die Risikokategorien bezüglich älterer Arbeitnehmer in einigen Jahren darstellen. Und hier ist eine deutliche Verschiebung weg vom Motivationsrisiko hin auch zu den anderen drei Risikokategorien zu erwarten:

■ *Engpassrisiko*: Zum einen ist es auf Grund der angesprochenen demografischen Entwicklung zu erwarten, dass sehr wohl ältere Arbeitnehmer als Leistungsträger gesehen werden (müssen) und einen Engpass darstellen, wenn es dem Unternehmen nicht gelingt, diese Leistungsträger zu halten.

Tabelle 22-1: *Personalrisiken am Praxisbeispiel einer Bank*[5]

Risikokategorie	Kritische Zielgruppen	Strat. Bedeutung / Anzahl	Eintrittswahr- scheinlichkeit	Risiko
Fehlende Leistungsträger	– Projektleiter	4	5	20
	– Allfinanzberater	5	5	25
	– Führungsnachwuchs	5	4	20
Austritte von Leistungsträgern	– Informationsspezialisten	4	3	12
	– Investmentberater	5	4	20
Falsch qualifizier- te Mitarbeiter	– Produktionsmitarbeiter	2	5	10
Zurück gehaltene Leistung	– innerlich Gekündigte	3	3	9
	– Ausgebrannte	2	3	6
	– ältere Mitarbeiter	4	5	20

5= sehr hoch/ sehr wichtig   1= sehr niedrig/ unwichtig

▩ *Anpassungsrisiko*: Zum anderen ist es absehbar, dass die technologische Entwicklung sich immer weiter beschleunigt. Daher müssen Unternehmen viel früher nicht nur die Parole des lebenslangen Lernens ausgeben, sondern diesen Anspruch auch in die Tat umsetzen.[6] Hier geht es darum, Mitarbeiter ständig weiter zu bilden, um Berührungsängste mit neuen Techniken und Technologien gar nicht erst aufkommen zu lassen, und gezielt ältere Arbeitnehmer ihren Bedürfnissen gerecht zu schulen. Weiterbildungsinstitutionen bieten bereits die ersten Angebote für ältere Arbeitnehmer an, die auf ein geringeres Lerntempo und andere Vermittlung des Lernstoffs ausgerichtet sind.

▩ *Austrittsrisiko*: Schließlich wird auch das Austrittsrisiko älterer Mitarbeiter in zehn Jahren für viele Unternehmen relevant sein. So lässt sich heute schon feststellen, dass in einigen Ausbildungsberufen kaum bis gar kein Nachwuchs auf dem Markt ist. Die Bewerberzahlen für Ausbildungsplätze für Chemikanten gehen beispielsweise stetig zurück; die Plätze können gerade bei kleineren Firmen kaum noch besetzt werden. Unter diesen Voraussetzungen ist es wichtig, die Fachkräfte so lange als möglich im Unternehmen zu halten und nicht in die Altersteilzeit zu entlassen. Unter diesen Bedingungen werden ältere Mitarbeiter immer stärker mit Austritt nicht nur drohen können, sondern auch „jenseits der 50" noch Wechselchancen haben und wahrscheinlich auch wechselbereit werden. Das heißt, getrieben durch die demografische Entwicklung wird sich ein Arbeitsmarkt für ältere Mitarbeiter aufbauen.[7] Hier müssen Unternehmen lernen, Bindungskonzepte für ältere Mitarbeiter zu entwickeln, die speziell auf deren Bedürfnisse zugeschnitten sind.

---

5 Entnommen aus Kobi, 2001, S. 16
6 vgl. Hierzu Staudt/ Kottmann, 2001
7 vgl. Behrend, 2002, S. 34 ff.

22.2.4 Erfahrungsschatz und Soziale Kompetenz

Ein großer Vorteil älterer Arbeitnehmer liegt darin, dass sie über einen reichen Schatz an Erfahrungen verfügen. Diese Erfahrungen beziehen sich zum ersten auf die fachlich-berufliche Seite. Auf Grund jahrelanger Berufstätigkeit verfügen diese Arbeitnehmer über Routine und Fachkenntnisse, die in verschiedenen Situationen hilfreich sein können. Überspitzt gesprochen, ist älteren Mitarbeitern keine Situation fremd. Dieses fachliche Wissen und die Erfahrungen können an jüngere Mitarbeiter weiter gegeben werden und stellen für das Unternehmen einen nicht zu unterschätzenden Wissensvorsprung dar.

Zum anderen kommt hinzu, dass ältere Mitarbeiter über einen reichen Erfahrungshintergrund bezüglich sozialer Fähigkeiten sowie Kontakten und informeller Verbindungen im Unternehmen verfügen. Auch hier gilt, dass sich Situationen häufig wiederholen und sich das einmal erworbene Wissen bezüglich des Umgangs miteinander und des sozialen Einführungsvermögens (wie Empathie und Konfliktfähigkeit) bei älteren Mitarbeitern ansammeln konnte. Dieses Wissen kann wiederum zum Wohle des Unternehmens eingesetzt und sicherlich teilweise auch an jüngere Mitarbeiter weiter gegeben werden.

Darüber hinaus verfügen ältere Mitarbeiter durch persönliche Kontakte zu Kunden, Lieferanten und öffentlichen Institutionen oft über ein nicht zu unterschätzendes informelles Netzwerk, das über lange Jahre aufgebaut wurde. Durch das Ausscheiden älterer Mitarbeiter gehen diese Kontakte häufig verloren, was zu spürbaren wirtschaftlichen Einschnitten im Unternehmen führen kann. Durch ein späteres Aussscheiden verbunden mit einer schrittweisen Verantwortungs- und Kontaktübergabe an jüngere Mitarbeiter lassen sich derartige Negativeffekte deutlich abschwächen.

22.3 Die Umsetzung der Employability am Praxisbeispiel

Zunächst soll kurz die Ausgangslage des Beispielunternehmens geschildert werden, bevor das Gesamtkonzept der eingeführten Maßnahmen und die Maßnahmen detailliert dargestellt werden.

22.3.1 Ausgangslage im Beispielunternehmen

Das Beispielunternehmen ist eine Bank in Deutschland, die das Universalbankgeschäft betreibt. Die Altersstruktur ist mit durchschnittlich 37 Jahren eher niedrig, das heißt, im Unternehmen arbeiten überwiegend junge Mitarbeiter. Die Mitarbeiterzahl beträgt ca. 2.500 Vollzeitmitarbeiter.

Da die Bank ein Konzept zum Umgang mit älteren Mitarbeitern entwickeln wollte, sollten zunächst die Besonderheiten der älteren Mitarbeiter durch eine Befragung erhoben werden. Dabei wurde festgestellt, dass es einen großen Anteil an älteren Mitarbeitern gibt, die offenbar bewusst Leistung zurück halten. Viele der älteren Mitarbeiter haben für sich den Horizont „Ausscheiden mit 55" definiert, auf den sie „aktiv hinarbeiten".

Durch die Befragung wurden außerdem andere Spezifika der älteren Mitarbeiter aufgedeckt. Es wurde deutlich, dass gerade ältere Mitarbeiter besonderen Wert auf das Gespräch mit dem Vorgesetzten legen und häufiger als jüngere Mitarbeiter das Bedürfnis haben, gelobt zu werden. Außerdem fragten sich die älteren Mitarbeiter in vielen Fällen, wie ihr weiteres Berufsleben aussehen soll. Ein Problem, mit dem sich dieses Unternehmen und unsere Gesellschaft zunehmend auseinander setzen muss, ist die Frage der Vorbilder für ältere Mitarbeiter. In einer Gesellschaft, in der kaum noch Mitarbeiter über 60 (sehen wir von Top-Managern und obersten Führungskräften einmal ab) im Berufsleben stehen, fehlen derartige Vorbilder. Wir gehen mit unseren älteren Arbeitnehmern und ihrem Wissen bislang wie mit Wegwerfgütern in für unsere Gesellschaft typischer Weise um. Wenn sie das „Verfallsdatum" überschritten haben, werden sie eben in den vorzeitigen Vorruhestand entsorgt. Außerdem ist es billiger junge Arbeitnehmer zu beschäftigen, da diese im Durchschnitt in niedrigeren Lohn- und Gehaltsgruppen eingruppiert sind und im Durchschnitt niedrigere Krankheitszeiten aufweisen.

Nach den Ergebnissen der Befragung sind für ältere Mitarbeiter die Arbeitsbedingungen ein wesentliches Kriterium bei der Frage, ob sie sich für den vorgezogenen Ruhestand oder ein Arbeitsleben bis zur offiziellen Altersgrenze entscheiden. Unter Arbeitsbedingungen wird dabei zum einen der Arbeitsort hervor gehoben. Gerade ältere Mitarbeiter stehen einem Ortswechsel mehrheitlich kritisch gegenüber. Zum anderen wird insbesondere der Leistungsdruck genannt, der einerseits an vielen Arbeitsplätzen objektiv zunimmt, der aber andererseits auch häufig subjektiv als steigend wahrgenommen wird. Insbesondere Termindruck und Überstunden werden als überproportional belastend empfunden.

22.3.2 Gesamtüberblick der Elemente zur Integration älterer Mitarbeiter

Auf Basis der Umfrageerkenntnisse wurde in der Beispielbank ein Gesamtkonzept entwickelt, das sich aus vielen einzelnen Maßnahmen zusammen setzt und zur besseren Integration der älteren Mitarbeiter führen soll. Das so genannte „Drei-Säulen-Konzept zur Sicherung der Employability älterer Mitarbeiter" soll in einem Gesamtüberblick dargestellt werden, bevor die einzelnen Maßnahmen detailliert erläutert werden (siehe Abbildung 22-2).

Die drei Säulen wurden bewusst auf das Fundament einer laufenden gezielten Qualifizierung während des gesamten Arbeitslebens gestellt. Als wesentliche Elemente des Konzeptes wurden zum einen Maßnahmen zur Anpassung der Arbeitsinhalte identifiziert, die an die besonderen Ansprüche älterer Arbeitnehmer wie beispielsweise ein geringeres Stressniveau angepasst werden müssen. Auch in Bezug auf die Arbeitszeit (höhere Flexibilität) und an die Arbeitsplatzgestaltung (Technikausstattung) bestehen besondere Anforderungen aus der Sicht älterer Arbeitnehmer.

Die entwickelten Maßnahmen sind nicht immer eindeutig einer Säule zuzuordnen. Sie werden bei demjenigen Themengebiet erläutert, bei dem der Schwerpunkt aus Sicht des Beispielunternehmens liegt.

Abbildung 22-2:   *Das Drei-Säulen-Konzept für die Employability älterer Mitarbeiter*

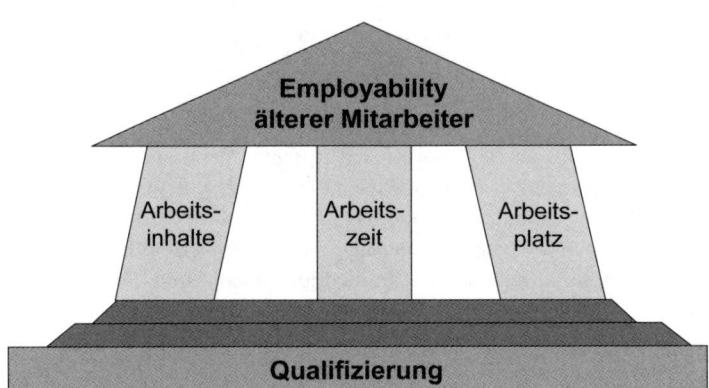

Allgemein ist zu den Maßnahmen anzumerken, dass für ältere Arbeitnehmer, die eine oder mehrere Maßnahmen aus dem Paket in Anspruch genommen haben, teilweise Garantien (insbesondere Gehaltsgarantien) abgegeben werden mussten. Hinzu kamen Statusgarantien im Sinne von Zusatzleistungen, wie Firmenwagen oder Sekretärin, die auch erhalten blieben, wenn beispielsweise statt einer Führungsposition eine Beraterfunktion übernommen wurde.

22.3.3 Qualifizierung als Basismaßnahme

Im Bereich „Qualifizierung" wurden von der Beispielbank drei Ansatzpunkte aufgegriffen: Zum Einen wurden spezielle Weiterbildungskurse für ältere Mitarbeiter entwickelt, zum Zweiten wurde das Bildungskontingent für ältere Mitarbeiter deutlich erweitert und zum Dritten wurde ein spezielles Weiterbildungscontrolling für ältere Mitarbeiter institutionalisiert.

Die Beispielbank hat begonnen, spezielle Kurse zur Weiterbildung für ältere Mitarbeiter zu entwickeln, die auf die spezifischen Bedürfnisse älterer Mitarbeiter zugeschnitten sind und ihre Stärken und Schwächen berücksichtigen. So wird z. B. die Lerngeschwindigkeit als niedriger angenommen, und die Seminare werden mit weniger Lernstoff pro Zeiteinheit durchgeführt. Außerdem werden, wenn zahlenmäßig möglich, nur ältere Mitarbeiter in einer Gruppe zusammengefasst. Dies fördert zum einen das Lernklima und nimmt die Angst, „dumme Fragen" zu stellen.

Außerdem sollen die älteren Mitarbeiter von ihrem Vorgesetzten häufiger zu Weiterbildungsmaßnahmen angemeldet werden, bzw. ihnen steht die Möglichkeit offen, sich häufiger zu Maßnahmen anzumelden als jüngeren Mitarbeiter. Um dies auch in der Praxis umzusetzen, wurden spezielle Informationsveranstaltungen durch die Weiterbildungsverantwortlichen der Personalabteilung durchgeführt. Das Ziel bestand darin, die erweiterten Möglichkeiten bei den Mitarbeitern bekannt zu machen, und die Akzeptanz der Weiterbildungsveranstaltungen bei älteren Mitarbeitern zu erhöhen.

Darauf aufbauend wurden durch den Weiterbildungsbeauftragen gemeinsam mit den älteren Mitarbeitern und deren Vorgesetzten in Einzelgesprächen spezielle Weiterbildungspläne basierend auf so genannten „Soll-Kompetenz-Profilen" ausgearbeitet. Diese berücksichtigen insbesondere die persönlichen Bedürfnisse und Möglichkeiten sowie die spezielle berufliche Situation des betroffenen Mitarbeiters. Die Verfolgung dieser Weiterbildungspläne wird durch die Bildungsabteilung überwacht und Abweichungen müssen detailliert begründet werden.

22.3.4 Arbeitsinhalte

Bei Maßnahmen in Bezug auf die Arbeitsinhalte wurde der Schwerpunkt auf Maßnahmen zur Weitergabe des Wissens und der Erfahrungen älterer Mitarbeiter an jüngere Mitarbeiter gelegt. Hierzu wurden zwei spezielle Programme für ältere Mitarbeiter entwickelt, nämlich das Patenmodell und der Aufbau einer speziellen Berater- bzw. Projekteinheit. Zusätzlich wird wie bisher die Umorientierung zu zukunftsfähigeren Arbeitsplätzen durch Umschulungen gefördert.

Patenmodell: Ältere Mitarbeiter verfügen über Wissen, das sie an jüngere Mitarbeiter weiter geben sollen und häufig auch wollen. Daher hat es sich z. B. in den USA immer wieder bewährt, dass ein älterer Mitarbeiter einem jüngeren als Pate bzw. Coach zur Seite gestellt wird. Er übernimmt dann Beratungsfunktion für den Jüngeren häufig nicht nur im fachlichen Bereich, sondern auch in persönlichen und sozialen Fragen. Eine solche Patenschaft wird von beiden Seiten als fruchtbar empfunden, wenn Pate und Patenkind sich persönlich gut verstehen. Für den älteren Mitarbeiter ist mit diesem Modell nicht nur Wertschätzung seiner Person und seines Wissens verbunden, sondern er kann das häufig als belastend empfundene Tagesgeschäft zumindest teilweise reduzieren.

In Anbetracht der Tatsache, dass ein Patenmodell vergleichsweise teuer ist, wird es vom Beispielunternehmen primär auf Fach- und Führungskräfte beschränkt. Eine kostengünstigere Alternative als das Einzelcoaching stellt die Übertragung der Ausbildungsverantwortung (z. B. Auszubildende, Nachwuchsführungskräfte) an ausgewählte ältere Mitarbeiter dar. Viele ältere Mitarbeiter sehen die Ausbildung von jungen Mitarbeitern als wichtige und persönlich motivierende Aufgabe an. Das Unternehmen profitiert dabei von der reichen Erfahrung und dem Wissenstransfer an den Nachwuchs.

Interne Beratergruppe: Ein ausgewählter Personenkreis älterer Mitarbeiter kann teilweise aus dem aktiven Tagesgeschäft ausscheiden und als interner Berater bzw. Projektmanager arbeiten. Hierzu wurde im Beispielunternehmen die Organisationseinheit „Organisationsentwicklung" um eine spezielle Gruppe von internen Beratern und Projektmanagern auf „Vollzeitbasis" erweitert. Diese Gruppe „erfahrener Hasen" koordiniert alle im Unternehmen laufenden Großprojekte und greift zusätzlich auf einen Pool von „Teilzeit"-Projektleitern zurück. Durch diese Konstruktion ist es möglich, den Einsatz externer Berater auf ein Mindestmass zurück zu drängen und gleichzeitig eine hohe Qualität bei der Durchführung von Projekten zu Gewähr leisten. Dieser Weg steht allerdings nur einer eingeschränkten Anzahl von Mitarbeitern offen, weil die interne Beratertätigkeit hohe Qualifikationen erfordert und nur eine bestimmte Anzahl von aus Unternehmenssicht sinnvollen Projekten durchgeführt werden können.

Umschulung: Wenn ältere Mitarbeiter den Wunsch zu einer Umschulung äußern, unterstützt die Beispielbank dies, wenn der Wunschberuf die Employability des Mitarbeiters erhöht. Damit ist gemeint, dass die Umschulung in einen Beruf stattfinden muss, der aus Sicht des Unternehmens bessere Zukunftschancen hat (sowohl auf dem internen als auch auf externen Arbeitsmarkt) als die derzeit ausgeübte Tätigkeit. Beispielsweise sinkt der Bedarf an reinen Kassierern durch die verstärkte Nutzung von „Schalterkassen". Eine Umschulung vom Kassierer zum Kundenberater wurde in der Beispielbank daher als förderwürdig definiert. An die Grenze stösst dieses Konzept, wenn die Fähigkeiten und Vorlieben des Mitarbeiters nicht mit den zukünftigen Anforderungen der Bank in Übereinstimmung gebracht werden können.

22.3.5 Arbeitszeit

Beim Thema Arbeitszeit wurde auf Grund der Ergebnisse der Befragung besonders auf die Anforderung älterer Mitarbeiter nach einer Flexibilisierung geachtet. Hierzu wurden die Wahlarbeitszeit (spezielle Form der Teilzeit) neu eingeführt sowie neue Möglichkeiten im Bereich des unbezahlten Urlaubs geschaffen. Auch die Gründung einer „Zeitarbeitsabteilung" schafft neue Möglichkeiten für ältere Mitarbeiter. Als ultima ratio bestehen weiterhin die klassischen Möglichkeiten der Altersteilzeit und des Vorruhestands.

Wahlarbeitszeit: Die älteren Mitarbeiter können bevorzugt ihre Arbeitzeit reduzieren und zwischen zwei und vier Tagen pro Woche arbeiten. Diese Maßnahme kommt vielen älteren Mitarbeitern entgegen, da sie finanziell gut abgesichert sind und die Belastung durch das Arbeitsleben reduziert wird, ohne dass sie ganz zu Hause bleiben müssen. Als sehr praktikabel haben sich Modelle erwiesen, bei denen sich mehrere ältere Arbeitnehmer einen oder mehrere Arbeitsplätze teilen und die Anwesenheit in Eigenverantwortung im Sinne einer autonomen Arbeitsgruppe selbst regeln. Voraussetzung für dieses Modell sind Arbeitsabläufe, die unabhängig vom Stelleninhaber durchgeführt werden können.

Unbezahlter Urlaub: Den älteren Arbeitnehmern wird auf Grund einer neuen Betriebsvereinbarung bis zu drei Monaten unbezahlter Urlaub pro Kalenderjahr gewährt. Auch dies kommt vielen älteren Arbeitnehmern entgegen, da Sie meist ohne große Einschränkungen auf Teile Ihres Gehalts verzichten können, andererseits aber auf Grund von familiärer und gesundheitlicher Situation oft längere Freizeitphasen beanspruchen möchten. Im Beispielunternehmen wird dieses Modell durch Zuschüsse im Bereich der Kranken- und Rentenversicherung besonders gefördert.

Zeitarbeitsgesellschaft: Die Bank hat ein Pendant zu einer Zeitarbeitsfirma „gegründet", das heißt eine interne Abteilung, in die ältere Mitarbeiter freiwillig wechseln können. Diese Abteilung stellt ihre Mitarbeiter anderen Abteilungen als Zeitarbeitskräfte zur Verfügung und stellt eine Weiterentwicklung des früheren „Springer-Systems" dar. Der Vorteil für die Mitarbeiter dieser Abteilung besteht in einer größeren Flexibilität bei den Einsatzzeiten, natürlich abhängig vom Bedarf der anderen Abteilungen. Andererseits müssen die Mitarbeiter auf einen Teil ihres

Gehaltes verzichten, wenn sie nicht 100% eingesetzt werden können oder eingesetzt werden wollen. In der Beispielbank wurde ein Mindestgehalt von 75% des letzten Bruttogehaltes unabhängig von der realen Einsatzzeit garantiert.

Altersteilzeit/ Vorruhestand: Schließlich wird als ultima ratio auch eine klassische Altersteilzeit- sowie Vorruhestandslösung angeboten. Diese Lösung wird allerdings nur gewählt, wenn keine Bindungsmaßnahmen fruchten, und keine andere der angebotenen Lösungen greift. Dies ist normalerweise nur der Fall, wenn der Mitarbeiter geistig schon fest im Ruhestand verhaftet ist, und eine Altersteilzeit- oder Vorruhestandslösung für ihn den einzig gangbaren Weg darstellt. In seltenen Fällen kommt es allerdings auch vor, dass das Unternehmen keine andere Lösung sieht. Allgemein ist hier zusätzlich anzumerken, dass die derzeit existierenden Lösungen in diesem Bereich finaziell vorteilhaft für den Arbeitnehmer ausgestattet sind. Im Beispielunternehmen wird daher zu diesen Punkten eine Neuverhandlung der Konditionen mit der Mitarbeitervertretung angestrebt.

22.3.6 Arbeitsplatzgestaltung

Unter dem Thema Arbeitsplatzgestaltung werden einerseits die klassische Arbeitsplatzgestaltung im Sinne der Ergonomie und andererseits neue Formen der Arbeitsplatzgestaltung wie Telearbeit verstanden.

Ergonomie: Auf Basis der Befragung wurde die ergonomische Gestaltung der Arbeitsplätze weitergehend untersucht. Als Ergebnis werden die Arbeitsplätze älterer Mitarbeiter besonders unter ergonomischen Aspekten jährlich überprüft und wenn sie den Anforderungen des Mitarbeiters nicht genügen, auch trotz finanzieller Belastungen umgestaltet. Die älteren Mitarbeiter genießen das Privileg, dass sie über das übliche Maß hinaus spezielle oder zusätzliche Büroausstattung (z. B. Schreibtischstühle) beantragen dürfen und diese auch einfacher genehmigt bekommen.

Telearbeit: Nicht alle, aber einige der älteren Arbeitnehmer, die sich gut mit den so genannten neuen Technologien arrangiert haben, nehmen gerne das Angebot der Telearbeit an. Zu selbst einzuteilenden Arbeitszeiten von zu Hause aus zu arbeiten, ist auch für ältere Arbeitnehmer verlockend. Sie können sich besser auf den Biorhythmus einstellen und unterliegen weniger Stress durch den Bürobetrieb.

22.4 Fazit

Aus dem oben dargestellten Praxisbeispiel wurde deutlich, dass es vielfältige Möglichkeiten gibt, ältere Mitarbeiter an das Unternehmen zu binden und für beide Seiten sinnvoll und produktiv einzusetzen. Allerdings erfordert ein solches Vorgehen oft einen langen Atem und viel Überzeugungsarbeit. Denn in einer Zeit, in der Altersteilzeit selbstverständlich geworden ist, schwimmt ein Unternehmen mit derartigen Maßnahmen gegen den Strom. Auch bei den meisten Mitarbeitern stoßen solche Programme nicht auf ungeteilte Freude, denn der Nachbar kann schon den wohlverdienten Ruhestand genießen, während man selbst noch arbeiten muss. Dass langfristig der Unternehmenserfolg nur durch frühzeitig aufgesetzte Bindungs- und Employabilityprogramme garantiert werden kann, zählt dabei für den einzelnen Mitarbeiter wenig.

Daneben erfordert ein solches Programm eine gute Vorbereitung und permanente Betreuung. Die Vorbereitung besteht darin, die Wünsche und Sorgen der betroffenen Mitarbeiter kennen zu lernen. Die laufende Betreuung durch die Personalabteilung und die Führungskräfte ist notwendig, um den Erfolg der einzelnen Maßnahmen zu überprüfen und gegebenenfalls notwendige Anpassungen vorzunehmen.

Literatur

BEHREND, C.: Demografischer Wandel – eine Chance für ältere Mitarbeitnehmer? in: Personalführung, 6/2003, S. 34-39

FREYERMUTH, G.: Arbeiten im Alter: Der neue Unruhestand, in: Personalführung, Heft 6/2002, S. 40-50

KOBI, J.-M. UND BACKHAUS, J. (Hrsg.) (2001): Personalrisikomanagement und seine Bedeutung für die Sparkassen-Finanzgruppe, Stuttgart

O.V.: Brose korrigiert Altersbilanz, in: Personalführung, 7/2003, S. 9

REINBERG, A. UND HUMMEL, M.: Steuert Deutschland auf einen massiven Fachkräftemangel zu? in: Personalführung, 6/2003, S. 38-50

STAUDT, E. UND KOTTMANN, M.: Technischer Wandel, berufliche Konsequenzen und Innovation, in: Personalführung, 4/2001, S. 68-72

Ekkehart Frieling, Thomas Fölsch und
Ellen Schäfer

23 Berücksichtigung der Altersstruktur der Bevölkerung in der Arbeitswelt von morgen

Abstract

Wie wird sich die Struktur der Bevölkerung entwickeln? Dies zu beantworten wird zunehmend leichter, da die empirische Datenbasis steigt und die Berechnungskriterien transparenter und präziser werden. Statistische Analysen machen deutlich, dass bei der vorhergesagten Entwicklung ein erheblicher Handlungsbedarf entsteht, um eine wettbewerbsfähige Volkswirtschaft aufrecht zu erhalten. Für die einzelnen Unternehmen bedeutet dies, sich auf die langfristig notwendigen Veränderungen der Personal- und Organisationsentwicklung einzustellen, selbst wenn der Handlungsdruck zurzeit noch relativ gering ist. Die Beachtung der Bevölkerungsentwicklung ist somit eine wesentliche Aufgabe einer gut organisierten, zukunftsorientierten Unternehmens- und Personalpolitik.

Dementsprechend werden in diesem Beitrag zunächst die relevanten Bevölkerungszahlen, aufbauend auf den Daten des Deutschen Statistischen Bundesamtes, dargestellt. Analysen der Mitarbeiterstruktur in Industrieunternehmen skizzieren ein Bild der Arbeitswelt von heute. Durch empirische Ergebnisse einer Bildungsbedarfsanalyse wird aufgezeigt, wie Beschäftigte unterschiedlicher Alterskategorien die Weiterbildung und Kompetenzentwicklung der zukünftigen Arbeitswelt einschätzen. Dies erlaubt Rückschlüsse auf das Verhalten und das Engagement von Mitarbeiterinnen und Mitarbeitern verschiedener Altersgruppen. Die Arbeitswelt von morgen wird unter dem Aspekt einer systematischen Kompetenz- und Organisationsentwicklung beschrieben, anhand von Beispielen werden Entwicklungstendenzen aufgezeigt. Im Ausblick finden sich Handlungsempfehlungen, um dem Thema „Altersstruktur der Bevölkerung in der Arbeitswelt von morgen" zu begegnen.

23.1 Demografische Entwicklung

Der demografische Wandel Deutschlands ist ein sich langsam vollziehender Prozess, der in seinen Rahmendaten bekannt ist (Birg, 2001). Seine Auswirkungen auf Arbeitsbedingungen und Beschäftigungsstrukturen können „vor allem in Verbindung mit den technischen und ökonomischen Entwicklungen sowie dem Strukturwandel zu einschneidenden Veränderungen führen" (Zahn-Elliott, 2001, S. 7). Die Alterung der Bevölkerung hat Auswirkungen auf die Zusammensetzung des Erwerbspersonen-Potenzials und damit auf die Arbeitswelt und Arbeitsmarktbilanz. Der demografische Wandel ist somit nicht nur eine Sache der Zukunft, er findet – allerdings eher unbemerkt und schleichend – seit Jahrzehnten statt.

Die Abbildungen 23-1 und 23-2 zeigen die Struktur der Bevölkerung. Die oft zitierte „auf dem Kopf stehende Pyramide" ist im Jahre 1999 noch nicht eindeutig zu erkennen, doch die Prognosen für das Jahr 2050 sehen einen entsprechenden Aufbau. Diese Entwicklungen sind unaufhaltsam und haben tief greifende Auswirkungen auf die Struktur der Bevölkerung im Erwerbsalter (Abbildung 23-3).

Abbildung 23-3 ist zu entnehmen, dass der Anteil der Menschen im Erwerbsalter im Laufe der Jahre bis 2020 in den Alterskategorien 50–65 Jahre und 30–50 Jahre kontinuierlich sinkt, wobei die Kategorie der 20–30-Jährigen nahezu konstant bleibt. Die Belegschaften können nur in Ausnahmefällen jünger werden, wenn die Gesellschaft immer älter wird. Prognosen gehen davon aus, dass bereits ab dem Jahr 2007 das Angebot an Auszubildenden und ab 2010 das Angebot an Arbeitskräften sinken wird (Jasper, Rohwedder & Schletz, 2001, S. 61).

Abbildung 23-1: *Altersaufbau der Bevölkerung I (Quelle: Statistisches Bundesamt)*

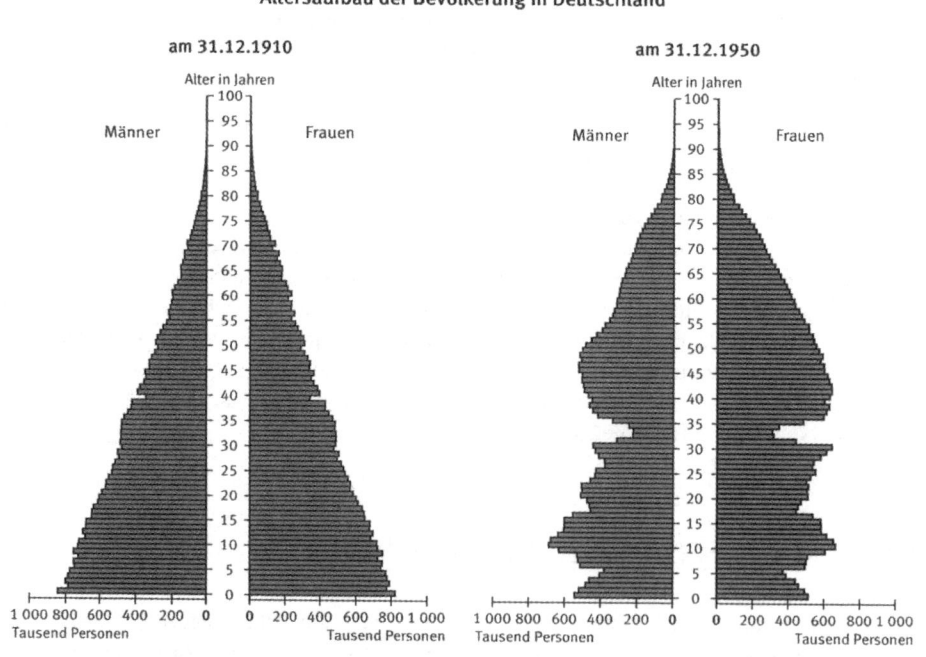

Abbildung 23-2: *Altersaufbau der Bevölkerung II (Quelle: Statistisches Bundesamt)*

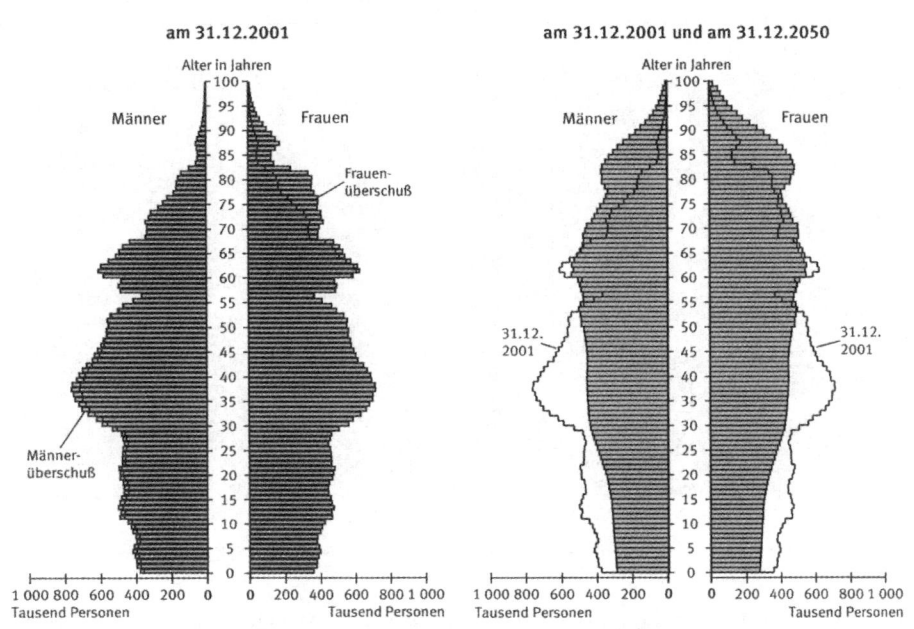

Daher gewinnt die Stellung älterer Arbeitnehmer in der Arbeitswelt eine neue Bedeutung, und die Erschließung der Arbeitskräftepotenziale älterer Beschäftigter sowie ihre Integration in den Betrieb wird zunehmend wichtiger. Für die Zukunft von Wirtschaft und Arbeitsmarkt wird u. a. entscheidend sein, ob eine alternde Erwerbsbevölkerung den Anforderungen des (technologischen) Wandels entsprechen kann und ob es gelingt, die dafür erforderlichen qualifikatorischen Anpassungsprozesse sowie organisatorischen und ergonomischen Gestaltungsmaßnahmen in den Unternehmen rechtzeitig zu entwickeln und umzusetzen (vgl. Frerichs, 1999, S. 2 f.).

Exemplarisch für die betriebliche Realität zeigt Abbildung 23-4 den demografischen Aufbau eines Industrieunternehmens mit ca. 4000 Beschäftigten. Dabei ist der Anteil der gewerblich-technischen und der Anteil der administrativen Tätigkeiten ungefähr gleich. Die Zahlen zeigen, dass nach der Berufsausbildung (Altersgruppe 20 bis 27) ein Einbruch zu verzeichnen ist. Das lässt Rückschlüsse auf eine außerberufliche Weiterbildung (Fachhochschulreife, Fachhochschule, Abitur, Universität etc.), Wehr- bzw. Zivildienst oder familiäre Gründe zu. Offensichtlich steigt der Anteil der Beschäftigten zwischen 27 und 35 Jahren stark an und verbleibt dann auf hohem Niveau, um ab einem Alter von 42 sichtlich abzunehmen.

Den Abbildungen 23-1 bis 23-3 ist zu entnehmen, dass sich der „Berg" der 35–42-Jährigen in den kommenden Jahren verschiebt, d. h. die Belegschaften werden insgesamt älter. Diese Erkenntnis vermag heutzutage kaum noch zu überraschen. Die demografische Entwicklung in Deutschland ist durch eine Zunahme der Gesamtzahl älterer Menschen gekennzeichnet (Som-

Abbildung 23-3: *Struktur der Bevölkerung im Erwerbsalter; Quelle: Bäcker et al., Statistisches Bundesamt 2003, www.sozialpolitik-aktuell.de*

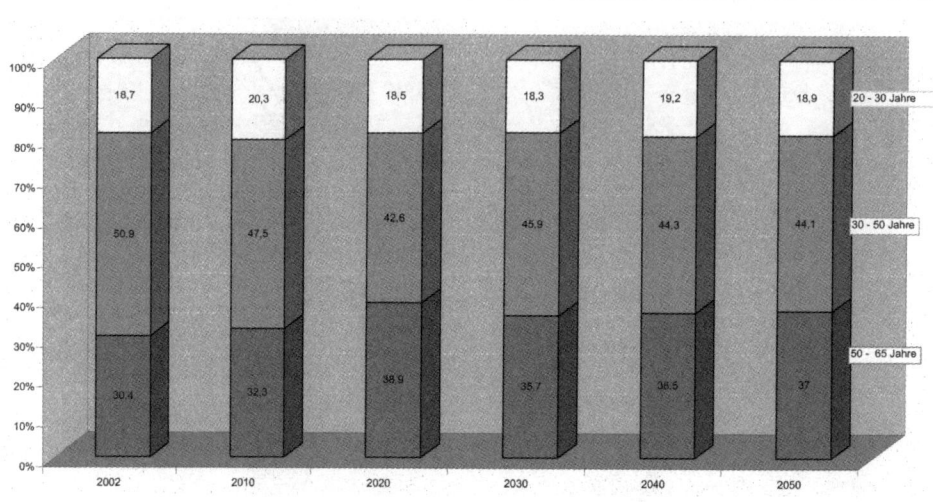

mer, 2000, S. 10 f.). Künftig wird der Anteil jüngerer Arbeitstätiger (15–30 Jahre) weiterhin deutlich abnehmen und dem Arbeitsmarkt werden mehr ältere Arbeitstätige (50 und älter) zur Verfügung stehen (Frerichs, 1999, S. 2). Daran können auch arbeits- und sozialpolitische Bemühungen nichts Grundsätzliches ändern.

23.2 Probleme der Arbeitswelt von heute

Trotz der zuvor skizzierten Tendenzen sind in der Praxis (immer noch) gegenläufige Entwicklungen zu beobachten. Es ist allgemein bekannt (vgl. Marstedt & Müller, 2003, S. 26 f.) und durch empirische Analysen (z. B. Frieling, Grote & Kauffeld, 2000, S. 167, siehe auch Abbildung 23-4) belegt, dass in vielen Unternehmen nur noch ein relativ geringer Anteil der Mitarbeiter in die Gruppe der 55–65-Jährigen fällt, da sie beispielsweise durch frühverrentungsorientierte Personalstrategien vorzeitig aus dem Unternehmen ausscheiden. Dies ist nicht nur angesichts der demografischen Entwicklung oder auf Grund von ökonomischen und volkswirtschaftlichen Erwägungen problematisch. Letztlich bedeuten solche Strategien, dass ältere Mitarbeiter und die mit dem Alter erworbenen Berufserfahrungen und Kompetenzen im Unter-

Abbildung 23-4: *Demografische Struktur eines Industrieunternehmens (Eigene Analyse, IfA 2003)*

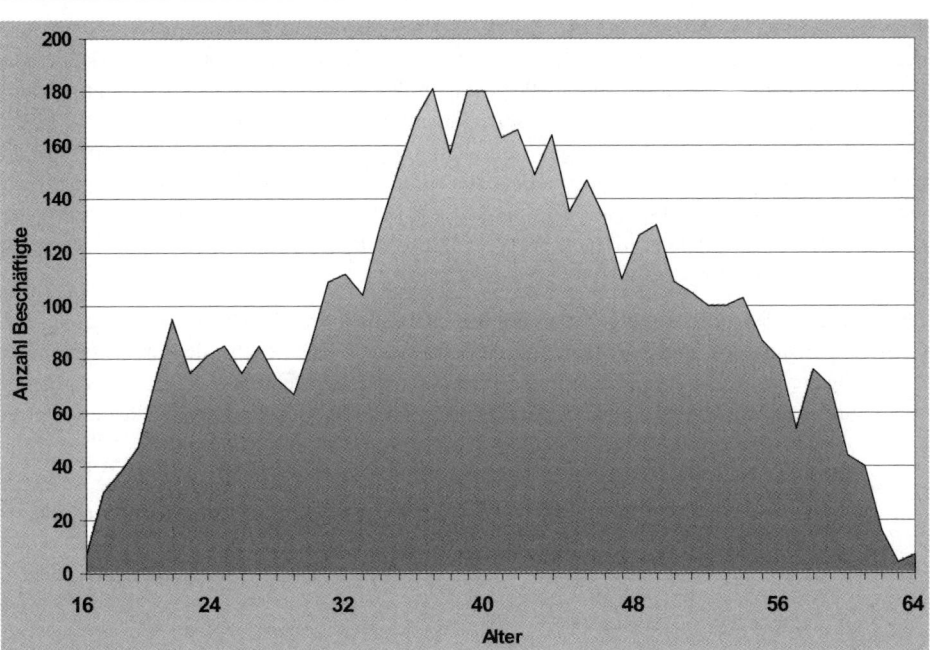

nehmen personell kaum vertreten sind. Wegen der Frühverrentung besteht für ältere Arbeitnehmer kein Anlass, im Unternehmen zu verbleiben. Die nur vom Diktat des „zeitlichen" Alters getriebene Bemühung, im Rahmen des Leanmanagement möglichst viele Mitarbeiter ohne Berücksichtigung ihres Beitrages zum Unternehmenserfolg in den Vorruhestand zu schicken, statt die Experten mit Beraterverträgen an das Unternehmen zu binden, zeigt ihre negativen Auswirkungen. Die gezeigten Statistiken geben jedoch klare Hinweise darauf, ältere fachkompetente Mitarbeiter nicht vorzeitig in den Ruhestand zu schicken. Vielmehr ist es notwendig, ältere Mitarbeiterinnen und Mitarbeiter systematisch zu fördern, um das erforderliche Erfahrungswissen im Unternehmen sicherzustellen. Gleichzeitig lässt sich die Notwendigkeit dokumentieren, eine zukunftsorientierte Personalentwicklung zur nachhaltigen Sicherung der Wettbewerbsfähigkeit zu betreiben (Frieling, Grote & Kauffeld, 2000).

Arbeitswelten stehen im Umbruch, sowohl die von heute als auch die von morgen. Auf Grund der zunehmenden Veränderungsdynamik sind flexible Lösungen erforderlich (Sonntag, 2002) wie z. B. betriebliche Rahmenverträge, die Standorte sichern und zugleich abteilungsinterne Vereinbarungen zulassen, um Auftragsspitzen bearbeiten zu können. Dies betrifft allerdings lediglich den Aspekt der Ökonomie, denn durch die zunehmende Globalisierung in den letzten Jahrzehnten ist eine Verschärfung der Weltmarktkonkurrenz sowie die Erhöhung des Rationalisierungsdrucks zu verzeichnen (Schlecht, 1999, S. 12). Der demografische Wandel wird die

Unternehmen zusätzlich dazu zwingen, Arbeits- und Organisationsbedingungen zu schaffen, die es den Beschäftigten erlauben, gesünder älter zu werden (Ilmarinen & Tempel, 2002) und Anreize für die Mitarbeiter zu bieten, im Unternehmen zu verbleiben.

Eine Sachverständigenkommission der Bundesregierung hat im so genannten „Dritten Altenbericht" (Bundesministerium für Familie, Senioren, Frauen und Jugend, 2000) herausgestellt, dass eine vorausschauende und präventive Personalpolitik notwendig wird, die der Entwicklung älterer Erwerbstätiger zu einer Risikogruppe für chronische Krankheiten und vorzeitige Berentung entgegenwirkt. Die Erhaltung der Beschäftigungsfähigkeit älterer Arbeitnehmer ist „die beste Maßnahme" (Badura, 2001, S. 3). Bezogen auf die vorliegende Thematik sollen unter den miteinander verbundenen Aspekten „Probleme der Arbeitswelt von heute" und „Fehlreaktionen im Umgang mit dem demografischen Wandel" kritische Punkte erwähnt werden, die Jasper et al. (2001, S. 62) wie folgt definieren (Abbildung 23-5).

Ebenso wie die Bevölkerung ergraut, so ergraut (und schwindet) die Erwerbsbevölkerung. Auf Grund des Geburtenrückgangs reduziert sich der potenzielle Nachwuchs, der den Unternehmen zur Verfügung steht. Die Probleme, die sich durch den demografischen Wandel ergeben, lassen sich nicht allgemein vorhersehen. Je nach Region, Branche und Struktur des Unternehmens

---

Abbildung 23-5: *Sechs typische Fehlreaktionen im Umgang mit dem demografischen Wandel; Quelle: Jasper et al., 2001*

sind verschiedene Aussagen notwendig. Zudem gibt es bisher nur wenige kohortenspezifische Erkenntnisse und Analysen auf solider empirischer Basis. Das heißt, dass Daten über physische und psychische Auswirkungen gleicher Arbeitsbedingungen auf Beschäftigte verschiedenen Alters benötigt werden. Dennoch ergeben sich übergreifende Fragestellungen (vgl. www.vdma.de, 23.05.2002):

- ▓ Können Unternehmen eine Haltung einnehmen, nach der die Diskussion zwischen den Generationen von Offenheit und gegenseitiger Unterstützung geprägt ist? Hier spielt das Thema Kommunikation und Kooperation eine große Rolle.

- ▓ Wie können Unternehmen mit alternden Belegschaften die Produktivität erhöhen bzw. das vorhandene Niveau halten? Hier ist eine gesundheitsförderliche Arbeitsplatzgestaltung relevant.

- ▓ Wie kann man dem drohenden Fachkräftemangel begegnen? Ein Ansatz wäre die verstärkte Nutzung vorhandener personeller Ressourcen. In diesem Zusammenhang muss das Thema Weiterbildung und Entgeltsysteme intensiv diskutiert werden.

- ▓ Können Unternehmen so innovativ sein wie bislang? Kernpunkte hierbei sind sicherlich die Motivation und die Kreativität älterer Mitarbeiter.

- ▓ Wie kann der erforderliche Wissenstransfer gelingen? Einerseits kommen weniger junge Mitarbeiter ins Unternehmen und somit wenig „neues Wissen". Andererseits ist es wichtig, das Erfahrungswissen der älteren Beschäftigten zu sichern.

23.3 Die Arbeitswelt von morgen erfordert eine systematische Organisations- und Kompetenzentwicklung

Die Perspektiven bezüglich der zukünftigen Arbeitswelt werden oft beschrieben. Hierzu sollen drei übergeordnete Entwicklungstendenzen skizziert werden: Erstens ist davon auszugehen, dass durch eine zunehmende Globalisierung die Sprachkenntnisse und die interkulturelle Kompetenz wichtiger werden. Zunächst auf der Ebene der höher qualifizierten Beschäftigten und schrittweise in allen anderen Bereichen. Zweitens wird die zunehmende Digitalisierung unseres Lebens- und Arbeitsumfeldes weiterhin eine verstärkte Auseinandersetzung mit moderner Informationstechnologie erfordern. Hier darf die Bevölkerung (oder Teile von ihr) den Anschluss nicht verlieren. Drittens behält das Thema Flexibilität seinen Stellenwert. Berufe werden seltener lebenslang ausgeübt, das Erwerbsleben ist geprägt von häufigem Wechsel der Arbeitsplätze, lebensbegleitender Weiterbildung sowie geografischer Ortsunabhängigkeit (vgl. Hensch & Wismer, 1997).

23.3.1 Betriebliche Veränderungen

In einer Erhebung des Bundesinstituts für Berufsbildung (BIBB) und des Instituts für Arbeit-
markt- und Berufsforschung (IAB) wurden Beschäftigte erstmals danach gefragt, ob in ihrem
Betrieb bestimmte technische und/oder organisatorische Veränderungen, Maßnahmen bzw. Ereignisse in den zurückliegenden zwei Jahren stattgefunden und ob sich diese auf die Arbeitssituation ausgewirkt haben (Abbildung 23-6). Etwa 77% der Erwerbstätigen erfuhren Veränderungen in ihrem Betrieb. Bei 41% der Befragten ergaben sich Auswirkungen auf die persönliche Arbeitssituation, 36% registrierten Veränderungen, die jedoch keinen direkten Einfluss auf
die persönliche Situation hatten. Der Überblick über Veränderungen fällt Mitarbeitern in kleineren Betrieben leichter, da in Großbetrieben die Entwicklungen anderer Arbeitsbereiche nur
schwer erfasst werden können. Wenn in größeren und Großbetrieben dennoch von sehr viel
mehr Personen Veränderungen bemerkt werden – insbesondere nimmt der Anteil derer zu, die
solche Veränderungen auf mehreren Ebenen wahrnehmen und die in ihrer Arbeit betroffen sind
– dann unterstreicht das die enorme Änderungsdynamik. In Betrieben mit mehr als 100 Beschäftigten war etwa jeder Zweite direkt bei seiner Arbeit von solchen Veränderungsprozessen
betroffen. In Kleinbetrieben (unter 10 Beschäftigte) traf dies nur auf 30% der Befragten zu.
Keine Veränderung registrierten 37% der Mitarbeiter in Kleinbetrieben, aber nur 10% der Beschäftigten in den größeren und Großbetrieben. Die häufigsten Veränderungen beruhen auf neu-
en Produktionstechniken, wovon 22% betroffen waren. Produktinnovationen hatten bei 15%
der Befragten Folgen für die Arbeit. Die Beschäftigungsentwicklung in den Betrieben hingegen

---

Abbildung 23-6: *Analyseergebnisse über betriebliche Veränderungsprozesse*
        Quelle: Jansen, 2002

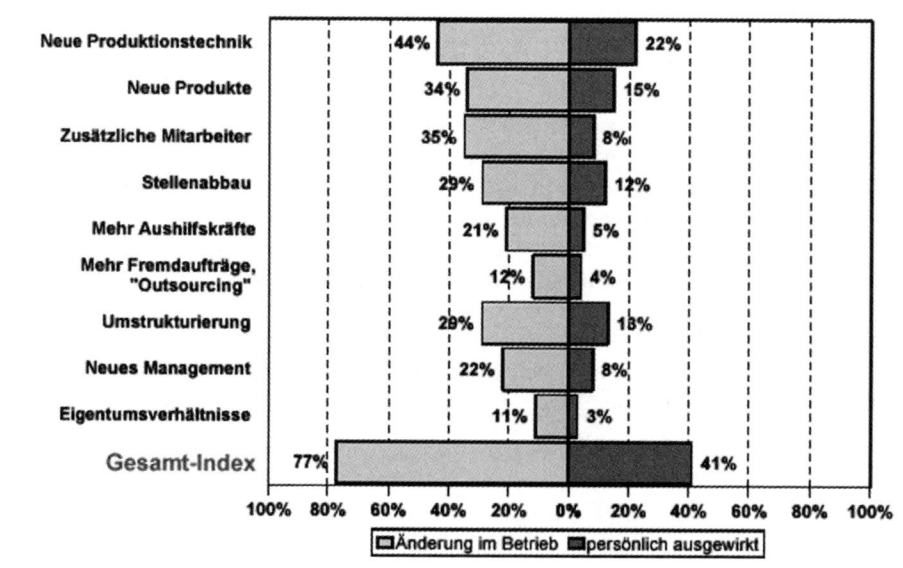

zeigt ein zwiespältiges Bild. Einerseits gaben 35% an, in ihrem Betrieb seien in den letzten zwei Jahren neue Mitarbeiter eingestellt worden. Andererseits berichten 29% von Entlassungen. Auswirkungen auf die eigene Arbeitssituation hat vor allem der Personalabbau (12%).

Neben technischen Innovationen im Produktionsprozess spielen organisatorische Veränderungen eine Rolle. Bei 29% der Befragten wurden in den letzten zwei Jahren Abteilungen oder Arbeitsbereiche umstrukturiert. Dies hat sich bei 13% auf die eigene Arbeit ausgewirkt. 22% der Befragten berichten von Veränderungen im Management oder bei dem eigenen Vorgesetzten. Dies hatte bei 8% Einfluss auf die eigene Arbeit (vgl. Jansen, 2002).

Veränderungen, die von zunehmender Globalisierung und demografischer Entwicklung geprägt sind, erfordern Antworten auf die Frage, wie diesen Veränderungsprozessen in der Arbeitswelt von morgen und mit einer zunehmend älter werdenden Belegschaft begegnet werden kann. Hierzu sollen innovative Ansätze zur Kompetenzentwicklung sowie zur altersgerechten Organisations- und Arbeitsplatzgestaltung diskutiert werden.

23.3.2 Kompetenzentwicklung

Nach der Definition Björnavolds ist Kompetenz „the proven/demonstrated – and individual – capacity to use know-how, skills, qualifications or knowledge in order to meet usual – and changing – occupational situations and requirements." (Björnavold, 2000, S. 3). Die wohl geläufigste Unterteilung der Kompetenzen in Facetten umfasst die Fach-, Methoden-, Sozial- und Selbstkompetenz (vgl. Erpenbeck & Heyse, 1996; Bergmann, 1999). Viele Autoren stimmen darin überein, dass aus den verschiedenen Facetten der Kompetenz die (berufliche) Handlungskompetenz resultiert (vgl. z. B. Arnold & Krämer-Stürzl, 1999, S. 223; Frieling & Sonntag, 1999, S. 148). Kompetenzentwicklung steht für einen breiteren Ansatz in der betrieblichen Weiterbildung. Dabei geht es nicht nur um die Aneignung bzw. Anpassung von Wissen und Können. Wichtig ist die Bereitschaft der Beschäftigten zur Überprüfung von Erfahrungen sowie zur Weiterentwicklung der eigenen Handlungskompetenz, um vertrauten sowie neuartigen Aufgaben und Anforderungen gewachsen zu sein. Neben traditionellen Weiterbildungs- und Qualifizierungsmaßnahmen trägt insbesondere das Lernen im Prozess der Arbeit zur Kompetenzentwicklung bei (Frieling et al. 1999; Bergmann 2000; Erpenbeck & Sauer, 2000). Ausführlich beschreibt die Arbeitsgemeinschaft Betriebliche Weiterbildungsforschung e.V. in Berlin (www.abwf.de) diesen Ansatz.

Die Anpassung an die o. g. Veränderungen bedingt kontinuierliche Lernprozesse von *allen* Beschäftigten (Köchling et al., 2000). Dies kann in Verbindung mit dem hier definierten Kompetenzentwicklungsansatz nicht gelingen, wenn ältere Mitarbeiter von Weiterbildungsmaßnahmen ausgeschlossen sind. Werden Qualifizierungsangebote nur jüngeren Mitarbeitern unterbreitet, so *lernen* ältere Belegschaftsmitglieder lediglich, dass sich Investitionen in sie nicht mehr lohnen und dass Kompetenzentwicklung nur für Jüngere erforderlich ist. Da mag es nicht verwundern, wenn davon betroffene Arbeitnehmer nicht mehr aktiv an der Fortentwicklung ihres Bereichs teilnehmen. Daher sollte auf das Alter nur bei der Art der Wissensvermittlung Rücksicht genommen und den jeweiligen Lernerfahrungen Rechnung getragen werden.

Empirische Ergebnisse

Diese Erkenntnisse sind durchaus praktischer Natur. Untersucht man im Rahmen einer Bildungsbedarfsanalyse den Kompetenzentwicklungsbedarf von Beschäftigten verschiedener Altersgruppen eines Industrieunternehmens, ergibt sich folgendes Bild[1]: Die Gruppe der Beschäftigten im Alter von 30 bis 40 Jahren (n = 273) macht die meisten Angaben in Bezug auf ihren individuellen Kompetenzentwicklungsbedarf. Beschäftigte unter 30 Jahren (n = 139) liegen mit durchschnittlich 1,7 Nennungen knapp vor den 40 bis 50-Jährigen (n = 266) mit 1,3 Nennungen im Schnitt. Die Gruppe der Beschäftigten über 50 Jahren (n = 99) ist mit 1,2 Nennungen nicht unterrepräsentiert. Immerhin hat jeder Mitarbeiter durchschnittlich mehr als eine Idee und einen individuellen Bedarf zur Weiterbildung.

Es wird deutlich, dass bei älteren Mitarbeitern zwar mit einem verminderten Weiterbildungsbedürfnis zu rechnen ist, das Ergebnis von den anderen Alterskategorien allerdings keineswegs erheblich abweicht. Dies sollte die Experten aus den entsprechenden Fachabteilungen in den Unternehmen dazu anregen, ältere Mitarbeiter bewusst und verstärkt in die Maßnahmen einzubinden. Betrachtet man den Punkt „eine Angabe", so liegen die älteren Mitarbeiter vor den 40 bis 50-Jährigen. Signifikant ist der Unterschied lediglich unter dem Aspekt „keine Angabe". So machen 44,4% der Beschäftigten über 50 Jahre keine Angabe. Im Gegensatz dazu sind es bei Mitarbeitern zwischen 40 und 50 Jahren 32,7% und bei den unter 30-Jährigen 28,1%. Entgegen der Erwartung kann die Aussage getroffen werden, dass das Bedürfnis (ggf. könnte man Enga-

Abbildung 23-7: *Weiterbildungsbedarf nach Alterskategorien (Eigene Analyse, IfA 2002)*

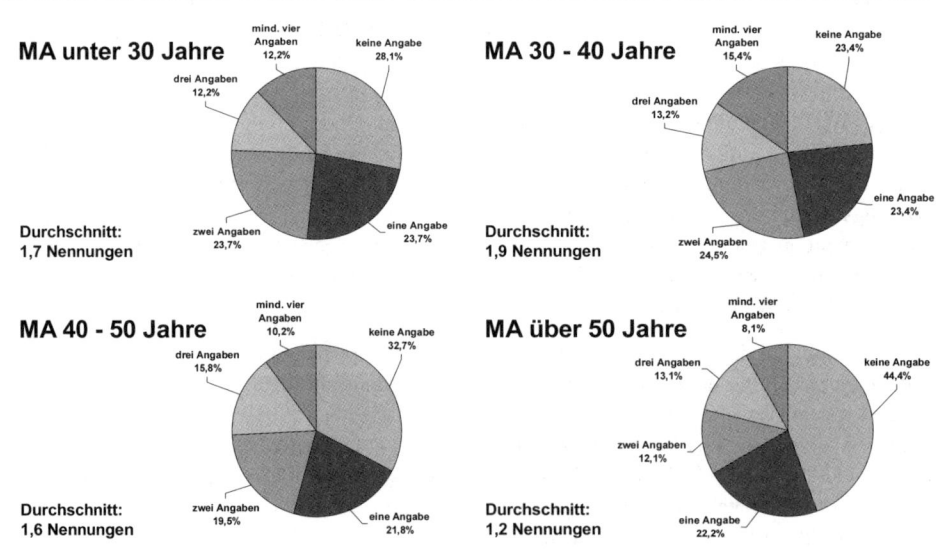

---

1 Befragt wurden ca. 780 gewerbliche und administrative Mitarbeiter aus verschiedenen Bereichen eines Industrieunternehmens im Jahr 2002.

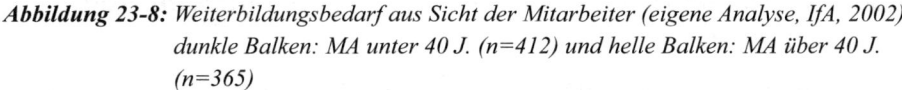

Abbildung 23-8: *Weiterbildungsbedarf aus Sicht der Mitarbeiter (eigene Analyse, IfA, 2002)*
dunkle Balken: MA unter 40 J. (n=412) und helle Balken: MA über 40 J.
(n=365)

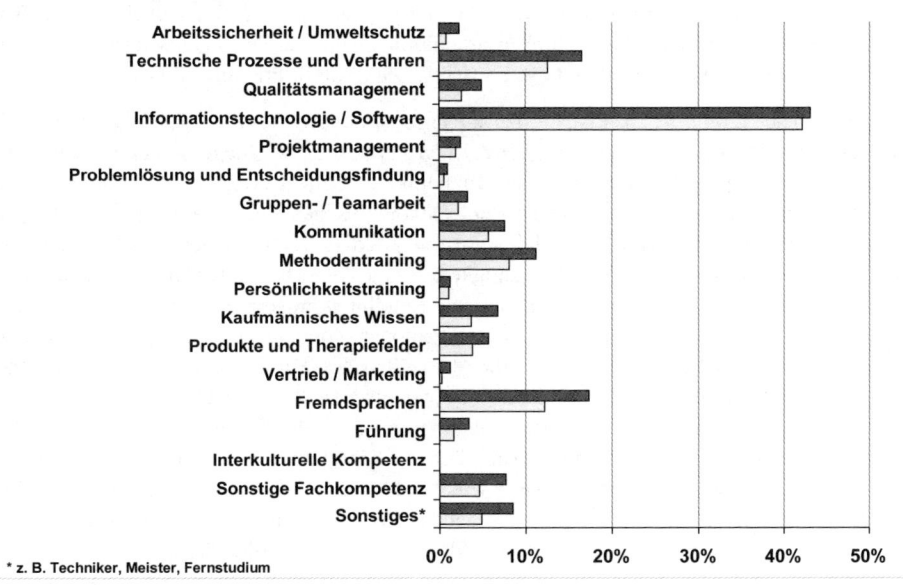

gement sagen) nach Weiterbildung zwar abhängig vom Alter der Beschäftigten ist, diese Abweichungen allerdings keineswegs groß sind. Stellt man die These auf, dass im Laufe des Arbeitslebens viele neu anstehende Themen durch „Erfahrung" selbst gelöst werden können, so spiegeln die Daten einen natürlichen Prozess wider.

Zu ähnlichen Resultaten kommt man bei einer qualitativen Auswertung der Daten. Hier zeigt sich, dass zukunftsorientierte fachliche Themen wie Informationstechnologie weit vorn liegen und von Beschäftigten unter oder über 40 Jahren gleichermaßen gefordert werden (Abbildung 23-8).

Zusätzlich besteht Interesse an Weiterbildungsmaßnahmen im Bereich Technik, Fremdsprachen, Methodenkompetenz und Kommunikation, wobei hier die jüngeren Mitarbeiter etwas stärker repräsentiert sind. Beide Altersklassen orientieren sich somit an gesellschaftlichen und branchenbedingten Anforderungen sowie der strategischen Ausrichtung des Unternehmens. Analogien finden sich außerdem zu den oben aufgezeigten betrieblichen Veränderungsprozessen (Abschnitt 23.3.1). Der qualitative Bildungsbedarf ist somit ebenfalls weitgehend unabhängig vom Alter der Beschäftigten.

23.3.3 Organisatorische Gestaltung der Arbeitswelt von morgen

Die Frage, welche organisatorischen Änderungen auf die Unternehmen zukommen, soll unter dem Aspekt des Lernens im Prozess der Arbeit behandelt werden. Zu berücksichtigen sind flexible Arbeitszeitmodelle, längere Lebensarbeitszeiten sowie arbeitsorganisatorische Konzepte beispielsweise zur Gruppenarbeit (vgl. Frerichs, 1999, S. 6 f.; Frieling, 2003).

Nach Lipsmeier (2000, S. 185) ist Lernen im Prozess der Arbeit durch das Jahrtausende alte Nachahmungsprinzip die älteste Form beruflichen Lernens. Aus pädagogischer Sicht bezeichnet er es als optimales Lernen, da es als ganzheitliches Lernen „Kopf, Herz und Hand" umschließt. Lernen im Prozess der Arbeit ist unter ökonomischen Gesichtspunkten interessant, da mit den Lernprozessen zugleich Geschäftsprozesse erledigt werden. Allerdings bedarf Lernen im Prozess der Arbeit lernförderlicher Tätigkeiten und Arbeitsbedingungen. Ein Großteil der Kompetenzen, die in beruflichen oder anderen Handlungssituationen zum Tragen kommen, werden nicht in organisierten Lehr- und Lernsituationen, sondern in pädagogisch ungeplanten und unstrukturierten Lernprozessen erworben (Tough, 1980; Kloas, Schöngen & Spree, 1990; zit. nach Weiß, 2000, S. 176). Insbesondere im Erwachsenenalter vollzieht sich das „lebenslange Lernen" nur zu einem geringen Teil in Seminaren oder Lehrgängen (Kuwan, 1999; Grünewald et al., 1998). Im Vordergrund stehen informelle Strukturen und Prozesse, in denen das Lernen als solches vielfach nicht einmal bewusst wahrgenommen oder gar reflektiert wird. Da also ältere Mitarbeiter hinsichtlich des informellen Lernens und ihres Erfahrungswissens in der Regel einen Vorsprung haben, der durch das Alter erreicht wird, sollte dieses Potenzial genutzt werden.

In organisatorischer Hinsicht kann das Lernen im Prozess der Arbeit durch lernförderliche Arbeitsbedingungen unterstützt werden. Hierzu sind Voraussetzungen im Unternehmen zu schaffen, z. B. die Möglichkeit der Beschäftigen, partizipativ an der Arbeitsgestaltung mitzuwirken, neue Arbeitsformen auszuprobieren oder durch Feed-back das eigene Arbeitsergebnis beurteilen und optimieren zu können. Die Aneignung von neuem Wissen kann durch Lernformen wie Qualitätszirkel, Gruppen- oder Projektarbeit gefördert werden oder durch Job Rotation und Lernen entlang der Prozesskette. Auf Arbeitsplatzebene können die Dimensionen der Komplexität und Variabilität von Arbeitsaufgaben, Kooperations- und Kommunikationserfordernisse bei der Ausübung der Tätigkeiten, Partizipationsmöglichkeiten und Feed-back sowie die Arbeitsumgebung zur Gestaltung der Lernförderlichkeit herangezogen werden (vgl. Frieling, Bernard, Bigalk & Müller, 2001).

Wenn es gelingt, betriebliche Arbeits- und Organisationsprozesse nicht nur altersgerecht, sondern auch *alternsgerecht* einzurichten, so kann die Leistungsfähigkeit der Beschäftigten langfristig erhalten werden. Selbst moderne Produktionsprozesse stellen kein grundsätzliches Einsatzhindernis dar, wenn die älteren Mitarbeiter den Umgang mit neuen Technologien im Prozess der Arbeit – unterstützt von organisierter Weiterbildung – kontinuierlich erlernen können. Dies gilt auch unter dem Aspekt, dass die Versetzung älterer Arbeitnehmer auf so genannte „Schon- oder Nischenarbeitsplätze" für die Betroffenen mit Nachteilen wie Einkommenseinbußen, Unterforderung sowie Reputations- und Motivationsverlust verbunden ist (vgl. Frerichs, 1999, S. 6 ff.).

23.3.4 Ergonomische und gesundheitsförderliche Arbeitsplatzgestaltung

Um die Gesundheit der Beschäftigten nicht zu beinträchtigen, sondern zu fördern, sind ergonomisch gestaltete Büro- und Produktionswelten notwendig. Die PC-Bildschirme sind auf dem neusten Stand zu halten, hinzu kommt ein entsprechendes Angebot an Nahrungsmitteln über das Betriebsrestaurant. Eine ausreichende Variabilität der Arbeitsmittel, der technischen Einrichtungen, der Arbeitstische und Stühle ist sicherzustellen, um die Einsatzflexibilität der Mitarbeiter im Unternehmen zu erhöhen.

Die Umsetzung arbeitswissenschaftlicher Erkenntnisse nutzt dem Unternehmen und dem Mitarbeiter, da negative Beanspruchungsfolgen wie Ermüdung, Monotonie, Stress und gesundheitliche Beeinträchtigungen z. T. vermieden werden können. Darüber hinaus fördert eine entsprechende Arbeitsplatzgestaltung die Generierung von Ideen und Innovationen, wenn die betroffenen Mitarbeiter an den Veränderungsprozessen aktiv beteiligt werden und die Lernförderlichkeit von Arbeitsbedingungen in einer angemessenen ergonomischen Gestaltung ihren Niederschlag findet (Frieling, 2003).

Prognosen zu zukünftigen Formen der Arbeit mögen mit Fehlern und Irrtümern behaftet sein. Sie bieten aber Anlass darüber nachzudenken, ob es nicht doch notwendig ist, sich rechzeitig an bestimmte Bedingungen anzupassen bzw. sie aktiv zu verändern, um später nicht das Nachsehen zu haben. Eine dieser Prognosen besteht darin, dass in den Unternehmen zunehmend ältere Mitarbeiter arbeiten werden. Daher muss der ergonomischen Arbeitsplatzgestaltung mehr Aufmerksamkeit gewidmet werden, um sicher zu stellen, dass diese Personengruppe an den entsprechenden Arbeitsplätzen mit hoher Effizienz arbeitet. An ergonomisch gut gestalteten Arbeitsplätzen können ältere und jüngere gleichermaßen erfolgreich arbeiten, ohne frühzeitig zu ermüden oder körperliche Verschleißerscheinungen zu erleiden (Frieling, 2003, S. 104 ff.). Als Fazit bleibt festzuhalten, dass das Thema Zufriedenheit, Wohlbefinden und Gesundheit am Arbeitsplatz unter dem Aspekt des demografischen Wandels eine neue Dimension erhalten wird.

23.4 Ausblick

Um der sich abzeichnenden Entwicklung zu entsprechen, sind Maßnahmen unter verschiedenen Gesichtspunkten notwendig (vgl. Institut der deutschen Wirtschaft, 2002):

- ■ Eine Rekrutierungsstrategie, die ausscheidendes Personal nicht allein durch junge Mitarbeiter ersetzt, sondern frühzeitig das Thema Einstellung älterer Beschäftigter angeht.

- ■ Eine langfristig orientierte Personalentwicklung, die lebensbegleitendes Lernen unterstützt, d. h. allen Beschäftigten stehen Kompetenzentwicklungsmaßnahmen offen, Lernen und Arbeiten wird zunehmend verknüpft. Innerhalb des Unternehmens müssen altersgerechte Konzepte entwickelt werden, damit die Beschäftigten durch entsprechend angepasste Tätigkeiten gesünder älter werden können.

■ Eine Arbeitszeitpolitik, die es ermöglicht, Weiterbildungsphasen zwischen die Zeiten der Berufstätigkeit zu legen, die individuellen Bedürfnissen Rechnung trägt und gleitende Übergänge in den Ruhestand vorsieht.

■ Eine Kooperation zwischen den Generationen, die die Weitergabe von Wissen und Erfahrungen sichert und die jeweiligen Stärken kombiniert bzw. die „Schwächen" ausgleicht (gemischte Arbeitsgruppen und Teams, Tandem- und Patenkonzepte etc.).

■ Eine umfassende betriebliche Gesundheitsförderung, die sowohl Gesundheitsrisiken im Arbeitsprozess vermindert als auch die Ressourcen der Mitarbeiter stärkt, die Arbeitsanforderungen zu bewältigen.

Es ist davon auszugehen, dass in Zukunft das Lernen am Arbeitsplatz eine größere Rolle spielen wird (vgl. dazu Weiß, 2000). Kurse und Seminare bleiben wichtig, verlieren aber relativ an Bedeutung, da der Transfer des erworbenen Wissens nur zu einem geringen Teil gelingt. „Der qualifizierenden Arbeitsgestaltung gehört die Zukunft!" (Meyer-Dohm, 1989, S. 57). Die Notwendigkeit zur kontinuierlichen Weiterentwicklung, zum Lernen und zur Kompetenzentwicklung betrifft ganze Organisationen ebenso wie jeden einzelnen Mitarbeiter. Insbesondere gilt dies für die Gruppe der Arbeitskräfte mit geringer Qualifikation. Mitarbeiter, die gelernt haben, sich ständig neues Wissen anzueignen, können sich Veränderungen durch die Implementierung neuer Technologien schneller und problemloser anpassen als un- und angelernte Beschäftigte.

Es ist ein langfristiger Umdenkungsprozess zum lebensbegleitenden Lernen geboten, der vom Prinzip der Selbstorganisation ausgeht und auf eine Pluralität unterschiedlicher Lerner und Lernformen ausgerichtet ist. Ältere Mitarbeiter dürfen nicht durch fadenscheinige Ausreden von anstehenden betrieblichen und individuellen Entwicklungsprozessen ausgeschlossen werden. Vielfach haben sie ihre Anpassungs- und Lernfähigkeit im Laufe ihres Arbeitslebens schon bewiesen. Und schließlich ist ganz offenkundig, dass insbesondere in Führungspositionen viele ältere (gelegentlich sogar alte), erfahrene Menschen zu finden sind. In der Wirtschaft genauso wie in der Politik und in allen anderen Organisationen.

Literatur

ARNOLD, R. UND KRÄMER-STÜRZL, A. (1999): Berufs- und Arbeitspädagogik. Cornelsen, Berlin

BADURA, B. (2001): Positionspapier der Expertenkommission „Zukunft betrieblicher Gesundheitspolitik". Bertelsmann Stiftung und Hans-Böckler-Stiftung, Düsseldorf.

BERGMANN, B. (1999): Training für den Arbeitsprozess. vdf Hochschulverlag, Zürich

BERGMANN, B. ET AL. (2000): Kompetenzentwicklung und Berufsarbeit. edition-QUEM Band 11. Waxmann, Münster

BIRG, H. (2001): Die demografische Zeitenwende. Der Bevölkerungsrückgang in Deutschland und Europa. C.H. Beck, München

BJÖRNAVOLD, J. (2000): Making learning visible. Identification, assessment and recognition of non-formal learning in Europe. CEDEFOP, Thessaloniki

BUNDESMINISTERIUM FÜR FAMILIE, SENIOREN, FRAUEN UND JUGEND (2000): Alter und Gesellschaft. Dritter Bericht der Sachverständigenkommission zur Lage der älteren Generation in der Bundesrepublik Deutschland, Berlin

ERPENBECK, J. UND HEYSE, V. (1996): Berufliche Weiterbildung und berufliche Kompetenzentwicklung, in: Arbeitsgemeinschaft QUEM (Hrsg.). Kompetenzentwicklung '96. Strukturwandel und Trends in der betrieblichen Weiterbildung. Waxmann, Münster

ERPENBECK, J. UND SAUER, J. (2000): Das Forschungs- und Entwicklungsprogramm Lernkultur Kompetenzentwicklung, in: Arbeitsgemeinschaft QUEM (Hrsg.). Kompetenzentwicklung 2000. Lernen im Wandel – Wandel durch Lernen. Waxmann, Münster

FRERICHS, F. (1999): Der Einsatz älterer Mitarbeiter im Betrieb. Angewandte Arbeitswissenschaft, 159, S. 1-18

FRIELING, E. UND SONNTAG, K. (1999): Lehrbuch Arbeitspsychologie. Huber, Bern

FRIELING, E. ET AL. (2000): Flexibilität und Kompetenz: Schaffen flexible Unternehmen kompetente und flexible Mitarbeiter. edition-QUEM, Band 12. Waxmann, Münster

FRIELING, E.; GROTE, S. UND KAUFFELD, S. (2000): Fachlaufbahnen für Ingenieure – Ein Vorgehen zur systematischen Kompetenzentwicklung. in: Zeitschrift für Arbeitswissenschaft, 54 (3), S. 165-174

FRIELING, E.; BERNARD, H.; BIGALK, D. UND MÜLLER, R. F. (2001): Lernförderliche Arbeitsplätze – Eine Frage der Unternehmensflexibilität? in: QUEM-Report, Heft 69, S. 109–139. ABWF, Berlin

FRIELING, E. (2003): Altersgerechte Arbeitsgestaltung, in: BADURA, B., SCHELLSCHMIDT, H. & VETTER, C. (Hrsg.). Fehlzeiten-Report 2002. Demografischer Wandel, Springer, Berlin

GRÜNEWALD, U. ET AL. (1998): Formen arbeitsintegrierten Lernens. Möglichkeiten und Grenzen der Erfassbarkeit. in: QUEM-report, Heft 53, ABWF, Berlin

HENSCH, C. UND WISMER, U. (1997): Zukunft der Arbeit. Schäffer-Poeschel, Stuttgart

ILMARINEN, J. UND TEMPEL, J. (2002): Arbeitfähigkeit 2010. Was können wir tun, damit Sie gesund bleiben? VSA, Hamburg

INSTITUT DER DEUTSCHEN WIRTSCHAFT (2002): Die neue Arbeitswelt. Produktive Alte statt veraltete Produktion. Deutscher Instituts-Verlag, Köln

JANSEN, R. (2002): Der strukturelle Wandel der Arbeitswelt und seine Auswirkung auf die Beschäftigten, in: R. JANSEN (Hrsg.). Die Arbeitswelt im Wandel. Weitere Ergebnisse aus der BIBB/IAB-Erhebung 1998/99 zu Qualifikation und Erwerbssituation in Deutschland. Berichte zur beruflichen Bildung. Heft 254. W. Bertelsmann Verlag, Bielefeld

JASPER, G.; ROHWEDDER, A. UND SCHLETZ, A. (2001): Innovieren mit alternden Belegschaften. in: MOSER J.; NÖBAUER B. UND SEIDL M. (2001). Vom alten Eisen und anderem Ballast. Tabus, Schattenseiten und Perspektiven in betrieblichen Veränderungsprozessen. Hampp, München

KLOAS, P.-W.; SCHÖNGEN, K. UND SPREE, B. (1990): Berufseinmündung und Weiterbildung in den ersten Berufsjahren. in: Lernfeld Betrieb. Heft 3, S. 39-43

KÖCHLING, A.; ASTOR, M.; FRÖHNER, K.-D.; HARTMANN, E. A.; HITZBLECH, T.; JASPER, G. UND REINDL, J. (2000): Innovation und Leistung mit älter werdenden Belegschaften. Hampp, München

KUWAN, H. (1999): Berichtssystem Weiterbildung VII. Bonn: Bundesministerium für Bildung und Forschung

LIPSMEIER, A. (2000): Arbeiten und Lernen. in: DEWE. B. (Hrsg.): Betriebspädagogik und berufliche Weiterbildung: Wissenschaft – Forschung – Reflexion. Festschrift für Theo Huelshoff. Klinkhardt, Heilbrunn.

MARSTEDT, G. UND MÜLLER, R. (2003): Daten und Fakten zur Erwerbsbeteiligung Älterer. in: BADURA B.; SCHELLSCHMIDT H. & VETTER C. (Hrsg.). Fehlzeiten-Report 2002. Demografischer Wandel. Springer, Berlin

MEYER-DOHM, P., LACHER, M. UND RUBELT, J. (1989): Produktionsarbeiter in angelernten Tätigkeiten: eine Herausforderung für die Bildungsarbeit. Campus, Frankfurt am Main, New York

MOSER, J.; NÖBAUER, B. UND SEIDL, M. (2001): Vom alten Eisen und anderem Ballast. Tabus, Schattenseiten und Perspektiven in betrieblichen Veränderungsprozessen. Hampp, München

RIEKHOF, H.-C. (2002): Strategien der Personalentwicklung. 5. Auflage. Gabler, Wiesbaden

SCHLECHT, O. (1999): Verschärfte Standortkonkurrenz als Herausforderung der Wirtschaftspolitik. In: T. APOLTE, R. CASPERS UND P. J. J. WELFENS (Hrsg.). Standortwettbewerb, wirtschaftspolitische Rationalität und internationale Ordnungspolitik. Nomos, Baden-Baden

SOMMER, B. (2000): Bevölkerungsentwicklung Deutschland bis zum Jahr 2050 – Ergebnis der 9. koordinierten Vorausberechnung. Statistisches Bundesamt, Wiesbaden

SONNTAG, K. (2002): Ressourcen optimieren. Vortrag im Rahmen des Symposiums „Erfolgreich verändern", 27./ 28.11.2002

TOUGH, A. (1980): Die Förderung selbstständigen Lernens. in: Lernen im Erwachsenenalter. Ausgewählte Beiträge aus Veröffentlichungen der OECD, S. 108-136, Frankfurt/M.

WEIß, R. (2000): Wettbewerbsfaktor Weiterbildung: Ergebnisse der Weiterbildungserhebung der Wirtschaft. Schriftenreihe „Beiträge zur Wirtschafts- und Sozialpolitik". Deutscher Instituts-Verlag, Köln

ZAHN-ELLIOTT, U. (2001): Demographischer Wandel und Erwerbsarbeit. in: BULLINGER H. J. (Hrsg.). Zukunft der Arbeit in einer alternden Gesellschaft. IAO, Stuttgart

Autorenverzeichnis

Dr. Franz Bailom	Geschäftsführer der IMP (Innovative Management Partner GmbH), Innsbruck
Klaus-Michael Baldin	Vorstandsvorsitzender der ChangeCultureConsultants AG, Raesfeld
Alexander Böhne	Wissenschaftlicher Mitarbeiter an der Wirtschafts- und sozialwissenschaftliche Fakultät der Universität Potsdam
Stefan F. Dietl	Leiter kaufmännische Ausbildung der Festo AG & Co. KG, Esslingen
Dr. Daniela S. Eisele	Koordination und Steuerung, Vorstandsbereich Personal der EnBW AG, Karlsruhe
Janin Ennes	Inhouse Consultant, Festo Lernzentrum Saar GmbH, St. Ingbert-Rohrbach
Thomas Fölsch	Wissenschaftlicher Mitarbeiter an der Universität Kassel, Institut für Arbeitswissenschaft
Prof. Dr. Ekkehart Frieling	Lehrstuhlinhaber an der Universität Kassel, Institut für Arbeitswissenschaft
Jürgen Fuchs	Mitglied der Geschäftsleitung der CSC Ploenske AG, Wiesbaden
Dr. Hanspeter Georgi	Minister für Wirtschaft des Saarlandes
Prof. Dr. Hans Hinterhuber	Vorstand des Instituts für Unternehmensführung, Tourismus und Dienstleistungswirtschaft der Universität Innsbruck
Ulrich Höschle	Leiter Ausbildung und Festo Academy der Festo AG & Co. KG, Esslingen
Jürgen Hurst	Personalleiter der EnBW AG, Karlsruhe
Dr. Walter Jochmann	Mitglied der Geschäftsführung der Holdinggesellschaft Kienbaum Consultants International sowie Vorsitzender der Geschäftsführung und Partner der Kienbaum Management Consultants GmbH
Dr. Ulrich Kirschner	Kaufmännischer Werkleiter der Robert Bosch GmbH, Werk Homburg/Saar
Dr. Walter Koch	Geschäftsführender Gesellschafter der Dillinger Fabrik Gelochter Bleche GmbH, Dillingen
Dr. Nikolaus Mauerer	Human Capital Mercer HR Consulting GmbH, Frankfurt
Eva-Maria Nagel	Festo Lernzentrum Saar GmbH, St. Ingbert-Rohrbach

Dr. Joachim Niemeier	Geschäftsführer der T-Systems Multimedia Solutions GmbH, Dresden
Christoph Rappe	Student der Psychologie, Universität Mannheim
Prof. Dr. Werner Rössle	Leiter des Studienbereichs Wirtschaft an der Berufsakademie Stuttgart – University of Cooperative Education
Prof. Dr. Werner Sauter	Geschäftsführer der Athemia GmbH, Schwaig/München
Ellen Schäfer	Wissenschaftliche Mitarbeiterin an der Universität Kassel, Institut für Arbeitswissenschaft
Prof. Dr. Christian Scholz	Lehrstuhlinhaber für Organisation, Personal- und Informationsmanagement an der Universität des Saarlandes
Dr. Peter Speck	Leiter Human Resources der Festo AG & Co. KG und der Festo Gruppe sowie Geschäftsführer des Festo Lernzentrums Saar GmbH
Timm Stegentritt	Personalreferent der Robert Bosch GmbH, Werk Homburg/Saar
Dr. Wilfried Stoll	Aufsichtsratsvorsitzender der Festo AG, Esslingen
Eva Strobel	Präsidentin Landesarbeitsamt Baden-Württemberg
Susanne Summa	Landesarbeitsamt Rheinland-Pfalz-Saarland
Dieter Thiele	Director Human Relation, Karlsberg Holding GmbH, Homburg/Saar
Dieter Tschemernjak	Geschäftsführer der IMP tools AG, St. Gallen
Heinz Uepping	Vorstandsvorsitzender der Incon AG, Taunusstein
Prof. Dr. Dieter Wagner	Lehrstuhlinhaber für Betriebswirtschaftslehre, Organisation und Personalwesen an der Universität Potsdam
Ian Walsh	Managing Director, Ian Walsh Consulting Network, Eastbourne/Wiesbaden; Director of Studies (International Programmes) FOM Business School, Essen/Frankfurt am Main
Prof. Dr. Norbert Walter	Chief Economist, Deutsche Bank Group
Dr. Richard Weber	Geschäftsführender Gesellschafter der Karlsberg Brauerei KG Weber, Homburg/Saar
Prof. Dr. Silke Wickel-Kirsch	Personal & Organisation, International Business Administration im Fachbereich Wirtschaft, Fachhochschule Wiesbaden
Dr. Daniel Wiesner	Fachbereichsleiter/Dekan Wirtschaftswissenschaften der Fachhochschule Liechtenstein, Vaduz
Dr. Frank Zils	Leiter Personalentwicklung, Saarbrücker Zeitung Verlag und Druckerei GmbH
Dr. Thomas Zwick	Senior Researcher am Zentrum für Europäische Wirtschaftsforschung (ZEW) in Mannheim